우리나무 비교도감

100과 700종

과·속으로 식별하기

시작하며

숲은 아름답고 경이롭습니다. 우리는 숲에서 나왔고 숲으로 돌아갈 것입니다. 숲을 걷다 보면 새소리와 풀벌레 울음, 나비와 벌을 만날 수 있습니다. 아침이면 이슬 맺힌 풀잎과 빛나는 햇살, 꽃향기가 싱그럽습니다. 꽃 진 자리에 굵어지는 열매나 물오른 연둣빛 버드나무 가지가 강물을 빗질하는 모습, 수분을 가득 담은 바람이 얼굴을 스칠 때면 흘러가는 시간이 얼마나 아름다운지 우리의 인생이 얼마나 소중한지 새삼스럽습니다.

어느 해 8월 늦더위가 기승을 부리던 날이었습니다. 산행을 시작하려고 풀숲에 첫발을 내딛는 순간 숲을 가득 채우던 풀벌레 울음이 일시에 멈췄습니다. 여름을 넘기며 빳빳해진 풀무더기가 우수수 일어나더니 사람을 알아보는 듯 일제히 고개를 숙이며 인사를 했습니다. 바람이 부는지 주위를 둘러보았지만, 여름 한낮은 무중력 상태처럼 모든 게 정지되어 있었고, 팽팽한 열기와 정적만 감돌았습니다.

깊고 먼 산길을 걷고 있었습니다. 이것저것 살피느라 일행에서 뒤처져 있었는데 누군가가 어깨를 툭툭 치는 것 같아 뒤를 돌아보았습니다. 높이 솟은 나무로 길은 어두웠고 사람의 흔적은 찾을 수 없었습니다. 막 지나쳐온 아름드리 나무 수피가 환하게 밝아지며 뭔가 말을 걸어오는 것 같았습니다. 갑자기 뒷머리칼이 쭈뼛 서고 소름이 돋았습니다. 한달음에 내달려 동료를 따라가야 했습니다. 어떤 꽃나무를 찾으려고 온종일 산속을 헤맨적이 있습니다. 해는 기울고 그만 포기할까 마음먹을 때쯤 건너편에서 누군가 이리 오라고 부르는 듯한 느낌이 들었습니다. 그곳으로 가보니 그렇게 찾아다닌 꽃이 피어 있었습니다.

그런 일들이 있고 나서 숲에서 만나는 모든 풀과 나무에게 이름을 불러주어야겠다고 생각했습니다. 숲 가장자리에 서서 멀리서 불어온 바람이 전하는 말과 지난밤 숲에서 일어난 나무들의 대화를 엿듣고 싶어졌습니다. 그것이 이 책을 쓰는 계기가 되었습니다.

온종일 영월 동강을 따라 나무와 풀을 관찰하다가 어느새 해는 기울고 저녁노을이 강물을 붉게 물들일 때 이곳저곳 뛰어오르는 물고기들도 금빛으로 빛났습니다. 저녁 안개가 강둑을 넘을 때 물가에 자라는 달맞이꽃이 타닥타닥 꽃잎 터뜨리는 소리에 귀를 기울여야 했습니다. 높은 산을 올라 나무를 살피다가 늦어서야 하산을 시작했고 어둠 속을 뒹굴며 내려와 만신창이가 되었을 때, 멀리 보이는 인가의 불빛과 사람 말소리가 그토록 그립고 절실한 존재임을 알았습니다.

우리나라에는 약 4,000종의 나무와 풀이 자생하는데 그중 나무가 700여 종입니다. 이 책은 나무에 관심이 있는 대중들을 위해 쓴 책입니다. 기존 도감이나 인터넷 자료는 종 중심의 기술이지만, 이 책은 과와 속을 중심으로 기술하고, 개별 종은 간략하게 설명합니다. 과잉 정보를 제거하고 간략하게 기술하기 위해 노력했습니다. 분류는 새로운 종을 찾아내는 것 못지않게 외형은 다르더라도 같은 종을 통합하는 과정이기도 합니다. 독자 스스로 관찰할 수 있는 부분은 독자의 탐구와 사색의 기회로 돌리고자 했습니다.

이 책을 쓰는 데는 많은 분의 도움이 있었습니다. 꽃길에 늘 동행해준 메아리 최두섭님, 민병훈님, 은하수님, 지니님, 포슬님, 시늪님, 살구나무님께 감사드립니다. 아울러 현지에서 탐사를 도와주고 부족한 사진 자료를 제공해주신 제주의 대낭님, 거제의 허순호님, 대구 복뎅이님과 중요 탐사지에 대한 정보를 제공해준 달바라기님께도 감사드립니다. 꽃길에서 만난 수많은 전문가와 꽃님들께도 고마운 마음을 전하지 않을 수 없습니다.

저녁 하늘에 반짝이는 별처럼 가슴에 새겨져 있습니다. 향기로운 추억으로 되살아납니다. 어렵고 힘들 때 따뜻한 위로의 말은 큰 힘이 되었습니다. 꽃이 질까 서두르던 높고 험한 산길에서 만난 바람, 팍팍하고 멀던 강둑길에서 마주친 큰금계국, 낯선 마을 숙소에서 보던 단풍잎 떨어지는 모습, 그래도 그 시간에 동행하던 친구들이 그 어떤 꽃이나 나무보다 곱고 소중했습니다. 아울러 책의 편집과 제작에 참여해주신 당현준님 이동복님께도 감사드립니다.

2021년 6월

박승천

1 생명의 시작

태초에 빛이 생겨났다. 그 빛 이전은 아무것도 존재하지 않았고 의문조차 없었다. 이 순간은 지극히 짧고 좁은 공간이었다. 이를 특이점이라 하며 빛과 함께 시작된 거대한 폭발의 순간을 빅뱅이라 부른다. 그 순간을 시작으로 우리의 삶과 의식이 가능한 시간과 공간이 시작되었다.

우리 우주는 빅뱅이 시작되고 약 137억 년이 지났다. 태양과 그 주위의 행성들이 생겨난 것은 지금으로부터 약 46억 년 전이었다. 태양계의 시작은 모두 펄펄 끓어오르는 불덩어리였고 행성들은 서로 부딪치고 깨지며 몸집을 키우며 궤도를 잡아갔다.

그중 지구에 가해진 마지막 충돌은 이 행성에 큰 변화를 주었다. 지구의 축이 23.5도 기울게 되었고 그 충돌로 튕겨 나간 불덩이는 달이 되었다. 기운 축은 4계절을 만들고 생명의 탄생과 진화에 필연적인 요소가 되었다.

외계에서 날아온 얼음을 품은 행성들이 지상에 물이 채웠다. 지구는 아직 끓어오르는 불덩이로 물과 흙의 구분이 모호했다. 그러나 일정한 체구를 지닌 지구의 중력은 수분이나 공기가 외계로 휘발되는 것을 막을 수 있었다. 약 38억 년 전 원시 생명체가 나타났고 지각이 형성되었다.

얕은 바다가 드러나고 그곳에는 태양 빛을 이용해 탄소동화작용을 하는 단세포 생명체가 생겨났다. 약 20억 년 전이었다. 시아노박테리아라는 남세균이었고 그 흔적은 스트로마톨라이트라는 구조물로 현재까지 남아 있다. 이들은 생명의 근원이 되는 산소를 공급하기 시작했다. 15억 년 전 바닷속에서 단순한 형태의 김이나 다시마 같은 다세포 생물이 나타난다.

5억 8천만 년 전 생물의 대폭발이라고 할 수 있는 캄브리아기가 시작되었다. 바다에는 삼엽충 종류가 활개를 치는 고생대가 열린다. 그러나 땅 위는 태양이 내뿜는 강렬한 자외선으로 아직 생명체가 살 수 없었다. 차츰 공기 중에 산소 농도가 높아지고 대기권에는 오존층이 형성되면서 태양에서 날아오는 자외선이 차단되었고 땅 위에는 이끼를 시작으로 식물이 자라나기 시작했다.

약 4억 년 전 지상에는 이끼에 이어 고사리와 고비, 솔잎난, 다람쥐꼬리 같은 양치식물이 등장하였고 바람에 포자를 날려 보내는 방식으로 번식했다. 이어 소철과 은행나무, 소나무와 같은 겉씨식물이 나타났다. 이들은 대부분 암수가 다른 나무로 바람에 꽃가루를 날려 보내 수정하고 씨앗을 맺어 번식했다. 하늘에는 잠자리 같은 곤충이 날아다니고 거대한 양치식물이 숲을 이루는 석탄기를 맞는다. 이어 고생대의 마지막 시기인 페름기를 맞이한다.

페름기 말 땅속에서 거대한 용암이 솟구쳐 오르고 계속되는 폭발이 일어났다. 2억 5천만 년 전이었다. 지구상의 생물 95%가 사라지는 대멸종을 맞이한 것이다. 대멸종은 또 다른 생명이 번성하는 기회가 되었다. 공룡이 주인이 되는 중생대가 열리고 땅 위에는 양치식물과 겉씨식물이 번성한다. 1억 4천만 년 전후 목련꽃을 시작으로 꽃이 피고 벌과 나비가 매개되어 번식하는 속씨식물이 나타났다. 아울러 수많은 동식물이 새로 나타나 경쟁과 공생을 통해 진화하며 땅 위는 생명체로 가득하게 된다. 이 시기를 중생대라고 부른다. 중생대는 공룡과 양치식물, 겉씨식물의 시대였다.

그러나 6,500만 년 전 멕시코의 동남부 해안 유카탄반도에는 외계에서 날아온 거대한 운석이 떨어지고 세상은 다시 불덩이와 먼지와 어둠에 휩싸였다. 솟아오른 분진은 태양을 가리고 지상은 암흑과 추위에 휩싸이고 대부분의 공룡은 굶주림과 추위에 사라지고 만다. 이후를 신생대라 하며 인간이 포함되는 포유류가 활약하는 세상이 열린다.

그간 지구는 이산화탄소가 가득하던 대기에서 산소가 생겨났고, 거대한 분출이나 운석 충돌, 긴 빙하기에 의한 기후 변화는 지구상의 생명체가 나타나고 사라지는 격변을 겪었다. 이런 대멸종이 5번이나 거듭되었다.

현재는 인간 종이 득세하는 인류세라 부른다. 인류의 과잉 증가는 화석연료의 과다 사용으로 온실효과를 초래하였고 대기 온도가 빠른 속도로 올라가게 하고 있다. 이는 무더위와 폭우, 태풍, 괴질, 잦은 산불, 해수면 상승 등을 불러오고 있다. 지구 생태계는 인류가 살기에는 점차 부적합한 환경으로 변해가고 있다. 수많은 역경과 고난을 극복하며 지구상의 지배종으로 진화한 인류는 이제 새로운 도전을 마주하고 있다.

2 한반도의 지질과 기후

2-1 중요 지질

강원도 영월, 삼척, 태백 등지는 석회암지대이다. 이 지역은 5억 년 전 고생대 적도 부근에서 퇴적된 지질층으로 대륙의 이동과 함께 북쪽으로 밀려와 한반도를 구성하고 있다. 이 지역 퇴적층에는 삼엽충 화석과 고생대 말기의 고사리 화석이 나온다. 일부 석회암 암반이 노출된 곳은 척박하며 메마르다. 큰 나무도 자라지 않고 작은 관목이나 풀숲이 고작이다. 그러나 이곳에는 토양이 기름진 곳보다 더 다양한 동식물이 자라고, 같은 종이라도 화려한 색깔의 꽃이 핀다.

태백지역에는 석탄층이 존재한다. 석탄층은 대체로 고생대 약 3억 7천만 년 전에서 3억 년 사이에 형성된 지층이다. 당시는 거대한 양치류가 지상을 덮었고 이런 나무들이 쓰러져 쌓이던 시기였다. 그러나 그 시기는 나무를 분해할 충분한 미생물이 나타나지 않았다. 썩지 않고 퇴적된 나무는 지층의 변형과 열과 압축으로 석탄으로 남게 되었다. 바닷속에 쌓인 유기물은 퇴적층 속에서 원유나 가스로 저장되었다.

울릉도와 제주도는 화산활동으로 지하에서 올라온 마그마가 식어 형성된 지질이다. 제주도는 약 100만 년 전에 화산활동이 시작되어서 30만 년 전쯤에 섬이 형성되고 10만 년 전쯤 한라산이 나타났다. 울릉도는 약 400만 년 전 마그마에 의해 만들어졌으며 본토와 연결된 적이 없었다.

울릉도는 강수량이 풍부하고 토양이 기름져서 같은 식물 종이라도 크게 자란다. 이를 울릉도형이라 부르기도 한다. 이에 비해 토양이 척박한 제주도에서는 대부분 작게 자라고 뭍은 중간의 성격을 지닌다. 제주도와 울릉도는 높은 고도와 험한 지형으로 좁은 장소지만 매우 다양한 종이 자라는 생물종의 보고라고 할 수 있다. 아직도 수많은 조사와 연구의 여지를 남기는 아름답고 신비로운 식물 종의 엘도라도이다.

2-2 기후

한반도는 사계절이 분명한 온대 기후에 속한다. 남부지역과 섬 및 해안에는 상록활엽수가 자라고 중부지역은 낙엽지는 활엽수가 주로 자라고 북부지역에는 침엽수가 숲을 이룬다. 남부지역의 상록수는 꽃이 피는 시기도 봄만이 아니라 여름이나 가을, 겨울 등으로 다양하다. 중부지역에는 거의 모든 나무가 봄에 꽃이 피고 여름에서 가을에 열매가 익는다. 북부지역에서는 상록 침엽수가 주로 자라고 열매가 여무는데는 보통 2년이 걸린다. 지표 아래는 일 년 내내 얼음이 녹지 않는 툰드라 지대가 있다. 한반도는 위도에 따라 식물 종이 구분되지만, 반도의 등줄기인 백두대간을 따라 낮은 기온과 강한 바람에 별개의 식물군이 자란다.

요즘 한반도는 전 지구적인 온난화 현상과 함께 연평균 기온이 올라가고 있다. 열대지역에 자라는 외래종이 들어오고, 수많은 고유종은 개체수가 줄어들거나 멸종위기로 몰리고 있다. 폭염이나 홍수와 태풍, 산불은 해가 다르게 한반도의 식물 종과 농작물을 변화시키고 있다.

3 종의 구분

3-1 동물과 식물

동물은 생존에 필요한 장기를 특정 부위에 집중시키며 진화하였고, 식물은 그 기관을 몸 전체에 골고루 분산시키며 진화했다. 그러나 기본적으로 지상의 모든 생명체의 기원은 단 하나의 원시 생명체에서 시작하였고 이것이 분화되며 복잡성을 더해 온 것으로 알려진다.

식물은 태양 빛과 공기 중의 이산화탄소를 이용해 탄소동화작용을 한다. 아울러 공기 중의 질소를 고정시킬 수 있다. 질소 성분은 동물의 몸을 이루는 단백질의 필수 성분이다. 식물은 대기나 토양에서 질소를 흡수하고 단백질을 만들어 동물에게 공급한다.

식물의 생존과 번식에는 가루받이를 도와주는 곤충이 있어야 하고, 씨앗을 퍼뜨리는 동물이 있어야 하고, 토양 속의 미생물과 협력하여야 한다. 동물과 식물, 미생물은 모두 유기적으로 연결된 경쟁과 협조의 공동체라 할 수 있다. 사람 또한 동식물에서 영양분을 공급받으며 이들과 기생 또는 공생 관계를 이루며 살고 있다.

3-2 풀과 나무

나무는 껍질과 목질 사이에 형성층이 있어서 해마다 부피가 성장하며 나이테가 만들어진다. 풀은 대부분 한 두해살이이며 한 번 발아해서 새잎이 돋으며 성장하는 것 외에는 자라지 않는다. 외형상 나무는 크게 자라고 겨울에도 줄기가 살아 있지만, 풀은 겨울이면 땅 위 줄기는 말라 죽고 지하의 뿌리나 씨앗으로 겨울을 넘긴다.

야자수나 대나무는 풀이지만 키가 크고 다년생이다. 이는 나무가 지닌 특징이다. 그러나 껍질의 외피와 내피의 구분이 없고 형성층이 없어서 풀로 간주한다. 선인장 또한 구조상으로는 풀이다. 종류나 지역에 따라 줄기가 목질화하고 크게 자라기도 한다. 그 외에도 나무와 풀의 중간의 위치에 있는 많은 식물 종을 확인할 수 있다.

3-3 과, 속, 종

생물의 종이란 교배를 통해 정상적인 후손을 가질 수 있는 2세를 낳을 수 있는 개체군을 말한다. 교배가 가능하고 정상적인 후손을 낳을 수 있다는 것으로 종을 구분하는 것은 생물학적 종 개념이다. 그러나 생물은 교배가 아닌 몸체의 특징으로 종을 구분해야 하는 경우가 있다. 지금 생존하는 종보다 수백 배 많은 생물종이 지구상에서 사라졌고 그중 일부는 화석의 형태로 남아 있다. 이런 생물종은 화석에 남아 있는 외형의 특징으로 종을 구분해야 한다. 이런 분류 방식을 형태학적 분류라 한다. 현존하는 생물도 형태적인 특징으로 종을 구분하는 것은 여전히 중요하다. 하지만 외형만으로 종을 구분하는 것은 종의 본질을 왜곡할 수 있음을 경계해야 한다.

여기에 오늘날의 과학 기술을 적용하여 유전자를 분석하고 생물 종간의 근친 관계를 밝혀내는 것을 계통분류학적 분류라 한다. 그러나 어떤 방식도 생물을 이해하는 데는 한계가 있으며 상호 보완해야 한다. 한번 분류된 종이라도 연구가 진행됨에 따라 통합시키거나 별도의 종으로 분리되기도 한다. 사람들의 관심에 따라 종의 분류는 과학 이외의 요인으로도 큰 영향을 받아왔다.

분류는 비슷한 종(species)들이 모여 속(genus)을 이루고 그 위에 과(family)를 만들고 목(order), 강(class), 문(kingdom), 계(domain)로 범위를 넓혀 간다. 같은 종은 기후나 생태가 비슷한 지역에 자라고, 고도나 위도의 차이가 벌어지면 종도 달라진다. 그러나 위도가 달라지거나 고도가 다르더라도 같은 종이 살 수 있고 기후나 고도에 의해 다소 변이가 생긴 형태는 지역형 혹은 지역변이라 부르며 같은 종으로 간주하기도 한다.

종 내에서도 약간의 변이는 품종이라 하고 좀 더 큰 변이는 변종으로 구분한다. 종의 구분은 주로 외적인 특징이 중요한 기준이 되지만, 외적 특징은 일정한 한계를 지닌다. 유전 형질에는 포함되어 있으나 개체에 따라 그 특징이 나타나지 않고 잠재된 형질로 보관되었다가 후손에게서나 다른 환경 조건에서 나타나기도 하기 때문이다.

일반적으로 식물의 종을 식별하는 가장 중요한 요소는 생식에 관여하는 기관인 꽃과 열매의 특징이며 잎이나 줄기, 털 등은 종을 구분하는 참고 사항이라 할 수 있다. 같은 종은 개화기와 결실기가 같고 가루받이를 매개하는 곤충과 씨앗을 퍼뜨리는 동물을 공유한다.

과와 속 내에서 식물의 종을 구분하는 외부 형태의 기준은 다음과 같다. 1. 열매와 씨앗의 특징 2. 꽃의 암 수술과 꽃잎 꽃받침 3. 잎의 형태와 맥 톱니의 특징 4. 꽃자루나 잎자루의 길이 5. 겨울눈 6. 털의 유무 등이다. 꽃은 매우 복잡한 세부 기관으로 나눠지고 매우 다양한 변별 요소가 들어 있다.

열매나 꽃으로 구분하는 장미과, 작은잎의 개수로 구분하는 침엽수, 시과의 크기로 구분되는 느릅나무, 암술대와 작은꽃자루에 나는 털루 구분되는 벚나무, 화관의 길이로 구분되는 수수꽃다리와 라일락, 암술의 수로 구분되는 섬오갈피나무 등 과속에 따라 특정 부위에서 특징이 나타난다. 따라서 종을 구분하는 특징은 일정한 시기에만 나타날 수 있다. 종을 식별하기 위해서는 장기간에 걸쳐 관찰해야 한다.

식물종이라기보다는 상품으로 간주하는 식물군이 있다. 사람이 개발한 원예종과 식량자원으로 개량한 채소나 과일, 곡물, 약용 식물 등이다. 인공적으로 만들어진 품종은 자연 상태에서 나타나는 종보다 더 다양하고 큰 의미를 지니고 있다. 그러나 이들은 사람의 손길이 미치지 않는 환경에서는 자생할 가능성은 매우 낮다.

3-4 겉씨식물(나자식물)과 속씨식물(피자식물)

나무를 분류할 때 크게는 겉씨식물과 속씨식물로 나눈다. 그러나 이 말은 열매의 외적 특징을 묘사한 말이다. 솔방울처럼 씨앗이 겉으로 드러나는 것은 겉씨식물이고 복숭아처럼 과육에 싸여 있으면 속씨식물이라는 의미이다. 그러나 은행나무나 소철 열매는 껍질에 싸여 있지만, 겉씨식물이고 오리나무나 굴피나무는 씨앗이 솔방울처럼 겉으로 드러나지만 속씨식물이다.

겉씨식물과 속씨식물은 열매의 외형이 아니라 가루받이가 일어나는 과정의 특징으로 구분한다. 겉씨식물은 꽃이 피지 않아서 꽃가루가 씨방에 곧바로 수정하지만, 속씨식물은 꽃이 피고 암술머리에 닿은 꽃가루가 암술대를 타고 내려가 씨방에서 2차 수정이 일어난다.

식물의 진화는 크게 4단계로 나누어 볼 수 있다. 파래, 김 같은 조류가 바다에 나타나는 것이

1단계이고, 이들이 뭍으로 올라와 이끼로 성장하고, 고사리 종류인 양치식물로 진화하는 것이 2단계이며, 소나무 종류인 겉씨식물이 등장한 것이 3단계이고, 목련 같이 꽃이 피는 속씨식물이 나타난 것이 4단계이다. 겉씨식물과 속씨식물의 구분은 식물의 진화 단계를 구분하는 말이다. 아래 사진에서 겉씨식물과 속씨식물을 구분해보자.

겉씨식물(침엽수)과 속씨식물의 열매

소철　은행나무　소나무　물오리나무　굴피나무　살구나무

3-5 나무의 성, 암그루와 수그루

나무의 성은 동물에 비해 매우 복잡하고 다양하다. 꽃 한 송이 속에 암술과 수술이 같이 들어있는 양성화로 암수한그루가 있고, 암꽃과 수꽃이 각기 다른 나무에 피는 암수딴그루가 있다. 한 나무에 양성화와 수꽃이 피는 수꽃양성화한그루나 양성화에 암꽃이 따로 피는 암꽃양성화한그루가 있다. 수꽃과 양성화가 다른 그루에 각각 피는 수꽃양성화딴그루도 있다.

은행나무나 버드나무는 암나무와 수나무로 구분되고 암나무는 암꽃만 피고 열매가 달리는데 수나무는 수꽃이 피고 열매는 달리지 않는다. 이를 암수딴그루라 한다. 밤나무는 한 그루에 암꽃과 수꽃이 따로 피기에 암수다른꽃한그루이고, 복숭아나무는 꽃 한 송이에 암술, 수술이 들어있는 양성화가 피는 암수한그루이다.

장구밤나무는 꽃 하나에 암 수술이 들어있는 양성화만 피는 그루가 있고 암꽃만 피는 그루가 있는데 이는 암꽃양성화딴그루라 한다. 팽나무는 수꽃양성화한그루이다. 오미자는 암수딴그루인데 가끔 암수한꽃으로 피는 개체가 있다. 이렇게 나무의 성은 10여 가지 조합이

나올 수 있다. 개나리와 미선나무는 암술이 수술보다 긴 장주화와 암술보다 수술이 긴 단주화로 구분된다.

동물은 암수로 구분되고 외모의 차이가 분명하고 교배를 통해 출산한다. 그러나 나무의 번식은 씨앗이나 삽목, 뿌리나누기, 조직배양 등 가루받이 외에도 다양한 방법이 있다. 따라서 식물의 암수는 동물의 암수와 근본적으로 다르다.

3-6 갖춘꽃과 못 갖춘꽃

갯버들

계수나무

뜰보리수

백당나무

불두화

꽃은 암술, 씨방(자방), 수술, 꽃잎, 꽃받침 등의 기관으로 나눠진다. 우리 주위에서 쉽게 보는 장미꽃이나 복사꽃, 살구꽃은 이런 기관을 다 갖추고 있다. 그러나 이렇게 기관을 갖추지 못한 꽃이 의외로 많다. 버드나무나 계수나무, 굴거리나무, 오리나무는 꽃잎이나 꽃받침이 없다. 보리수나무 종류는 꽃받침은 있으나 꽃잎이 없다.

백당나무는 암 수술에 꽃잎 꽃받침이 있으나 꽃 바깥에 추가로 장식화를 달고 있고, 불두화는 암술과 수술은 없고 장식화만 피고 열매도 맺지 않는다. 꽃은 가루받이를 하고 열매를 맺는 것이 본연의 역할인데 암 수술을 모두 갖춘 꽃이지만 열매를 맺지 못하거나, 씨앗을 심으면 부모와 전혀 다른 열매가 달리는 것이 나오기도 한다. 사람의 손에 오래 개량된 과일나무는 귤처럼 씨앗이 없거나 사과나 복숭아나무는 씨앗을 심으면 아주 작고 원시적인 열매가 달린다. 식물의 꽃은 이처럼 종마다 외모가 다양하고 기능도 특이하다.

4 꽃의 기관

5 화서(花序); 꽃차례

총상화서(總狀花序)
칡

산형화서(傘形花序)
산조팝나무

원추화서(圓錐花序)
꼬리조팝나무

취산화서(聚繖花序)
말채나무

산방화서(繖房花序)
말발도리

은화(隱花)
무화과
열매속에 꽃이 핀다.

6 열매 용어

구과(毬果)
소나무

골돌과(蓇葖果)
목련

시과(翅果)
단풍나무

핵과(核果)
복숭아

장과(漿果)
키위

협과(莢果)
등

① : 종명, 과명, 학명 ② ③ ④ ⑤ : 중요 이미지 · 하단은 사진 현장과 촬영일자

⑥ : 식물명의 어원 ⑦ ⑧ : 국내외 자생지, 국내 지역분포, 연두색: 자생, 자주색: 식재

⑨ : 중요특징 ⑩ : 암수, 번식방법, 활엽 침엽, 잎의 돋는 방식, 개화, 결실기

8 나무의 수록 기준

1. 이 책은 우리나라에 자생하는 나무와 원예품종, 작물로 심는 과일나무 등 100과에 700종을 수록하였다.
2. 원예품종은 우리 땅에 자라기 시작한 지 50년 이상 되거나 최근에 외국에서 들어온 나무라도 앞으로 상당기간 존속할 것으로 판단되는 경우 등을 고려해서 수록하였다.
3. 과일나무나 원예품으로 심는 나무는 주위에 흔한 품종을 원종으로 간주하였다.
4. 배열순서는 겉씨식물, 속씨식물 순서로 실었으며 과·속 내의 배열은 개체수나 우리 주위에 쉽게 접할 수 있는 종을 우선으로 배치하였다. 학명, 국명은 '국가생물종지식정보' 식물명을 따랐으나 최근에 변경된 내용을 참고하고, 이견이 있는 부분에는 약간의 개인적인 판단이 반영되었다.

목차

왕괴불나무

겉씨식물

섬잣나무

속씨식물

흰괴불나무 석병산

나무의 종을 구분하는 특징은 나무의 크기에 비해 의외로 작은 부위에서 나타나기도 한다. 인동과는 마주달린 두개의 꽃이 하나의 열매로 합쳐지는데 그 정도에 따라 종이 구분된다.

소나무
인제 한석산

우리는 식물과 마주 호흡하며 산다.
식물이 산소를 내뿜을 때 우리는 이를 호흡하고 식물이 자라는 데 필요한 이산화탄소를 내쉰다.

피자식물(겉씨식물)

소철과
은행나무과
소나무과
측백나무과
금송과
나한송과
개비자나무과
주목과

소철

소철과

Cycas revoluta

소철(蘇鉄)은 일본명 소데츠를 한글로 차용한 이름이다. 잎이 시들 때 쇠 조각을 뿌리 주위에 꽂아주면 소생한다고 한다.

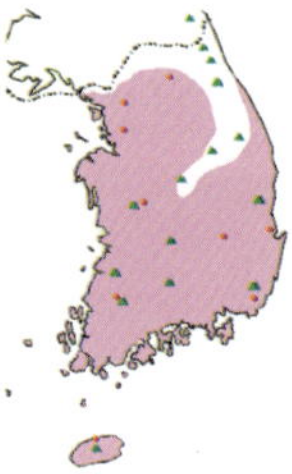

국내

- 제주도의 정원과 가로에 식재
- 전국의 온실에 재배

해외

- 일본 오키나와 자생, 중국, 대만 식재

암수딴그루	풍매화
침엽수	어긋나기
6월~8월	11월~12월
작은키나무	

완도수목원 17. 11.08

일본 남부 오키나와에 자생하는 상록 침엽 관목이다. 남부 지역에 식재하고 전국적으로는 온실에 재배한다. 수술은 원추처럼 생겼으며 점점 길어지다가 꽃가루를 날리며 가늘고 길쭉하게 시든다. 구과 식물로 진화상 우리나라에 현존하는 나무 중에 가장 일찍 나타났다.

은행나무

은행나무과

Ginkgo biloba L.

약 1,200여 년 전 중국에서 들어왔고 이름도 중국명 银杏을 차용했다. 열매가 살구(杏)를 닮았고 씨앗껍질이 은(銀)빛이다

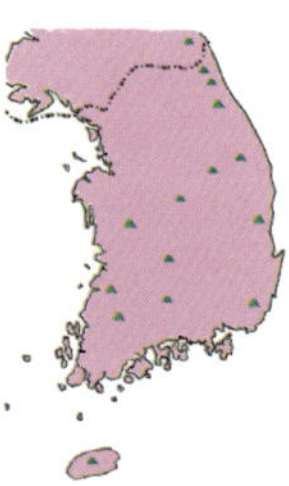

국내

- 전국 사찰 고택에 식재
- 공원 가로수

해외

- 중국 저장성 자생

암수딴그루	풍매화
활엽성 침엽수	어긋나기
4월~5월	10월~11월
큰키나무	

성균관 17. 11. 04

은행나무는 살아있는 화석이라 부른다. 현존하는 나무 중에 가장 오래되었으며 고생대에 나타났다. 전국 사찰이나 고택의 뜰에 자라고 가로수로 심는다. 열매는 식용하고 잎은 심장병 치료제로 사용된다. 침엽수와 활엽수의 특징을 공유한다. 꽃에는 꽃잎이나 암·수술이 없다.

겉씨식물(침엽수)

비자나무 주목 은행나무 측백나무 향나무 편백나무

지상에는 최초에 솔이끼와 우산이끼와 같은 선태식물이 나타나고 뒤이어 고사리 같은 양치식물이 등장했다. 이들에 이어 출현한 식물군은 소나무 종류인 겉씨식물이다. 겉씨식물은 공룡이 활약하던 중생대에 번성했던 나무들로서 암꽃, 수꽃이 각각 다른 그루에 피는 암수딴그루이며 꽃에는 꽃잎이나 꽃받침은 없으며 바람에 가루받이를 맡기는 풍매화이다. 잎은 대부분 소나무 같은 바늘 형태이나 삼나무 같은 비늘조각 잎, 나한송 같은 손가락 형태, 소철 같은 깃털복엽이 있다.

은행나무의 경우는 운동성을 지닌 꼬리 달린 정자가 난세포를 향해 이동하는데 이는 이끼나 양치식물의 특징이다. 은행나무는 포자식물과 겉씨식물의 중간단계에 모습을 보여준다고 하겠다.

오리나무 종류는 속씨식물이지만 열매는 솔방울을 닮았다. 그러나 오리나무는 암 수꽃이 한 그루에 피는 암수한그루이며 꽃잎이나 꽃받침은 없지만, 암꽃은 속씨식물의 구조이다.

종을 구분하는 용어나 식물 분류에 쓰는 단어는 외견상으로 분명한 차이를 보여주지만, 실물에서는 경계가 매우 모호하다. 생물과 무생물, 겉씨식물과 속씨식물, 암나무와 수나무, 과와 속·종 이런 모든 구분 속에는 수많은 예외와 양쪽의 특징을 공유하는 중간 형태의 것이 존재한다. 우리나라에 자라는 겉씨식물은 소철과의 소철, 은행나무과의 은행나무, 소나무과, 측백나무과, 주목과, 금송과, 나한송과, 개비자나무과 등이 있다.

소나무과

소나무과는 우리나라에 자라는 겉씨식물의 대표적인 식물군이다.

소나무과에는 소나무속, 전나무속, 가문비나무속, 잎갈나무속, 솔송나무속, 개잎갈나무속 6개의 속이 있다. 소나무속에는 소나무, 곰솔, 리기다소나무, 잣나무, 눈잣나무, 섬잣나무, 스트로브잣나무, 백송과 외래종으로 들여온 방크스소나무, 대왕송, 풍겐스소나무 등이 있다. 전나무속에는 전나무, 구상나무, 분비나무가 속한다. 가문비나무속에는 종비나무, 가문비나무, 독일가문비나무 3종이 있다. 잎갈나무속에는 잎갈나무와 일본잎갈나무가 있다. 솔송나무속과 개잎갈나무속에는 각각 1종이 있다.

구과(솔방울)

소나무

곰솔

리기다소나무

잣나무

스트로브잣나무

독일가문비나무

개잎갈나무

백송

일본잎갈나무

겉씨식물의 열매는 구과라 부르고 암꽃을 암구화, 수꽃은 수구화라 한다. 속씨식물의 열매와 구분하기 위한 이름이다. 구과는 꽃가루가 암술머리나 암술대를 통하지 않고 곧장 난세포에 가루받이가 일어나고 씨방이 없이 겉으로 드러나 성숙한다고 나자식물 또는 겉씨식물이라 한다. 우리 땅에 자라는 겉씨식물 중에 가장 오래된 것은 소철과 은행나무이다. 도감에 식물을 싣는 순서는 지상에 출현한 순서와 학명의 스펠링 순위를 고려한다.

안면도 19. 11. 10

소나무(솔, 적송)

소나무과

Pinus densiflora

잎이 바늘을 닮아 바늘을 뜻하는 '솔'이 나무와 결합한 이름, 우두머리를 뜻하는 수리, 솔이 나무와 결합, 한자는 송목(松木)이다.

국내

- 전국 산지에 자라고 인가 주위와 공원에 식재

해외

- 중국, 일본, 러시아

소나무는 우리나라 산지에 가장 흔하게 자라고 대표적인 침엽수이다. 궁궐이나 옛 건축물, 관을 짜는 데 사용해 왔다. 산성토양에 잘 자라고 폐허가 된 산지에 가장 빨리 들어와 자란다. 관상수로 인가 주위에 심으나 지구온난화와 병해충으로 점차 개체수가 줄고 있다.

암수한그루	풍매화
침엽수	돌려나기
5월	익년 9월
큰키나무	

해남 17.10.21

곰솔(해송)

소나무과

Pinus thunbergii

수피가 검다는 검은솔이 곰솔로 변하였다. 해송은 바닷가에 자라는 소나무라는 의미이다. 일본, 중국명은 흑송(黑松)이다.

국내

- 전국 해안 자생
- 방풍림으로 식재

해외

- 일본, 중국, 대만

곰솔은 해안지역과 섬에 자라는 소나무이다. 수피가 검은색 혹은 검은 회색이 나고 잎은 소나무에 비해 억세고 길다. 소나무는 겨울눈과 수피가 붉은 색을 띤다고 적송이라 부르는데 곰솔의 겨울눈은 흰색을 띤다. 해안지역에 자생하고 방풍림으로 심는다.

암수한그루	풍매화
침엽수	돌려나기
5월	익년 9월
큰키나무	

리기다소나무

소나무과

Pinus rigida

북미가 원산으로 일본을 거쳐 도입된 외래종으로 학명에서 나온 이름이다.

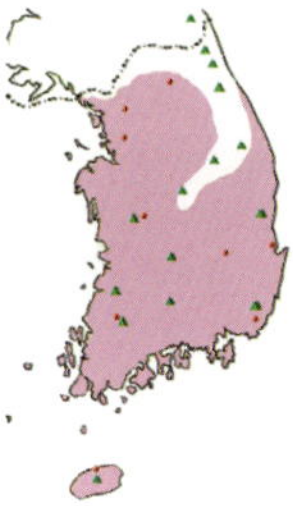

[국내]
- 남한 전역 산지 산림녹화 사업으로 식재

[해외]
- 북미 원산

광릉수목원 18.09.18

암수한그루	풍매화
침엽수	돌려나기
5월	익년 9월
큰키나무	

전란으로 황폐해진 산지를 녹화하기 위해 1970년대에 들어 대대적으로 조림한 나무로 지금도 많은 곳에 자라고 있다. 산성토양이나 모래땅 척박한 토양에서 잘 자란다. 나무줄기에서도 새싹이 돋고, 작은 잎 세개가 모여나고 중간에서 꼬여있다.

소나무 잎으로 구분하기

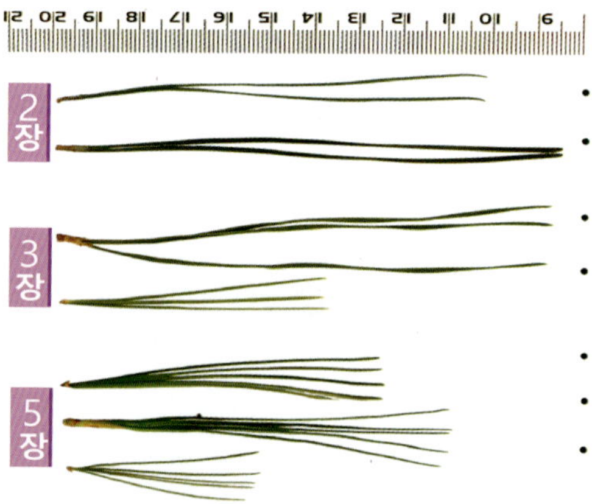

- 소나무
- 곰솔
- 리기다소나무
- 백송
- 잣나무
- 스트로브잣나무
- 섬잣나무

소나무와 곰솔은 잎은 2개가 모여나고, 리기다소나무와 백송은 3개가 모여나고, 잣나무 종류는 5개가 모여 달린다. 높은 산지에 자생하고 작물로 심는 잣나무, 공원과 화단에 소음 차단과 풍치림으로 심는 스트로브잣나무, 설악산 등 높은 산지에 자라는 눈잣나무, 울릉도에 자라는 섬잣나무 등 잣나무는 모두 작은잎 5장이 모여난다. 일본잎갈나무, 히말라야시다 등은 잎이 10여 개씩 모여나고 가지끝에서는 돌려나며 전나무, 솔송나무, 가문비나무, 주목 등은 1개씩 가지에 촘촘하게 돌려난다.

▍남한산성 19.11.09

잣나무(오엽송)

소나무과

Pinus koraiensis

잣이 달리는 나무. 목재가 붉다고 홍송, 잎이 5개가 모여 달린다고 오엽송이라고도 한다.

국내

- 전국 높은 산지에 자생
- 인가 주위와 산지에 식재

해외

- 만주 일본 러시아

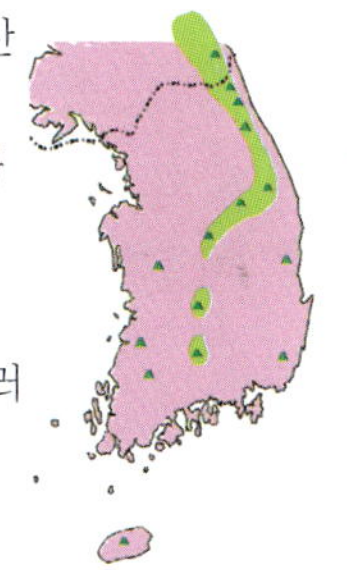

- 암수한그루
- 풍매화
- 침엽수
- 돌려나기
- 5월
- 익년 9월
- 큰키나무

지리산 이북 백두대간 1,000m 이상 산지에 자생하고 잣을 생산하거나 조경을 위해 인가 주위에 심는다. 상록성 침엽수로 키는 30m에 이르고 둘레 1m로 자란다. 수피가 불규칙하게 떨어지며, 잎은 5개가 모여 나고 3개의 능선이 있으며 잎 뒷면은 흰색으로 빛난다.

▍물향기수목원 18.04.10

스트로브잣나무

소나무과

Pinus strobus

스트로브는 학명에 들어있는 strobus에서 왔으며, 라틴어로 소나무인 pine을 뜻한다. 소나무 중 잎이 가늘고 긴편이다.

국내

- 근래 도입종으로 공원과 아파트, 고속도로 주위에 식재.

해외

- 미국 동부지역 원산

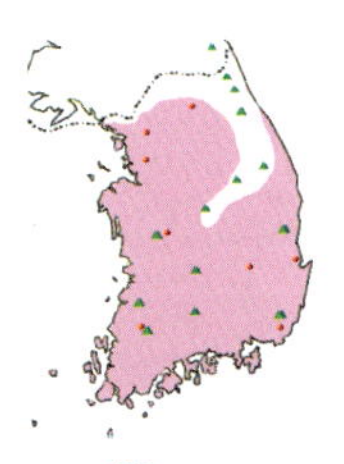

- 암수한그루
- 풍매화
- 침엽수
- 돌려나기
- 5월
- 익년 9월
- 큰키나무

어린나무는 수피가 매끈하나 오래 자라면 세로로 깊게 갈라지고 열매는 길쭉하며 잎은 가늘다. 스트로브잣나무는 미국 동부지역 원산으로 자생지에서는 유사종 중에서 가장 크게 자란다. 속성수로 도시 공원이나 아파트, 고속도로 방음과 전망 차단과 풍치를 위해 심는다.

소나무과 수피

소나무 곰솔 잣나무 리기다소나무 전나무

소나무 줄기는 붉은색이 나고 바닷가에 자라는 곰솔은 회색 또는 검은색이 난다. 잣나무는 수피가 얇게 벗겨지고, 리기다소나무는 수피가 깊게 갈라지며 새순이 돋는다. 전나무 수피는 손톱처럼 벗겨진다.

전나무(젓나무)

소나무과

Abies holophylla

표준명은 전나무이며 어린가지를 자르면 젖같은 흰 수액이 나온다고 젓나무라 쓰기도 하나 전나무로 통일하였다.

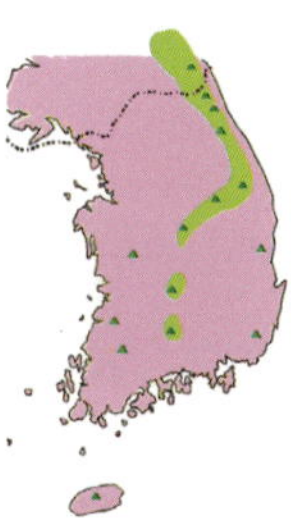

국내
- 강원도 1,000m 이상 산지에 자생
- 공원과 가로수로 식재

해외
- 중국, 러시아 동부, 대만

암수한그루	풍매화
침엽수	돌려나기
4월	10월
큰키나무	

구룡령 16.11.08

중부 이북 깊고 높은 산지에 자생하고 도시공원과 학교, 관공서 뜰, 화단에 심는다. 키는 30m로 자라며 둘레는 1.5m로 굵고 크게 자라는 나무로 오대산 월정사 인근에서는 아름드리 나무를 만날 수 있다. 잎은 선형으로 끝은 뾰족하고 열매는 타원형이다.

한라산 16.06.15

구상나무

소나무과

Abies koreana

봄에 새로 돋는 잎이 성게처럼 생겼다고 제주 방언인 쿠살(성게)를 닮은 나무라는 의미로 알려진다.

국내
- 한라산 중간 산 자생
- 정원과 화단 공원에 식재

해외
- 유럽에서 크리스마스트리용으로 인기

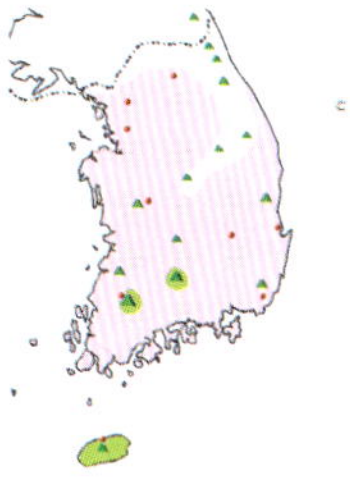

씨앗을 감싸는 실편이 뒤로 젖혀진다. 한국특산종으로 알려지며 한라산, 지리산, 덕유산, 무등산, 가야산 등지의 해발 1,000m 이상 지역에 자란다. 최근 들어 온난화현상으로 겨울에 눈이 덮이던 자생지가 더 이상 눈이 쌓이지 않아 부족한 강수량으로 말라 죽어가고 있다.

암수한그루	풍매화
침엽수	돌려나기
5~6월	8월~9월
큰키나무	

분비나무

소나무과

Abies nephrolepis

나무 수피가 분을 바른 것 같은 나무란 의미로 분피목(粉皮木)이 분비나무가 되었다.

국내
- 지리산 이북 높은 산지
- 설악산, 함백산, 화악산

해외
- 만주, 시베리아, 몽골

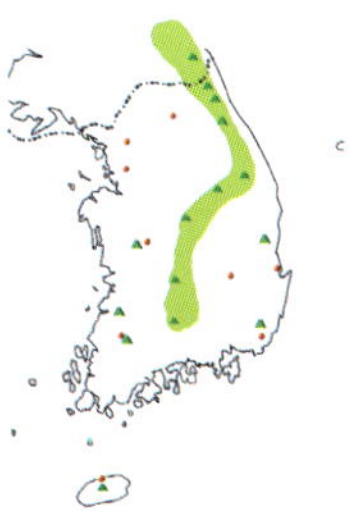

함백산 18.09.02

씨앗을 감싸는 포의 끝(실편)이 위쪽을 향하거나 옆으로 돋는다. 지리산 이북의 높은 산지에 주로 자라고 수피가 흰색을 띤다. 구상나무와 근연관계로 두 종간의 차이가 크지 않으며 특징이 중복되거나, 관찰 시기에 따라 구분이 어려워지기도 한다.

암수한그루	풍매화
침엽수	돌려나기
4월~5월	8월~9월
큰키나무	

구상나무와 분비나무

20170609 한라산
구상나무

20160619 함백산
분비나무

20160521 설악산
분비나무

실편이 젖혀지는 구상나무와 실편이 곧추서는 분비나무를 비교하였다. 가운데 함백산에 자라는 분비나무 실편도 구상나무처럼 뒤로 젖혀진다. 두 종의 특징이 함께 나타나기도 하며 실질적으로 구분되지 않는다거나 지역변이라는 견해도 있다. 열매는 둘 다 검은색, 붉은색, 녹색으로 색변이가 나타난다.

개잎갈나무(히말라야시다)

소나무과

Cedrus deodara

잎갈나무 비슷하나 잎갈나무가 아니라고 개잎갈나무라 한다. 히말라야시다라고도 하며 북한명은 설송나무이다.

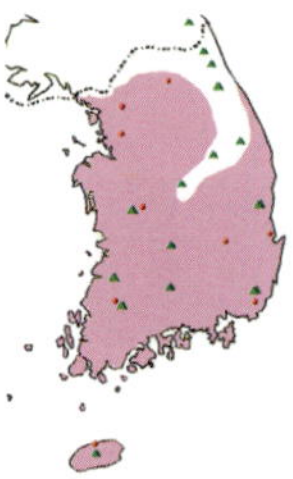

[국내]
- 중부 이남 공원, 가로수로 식재

[해외]
- 히말라야산맥, 인도, 티벳, 네팔, 파키스탄

암수한그루	풍매화
침엽수	돌려나기
10월~11월	익년 9월
큰키나무	

인천수목원 16.03.05

정원수나 가로수로 많이 심으며 크게 자라고 수형이 원뿔형태로 아름답다. 자생지 주민들은 신성한 나무라 부른다. 히말라야 산기슭이 원산으로 1930년대에 이 나무를 도입하였으며, 중부 이남에 심으며 뿌리가 얕게 뻗어서 태풍에 쉽게 피해를 입는다.

광릉국립수목원 17.07.12

솔송나무

소나무과

Tsuga sieboldii

솔과 한자 송의 동의어 반복, 소나무보다 곧고 높게 자라기에 소나무를 거느린다(率松)는 뜻, 설송(雪松)이 변한 말

국내

- 울릉도에 자생, 전국 수목원 식재
- 광릉국립수목원, 안면도 수목원

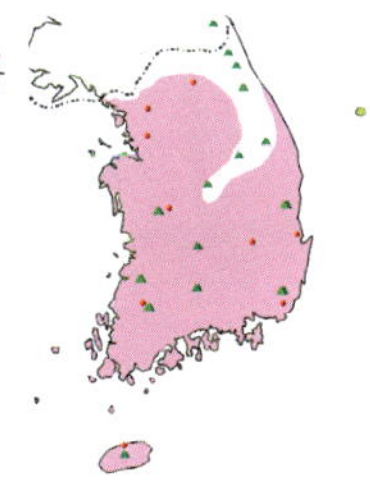

해외

- 일본 전역

암수한그루	풍매화
침엽수	돌려나기
5월	10월~11월
큰키나무	

울릉도에 자생하고 전국의 수목원에 심는다. 솔방울이 작고 아래쪽으로 향해 달리고 실편수가 적다. 잎은 납작하고 끝은 옴폭 패인 형태이며 잎 뒷면에 두 개의 흰 기공선이 보이고 광택을 띤다. 울릉도 태화령에 자생 군락지가 있으며 천연기념물로 보호한다.

홍릉수목원 17.05.09

종비나무(비늘가문비)

소나무과

Picea koraiensis

전나무를 뜻하는 종(從)과 잎이 비자나무를 닮았다고 비자나무(榧)를 합쳐 새로운 이름이다.

국내

- 압록강 주위 개마공원
- 홍릉수목원, 광릉국립수목원

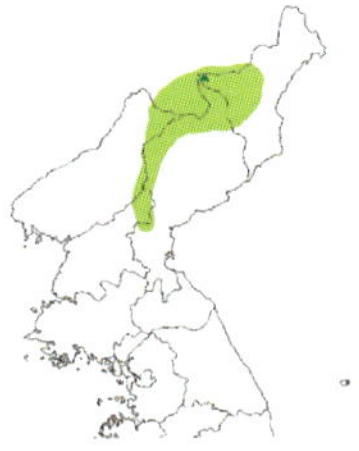

해외

- 중국, 극동, 러시아

암수한그루	풍매화
침엽수	돌려나기
5월	10월
큰키나무	

북부 압록강 유역에 큰 군락을 이루며 자라는 한대성 나무로 남쪽에서는 수목원에서 볼 수 있다. 잎의 횡단면이 마름모꼴이며 4면에 흰색 기공선이 나타나고 열매는 길쭉하며 아래로 늘어진다. 수피는 암갈색을 띠고 껍질은 비늘처럼 얇게 벗겨진다.

잎끝이 패인 침엽수

구상나무　　분비나무　　솔송나무　　주목　　독일가문비나무

소나무, 잣나무 등은 잎끝이 뾰족하지만, 구상나무와 분비나무, 솔송나무 등은 잎끝이 패어있다. 한라산에는 구상나무와 주목이 함께 자라는데 구분이 쉽지 않다. 그러나 잎끝에는 이들을 구분하는 특징이 나타난다.

가문비나무(감비나무)

소나무과

Picea jezoensis

껍질이 검은빛이어서 흑피목(黑皮木)이 검은피나무가 되고 가문비나무로 변하였다.

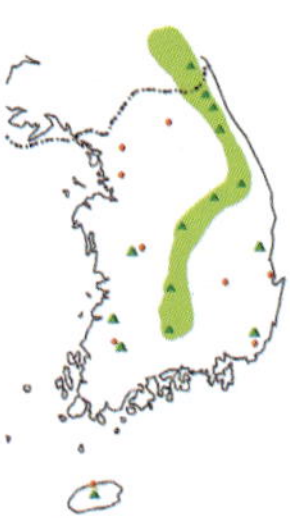

국내
- 지리산, 덕유산, 계방산, 설악산, 북부 고산지역

해외
- 일본 북해도 중국, 만주, 우수리

암수한그루	풍매화
침엽수	돌려나기
5월~6월	9월~10월
큰키나무	

덕유산 16. 07. 08

꽃이 필 때는 솔방울이 하늘을 향하다가 익으면서 아래로 처진다. 지리산, 덕유산, 계방산, 이북의 한랭하고 높은 산지에 자라는 상록침엽교목이다. 남쪽지역에는 일제강점기에 대량 남벌되고 현재는 기후온난화에 따른 고산지 가뭄으로 점차 사라지고 있다.

국립수목원 16. 01.16

독일가문비나무

소나무과

Picea abies

유럽지역에 자라는 나무로 독일에서 도입한 가문비나무라는 의미를 지닌다.

국내
- 공원과 정원에 식재
- 국립수목원

해외
- 독일 북유럽 지역 원산

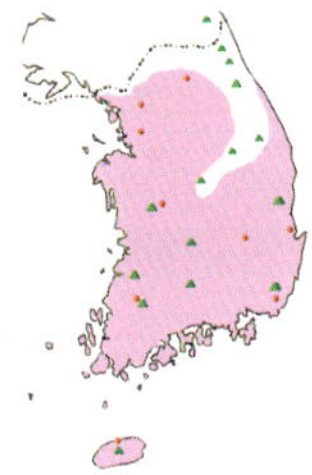

독일가문비나무는 1920년대에 독일에서 들여온 외래종으로 나뭇가지가 아래로 처진다. 눈이 많이 오는 지역에서 무거운 눈에 적응해 진화한 종이다. 수형이 아름다워 조림 또는 관상수로 심는다. 잎은 굽은 선형이고 끝은 뾰족하다. 열매는 긴 원추형이다.

암수한그루	풍매화
침엽수	돌려나기
4월~5월	10월
큰키나무	

광릉국립수목원 17. 05.09

잎갈나무

소나무과

Larix gmelinii var.

순우리말 이름으로 잎갈나무 또는 이깔나무이다. 가을이면 단풍이 들고 잎을 간다는 뜻이다.

국내
- 북부 압록강 유역
- 광릉국립수목원

해외
- 중국, 몽골, 극동러시아

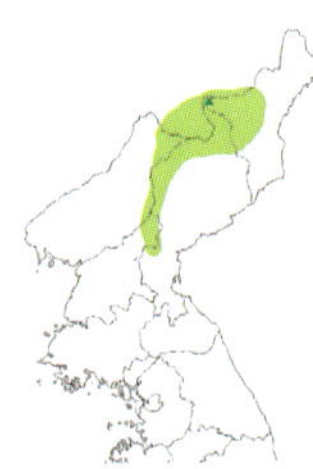

백두산과 개마고원 등 북부지역에 원시림을 이루는 대표적인 나무이다. 한대성 수종으로 침엽수지만 가을이면 낙엽이 들고 잎을 간다. 일본잎갈나무와는 구분이 쉽지 않으나 솔방울의 실편이 20~40개이고 일본잎갈나무는 50개 이상으로 차이가 난다.

암수한그루	풍매화
침엽수	돌려나기
4월~5월	9월~10월
큰키나무	

소나무과 종자

잣나무　섬잣나무　눈잣나무　소나무　리기다소나무　개잎갈나무

침엽수는 암수딴그루로 바람에 의해 가루받이한다. 씨앗 확산에는 바람과 동물이 참여한다. 소나무나 리기다소나무, 개잎갈나무는 바람에 씨앗을 날려 보내지만, 잣나무는 사람이나 조류, 다람쥐, 청설모가 먹이로 옮기거나 보관하는 과정에 확산된다. 울릉도에 자라는 섬잣나무 열매는 가장자리에 날개 흔적인 능선이 있고 설악산 높은 지역에 자라는 눈잣나무는 가장자리를 따라 흰 솜털이 난다.

섬잣나무

소나무과

Pinus parviflora

울릉도에 자라는 잣나무라는 뜻이다.

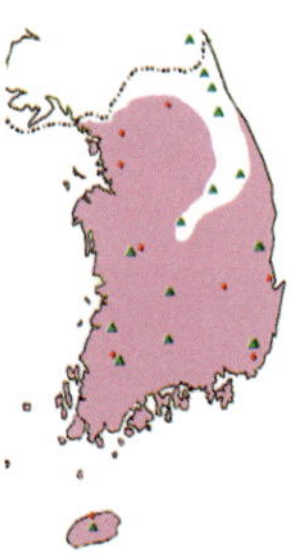

국내
- 울릉도 태화령
- 관공서 경내나 공원에 식재

해외
- 일본

암수한그루	풍매화
침엽수	돌려나기
4월~5월	익년 9월
큰키나무	

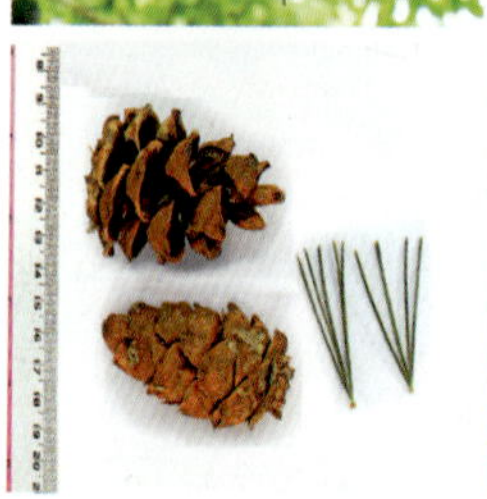

기청산식물원 17.12.31

섬잣나무는 울릉도와 일본에 자라고 잎은 5개가 모여나고 종자의 가장자리에 능선이 있다. 정원이나 관공서에 심는 섬잣나무는 주로 일본에서 개량하여 도입한 원예종으로 잎이 짧고 전세계에 심는다. 열매에 무늬가 나거나 솔방울의 형태가 다양한데 이들을 통칭하는 이름이다.

설악산 대청 15.07.20

눈잣나무

소나무과

Pinus pumila

줄기가 누워 자란다고 누운잣나무가 눈잣나무로 변하였다. *pumila*는 바닥을 긴다는 의미이나 사과나무에도 쓰인다.

국내

- 설악산 대청봉, 태백산 등 높은 산지
- 국립수목원

해외

- 만주, 시베리아

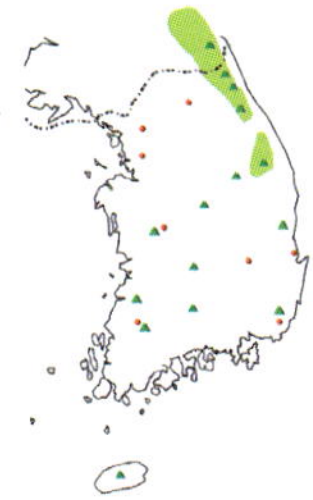

고산의 강한 바람과 눈의 무게에 적응한 잣나무 종류로 줄기가 지면에 누워 자란다. 바늘잎 5장이 모여나고 뒷면에 흰 기공선이 발달한다. 암구화는 섬잣나무보다 작고 씨앗에는 날개가 없으며 능선에 흰털이 난다. 낮은 지대에 심으면 크기가 5~6m까지 곧추 자란다.

암수한그루	풍매화
침엽수	돌려나기
5월~6월	익년 9월
큰키나무	

전주수목원 16.06.18

백송

소나무과

Pinus bungeana

나무의 수피가 흰색을 띤다고 백송(白松)이라 부른다. 중국명 백피송(白皮松) 일본명 백송이다.

국내

- 화단과 공원에 식재
- 헌법재판소, 서울 조계사, 창경궁

해외

- 중국 특산

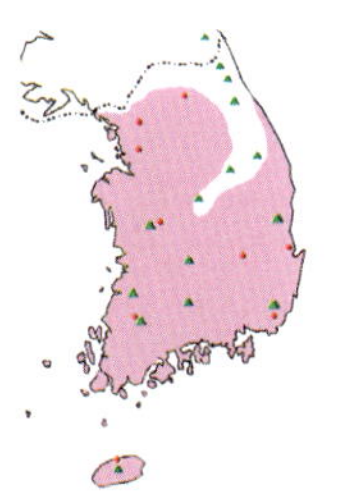

백송은 전국의 공원과 정원, 고택 주위에 심는 소나무 종류로 중국이 원산으로 백송 또는 백골송이라 부른다. 수피가 큰 비늘로 벗겨지고 회백색으로 아름답다. 풍치수로 널리 심으나 우리나라에서는 번식력이 떨어지고 잘 자라지 않는다.

암수한그루	풍매화
침엽수	돌려나기
4월~5월	익년 10월
큰키나무	

일본잎갈나무(낙엽송)

소나무과

Larix kaempferi

일본에서 들여온 잎갈나무라는 뜻으로 가을이면 낙엽이 든다고 낙엽송(落葉松)이다..

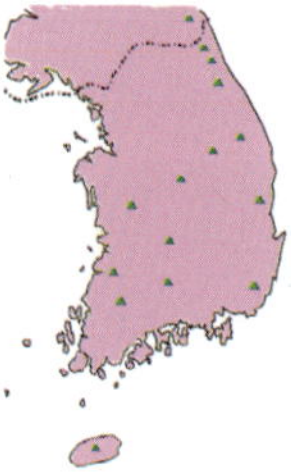

국내

- 전국 산지, 정원 공원에 식재
- 함백산

해외

- 일본 원산

암수한그루	풍매화
침엽수	돌려나기
4월~5월	9월~10월
큰키나무	

전주수목원 16.06.18

침엽수이지만 가을에는 잎에 단풍이 들어 떨어지고 봄이면 새잎이 돋는다. 전국 산지에 산림녹화사업으로 많이 심었으며 어릴 때는 성장이 빠르고 곧게 자란다. 열매는 위를 향해 달린다. 잎은 가지 끝에는 1개씩 돌려나고 묵은 가지에는 20여 개씩 모여 달린다.

측백나무

측백나무과

Platycladus orientalis

잎이 한쪽 방향으로 평평하게 나는 특징으로 측백(側柏)나무라 부른다.

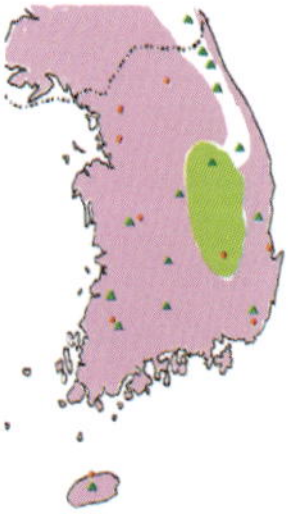

국내

- 대구, 단양, 안동, 영월 석회암, 퇴적암 지역
- 전국식재

해외

- 중국

암수한그루	풍매화
침엽수	겹쳐나기
4월	9월~10월
큰키나무	

대구 17.12.31

잎이 납작하게 펴지며 마름모꼴로 마주나고 끝이 뾰족하며 작은 잎들이 모여 줄기처럼 생긴다. 수꽃은 타원형으로 10개의 인편으로 구성되고 각각 2~4개의 꽃밥이 있으며 꽃자루가 짧다. 암꽃은 구형이고 8개의 실편이며 각 꽃에 6개의 밑씨가 들어있다. 열매에는 돌기가 난다.

측백나무과

편백　　　　화백　　　　측백

편백은 잎 뒷면의 숨구멍인 기공이 Y자형태를 보여주고, 화백은 W자형을 보여주며, 측백나무는 골고루 흩어져 무늬가 잘 보이지 않는다. 열매는 측백나무가 가장 굵고 편백이 중간이고 둥굴며 화백은 작다.

안면도수목원 6.06.18

편백

측백나무과

Chamaecyparis obtusa

원산지 일본에서는 회(桧) 또는 회목(桧木)으로 쓰고 히노끼로 읽으며, 우리는 중국명 扁柏(잎이 납작한 나무)을 쓴다.

국내

- 중부 이남 전역에 대대적으로 식재
- 진안, 장흥, 남해, 제주

해외

- 일본 원산

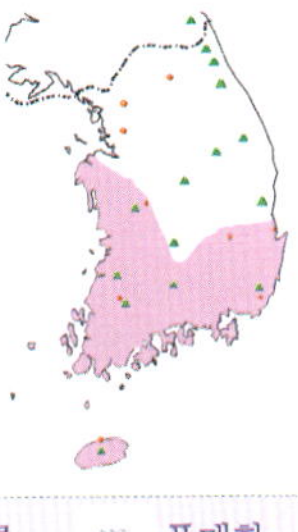

암수한그루	풍매화
침엽수	겹쳐나기
4월	9월~10월
큰키나무	

잎 뒷면 기공선이 Y자를 보여준다. 수형이 아름답고 40m의 키로 자라는 침엽상록수이다. 목재는 히노끼라 하여 고급 내장재로 사용하고, 나무에서 발산하는 피톤치드는 강력한 천연 항균물질로 숲은 질병 치료와 휴식을 위한 장소로 활용되고 있다.

화백(화백나무)

측백나무과

Chamaecyparis pisifera

원산지 일본명은 사와라 중국명은 일본화백(日本花柏)이라 부른다. 편백에 비해 부드러운 느낌이라고 화(花)를 썼다.

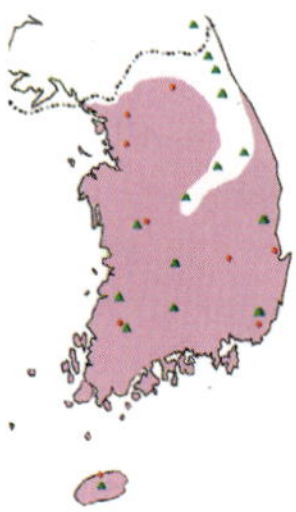

[국내]

- 남부지역 정원과 공원에 식재
- 도공 전주수목원, 홍릉수목원

[해외]

- 일본 원산

암수한그루	풍매화
침엽수	겹쳐나기
4월	9월~10월
큰키나무	

홍릉수목원 16.01.16

일본이 원산으로 전국의 공원이나 정원에 심으며 사철 푸른나무이다. 편백보다 추운 지역에도 자라고 성장 속도가 빠르나 재질이 떨어진다. 목재는 거칠고 단단하여 건축, 토목, 선박재로 이용한다. 유사종으로 실화백, 황금실화백 등의 원예품이 있다.

눈측백(찝빵나무)

측백나무과

Thuja koraiensis

누워 자라는 측백나무라는 의미로 높은 산지의 강한 바람과 무거운 눈에 적응하여 진화한 측백나무를 뜻한다.

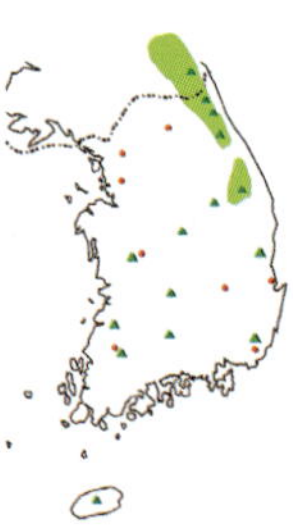

[국내]

- 강원도 북부 높은 산지
- 설악산, 화악산

[해외]

- 중국

암수한그루	풍매화
침엽수	겹쳐나기
5월	9월~10월
작은키나무	

설악산 16.06.04

강원도 설악산과 화악산 등 높은 산지에 자라고 키는 4~5m의 관목이다. 암수한그루로 잎 뒷면에는 기공이 잘 발달하여 측백나무 중에서 잎 뒷면이 가장 희게 보인다. 세계적인 희귀종으로 생태에 따라 키는 10m까지 교목으로 자란다.

광릉수목원 17.07.12

서양측백나무(미국측백나무)

측백나무과

Thuja occidentalis

미국에서 도입한 측백나무라는 의미이다.

국내
- 남한 전역 정원과 아파트 식재
- 국립수목원

해외
- 북미 원산

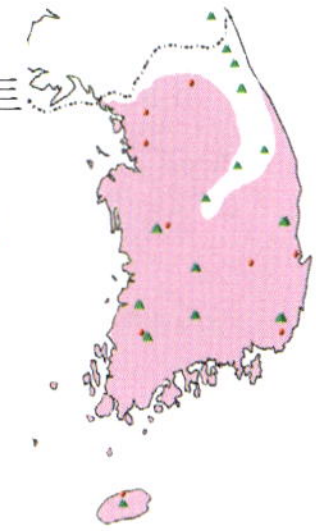

미국에서 들여온 측백나무로서 공원과 인가 주위에 조경수나 생울타리로 심으며 키는 10m까지 자란다. 우리 측백나무보다 빨리 자라고 잎 뒷면에 기공선은 균일하게 흩어져 있어서 잘 드러나지 않는다. 열매가 우리 측백나무와 쉽게 구별된다.

암수한그루	풍매화
침엽수	겹쳐나기
5월	10월~11월
큰키나무	

제주 17.08.19

삼나무(스기목, 숙대나무)

측백나무과

Cryptomeria japonica

일본 원산으로 일본어 표기는 杉이며 훈독으로 스기로 읽는데 이 영향으로 스기목이라고도 한다.

국내
- 남부지역 식재
- 제주, 경남, 전남 공원

해외
- 일본, 중국, 미국

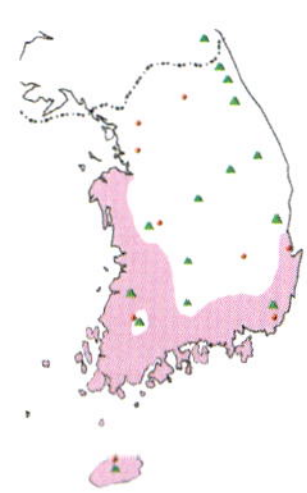

바늘형 잎으로 단면은 4각형이고 줄기와 잎의 구분이 불분명하다. 일본이 원산으로 제주에서는 방풍림이나 생울타리, 관상 및 산업용으로 심는다. 내한성이 약해서 주로 남부지역에 자라나 재질이 우수해서 토목, 가구, 선박재로 쓴다. 이른봄 꽃가루가 알레르기를 일으킨다.

암수한그루	풍매화
침엽수	돌려나기
3월	10월
큰키나무	

측백나무과 열매

삼나무

넓은잎삼나무

노간주나무

향나무

삼나무와 넓은잎삼나무, 노간주나무, 향나무는 측백나무과이다. 열매의 모양이 다소 차이가 난다. 지금 삼나무는 측백나무과로 분류하지만, 과거에는 낙우송과에 들어갔다. 식물분류는 주로 식물이 지닌 기관의 형태나 기능을 관찰해서 종의 상관관계를 비교 분석해서 정한다. 요즘은 DNA 분석과 같은 유전공학 기술을 적용하여 종의 분류도 변화되고 방법도 새로워지고 있다.

넓은잎삼나무

측백나무과

Cunninghamia lanceolata

잎이 넓은 형태를 지닌 삼나무 종류란 이름이다.

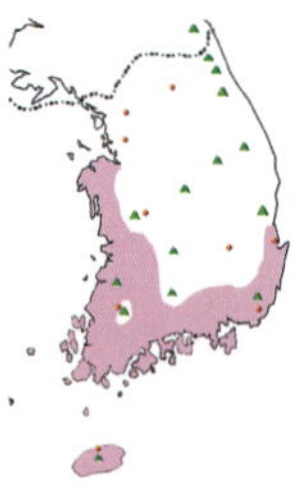

국내
- 남부 지역 식재
- 도공 전주수목원, 완도수목원

해외
- 대만, 중국, 베트남

암수한그루	풍매화
침엽수	어긋나기
3월~4월	10월~11월
큰키나무	

완도수목원 15. 09.19

남부지역에서 관상용으로 심는 상록교목으로 삼나무보다 잎이 가는 댓잎 모양으로 폭이 약간 넓고 끝이 날카롭다. 열매는 넓은 실편으로 층을 이루고 삼나무와는 형태가 다르다. 기공은 장타원형으로 함몰되어 있다. 삼나무와 이름은 같이 쓰나 분류상의 속은 다르다.

수원 칠보산 17. 06.18

노간주나무(노가지나무)

측백나무과

Juniperus rigida

원래 이름은 노가(老枷)나무였고 약이나 두송주(杜松酒)를 빚는 열매로 노가자(老枷子)라 했는데 노간주가 되었다.

국내
- 전국산지
- 북한산

해외
- 중국, 일본

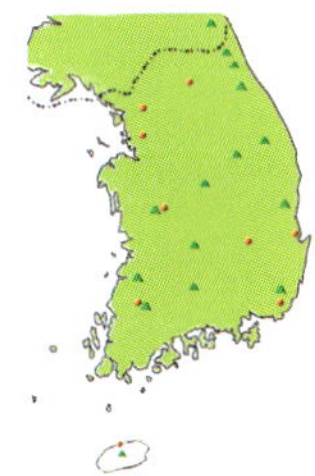

전국 산지에 자생하고 양지바르고 물 빠짐이 좋은 암반 지대나 석회암 지역에 많이 자란다. 가시가 억세고 촘촘하게 자라며 키는 5~6m로 외관이 아름다워 무덤가에 심는다. 열매는 검게 익으며 향기가 난다. 씨는 두송실이라고 하며 술로 담가 마시고 보드카의 향을 더해준다.

암수딴그루	풍매화
침엽수	돌려나기
5~6월	9~10월
중간키나무	

울릉 도동 18. 05. 27

향나무(노송나무)

측백나무과

Juniperus chinensis

향을 피우는데 쓰는 나무 향목(香木)에서 나왔다.

국내
- 울릉도, 영월, 의성, 삼척 자생
- 전국 식재

해외
- 일본, 중국, 대만, 몽골

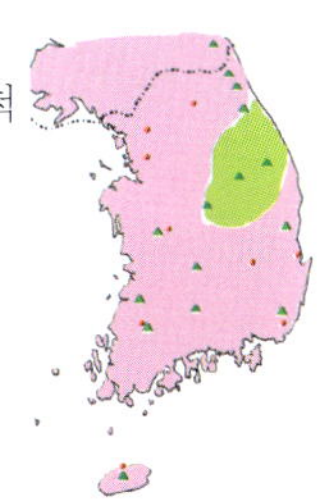

사철 푸른 중간키나무로 나무를 말려 제시니 장례의식에 쓰는 향을 만든다. 암수딴그루로 잎은 바늘잎과 날카로운 비늘잎이 달린다. 종자로 번식하고, 삽목으로 번식한 개체는 옆으로 퍼지는 수형이 나온다. 나무가 횃불처럼 꼬이며 자라는 원예종으로 가이즈카향나무가 있다.

암수한그루	풍매화
침엽수	겹쳐나기
4월	익년 10월
중간키나무	

눈향나무(누운향나무)

측백나무과

Juniperus chinensis var. sargentii

줄기가 누워자라는 향나무 종류라는 의미이다.

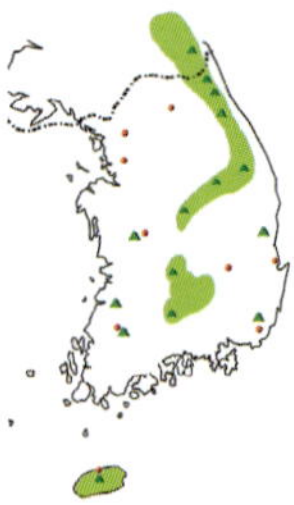

국내

- 한라산, 지리산, 설악산 높은 산지
- 인천수목원

해외

- 일본, 중국, 동부 러시아

암수딴그루	풍매화
침엽수	겹쳐나기
4월~5월	익년10월
작은키나무	

한라산영실16. 06.18

한라산, 설악산, 가야산 능선의 높은 산지 환경에 적응하여 줄기가 땅을 기며 자란다. 잎이 대부분 바늘잎으로 끝이 뭉툭하다. 비슷한 나무로 남부지역 해안에 자라는 섬향나무가 있다. 섬향나무(*J. chinensis* var.)에는 대부분 날카로운 비늘잎이 달린다.

메타세쿼이아

측백나무과

Metasequoia glyptostroboides

미국에 자라는 Sequoia보다 나중(meta) 나온 나무란 의미. 세쿼이아는 인디언 추장의 이름으로 자신들의 문자를 만들었다.

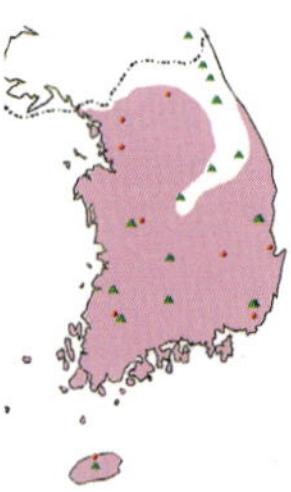

국내

- 전국의 공원, 유원지, 가로에 식재
- 물향기수목원, 하늘공원

해외

- 중국 양쯔강 인근 자생,

암수딴그루	풍매화
침엽수	마주나기
3월~4월	익년 9월
큰키나무	낙엽수

물향기수목원 16.06.18

화석으로만 알려져 왔으나 1941년 중국 양쯔강 상류에서 실물이 발견된 후 미국에서 증식되어 전세계에 보급되었다. 잎이 마주나고 깃꼴이며 가을에 단풍이 든다. 전국 공원과 가로에 심으며 우리 기후에서 성장 속도가 매우 빠르고 높게 자라는 나무로 관찰된다.

메타세쿼이아 낙우송

메타세쿼이아

낙우송

메타세쿼이아는 잎이 깔끔하게 마주나고 낙우송은 어긋나고 자유분방하다. 메타세쿼이아는 원산지 중국의 질서가 연상되고, 낙우송은 원산지인 미국의 자유분방함을 닮았다. 미국의 하버드 대학 식물원에서 연구되고 전세계에 보급되었다. 미국의 붉은삼나무와 같은 과이나 독립된 속에 들어가고 1종이 있다. 우리나라 전국에서 가로수로 심고 있으며 이 나무가 조성된 곳은 유명 유원지가 되고 있다. 담양, 창원, 공주, 남이섬, 대부도 등의 이국적이고 아름다운 숲은 수많은 관광객을 불러모으고 있다.

| 한택수목원15. 08. 08

주로 습지에 자생하고 뿌리는 지면 위로 기근을 내민다. 원산지가 미국인 낙엽 지는 큰키나무이다. 잎은 가지에서 불규칙하게 돌려나고 익은 열매는 부스러지며 끈적한 수액이 묻은 씨앗을 실편과 함께 떨어뜨린다. 공원이나 유원지에 흔하게 심는다.

낙우송

측백나무과

Taxodium distichum

단풍이 들면 새의 깃털 같은 잎이 떨어진다는 의미로 낙우송(落羽松)이라 한다.

국내
- 전국 공원, 유원지 식재
- 대전 한밭수목원, 홍릉

해외
- 미국 원산

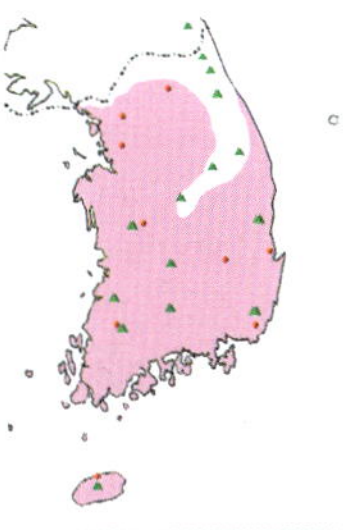

암수한그루	풍매화
침엽수	어긋나기
4월~5월	9월~10월
큰키나무	낙엽수

금송

금송과

Sciadopitys verticillata

잎 뒷면이 황백색을 띤다고 금송이라 한다. Sciados는 우산을 pitys는 소나무를 verticillata는 잎이 돌려난다는 의미.

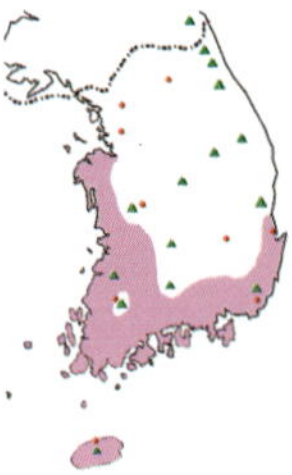

국내

- 남부지역 정원과 공원에 식재
- 물향기수목원

해외

- 일본 특산

암수한그루	풍매화
침엽수	모여나기
3월~4월	익년10월
큰키나무	

물향기수목원 17.10.28

잎이 두 개가 합쳐지며 수형이 우산처럼 아름다워 영어로 일본우산나무라 불린다. 백제 25대 무령왕(462~523년)의 관이 금송이며 당시 일본에서 들여온 증거로 문화적, 역사적 의의를 지닌다. 일본 남부지역에 자라고 전 세계적으로 심는 세계 3대 정원수의 하나다.

나한송

나한송과

Podocarpus macrophyllus

붉게 익은 열매의 모습이 가사를 걸친 나한처럼 보인다고 나한송(羅漢松)이다. 중국이름을 차용하였다.

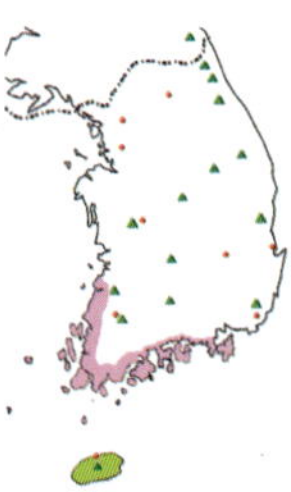

국내

- 전남 가거도, 제주도 숲
- 남부지역 식재

해외

- 일본, 중국, 대만

암수딴그루	풍매화
침엽수	돌려나기
5월	10월~12월
중간키나무	

보길도 22.01.22

전남 해안과 제주의 숲에 몇 그루가 자생하고 남부지역에서 관상수로 심는다. 잎의 길이는 8~15cm, 폭은 1cm 내외로 넓은 편이며 침엽수로는 특이하다. 열매는 흑자색으로 익으며 나한송과에 속하는 유일한 나무이다.

완도수목원 17.06.28

잎이 깃털 모양이나 비자나무보다 길고 끝은 뭉툭해서 부드러운 질감이다. 열매는 적갈색으로 익는다. 경기, 충북 이남 지역 숲속 그늘에 자라고 잎은 비자나무를 닮았으나 키가 작고, 과와 속이 다르고, 침은 뭉툭한 편이다.

개비자나무

개비자나무과

Cephalotaxus koreana

비자나무와 비슷하나 키가 작고 쓰임새가 이보다 못하다고 개비자나무라 부른다. 일본명 이누가야(犬榧)를 차용했다.

국내
- 남부지역 숲에 자생
- 도공 전주수목원, 광릉수목원

해외
- 한반도 특산 일본

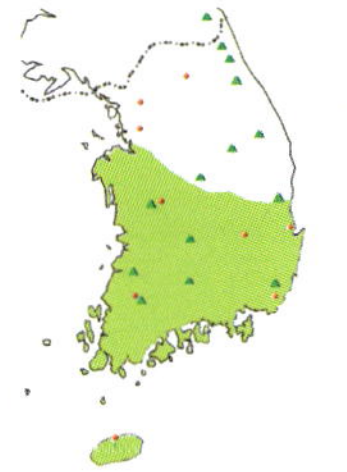

- 암수딴그루
- 풍매화
- 침엽수
- 깃꼴나기
- 3월~4월
- 익년9~10월
- 작은키나무

제주비자림 17.06.11

내장산 이남의 산지 낮은 지대에 자생하며 열매를 얻기 위해 재배한다. 잎은 납작하고 날개 모양으로 펴지고 잎끝이 뾰족하며 날카롭고 사철 푸른나무이다. 제주 비자림 숲에는 키가 20m 이상의 거대한 나무가 자란다. 잎끝이 날카롭고 단단해서 피부를 찌른다.

비자나무

주목과

Torreya nucifera

잎이 비(非)를 닮았고 나무 상자 匚(방)을 합치고 木(목)을 붙여 榧(비)란 이름을 만들었다. 중국명 日本榧树

국내
- 남부지역, 제주 비자림
- 광릉수목원, 홍릉수목원

해외
- 일본

- 암수딴그루
- 풍매화
- 침엽수
- 깃꼴나기
- 4월~5월
- 익년9~10월
- 큰키나무

비자나무와 주목 잎 뒷면

개비자나무

비자나무

주목

개비자나무는 비자나무에 비해 작은잎이 길고 끝은 뭉툭해서 부드럽게 느껴지고 잎 뒷면 기공선이 넓게 퍼져있다. 비자나무는 잎끝이 뾰족해서 날카롭게 느껴지고 기공선이 모여 있어서 2개의 흰 선이 선명하다. 주목은 기공이 흩어져 있어서 잘 나타나지 않는다. 개비자나무는 열매가 붉게 익고 비자나무는 연두색으로 익는다. 주목 열매는 붉게 익는다.

주목

주목과

Taxus cuspidata

나무의 심재가 붉고 껍질 사이로 드러나는 나무, 속살도 붉은 색을 띤다고 주목(朱木)이다.

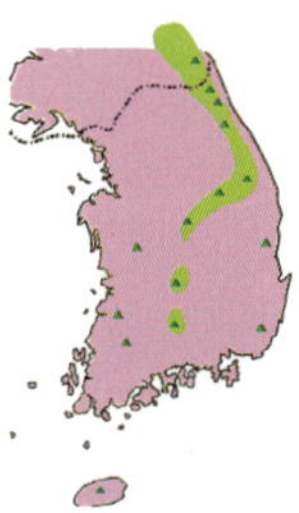

국내
- 백두대간 해발 800m 이상 자생
- 공원 정원에 식재

해외
- 중국, 일본, 러시아

암수딴그루	풍매화
침엽수	돌려나기
4월	8월~9월
큰키나무	

소백산 15.10.13

소백산, 태백산 등 백두대간을 따라 산 능선에 주로 자생한다. 나무의 수명이 길어 깊은 산지에 자라는 나무는 대부분 오래된 나무로 외모가 아름답다. 붉은 과육에 싸인 씨앗은 나무의 또 다른 특징이다. 인가 주위에 정원수로 잘 자라고 널리 심는다.

분비나무 설악산

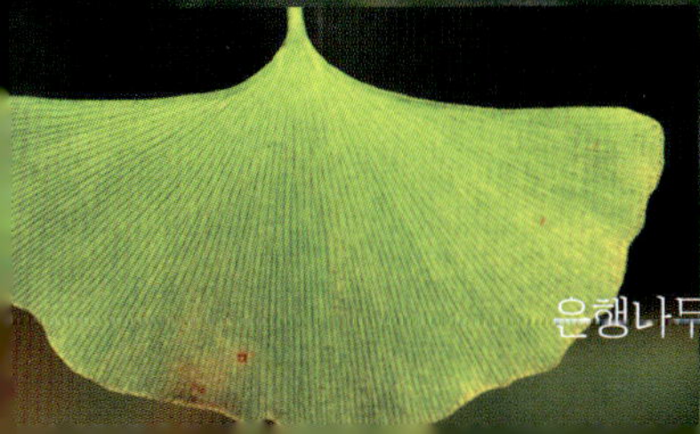

은행나무 잎과 종자

은행나무는 침엽수지만 잎은 활엽수처럼 보이고 열매는 속씨식물처럼 보인다. 잎을 들여다보면 바늘잎이 서로 달라붙은 형태이다.

목련은 벌과 나비가 지구상에
타나기 이전인 약 1억 4,500만년
백악기 속씨식물 중에서 가장
나타났다. 벌 나비가 등장하기
었기에 딱정벌레 종류가 가루받
를 하였고 지금도 이들이 그
을 하고 있다.

속씨식물 I

목련과
받침꽃과
녹나무과
홀아비꽃대과
붓순나무과
후추과
쥐방울덩굴과
오미자과
미나리아재비과
매자나무과
뽀뽀나무과
으름덩굴과
방기과
나도밤나무과
계수나무과
버즘나무과
조록나무과
굴거리나무과
두충과
느릅나무과
팽나무과
뽕나무과
쐐기풀과
가래나무과
소귀나무과
참나무과
자작나무과
차나무과
물레나물과
작약과
다래나무과

태산목 (태산목련)

목련과

Magnolia grandiflora

꽃과 잎이 유사종인 목련보다 크다. 일본명 태산목(太山木), 중국명은 양옥란(洋玉蘭)이다.

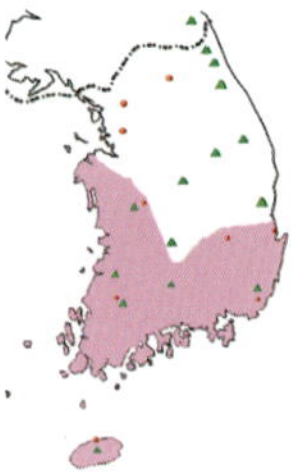

국내
- 남부지역 정원과 공원에 식재
- 전주수목원

해외
- 북미 남동부 원산

암수한그루	충매화
상록활엽수	어긋나기
5월~6월	9월
큰키나무	

도공 전주수목원 16.06.11

북아메리카 원산으로 남부지역에 식재한다. 잎이 돋은 후에 꽃이 피고 향기가 강하다. 꽃받침 조각은 3개이며 꽃잎보다 짧고 꽃잎은 6개가 대부분이나 9~12개도 있다. 잎이 광택이 나고 잎 뒷면은 맥을 따라 누런 털이 자란다. 열매는 원추형으로 솔방울을 닮았다.

목련

목련과

Magnolia kobus

나무에 피는 꽃이 연꽃(蓮)을 닮았다는 이름으로 연(蓮)은 꽃 이름에 널리 사용된다. 가장 아름다운 꽃이라는 뜻이다.

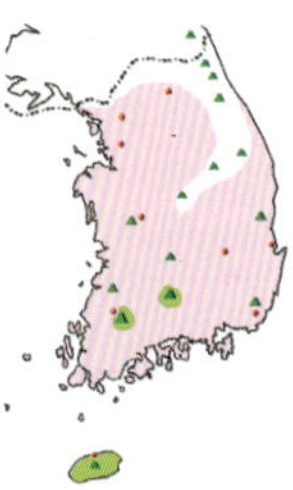

국내
- 제주도, 추자군도
- 전국의 공원 화단에 식재

해외
- 일본

암수한그루	충매화
낙엽활엽수	어긋나기
3월~4월	9~10월
큰키나무	

물향기수목원 16.04.10

백목련보다 꽃과 잎이 작고 꽃잎은 6장이고 잎과 함께 돋는다. 꽃 지름은 10cm 정도이고 폭이 좁고 길쭉하며 꽃잎 뒷면에 붉은 줄이 난다. 암술은 여러개로 원추형이고 수술은 선형으로 적갈색을 띤다. 한라산 중턱과 추자도에 자생하며 전국의 공원이나 화단에 널리 심는다.

경기 오남읍 16.04.09

백목련 (목련)

목련과

Magnolia denudata

꽃이 희고 연꽃처럼 아름다운 꽃이라는 의미이다.

국내

- 중부이남 정원과 공원에 식재
- 도심 화단

해외

- 중국 원산 전세계 식재

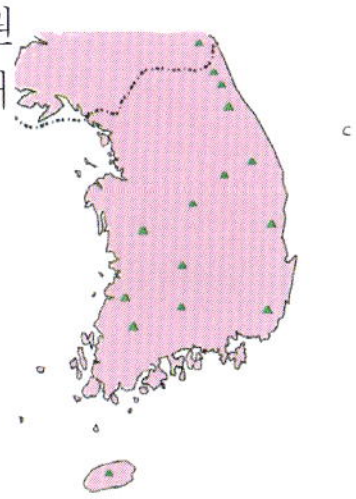

이른 봄 도시 주택가 담장 안이나 공원에 흔히 핀다. 잎이 나기 전에 흰꽃이 피고, 꽃잎은 9장으로 양성화이며 가지 끝에 달리고 육질이다. 꽃봉오리는 약용하고 향기가 나며 키는 15m까지 자란다. 보통 목련이라 부른다.

암수한그루	충매화
낙엽활엽수	어긋나기
3월~4월	9월
큰키나무	

❶ **자목련** 꽃잎의 안과 밖이 모두 자주색으로 핀다. 목련보다 다소 늦은 4월에 잎과 함께 피거나 조금 늦게 핀다. 중국이 원산으로 화단과 공원에 드물게 심으며 키는 3~4m이다.

❷ **자주목련** 꽃잎 안쪽은 흰색이고 밖은 자주색이다. 중국이 원산으로 전국 공원에 많이 심는다. 키가 10m 이상으로 크고 빨리 자란다.

❸ **별목련** 꽃잎이 12~18장으로 공원에 드물게 심는다.

일본목련

목련과

Magnolia obovata

일본이 원산지인 목련이란 뜻이다.

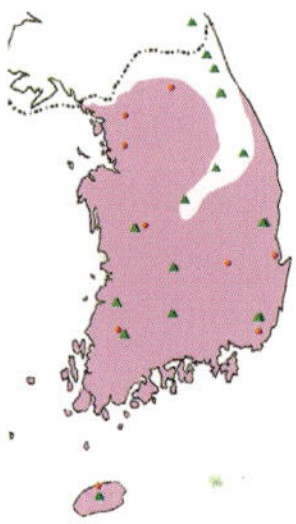

국내

- 중부이남 식재
- 인천수목원 전국수목원

해외

- 일본 원산

암수한그루	충매화
낙엽활엽수	어긋나기
5월	10월
큰키나무	

수원 칠보산 15.05.05

키가 20m로 자라고 수피는 회색을 띠며 꽃은 5월 잎이 난 후에 위를 향해 핀다. 꽃받침은 3개, 꽃잎은 6~9개로 유백색이다. 잎은 큰 편으로 20~40cm에 이르고 끝은 뾰족하다. 중국목련은 옴폭 패인다. 중부 이남에 식재하며 야생화되고 있다. 약재명으로는 후박이다.

함박꽃나무(산목련)

목련과

Magnolia sieboldii

함박은 입이 넓은 바가지이다. 꽃이 크고 아름답다는 뜻이다. 작약도 함박꽃으로 부르는데 작약꽃처럼 곱다는 의미이다.

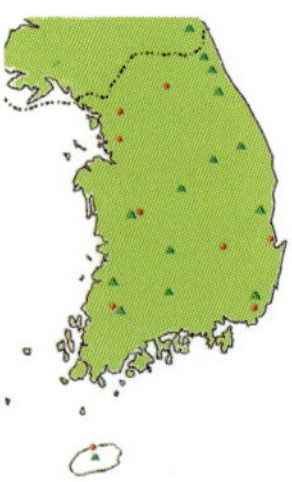

국내

- 전국산지 (함북 제외)
- 공원과 화단 홍릉수목원

해외

- 만주, 일본

암수한그루	풍매화
낙엽활엽수	어긋나기
5월~7월	9월
중간키나무	

가리왕산 14.06.14

전국의 산지에 자라며 키는 5~6m로 꽃은 아래를 향해 피고 꽃잎은 9장으로 향기가 강하다. 91년 김일성 주석의 지시로 북한의 국화로 지정되었다. 이름이 함백이꽃·함박이·옥란·천녀목란·천녀화라고도 부른다. 이명법을 고려할 때 산목련이란 이름이 적절하다.

초령목 (초령목련)

목련과

Michelia compressa

혼령을 부른다는 초령목(招靈木). 불전에 가지를 꽂는 일본의 풍습을 반영한 이름으로 귀신나무라 부르기도 한다. 일본명은 招霊の木이다.

국내

- 흑산도 제주도
- 경남수목원 완도수목원

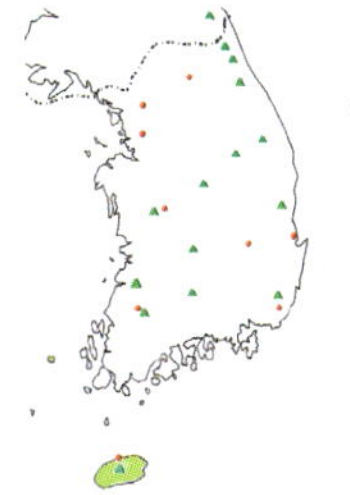

해외

- 중국, 일본

경남수목원 17.03.04

흑산도와 제주 산간에 자생하며 개체수는 많지 않아 멸종위기종으로 보호하고 있다. 키는 15m로 자라고 꽃은 3월에 피고 크기는 1.5~2.5cm로 작으며 꽃받침은 6장이다. 잎은 길이 10cm 내외로 광택이 나고 상록활엽수이다.

암수한그루	충매화
상록활엽수	어긋나기
2월~3월	9~10월
큰키나무	

백합나무(튤립나무)

목련과

Liriodendron tulipifera

꽃이 백합을 닮았다고 백합나무, 목백합나무라고도 부른다. 학명 *tulipifera*에서 튤립나무라고도 한다.

국내

- 전국 공원과 가로수로 식재
- 물향기수목원 홍릉수목원

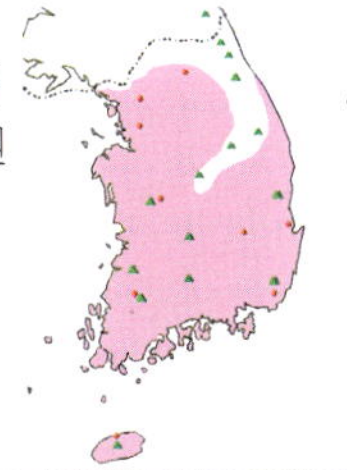

해외

- 북미 원산

수원 칠보산 16.05.01

꽃받침 3개에 꽃잎이 6장으로 아래쪽에는 황색 무늬가 나타난다. 열매는 솔방울 모양으로 원시적인 형태의 나무이다. 키 30m 둘레 1m에 이르며 비교적 빨리 자라는 나무로 조림용 또는 관상수로 전국의 산지나 공원에 심는다. 수형이 아름답고 밀원식물이기도 하다.

암수한그루	충매화
낙엽활엽수	어긋나기
5월~6월	9월~10월
큰키나무	

자주받침꽃

받침꽃과

Calycanthus fertilis

자주색으로 피고 꽃과 꽃받침의 구분이 되지 않아 자주받침꽃이라 부른다.

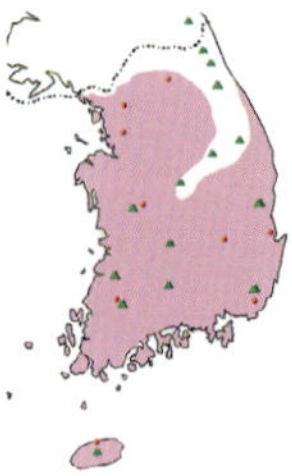

국내

- 남부지역 정원과 공원에 식재
- 인천수목원

해외

- 북미 원산

암수한그루		충매화	
낙엽활엽수		마주나기	
4월		9월~10월	
작은키나무			

인천수목원 17.05.09

키 2~3m로 자라는 관목으로 북미가 원산이다. 1957년 미국 아놀드 수목원에서 도입한 종으로 꽃과 꽃받침의 구분이 어렵다. 관상용으로 심으며 대부분의 수목원에 자란다. 잎은 마주나고 열매는 5~7cm의 달걀모양으로 안에는 광택이 나는 종자가 들어있다.

납매

받침꽃과

Chimonanthus praecox

섣달을 의미하는 납(臘)에 매화를 의미하는 매(梅)를 합친 말로 음력 12월에 피는 매화라는 뜻이다.

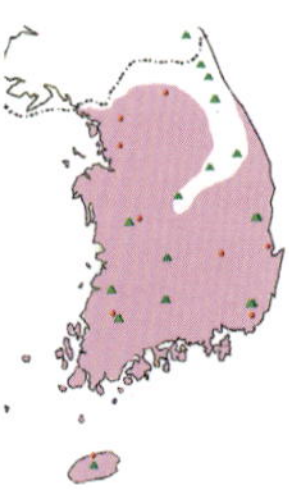

국내

- 전국 수목원
- 인천수목원 도로공사 전주수목원

해외

- 중국 원산

암수한그루		풍매화	
낙엽활엽수		마주나기	
2월~3월		9월~10월	
작은키나무			

경남수목원 16.03.05

이른 봄 잎이 나기 전 달콤한 향이 나는 노란 꽃이 핀다. 꽃 지름은 2cm 내외로 꽃받침과 꽃잎은 다수이며, 가운데 꽃잎은 노란색으로 크고 속 꽃잎은 암자색으로 소형이다. 암술은 여러 개로 항아리 모양으로 움푹 들어간 꽃받침 속에 있다. 수목원에 심어 키운다.

홍릉수목원 14.10.25

니텐스납매

받침꽃과

Chimonanthus nitens

학명의 종소명 니텐스에서 따온 이름이다.

국내
- 전국 정원과 공원에 식재
- 홍릉수목원 완도수목원

해외
- 중국 원산

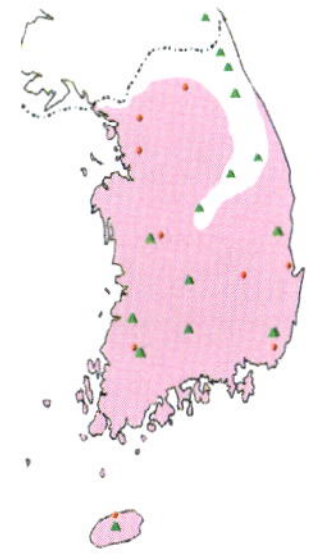

중국에서 도입된 원예종 나무로 10월에서 12월에 피고 키는 2m 정도이다. 납매의 유사종이며 학명을 따서 니텐스납매라 부른다. 잎은 마주나고 잎과 꽃에서 강한 향이 나고 꽃잎이 길게 늘어진다. 중국명은 산납매이다. 대부분 수목원에 심어 키운다.

암수한그루	충매화
상록활엽수	마주나기
11월~12월	익년 9월
작은키나무	

녹나무과 잎

녹나무과 열매

녹나무

생달나무

생강나무

감태나무

비목나무

털조장나무

생강나무(동백나무)

녹나무과

Lindera obtusiloba

잎과 줄기에 생강냄새가 난다고 생강나무라 한다.

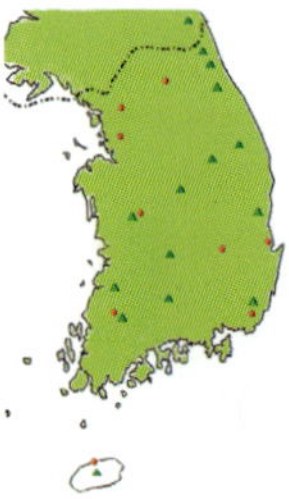

국내

- 전국 산지
- 남한산성
- 북한산 홍릉수목원

해외

- 일본 중국 대만

암수딴그루	충매화
낙엽활엽수	어긋나기
3월~4월	9월~10월
중간키나무	

북한산 17.04.08

전국 산지에 자라고 봄이면 노란 꽃을 피운다. 키는 3~4m이며 녹나무과로는 드물게 낙엽활엽수이다. 잎이 삼각형이고 결각이 있거나 없고 가을에는 열매가 검게 익는다. 과거에는 동백나무 열매처럼 씨앗으로 기름을 짜서 머릿기름으로 썼기에 동백나무라 부르기도 한다.

순천 조계산 17.04.01

털조장나무(조장나무)

녹나무과

Lindera sericea

털이 있는 조장나무라는 의미로 중국명 모조장(毛釣樟)을 참고한 이름으로 보인다.

국내

- 전남 조계산 무등산 모악산
- 송광사 인근 홍릉수목원

해외

- 일본

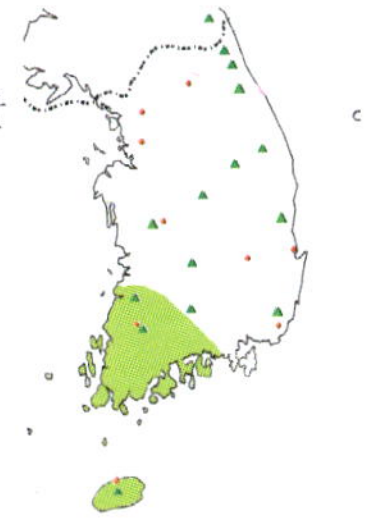

꽃은 황록색으로 가지 끝 새순 아래에 고리처럼 둘러난다. 남부지역에 드물게 자라고 키는 3m 정도로 잎은 난상 타원형이다. 잎의 주맥과 뒷면 맥 위에 긴 털이 밀생하며 회백색이다. 잎맥은 돌출하고 6~9쌍의 측맥이 있고 가장자리는 밋밋하다. 수형이 덩굴성을 띤다.

암수딴그루	충매화
낙엽활엽수	어긋나기
4월	10월
작은키나무	

지리산 15.09.05

비목나무

녹나무과

Lindera erythrocarpa

묘비 앞에 세우는 비목(碑木)이 연상되는 나무로 가곡<비목>을 떠올리나 이 이름과 관련이 없으며 어원 또한 불확실하다.

국내

- 충남 이남, 경기도 서해안
- 지리산, 가야산

해외

- 일본, 중국

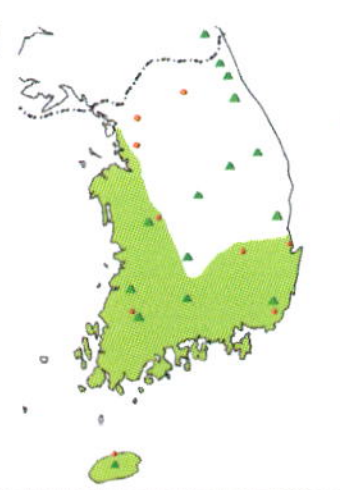

남부지역 산지에 자라는 낙엽활엽수로 봄에는 잎과 꽃이 함께 피고 가을에는 붉은 열매가 달린다. 키는 15m까지 자라고 잎은 길쭉한 타원형으로 두껍고 다소 광택이 난다. 수피는 모래가 뿌려진 듯 돌기가 나고 노거수는 수피가 작은 조각으로 떨어진다.

암수딴그루	충매화
낙엽활엽수	어긋나기
4월~5월	9말~10월
큰키나무	

감태나무

녹나무과

Lindera glauca

해안가에 주로 자라고 잎이나 줄기에서 해초인 감태 냄새가 난다고 감태나무라 한다.

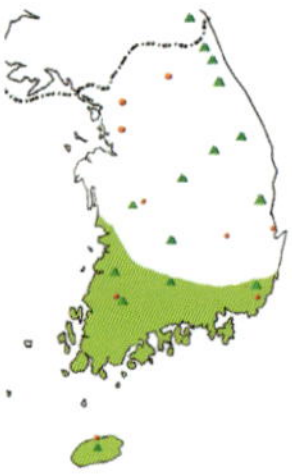

국내

- 남부지역 충남 이남 자생
- 홍릉수목원 국립수목원

해외

- 일본, 중국

암수딴그루	충매화
활엽낙엽수	어긋나기
4월	9월
작은키나무	

국립수목원 17.10.13

가을에 낙엽이 들지만 잎과 가지 사이에 떨켜가 발달하지 않아 겨울에도 마른 잎을 떨구지 못한다. 키는 5m 정도로 자라고 꽃은 잎겨드랑이에서 산형으로 피고 열매가 검게 익는다. 열매의 꽃자루는 1.5cm정도이다. 암수딴그루로 알려지나 성별 구분히 불분명하다.

뇌성목

녹나무과

Lindera glauca var. *salicifolia*

천둥 소리를 들으면 잘 자란다고 뇌성목(雷聲木)이라 부른다.

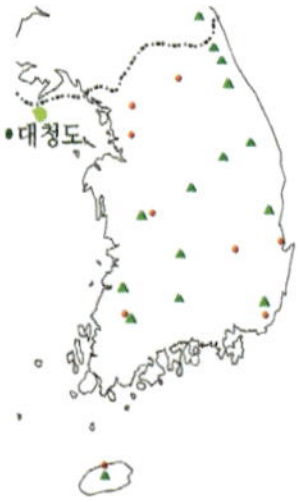

국내

- 대청도, 백령도, 강원 고성
- 대청도

해외

- 일본, 중국

암수딴그루	충매화
낙엽활엽수	어긋나기
4월~5월	9~10월
작은키나무	

대청도 15.09.18

인천광역시 백령도와 대청도 양지바른 곳에 자라는 한국특산종으로 감태나무와 근연종이다. 키는 5m 정도로 자라고 잎은 거꾸로 선 댓잎 모양이다. 양 끝은 뾰족하고 가장자리는 밋밋하다. 겉면은 녹색이고 윤이 나며 뒷면은 흰빛을 띠고 줄기는 모래를 뿌린 듯 거칠다.

제주시 14.11.15

녹나무(장뇌목, 장수)

녹나무과

Cinnamomum camphora

사철 푸르고 어린 나뭇가지도 연한 초록색을 띠고 새싹이 돋을 때도 연초록이 두드러진다고 녹나무라 부른다.

국내

- 제주도에 자생 남부지역 식재
- 완도수목원

해외

- 중국 일본 베트남 태국

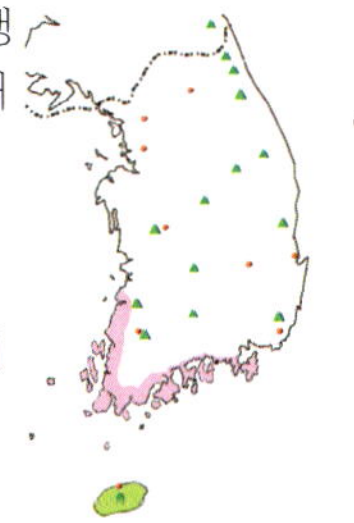

잎의 아래쪽 맥 사이에 돋는 샘점이 특징이다. 잎은 광택이 나고 줄기는 골이 파이고 잎 가장자리에 파상의 톱니가 난다. 나무와 가지 잎 뿌리를 증류하여 얻은 기름을 장뇌라 하며 향료 방충제 강심제 등의 원료가 된다. 높이 약 20m, 둘레는 2m로 자란다.

암수한그루	충매화
상록활엽수	어긋나기
5월	10월~11월
큰키나무	

완도 16.10.08

생달나무

녹나무과

Cinnamomum yabunikkei

전남지역 방언으로 보이며 이름의 유래는 확인되지 않는다.

국내

- 전남, 제주도 자생
- 남부 지역 식재

해외

- 중국, 일본, 대만

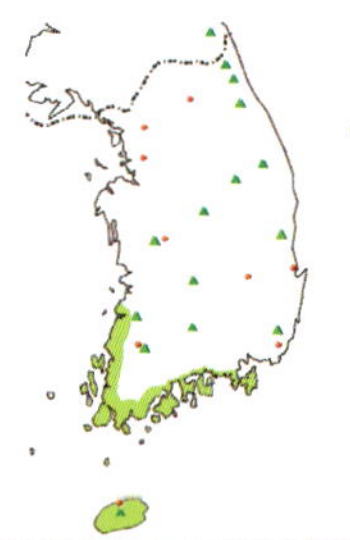

키는 15m에 달하고, 나무껍질은 검은색이며 작은가지는 녹색이고 털이 없다. 잎은 어긋나고 길이 6~15cm의 긴 타원 모양이며 양 끝이 뾰족하고 가장자리는 밋밋하며 3개의 맥이 있다. 잎 표면은 광택이 있고, 뒷면은 분처럼 흰색이며, 잎자루는 길이가 8~20mm이다.

암수한그루	충매화
상록활엽수	어긋나기
4월~5월	9월~10월
큰키나무	

육계나무(사이공계피나무)

녹나무과

Cinnamomum loureiroi

잎의 맥이 두드러져 규(圭)자를 연상시키기에 계(桂)를 쓴다고 한다. 중국명은 월남육계(越南肉桂)이다.

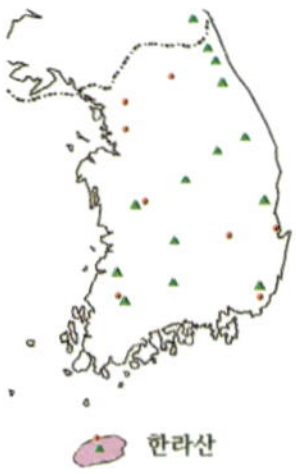

국내

- 제주도 식재
- 완도수목원 경남수목원

해외

- 베트남. 동남아시아

암수한그루		충매화	
상록활엽수		어긋나기	
6월		12월	
큰키나무			

경남수목원 17.03.04

뿌리껍질은 매운맛이 나며 계피의 원료로 쓴다. 제주도에서 심어 기르는 상록성 큰키나무로 8m 이상으로 자란다. 잎은 어긋나며 3개의 맥이 나고 긴 타원형이다. 꽃은 황록색으로 잎겨드랑이에 산형꽃차례로 핀다. 열매는 장과로 길이 1.5cm쯤이며 검게 익는다.

육박나무(해병대나무)

녹나무과

Actinodaphne lancifolia

나무껍질이 육각으로 벗겨진다는 특징에서 유래된 이름이다.

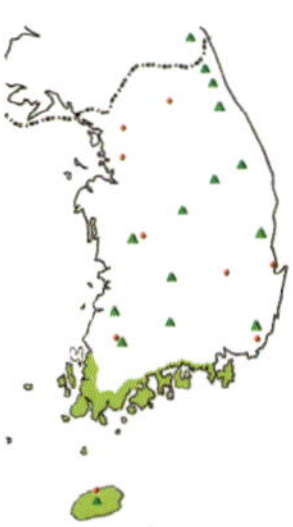

국내

- 전남, 경남, 인근 섬
- 완도상록수림, 주도

해외

- 일본, 대만

암수딴그루	충매화
상록활엽수	어긋나기
7월	익년7~8월
큰키나무	

완도수목원 15.11.14

나무의 수피는 흑갈색으로 둥글게 조각으로 떨어지고, 모과나무나 버즘나무 같은 얼룩이 생기며 벗겨진 부분은 옅은 황백색을 띤다. 열매는 장과로 다음 해 8~9월에 붉게 익으며 지름 1cm 정도이다. 잎은 광택이 나고 늘푸른나무로 키는 15m로 자란다.

까마귀쪽나무(구럼비낭)

녹나무과

Litsea japonica

열매가 익으면 흑청색을 띠는 것이 까마귀 색을 닮았다는 이름. 제주도에서는 '구름비낭' 또는 '구럼비낭'이라 부른다.

국내

- 경남, 전남 인근섬 자생
- 정원과 공원 식재

해외

- 일본

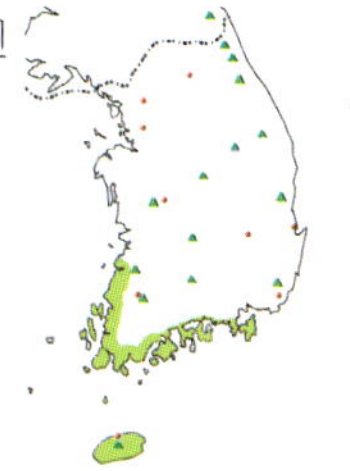

세수시 17.03.24

잎은 누꺼운 가죽질로 긴 타원형이며 표면에는 광택이 나고 뒷면에는 갈색 털이 모여 난다. 가장자리는 톱니가 없으며 뒤로 약간 말린다. 해변에 잘 자라고 가로수로 심는다. 나무껍질은 갈색이며 잔가지는 굵고 누런 털이 난다.

암수딴그루	충매화
상록활엽수	어긋나기
9월~10월	익년5~7 월
중간키나무	

새덕이

녹나무과

Neolitsea aciculata

흰새덕이란 이름이 있으며 어원이나 유래는 미상이다.

국내

- 전남 해안, 제주도
- 완도식물원

해외

- 일본, 대만

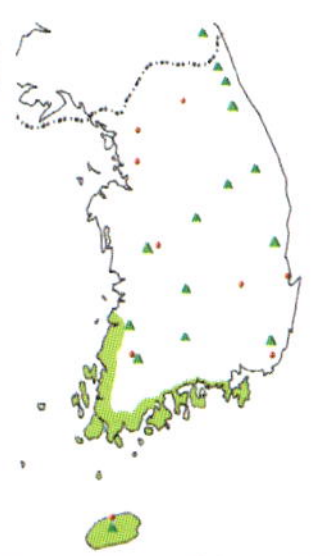

거제도 16.03.19

꽃은 꽃자루가 없고 모여 달리고 붉은색으로 핀다. 잎 표면은 광택이 나고 뒷면은 흰빛이 돌며 3개의 맥이 뚜렷하다. 털이 없으며 가지 끝에서 모여나고 긴 타원형이며 톱니가 없다. 키는 10m에 달하고 나무껍질은 회갈색을 띤다. 참식나무를 닮았으며 열매는 붉게 익는다.

암수딴그루	충매화
상록활엽수	어긋나기
3월~4월	9월~10월
큰키나무	

참식나무

녹나무과

Neolitsea sericea

식나무와 연관을 지은 이름으로 추정한다.

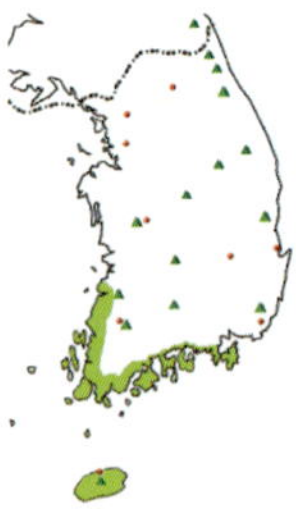

국내
- 남부지역 제주, 울릉도
- 영광군 불갑사 뒷산

해외
- 일본, 타이완, 중국

암수딴그루	충매화
상록활엽수	어긋나기
10월~11월	익년 11월
큰키나무	

한라생태원 19.10.26

남부 해안과 제주에 자라고 키는 10m에 이른다. 4월 새잎은 강아지 귀처럼 아래로 처지고 황갈색 털이 밀생하나 곧 없어진다. 잎은 어긋나고 두꺼우며 긴 타원형으로 가장자리가 밋밋하고 3개의 맥이 뚜렷하고 뒷면은 흰빛이다. 열매는 이듬해 붉게 익는다.

후박나무

녹나무과

Machilus thunbergii

잎과 나무 껍질이 두껍다는 데서 후박(厚朴)이란 이름이 나온 것으로 추정한다.

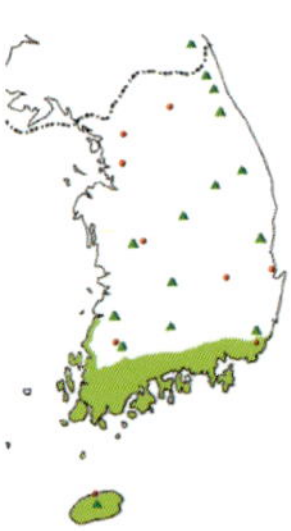

국내
- 울릉도, 제주도, 남부지역
- 완도수목원

해외
- 일본 중국 대만

암수한그루	충매화
상록활엽수	어긋나기
5월~6월	7월~8월
큰키나무	

진도 16.06.12

꽃은 잎겨드랑이에서 나온 원추화서에 황록색으로 핀다. 바닷가 산기슭에서 주로 자라고 잎은 가지 끝에서는 돌려난 것처럼 보이며, 장타원형으로 가장자리는 밋밋하다. 표면은 녹색이고 질이 두꺼우며 양면에 털이 없다.

완도수목원 17.11.05

센달나무

녹나무과

Machilus japonica

이름에 대한 유래나 어원은 알려진 게 없다.

국내
- 전남 제주 자생
  공원에 식재
- 완도수목원

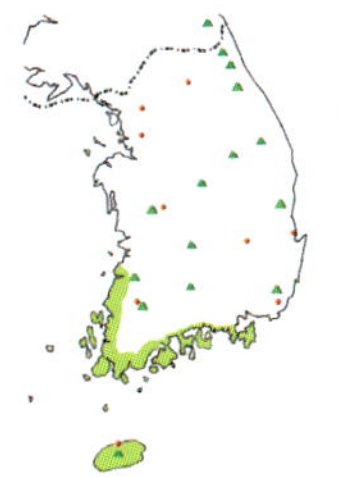

해외
- 일본, 대만

암수한그루	충매화
상록활엽수	어긋나기
5월~6월	8월~ 9월
큰키나무	

잎은 댓잎 모양으로 녹나무과 중에서 상대적으로 길이가 가장 길다. 남부지역에 자라고 키는 10m에 이르며 나무껍질은 회갈색 또는 황갈색이다. 잎은 어긋나고 털이 없고 가장자리가 밋밋하다. 잎 표면은 청록색이고 뒷면은 청백색이다. 꽃은 황록색으로 원추꽃차례다.

국립수목원 16.12.03

죽절초(죽절목)

홀아비꽃대과

Sarcandra glabra

잎이 달리는 부분이 대나무 마디처럼 보여 '대나무 마디풀'이란 뜻으로 죽절초(竹節草)라한다.

국내
- 제주 돈내코 지역
- 전국 온실 재배

해외
- 일본, 중국, 대만, 인도, 말레이시아

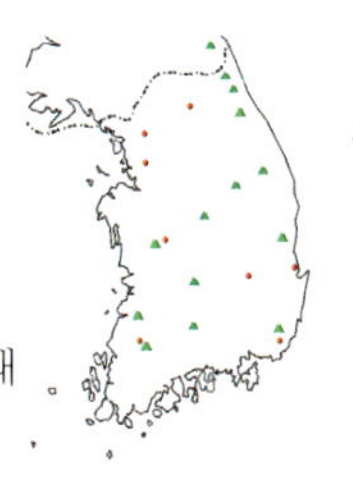

암수한그루	충매화
상록활엽수	마주나기
6월~7월	11월~12월
작은키나무	

제주도의 숲속에 드물게 자라며 멸종위기종 2급이다. 잎은 긴 타원형으로 톱니가 날카롭다. 꽃은 연한 황록색이며 가지 끝에서 이삭꽃차례로 달리고 꽃잎도 꽃받침도 없이 수술과 암술만으로 된 원시적인 형태이다. 씨방은 연한 녹색이며 열매는 이삭꽃차례로 달린다.

붓순나무

붓순나무과

Illicium anisatum

새순이 돋은 모습이 붓 같다는 의미로 붓과 새순이 결합하여 붓순이라 불린다.

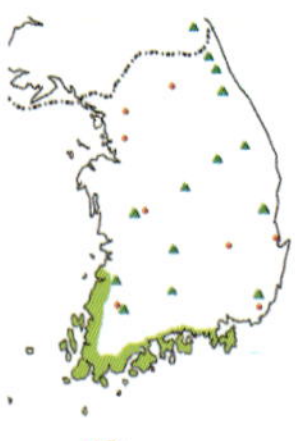

국내
- 전남, 경남, 제주 자생
- 남부지역 식재

해외
- 일본

암수한그루	충매화
상록활엽수	어긋나기
3월~4월	9월
중간키나무	

한라수목원 19.10.26

열매는 골돌과로 지름 2㎝ 정도로 그 속에 황색 종자가 원형으로 배열되고 씨앗이 1개씩 들어있다. 잎은 가죽질로 긴 타원형이며 광택이 난다. 꽃은 녹백색이고 꽃받침조각은 6개이며 꽃잎은 12개이다. 수피와 열매는 향료로 쓰고 유독식물이며 목재는 부드럽고 촉감이 좋다.

후추등(바람등칡)

후추과

Piper kadsura

열매의 매운맛이 후추를 닮았고 사물을 타고 오르는 모습이 등나무를 연상시킨다고 후추등이라 한다.

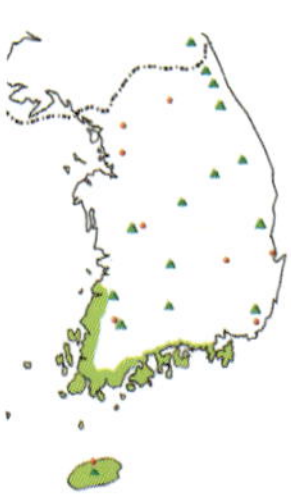

국내
- 제주도, 전남, 경남, 인근 섬
- 천지연 폭포, 서귀포

해외
- 일본, 중국, 대만

암수딴그루	충매화
상록활엽수	어긋나기
6월~7월	10월~12월
덩굴나무	

제주 천지연 19.10.25

다른 물체에 붙어서 길이 4m 내외로 덩굴로 자란다. 줄기와 가지는 녹색이고 잎은 어긋난다. 어린나무 잎은 원형에 가깝다. 꽃은 짐승 꼬리 모양인 미상꽃차례이며 잎과 마주 달리고 꽃받침이나 꽃잎이 없다. 열매는 가을에서 겨울에 걸쳐 붉게 익는다.

태백시 15. 05.01

등칡 (큰쥐방울덩굴)

쥐방울덩굴과

Aristolochia manshuriensis

다른 나무를 타고 오르는 것은 등나무를 닮았고 잎은 칡을 닮았다.

국내

- 백두대간, 강원지역, 충북 산기슭, 경남북
- 인천수목원

해외

- 만주, 우수리

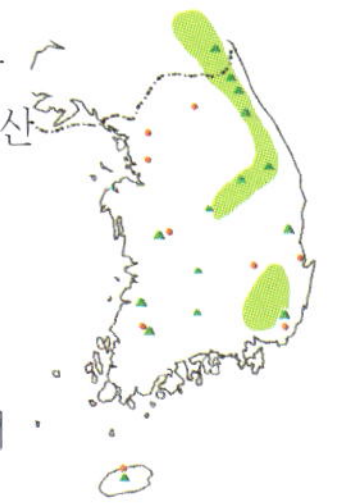

덩굴로 자라는 나무로 꽃은 색소폰 모양인 U자로 구부러진 화관을 지니고 끝은 세 갈래로 갈라지며 노란색으로 핀다. 덩굴 길이는 10m로 잎은 어긋나고 둥근심장형으로 가로 세로 20cm 정도로 크다. 풀꽃인 쥐방울덩굴과 유사하나 등칡은 나무이고 꽃이 크다.

암수한그루	충매화
낙엽활엽수	어긋나기
4월~6월	9월~10월
덩굴나무	

오대산 15.09.01

오미자

오미자과

Schisandra chinensis

한자로 오미자(五味子)이며 열매가 단맛, 쓴맛, 신맛, 짠맛, 매운맛 등 5가지 맛이 난다.

국내

- 백두대간, 전국 산지
- 작물로 재배 문경지역

해외

- 일본, 중국, 러시아

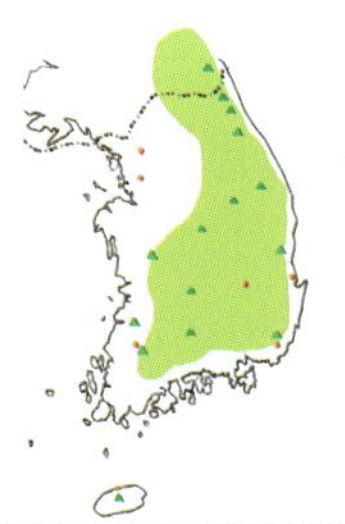

산지에 자생하고 근래에 약용 식용을 위한 작물로 밭에 재배한다. 꽃받침조각은 6개이며 꽃잎은 12개이고 길이 10~13mm로서 선형이다. 암수다른나무이나 암수한그루이기도 하고 덩굴로 자라며 줄기는 광택이 나고 열매는 모여 달리고 이삭 형태를 이룬다.

암수딴그루	충매화
낙엽활엽수	어긋나기
6월~6월	9월~10월
덩굴나무	

남오미자

오미자과

Kadsura japonica

남부지역에 자라며 오미자를 닮은 나무라는 의미로 쓴다.

국내

- 전남 산지와 해안, 섬, 제주
- 전주수목원

해외

- 중국, 일본, 대만

암수딴그루	충매화		
상록활엽수	어긋나기		
6월~8월	10월~11월		
덩굴나무			

완도 17.05.03

9~10월에 공처럼 부푼 꽃받침에 작은 열매가 20여 개 정도 붙어서 구형을 이루고 지름이 2~3㎝ 정도인 열매가 붉은색으로 여문다. 암꽃은 암술머리가 흰색이고 꽃받침과 꽃잎의 구분이 어려우나 꽃턱은 연두색이고 수꽃은 붉은색을 띤다. 잎은 두꺼우며 상록수이다.

세잎종덩굴(누른종덩굴)

미나리아재비과

Clematis koreana

꽃이 종 모양이며 덩굴로 자라고 잎은 작은잎 석 장이 모여 달린다고 세잎종덩굴이라 한다.

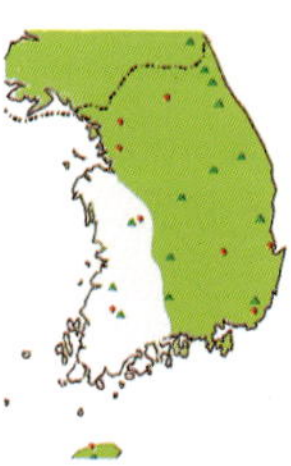

국내

- 전국의 높은 산지
- 함백산, 지리산, 설악산

해외

- 만주

암수한그루	충매화
낙엽활엽수	어긋나기
5월~6월	8월~9월
덩굴나무	

화악산 16.06.04

꽃색이 다양하고 털이 많이 나고 꽃은 깔때기 모양이고 가죽질이다. 잎은 3출 또는 2회3출 복엽이다. 소엽은 길이 4~8cm로서 양면에 잔털이 있고 가장자리에 톱니가 나며 간혹 3개로 깊이 갈라지기도 한다. 잎자루에 긴 털이 밀생한다. 줄기는 갈색이고 4~6개의 각이 진다.

자주종덩굴

미나리아재비과

Clematis alpina var. *ochotensis*

자주색 꽃이 피는 종덩굴이다.

국내

- 함경남북, 평북, 강원 이북
- 백두산

해외

- 만주, 일본, 아무르, 우수리, 시베리아

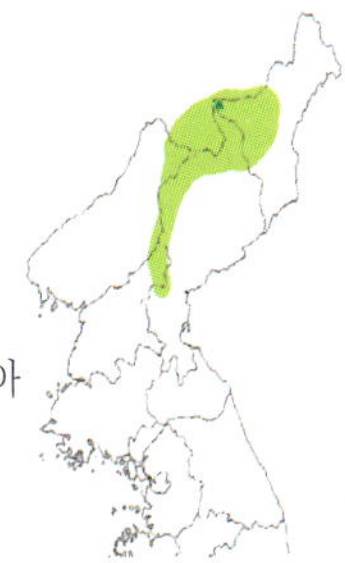

백두산 14.06.05

북부지역에 자라고 짙은 자주색 꽃이 피고 꽃잎에 주름이 없다. 잎겨드랑이에서 긴 꽃대가 나와 1개씩 아래를 향해 달린다. 잎은 작은잎이 2회3출로 모여 달리고 댓잎 형태이고 날카로운 톱니가 난다. 꽃받침조각은 4개이고 타원상 달걀모양이며 겉에 짧은 백색 털이 있다.

- 암수한그루 · 충매화
- 낙엽활엽수 · 어긋나기
- 5월~6월 · 9월~10월
- 덩굴나무

종덩굴

미나리아재비과

Clematis fusca var. *violacea*

꽃이 종 모양으로 생겼고 덩굴로 자란다고 종덩굴이라 한다.

국내

- 중부 이북의 산지
- 국립수목원

해외

- 만주 아무르 우수리

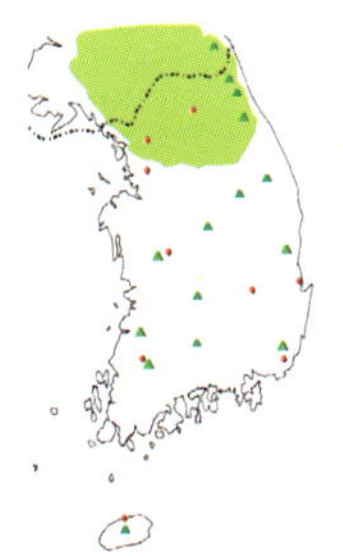

국립수목원 17.07.30

덩굴로 자라고 잎은 5~7개의 소엽으로 된 우상복엽이며 끝이 덩굴손으로 변하는 것이 있다. 작은잎은 달걀모양이며 3~6cm이고 끝이 뾰족하다. 꽃은 암자색으로 종형이고 털이 거의 없이 광택이 나고 잎겨드랑이에 아래를 향해 1개씩 달리고 꽃대에 2개의 포가 있다.

- 암수한그루 · 충매화
- 낙엽활엽수 · 마주나기
- 6월~8월 · 9월~10월
- 덩굴나무

검은종덩굴(검종덩굴)

미나리아재비과

Clematis fusca

덩굴로 자라고 꽃이 종모양으로 생겼고 꽃잎이 검은색을 띤다는 의미를 담고 있다.

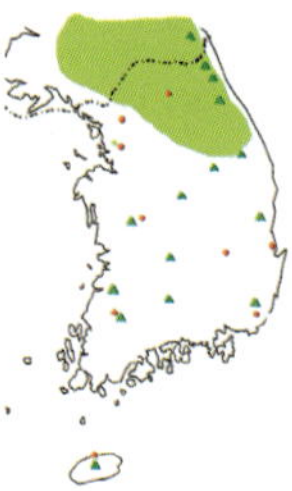

국내

- 강원 백두대간, 경기북부
- 수원 칠보산

해외

- 중국, 일본, 러시아

암수한그루	충매화
활엽낙엽수	마주나기
7월초	8월~9월
덩굴나무	

칠보산 19.07.13

요강나물과 흔히 혼동하는 식물로 키는 3m 정도로 꽃자루 아래에 탁엽이 2개가 나고 다른 사물을 타고 오르며 자란다. 꽃은 줄기 끝에는 1개, 중간에는 2개가 달리고 털이 밀생한다. 작은잎이 5~9개인 깃꼴겹잎을 이루고 잎이 마주난다.

요강나물

미나리아재비과

Clematis fusca var. coreana

꽃이 요강모습을 띤다고 요강나물이라 부른다.

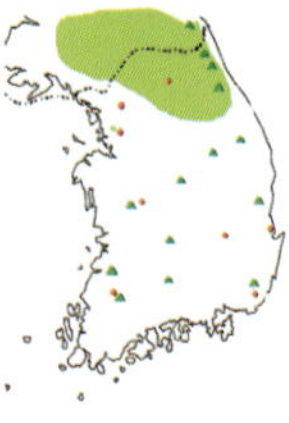

국내

- 강원도 황해도
- 설악산, 함백산, 가리왕산

해외

- 한반도 특산종

암수한그루	충매화
낙엽활엽수	마주나기
5월~6월	9월~10월
작은키나무	

가리왕산 16.06.23

검은종덩굴과 혼동하는 식물로 키는 50cm 정도로 직립한다. 꽃은 줄기 끝에 1송이씩 달린다. 꽃자루 아래에 탁엽이 없으며 작은잎 3장이 모여 난다. 화피와 화경에 흑갈색의 털이 밀생하고 종모양으로 지름 3cm 정도이다. 화피는 4갈래로 갈라진다.

덕산기계곡 16.09.25

개버무리(꽃버무리)

미나리아재비과

Clematis serratifolia

꽃과 덩굴이 뒤엉켜 자라는 모습에서 꽃버무리가 개버무리로 변형된 것으로 추정한다.

국내

- 함북, 경북, 강원 이북
- 덕산기 계곡

해외

- 만주, 극동러시아

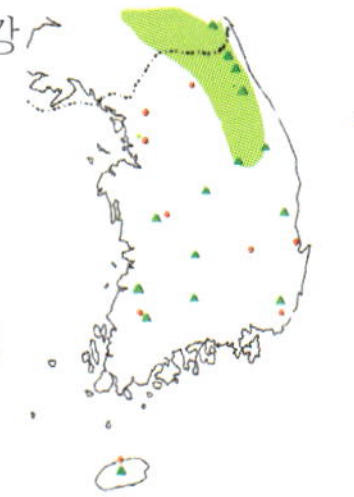

- 암수한그루
- 충매화
- 낙엽활엽수
- 어긋나기
- 8월~9월
- 9월~10월
- 덩굴나무

숲 가장자리나 냇가에서 자란다. 약 2m 정도로 덩굴로 이루고 잎은 마주나고 2회3출복엽이다. 작은잎은 댓잎 모양 또는 긴 타원형으로 양 끝이 뾰족하고 촘촘한 톱니가 난다. 8~9월에 연노란색 꽃이 가지 끝이나 잎겨드랑이에 아래를 향해 핀다.

북한산 17.05.06

큰꽃으아리

미나리아재비과

Clematis patens

〈물명고〉에 어원 미상의 '어사리'가 나오며 으아리로 변하였다. 큰꽃이 핀다고 큰꽃으아리라 부른다.

국내

- 전국의 산지 가장자리
- 국립수목원, 물향기수목원

해외

- 만주

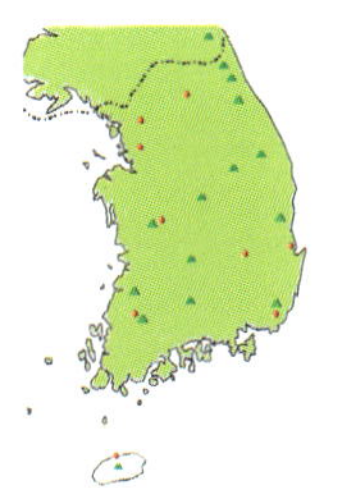

- 암수한그루
- 충매화
- 낙엽활엽수
- 마주나기
- 5월~6월
- 7월~8월
- 덩굴나무

꽃은 지름 5~10cm로서 백색 또는 연노랑색이고 가지 끝에 1개씩 달린다. 꽃받침조각은 6~8개이고 타원형 또는 긴 타원형으로서 끝이 뾰족하며 꽃잎은 없다. 잎은 3출 또는 깃꼴겹잎으로 마주나고 3~5개의 소엽은 달걀 모양이다.

클레마티스 꽃색

클레마티스는 다양한 색과 무늬가 나는 품종이 있으며 화단이나 공원에 심는다. 씨앗으로 번식하며 파종하면 한 해를 땅 속에서 지내고 이듬해 발아한다.

사위질빵(북:모란풀)

미나리아재비과

Clematis apiifolia

질빵은 물건을 묶는 줄로, 사위에게 힘든 일을 시킬 수 없어 줄기가 약한 이 줄기로 묶어 조금만 나르게 했다고 한다.

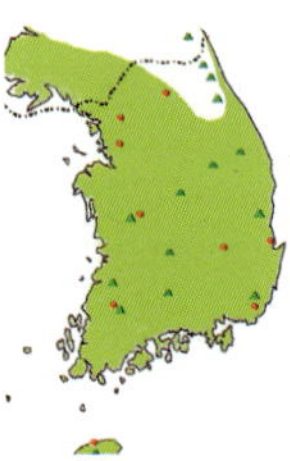

국내
- 전국 산지 들판
- 남한산성 천마산

해외
- 일본, 중국

암수한그루	충매화
낙엽활엽수	마주나기
7월~9월	9월~10월
덩굴나무	

영월 18.08.16

잎은 마주나기하고 3출 간혹 2회3출 한다. 꽃은 짧은 취산꽃차례 또는 원뿔꽃차례로 잎겨드랑이에서 마주 달리며 열매는 겨우내 줄기에 달려 있다. 나무는 길이가 3m에 달하며 세로 능선이 있고 일년생가지에는 잔털이 난다.

검룡소 16.06.05

할미밀망

미나리아재비과

Clematis trichotoma

시어머니(할미)에게 골탕을 먹일 요량으로 무거운 짐을 지게 할 짐끈으로 썼다는 덩굴나무란 의미, 실제는 줄기가 약하다.

국내

- 강원지역 백두대간
- 검룡소

해외

- 한국특산종

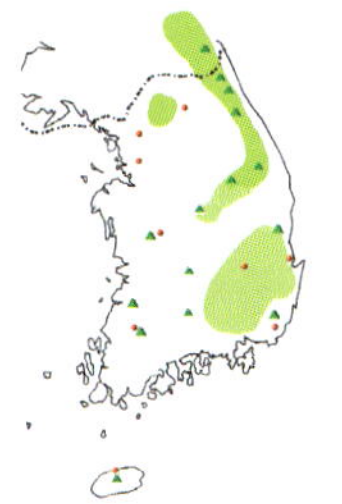

잎은 마주나고 깃모양겹잎이며 3~5개의 소엽으로 구성된다. 꽃은 백색이고 잎겨드랑이에서 나고 1개의 대에 3개씩 취산꽃차례에 달리며 꽃자루는 길이 3~5cm, 작은꽃자루는 길이 2~3cm로서 잔털이 있다. 길이 5~7m, 지름 3cm 이상 자라며 줄기에 세로 능선이 있다.

암수한그루	충매화
낙엽활엽수	마주나기
5월~8월	9월~11월
덩굴나무	

동해시 16.06.05

외대으아리

미나리아재비과

Clematis brachyura

으아리 종류인데 꽃대가 길게 하나가 올라 온다는 의미이다.

국내

- 강원도 중부 이북
- 정선, 영월

해외

- 한국 특산종

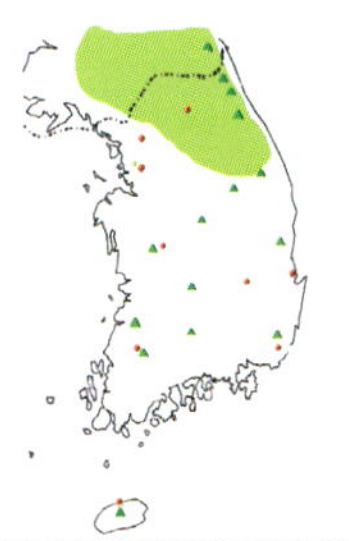

꽃은 암수한그루 또는 암수딴그루로 가지 끝에 1~3개씩 달리고 화피열편은 4~5개이다. 잎은 3~5개의 작은잎으로 이루어지며 잎자루는 길고 덩굴손처럼 다른 물체를 감는다. 키는 1~2m에 달하며 줄기가 곧게 뻗으며 세로줄이 있다.

암수한그루	충매화
낙엽활엽수	마주나기
5월~6월	8월~9월
덩굴나무	

으아리

미나리아재비과

Clematis terniflora var. *mandshurica*

1820년데 출간된 어휘사전 〈물명고〉에 나온 어원 미상의 '어사리'가 으아리로 변하였다.

국내

- 전국 산과 들
- 공원에 식재

해외

- 중국, 러시아

암수한그루	충매화
낙엽활엽수	마주나기
5월~9월	8월~11월
덩굴나무	

광릉수목원 15. 08.15

겨울에 지상의 줄기가 마른다. 잎은 작은잎 5~7장으로 이루어지고 깃꼴겹잎이고 마주난다. 잎자루는 구부러진 덩굴손이 된다. 꽃은 가지 끝과 잎겨드랑이에 취산꽃차례로 달리며 흰색이다. 꽃받침이 꽃잎처럼 보인다. 열매는 수과이며 깃털 모양의 긴 암술대가 남는다.

참으아리

미나리아재비과

Clematis terniflora

으아리와 구분하는 이름, 진짜 으아리란 의미로, 으아리 외대의아리 사위질빵 등과 함께 뿌리는 한약재로 위령선이라 한다.

국내

- 중부이남 해안가
- 제주

해외

- 일본, 중국, 대만

암수딴그루	충매화
낙엽활엽수	마주나기
7월~9월	9월~10월
덩굴나무	

기장시 18. 09. 03

줄기가 목질화되고 겨울에도 줄기가 마르지 않는다. 꽃자루에 거칠고 짧은 털이 드문드문 나지만 으아리와 구분이 쉽지 않다. 울릉도와 제주도, 중부이남 해안지역에 자란다. 꽃잎처럼 보이는 것은 꽃받침으로, 꽃받침 잎은 4개로 타원형이며, 수술대는 꽃밥 보다 길다.

남한산성 16.07.26

자주조희풀

미나리아재비과

Clematis heracleifolia var. davidiana

어원이나 유래는 미상이다.

국내

- 경기, 강원 이북
- 남한산성

해외

- 중국

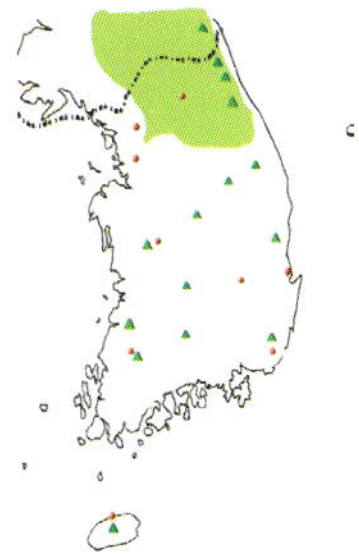

암수딴그루	충매화
낙엽활엽수	마주나기
8월~9월	9월
작은키나무	

산지의 숲 가장자리에 자라며 3장의 작은잎은 달걀형이다. 꽃은 없고 꽃받침이 꽃잎처럼 보인다. 꽃은 본종인 병조희풀(Clematis heracleifolia)은 꽃의 화관 끝이 병처럼 오므린 형태이다. 꽃이 없을 때는 두 종은 구분되지 않는다.

물향기수목원 15.11.18

매자나무

매자나무과

Berberis koreana

가시가 나는 나무로 날카로운 발톱을 지닌 새인 매와 찌른다는 한자어 자(刺)를 붙인 이름이다.

국내

- 경기 이북, 강원도 일부지역
- 공원 화단에 식재

해외

- 한국 특산종

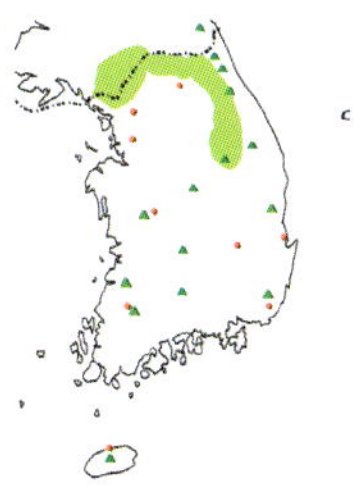

암수한그루	충매화
낙엽활엽수	어긋나기
5월~6월	9월~10월
작은키나무	

열매는 둥글고 매발톱나무는 타원형으로 두 종이 구분된다. 산기슭 양지바른 곳에서 자라고 키는 약 2m이다. 가지를 많이 치며 2년생 가지는 빨간색 또는 짙은 갈색이다. 줄기에 가시가 나며 꽃은 5월에 노란색으로 피고 총상꽃차례를 이루고 아래로 늘어진다.

매자나무과 열매

매자나무

매발톱나무

일본매자나무

매자나무는 열매가 둥글고 매발톱나무는 긴 타원형이고 일본매자나무는 타원형이다. 매자나무와 매발톱나무는 꽃자루가 길고 일본매자나무는 꽃자루가 짧고 서너 개가 모여 달린다. 잎이 크고 동그랗거나 달걀 모양이며 강원도와 울릉도에서 자라는 것을 왕매발톱나무, 한라산에 자라고 잎에 털 같은 톱니가 있는 것을 섬매발톱나무로 구분하나 같은 종으로 보기도 한다.

매발톱나무

매자나무과

Berberis amurensis

새 중에 날카로운 발톱을 지닌 '매'에 찌른다는 자(刺)를 붙인 이름이 매자이고 더 큰 가시를 지닌다고 매발톱나무이다

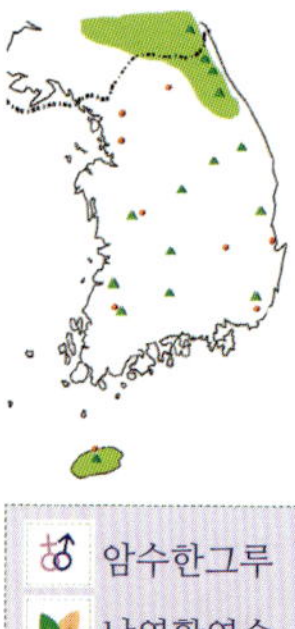

국내

- 중부이북 강원도 산지
- 함백산, 한라산

해외

- 일본, 중국, 헤이룽장, 몽골

암수한그루	충매화
낙엽활엽수	어긋나기
5월	9~10월
작은키나무	

홍릉수목원 15.10.08

열매가 긴 타원형이고 2년생 가지는 잿빛이고 3개로 갈라진 가시가 난다. 키는 2m이고 잎은 새가지에서는 어긋나고 짧은 가지에서는 모여 나는 것처럼 보인다. 꽃은 노란색으로 피고 양성화이며 짧은가지에서 총상꽃차례가 나와 10~20송이가 달린다. 꽃잎은 6장이다.

일본매자나무

매자나무과

Berberis thunbergii

일본이 원산인 매자나무로 주로 원예종이 들어와 있다.

국내

- 중부이남 정원과 공원에 식재
- 전주수목원 물향기수목원

해외

- 일본 원산 전세계에 식재

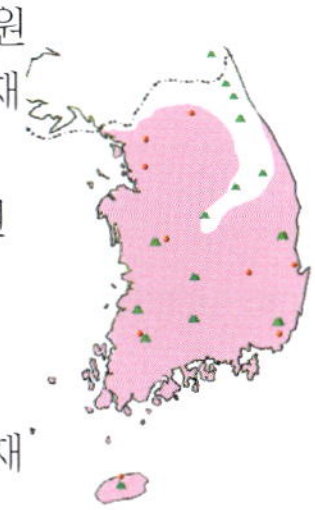

물향기수목원18.04.30

잎이 적갈색이 나고 키는 2m 정도의 관목으로 가지가 많이 돋으며 능선이 나고 갈색을 띤다. 가시는 1개 또는 3개 이고 잎은 새로 난 어린 가지에 나며 달걀형으로 표면에 광택이 나고 적갈색이다. 꽃은 황색으로 늘어지며 꽃받침은 적색이고 2~4송이가 모여 달린다.

암수한그루	충매화
낙엽활엽수	어긋나기
5월	9월~10월
작은키나무	

남천

매자나무과

Nandina domestica

남쪽에 자라는 대나무를 닮은 나무로 중국명은 남천죽(南天竹), 일본에 도입되며 남천이 되었고 이 이름을 차용하였다.

국내

- 전국 공원과 화단 식재
- 한밭수목원

해외

- 일본, 중국, 인도

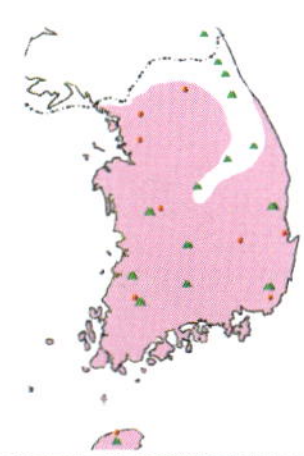

한밭수목원 18.11.05

어긋나게 달리는 잎은 3회 우상복엽으로 가을에 홍색으로 변한다. 작은잎은 끝이 좁은 타원형으로 잎자루가 없고 가죽질이다. 키는 1~2m로 자라고 양성화인 꽃은 가지 끝에 흰색의 원추화서로 달리고 열매는 이듬해 꽃이 필 때까지 달려있다. 중부지역에서는 낙엽성이다.

암수한그루	충매화
상록활엽수	어긋나기
6월~7월	10월
작은키나무	

대만뿔남천(뿔남천)

매자나무과

Mahonia japonica

남천 종류로 잎 가장자리에 거칠고 억센 가시가 뿔 같이 난다. 원산지인 대만을 붙였다.

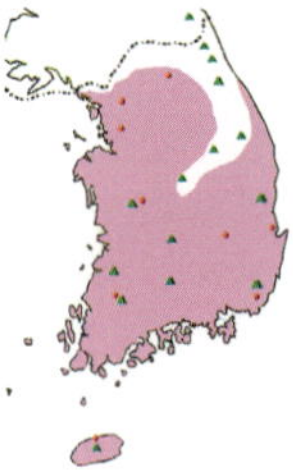

국내

- 중부이남 정원과 공원에 식재
- 홍릉수목원

해외

- 중국, 대만

암수한그루	충매화
상록활엽수	어긋나기
2월~4월	6월~7월
작은키나무	

홍릉수목원 14.04.12

잎은 작은잎 5~8쌍이 우상복엽으로 가지 끝에 모여 달린다. 작은잎은 잎자루가 없고 긴 타원모양이며 표면은 광택이 나고 뒷면은 황록색이다. 잎자루에 마디가 나고 키는 1.5~3m이다. 열매는 장과로 둥글고 흑자색이며 백분이 덮인다. 나무 줄기에 코르크층이 형성된다.

뽀뽀나무(포포나무)

뽀뽀나무과

Asimina triloba

뽀뽀 혹은 포포나무는 영어 paw paw의 우리말 표기이다. 학명 triloba는 꽃잎이 3개란 의미이다. 파파야 열매를 닮았다.

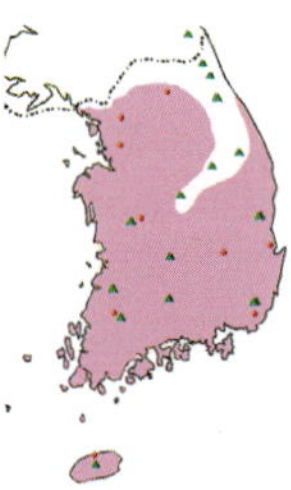

국내

- 공원에 식재
- 인천수목원 홍릉수목원

해외

- 미국 동부와 캐나다 원산

암수한그루	충매화
상록활엽수	어긋나기
4월	9월~10월
중간키나무	

인천수목원 15.05.01

먹을 수 있는 큰 열매가 달리고 속에는 씨앗이 많이 들어 있고 바나나 망고맛이 난다. 잎은 10cm x 25cm 정도이다. 미국 동부와 중부 현지에서 과수나무로 재배하며 사과나 복숭아나무 생산량에 해당하며 정원수로도 심는다. 키는 5~10m로 자란다.

북한산 19.04.29

으름덩굴

으름덩굴과

Akebia quinata

열매의 과육이 달콤하고 씨앗이 씹히는데 과육이 얼음을 연상시킨다고 얼음덩굴에서 으름덩굴로 변한 것으로 본다.

국내

- 전국 산지
- 한택식물원

해외

- 중국, 일본

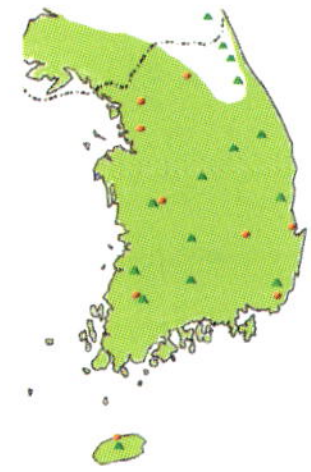

수꽃은 작고 꽃자루가 짧아 뒤쪽에 달리고 수술과 퇴화한 암술이 있다. 암꽃은 크고 긴 꽃자루에 달린다. 연보라색 꽃이 조롱조롱 달리고 바나나 같은 열매가 열린다. 잎은 어긋나거나 오래된 가지에는 모여나며 손모양 겹잎이다. 소엽은 5~6개이며 타원형이고 잎끝은 오목하다.

암수한그루 / 충매화
낙엽활엽수 / 어긋나기
4월 / 10월
덩굴나무

완도수목원 18.05.06

멀꿀

으름덩굴과

Stauntonia hexaphylla

열매의 표면은 매끈한데 멍이 든 것 같은 얼룩이 나타난다. 맛은 꿀맛이어서 '멍꿀'에서 멀꿀이 된 것으로 추정한다.

국내

- 전남 남부, 서남해안 섬, 제주
- 완도수목원

해외

- 일본, 중국, 대만

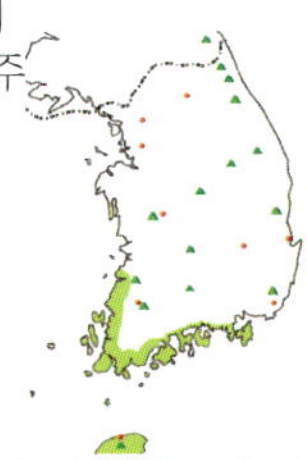

작은잎 5~7개가 모여 달리고 잎은 어긋나고 두꺼우며 손모양겹잎이다. 줄기는 길이가 15m 정도로 뻗는다. 꽃은 유백색이고 총상꽃차례에 2~4개씩 달리며, 꽃자루는 길이 3cm 정도로 가을철에 적갈색이 되고 많은 피목이 있어 거칠다.

암수한그루 / 충매화
상록활엽수 / 돌려나기
4월~5월 / 8월~10월
덩굴나무

댕댕이덩굴

방기과

Cocculus orbiculatus

가늘고 질긴 줄기는 등짐을 지거나 바구니 같은 세공품을 만들었는데 팽팽하다는 '댕댕'과 덩굴을 합해 댕댕이덩굴이 되었다.

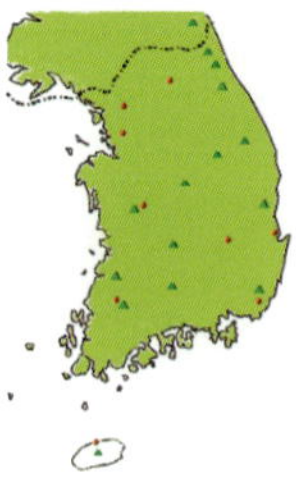

국내

- 전국의 산과 들
- 야산 언저리

해외

- 중국, 일본, 대만, 필리핀

암수딴그루	충매화
낙엽활엽수	어긋나기
6월	10월
덩굴나무	

북한산 17.09.17

꽃은 황백색으로 잎겨드랑이에 원추꽃차례를 이루고 열매는 핵과로 지름 5~8mm로 검게 익고 흰가루로 덮여 있다. 들판이나 숲 가에 길이 3m 정도로 자란다. 잎은 달걀 모양이며 줄기와 잎에 털이 있다. 잎 끝은 뾰족하고 밑은 길이 3~12cm로 3~5개의 맥이 난다.

방기

방기과

Sinomenium acutum

방기는 방기(防己)라는 약재명을 차용한 것으로 추정한다.

국내

- 제주도와 남부 해안
- 거문도

해외

- 일본 큐슈, 중국

암수딴그루	충매화
낙엽활엽수	어긋나기
6월	10월
덩굴나무	

거문도 17.06.29

꽃은 연녹색이며 원뿔모양꽃차례는 잎겨드랑이에서 나고 꽃차례는 길이 10~20cm이다. 잎은 넓은 달걀 모양이며 다각형이고 길이 6~15cm, 폭 3~12cm로서 가장자리는 밋밋하거나 얕은 물결모양의 결각이 있다. 뒷면은 회록색으로 털이 없거나 잔털이 있다

제주시 19.10.29

함박이

방기과

Stephania japonica

잎이 크고 넓적한 모습이 함박을 닮았다고 함박이라 부른다.

국내

- 제주도, 홍도, 거제도, 흑산도
- 제주 해변

해외

- 일본, 대만, 중국, 필리핀, 인도

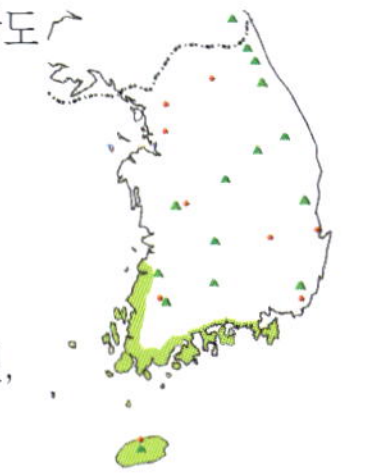

다른 물건을 타고 오르며 자라고, 키는 1m 이내이다. 열매는 주홍색으로 익고 종자는 갈색이며 말굽처럼 생겼고 돌기가 뚜렷하게 나타난다. 바닷가나 산언저리에 자라며 잎은 어긋나고 방패 모양이며 가장자리가 밋밋하며 뒷면은 흰빛이 돈다.

암수딴그루	충매화
낙엽활엽수	어긋나기
6월~7월	10월~11월
덩굴나무	

횡성 18.05.13

새모래덩굴

방기과

Menispermum dauricum

어원이나 유래는 미상이다 습한 모래땅에 잘 자란다고 모래가 들어간 것으로 추정해본다.

국내

- 전국 산지 들판 숲 가장자리
- 인천수목원

해외

- 일본, 중국

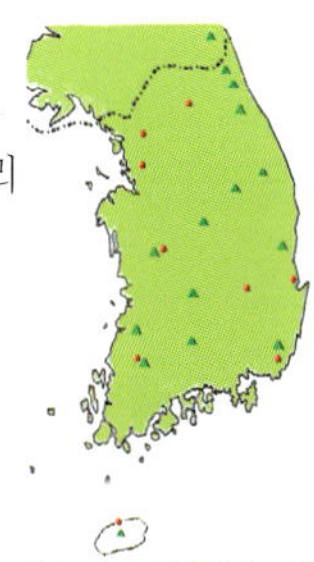

줄기와 잎은 털이 없이 매끈하고 2m 정도로 자란다. 잎은 어긋나고 둥근 심장 모양이고 가장자리는 얕게 갈라진다. 잎 표면은 녹색이고 뒷면은 흰빛이 돌며 열매는 핵과이고 둥글며 검게 익는다. 종자는 편평하고 둥근 심장 모양이다. 풀밭이나 길가, 또는 산언저리에 자란다.

암수딴그루	충매화
낙엽활엽수	어긋나기
4월~6월	9월
초본성덩굴나무	

나도밤나무

나도밤나무과

Meliosma myriantha

잎이 밤나무잎을 닮았다고 나도밤나무라 부른다. 열매나 꽃차례 등 분류상으로는 밤나무와 무관하다.

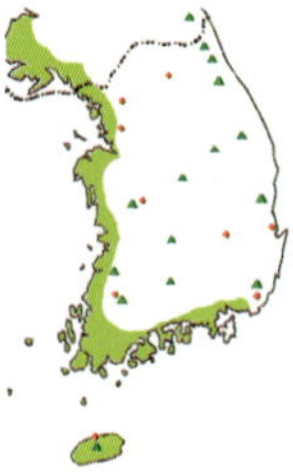

국내
- 남부지역 서해안을 따라 황해도
- 안면도수목원

해외
- 중국, 일본

암수한그루	충매화
낙엽활엽수	어긋나기
6월~7월	9월~10월
큰키나무	

안면도 19.06.02

해안 또는 산골짜기에 자라며 키는 10m에 달한다. 곧게 자라고 나무껍질은 갈색이며 피목이 많다. 잎은 긴 타원형이며 끝이 뾰족하고 측맥이 뚜렷하다. 꽃은 흰색으로 피고 가지 끝에 길이와 폭이 15~25cm의 원추꽃차례를 이루어 달린다.

합다리나무(합대나무)

나도밤나무과

Meliosma oldhamii

나무 줄기가 학의 다리처럼 길고 회백색을 띠는게 학의 다리를 닮았다고 '학다리나무'가 합다리나무로 변했다.

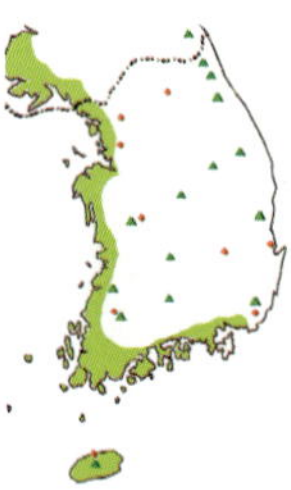

국내
- 남부지역과 서해안. 황해도 이남
- 인천수목원

해외
- 중국, 일본 남부, 대만

암수한그루	충매화
낙엽활엽수	어긋나기
7월	9월
중간키나무	

안면도 19.06.13

남부지역과 서해안을 따라 자라고 나무줄기는 가지가 없이 회백색 줄기가 길게 자란다. 꽃은 흰색이며 가지 끝에 원추꽃차례로 달린다. 잎은 어긋나고 홀수 깃꼴겹잎이며 9~15개의 작은잎으로 모여달린다. 작은잎은 달걀 모양의 타원형 또는 쐐기형이다.

계수나무

계수나무과

Cercidiphyllum japonicum

일본명 가쯔라(桂, カツラ)가 나무와 이름이 함께 도입됨. 우리동요의 계수나무는 중국명 계화(桂花)로 금목서를 이른다.

국내
- 중부이남 정원 화단 공원에 식재
- 국립수목원

해외
- 중국, 일본

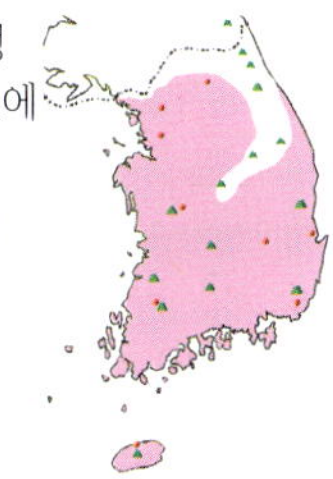

국립수목원 17.10.07

잎은 둥글고 떨어질 때 달콤한 초콜릿 향기가 난다. 줄기는 세로로 갈라지며 가을에는 단풍이 아름답고 암수꽃 모두 꽃잎이 없는 원시적인 형태이다. 열매는 3~5개씩 달리고 씨는 편평하며 한쪽에 날개가 있다. 1910년 일본서 처음 도입된 개체가 국립수목원에 자란다.

암수딴그루	풍·충매화
낙엽활엽수	마주나기
3월~4월	10월~11월
큰키나무	

양버즘나무(플라타너스)

버즘나무과

Platanus occidentalis

수피가 버즘이라는 피부병이 난 것 같은 무늬가 난다.

국내
- 전국 공원 학교 화단에 식재
- 가로수

해외
- 북미 원산

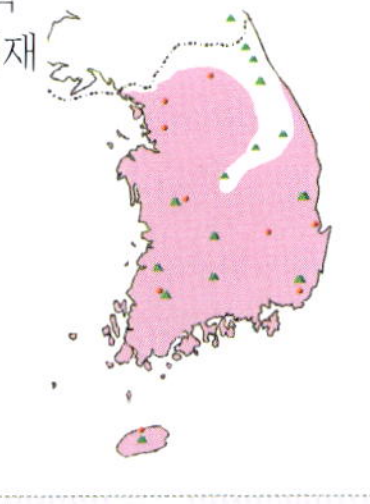

연세대학교 17.04.30

수피가 불규칙하게 벗겨지며 그 자리에 얼룩무늬가 생긴다. 낙엽 큰키나무로 전국의 가로와 공원에 가로수로 심는다. 키는 50m, 지름 1m에 이르며, 잎은 넓은 난형으로 3~5갈래로 얕게 갈라지고, 가장자리는 밋밋하거나 톱니가 있다. 열매는 공처럼 달린다.

암수한그루	풍·충매화
낙엽활엽수	어긋나기
4월	9~10월
큰키나무	

히어리(송광납판화)

조록나무과

Corylopsis gotoana var. *coreana*

오리나무 잎을 닮았고 작다고 쇠오리 〉히어리 설. 초봄에 피는 꽃이 새해를 연다고 해여리 〉히여리 〉히어리로 변하였다.

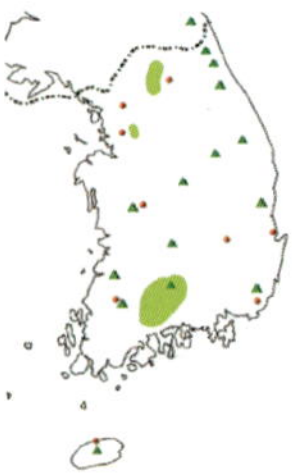

국내

- 지리산, 수원 백운산, 포천 백운산 자생
- 지리산

해외

- 일본, 중국

암수한그루	충매화
낙엽활엽수	어긋나기
3월~4월	9월
작은키나무	

지리산 17.04.22

꽃은 4월에 잎보다 먼저 피고 연한 황록색이며 8~12개의 꽃이 총상꽃차례로 달린다. 꽃 이삭은 길이 3~4cm이나 꽃이 핀 다음 조금 더 자란다. 잎은 달걀 모양의 원형이며 밑은 심장형이다. 잎 가장자리에 뾰족한 톱니가 있다. 유사종인 도사물나무는 꽃자루에 털이 난다.

조록나무

조록나무과

Distylium racemosum

잎이나 작은 가지에 벌레혹이 자라는데 이 혹이 단단하고 커서 '조롱을 달고있는 나무'란 '조롱낭'에서 조록나무가 나왔다.

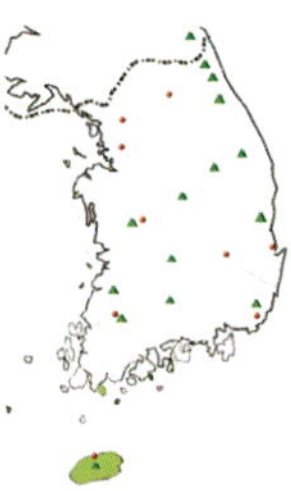

국내

- 제주도, 완도
- 안면도수목원

해외

- 중국 일본 대만

암수잡성그루	충·풍매화
상록활엽수	어긋나기
4월~5월	9월~10월
큰키나무	

제주도 18.05.06

잎에 커다란 벌레집이 많이 생긴다. 잎은 어긋나고 두꺼우며 긴 타원형이고 가장자리가 밋밋하나 때로는 톱니가 있다. 꽃잎은 없고 꽃받침 조각은 3~6개, 수술은 6~8개이며 암술은 1개이다. 열매는 겉에 털이 밀생하며 2개로 갈라져서 종자가 나온다. 20m 키로 자란다.

홍릉수목원 18.03.01

풍년화

조록나무과

Hamamelis japonica

이른 봄에 꽃을 피우는 나무로 꽃이 풍성하면 풍년이 든다는 믿음이 나무와 함께 전해왔다. 일본명은 만작(滿作 マンサク)이다.

국내

- 중부이남 식재
- 천리포수목원

해외

- 일본 원산

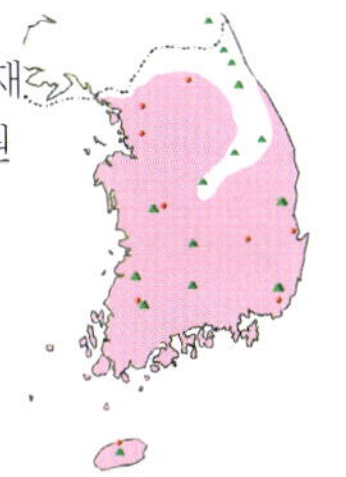

암수한그루	충매화
낙엽활엽수	어긋나기
3월	9월~10월
작은키나무	

꽃은 잎보다 먼저 잎겨드랑이에서 피며 노란색이다. 꽃잎은 4장이고 길이는 1cm쯤이다. 열매는 삭과이고 짧은 털이 난다. 일본 원산으로 키는 2~4m이고 잎은 찌그러진 마름모꼴 타원형이고 가장자리에 물결 모양 톱니가 있다. 1930년대에 임업연구원에 처음 도입되었다.

완도수목원 16.05.08

풍나무(미국풍나무)

조록나무과

Liquidambar styraciflua

단풍나무를 닮았다고 일본명으로 풍(楓)나무라는 이름이 우리나라에 들어왔다.

국내

- 전국의 수목원에 드물게 식재
- 인천수목원 완도수목원 기청산수목원

해외

- 북미 원산

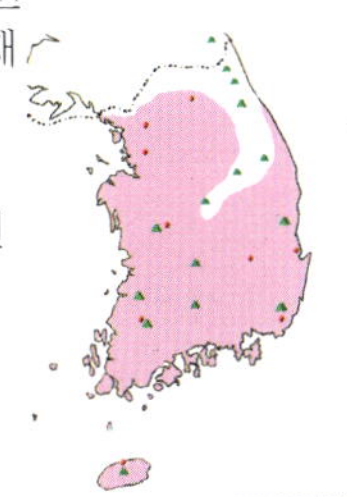

암수한그루	풍매화
낙엽활엽수	어긋나기
4월~5월	9월~10월
큰키나무	

북미가 원산으로 45m 높이로 자란다. 수피는 깊게 갈라지고 작은 가지는 적갈색이며 코르크질의 능선이 발달한다. 잎은 단풍잎처럼 5~7개로 갈라진다. 최근에 들여온 대만풍나무는 추위에 약해서 남부지역에 심으며 잎이 3쪽으로 갈라진다.

굴거리나무

굴거리나무과

Daphniphyllum macropodum

일이 잘 풀리지 않을 때 굿판을 벌였는데 굿거리에 사용된 나무란 뜻으로 굿거리나무가 굴거리나무가 되었다.

국내
- 제주, 울릉, 전남북, 내장산
- 안면도수목원

해외
- 중국

암수딴그루	풍·충매화
활엽상록수	어긋나기
3월~4월	9월~11월
중간키나무	

제주도 19.10.17

잎자루가 붉다. 잎은 가지 끝에 모여 어긋나게 달리며 긴 타원형으로 12~17쌍의 측맥이 있고, 표면은 광택이 난다. 꽃은 암수술로만 이루어지며 꽃잎이나 꽃받침이 없다. 열매는 핵과로 긴 타원형이며 검은색으로 표면에 분가루가 묻는다.

두충

두충과

Eucommia ulmoides

중국의 두중(杜仲)이라는 사람이 껍질과 잎을 달여먹고 도를 통했다는 고사에서 나왔다. 杜沖 또는 杜庶이라 쓴다.

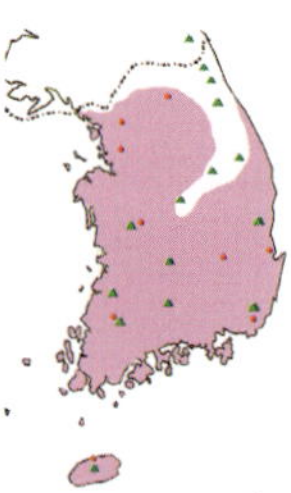

국내
- 전국 약용, 조경수로 식재
- 홍릉수목원

해외
- 중국특산

암수한그루	풍•충매화
낙엽활엽수	어긋나기
5월	10월~11월
큰키나무	

수목원 16.06.18

1과 1속 1종의 나무로 원산지 중국에서도 소멸되고 재배식물로 남아있다. 열매나 나무껍질에서 끈끈한 점액이 나온다. 껍질을 말린 것을 두충이란 약재로 강장제, 류머티즘에 처방한다. 1920년대에 도입해서 홍릉수목원에 처음 심었고 실생과 삽목을 통해 전국으로 퍼져나갔다.

느릅나무과 나무는 인가 주위와 들판에 흔히 자란다. 키는 중간키나 큰 키이고 열매는 날개 달린 시과이다. 느릅나무속과 시무나무속, 느티나무속이 있다. 열매는 왕느릅나무가 가장 크고 비술나무와 느릅나무가 그 다음이다. 팽나무 종류도 느릅나무과에 속했다가 분리되었다.

느릅나무 속은 잎의 크기로 종이 구별된다. 강원도 산지에 자라는 왕느릅나무 잎은 두껍고 크고 억세다. 잎의 아래쪽에서 좌우 대칭이 어긋나며 미국느릅나무는 가장 큰 차이가 난다. 잎 가장자리에 잔 톱니가 불규칙하게 나고 측맥이 발달한다.

느릅나무

느릅나무과

Ulmus davidiana var. *japonica*

힘없이 늘어진다는 느릅하다에서 유래한다. 껍질을 물에 넣어 이기면 끈적하게 늘어진다. 구황음식의 흔적을 남기고 있다.

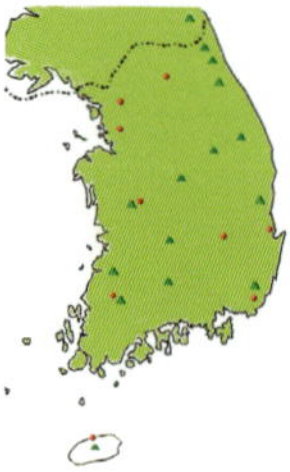

국내

- 산 가장자리 개울가
- 물향기수목원 세정사 입구

해외

- 중국, 일본, 사할린

암수한그루	풍•충매화	낙엽활엽수	어긋나기
3월~4월	6월	큰키나무	

남양주 세정사 17.06.18

수술은 4개, 암술은 1개이고 암술대는 끝부분에서 2개로 갈라진다. 산지의 계곡이나 개울가에 드물게 자란다. 잎 끝이 뾰족하며 톱니가 있고 밑부분은 둥근 모양이고 표면은 거칠고 가는털이 있다. 어린가지와 잎 뒷면 맥을 따라 적갈색 털이 난다. 열매에는 털이 없다.

왕느릅나무

느릅나무과

Ulmus macrocarpa

느릅나무 중에서 잎과 열매가 가장 크다는 의미를 나타낸다.

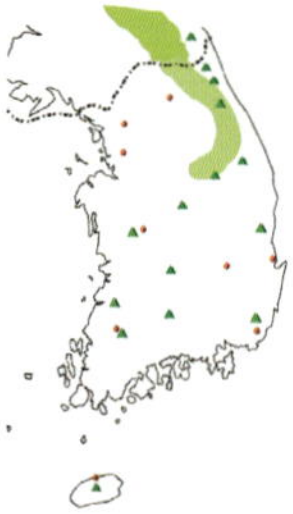

국내

- 강원도 화천, 정선, 영월, 단양
- 영월 동강휴게소 뒤

해외

- 중국, 몽골, 러시아 북동부

암수한그루	풍•충매화	낙엽활엽수	어긋나기
4월	6월	큰키나무	

정선 덕산기 18.05.21

잎과 열매가 느릅나무 중에서 가장 두껍고 크고 억세다. 잎 가장자리에 겹톱니가 나고 아래쪽은 좌우가 짝짝이 진다. 열매 전체에 털이 난다. 키는 10여 미터까지 자라고 어린나무 가지에는 느릅나무같이 코르크 날개가 달리기도 한다.

한강둔치 16.06.18

참느릅나무

느릅나무과

Ulmus parvifolia

느릅나무 중에 진짜 느릅나무라는 의미이나 표식으로 쓰인 것이다.

국내

- 중부이남 전국 들과 인가 주위
- 한강둔치

해외

- 중국, 일본, 대만

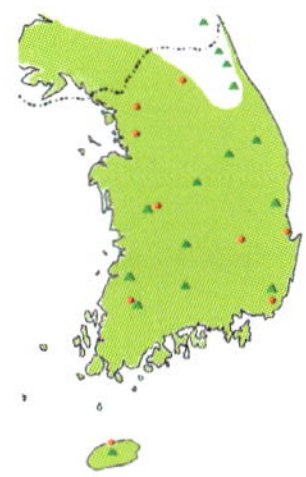

꽃이 8월 말에 피고 9월에 열매가 익으며 겨우내 달려있다. 나무껍질은 회갈색이며 손톱 모양으로 조각나서 벗겨진다. 잎은 두꺼우며 타원형이고 좌우가 같지 않으며 표면은 광택이 나고 측맥은 10~20쌍이다. 잎자루는 털이 나고 같은 가지에서 위쪽의 잎일수록 크다.

암수잡성그루	풍•충매화
낙엽활엽수	어긋나기
8월~9월	10월
큰키나무	

광릉수목원 18.04.30

비술나무

느릅나무과

Ulmus pumila

나무에서 흘러 내리는 수액의 마른 흔적이 술을 흘린 것 같다고 비술나무라 불린 것으로 추정한다.

국내

- 경기도, 강원도, 인가 주위, 산 가장자리
- 청계천, 광릉수목원

해외

- 중국, 사할린

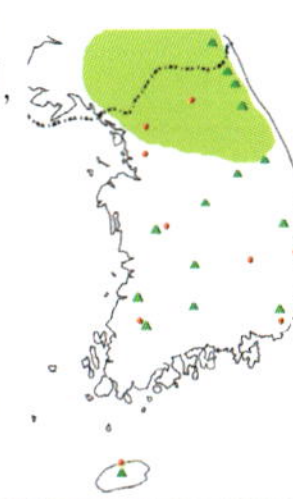

오래된 나무줄기에는 수액이 흘러내려 흰 얼룩이 나타난다. 꽃은 잎보다 먼저 피며 취산꽃차례로 잎겨드랑이에 달리고 익은 열매는 날개가 달린 연노란 시과로 5월 초에 땅바닥을 덮을 정도로 많이 떨어진다. 오래된 나무 어린가지는 백분에 덮이고 겨울에는 희게 빛난다.

암수한그루	풍•충매화
낙엽활엽수	어긋나기
3월	4월~5월
큰키나무	

미국느릅나무

느릅나무과

Ulmus americana

미국에서 들여온 느릅나무라는 의미이다.

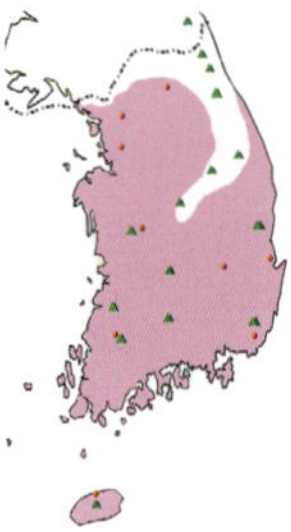

【국내】

- 전국 공원 정원 산지 식재
- 인천수목원 창경궁

【해외】

- 북미, 원산

서울 안산 17.05.03

- 암수한그루
- 풍•충매화
- 낙엽활엽수
- 어긋나기
- 3월
- 5월
- 큰키나무

잎은 좌우대칭이 어긋나며 잎 가장자리에는 겹톱니가 날카롭게 난다. 열매는 날개가 나는 시과로 가장자리에 털이 많고 열매자루가 길다. 공원과 산지에 드물게 조림한다. 꽃은 잎이 나기 전에 잎겨드랑이에 여러 개의 꽃이 취산꽃차례로 모여난다.

난티나무

느릅나무과

Ulmus laciniata

잎의 끝이 나뉜 나무란 뜻으로 '나누다'의 옛말인 '난호다'라는 이름의 '난휜나무'가 난티나무로 변한 것으로 추정한다.

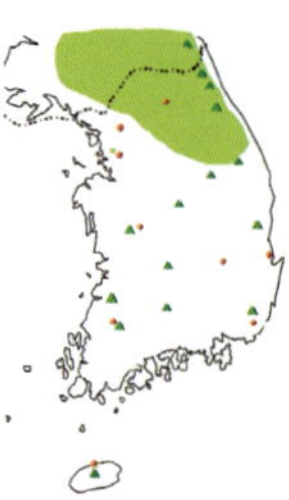

【국내】

- 백두대간 강원 산지
- 화악산, 홍릉수목원

【해외】

- 일본 중국

화악산 17.08.26

- 암수한그루
- 풍•충매화
- 낙엽활엽수
- 어긋나기
- 4월~5월
- 5월~6월
- 큰키나무

잎의 아래가 3갈래로 깊이 패여 뾰족해진다. 잎은 타원형으로 넓으며 가장자리에 예리한 겹톱니가 있으며 표면은 거칠고 털이 있다. 나무의 키는 20m, 지름 1m 정도로 자라고 작은 가지는 연한 갈색이다. 열매는 시과로 타원형이다.

국립수목원 19.07.26

시무나무

느릅나무과

Hemiptelea davidii

이십 리에 한 번씩 보일만한 나무라고 스무나무라는 말이 시무나무로 변하였다.

【국내】
- 전국 개울가 산지 가장자리
- 강원도 영월 국립수목원

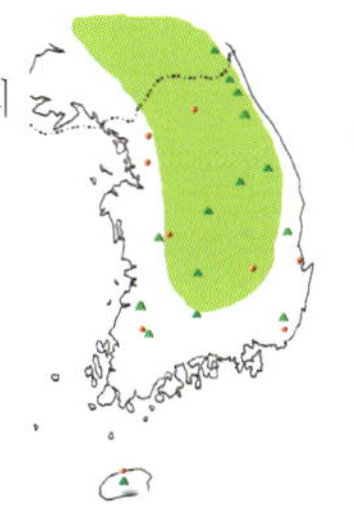

【해외】
- 중국

어린 가지에 10cm 정도의 거친 가시가 돋는다. 강원도 강가 비옥한 사질 양토에 흔하게 자란다. 열매는 시과로 편평한 반달 모양이며 한 쪽에만 날개가 있고 끝은 2쪽으로 갈라진다. 키는 20m 정도로 자라고 마을의 정자목으로 심었다.

암수잡성그루	충매화
낙엽활엽수	어긋나기
4월~5월	9월~10월
큰키나무	

영월 가수리 13.04.27

느티나무

느릅나무과

Zelkova serrata

줄기 속이 누렇다는 황(黃)과 회화나무를 뜻하는 괴(槐)가 합쳐서 눋홰나무 〉 눗회나무 〉 누튀나무 〉 느티나무가 나왔다.

【국내】
- 전국 산지와 들 마을 주위
- 공원 가로수 화단에 식재

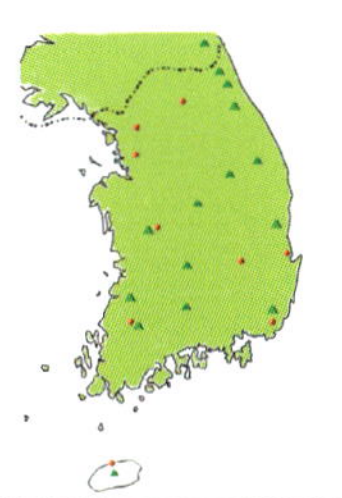

【해외】
- 일본 중국

한반도 기후에 최적화된 나무로 크고 오래 자란다. 높이 26m, 지름 3m까지 크고 껍질은 비늘처럼 떨어진다. 잎 가장자리에 톱니가 있고 측맥은 8~14쌍이다. 가로수나 동수나무로 심으며 가을에는 붉고 노랗게 단풍이 든다. 벼락을 맞거나 바람에 쓰러지는 것을 볼 수 없다.

암수한그루	풍•충매화
낙엽활엽수	어긋나기
4월~5월	5월~10월
큰키나무	

열매의 굵기와 자루 길이에 종의 특징이 나타난다. 그러나 생육상태나 관찰 시기에 따라 굵기나 색에 변화가 크다. 위 사진은 같은 시기 인근에 자라는 나무를 비교할 때 의미가 있다. 잎의 형태도 특징을 지니지만, 돋은 시기나 위치에 따라 다양한 변화를 보인다. 목포 유달산 노적봉에는 팽나무, 푸조나무, 폭나무가 함께 자라는 것을 관찰할 수 있다.

팽나무

팽나무과

Celtis sinensis

열매를 딱총의 총알로 사용했는데 대나무 딱총에서 팽하고 날아가는 소리가 나무 이름이 되었다는 설이 있다.

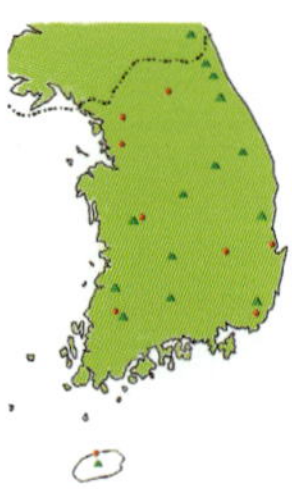

【국내】
- 전국 들판
- 전국 수목원
  한밭수목원

【해외】
- 일본 중국

수양성한그루 풍•충매화
낙엽활엽수 어긋나기
5월 10월
큰키나무

제주시 18.10.08

열매는 붉은 노란색이고 과육은 먹을 수 있다. 흑갈색 수피는 갈라지지 않고 거칠며 키는 20m, 지름 1m로 자라고 줄기가 직립하고 가지가 넓게 퍼진다. 열매자루는 6~15mm로 잔털이 있다. 잎은 긴 타원형이고 좌우가 어긋나고 하반부에서부터 톱니가 난다.

예봉산 16.06.18

검팽나무

팽나무과

Celtis choseniana

팽나무로서 열매가 검게 익는다는 것을 의미한다.

【국내】
- 황해도 이남
- 예봉산
  국립수목원
  홍릉수목원

【해외】
- 한국 특산

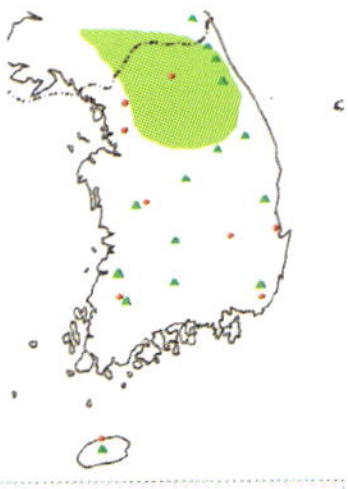

- 수양성한그루
- 풍•충매화
- 낙엽활엽수
- 어긋나기
- 5월
- 10월
- 큰키나무

잎은 난상 타원형이며 아래쪽이 넓고 좌우가 어긋나며 잎 뒷면 맥위에 털이 없다. 측맥은 3쌍이며 전체에 톱니가 난다. 열매는 검은색으로 익고 자루는 20~25mm이며 팽나무보다 열매자루가 길고 열매도 다소 굵다. 열매자루는 풍게나무보다 다소 짧거나 비슷하다.

왕팽나무(산팽나무)

느릅나무과

Celtis koraiensis

산팽나무는 산지에 자라는 팽나무라는 것을 뜻하고 열매와 잎이 다른 팽나무 보다 크다.

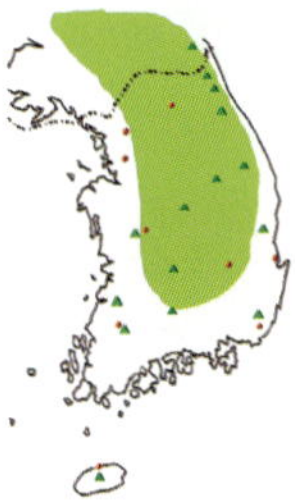

【국내】
- 강원도 중부 이북
- 울진, 제천, 문경, 주흘산

【해외】
- 만주

수양성한그루	풍•충매화
낙엽활엽수	어긋나기
4월~5월	10월
큰키나무	

주흘산 16.10.30

열매 자루는 길이 25~30mm이고 열매는 직경 12mm로서 흑갈색으로 길고 굵다. 잎은 중앙의 결각은 꼬리처럼 길고 양면에 털이 나며 크기는 폭과 길이가 10 x 15cm에 이른다. 잎과 열매가 속 내에서 가장 크고 굵은 편이다.

푸조나무

느릅나무과

Aphananthe aspera

바닷가에 많이 자라고 열매는 포구를 드나드는 새의 먹이나무라고 '포구의새나무'가 포구조목 〉 포굿조나무 〉푸조나무로 변화

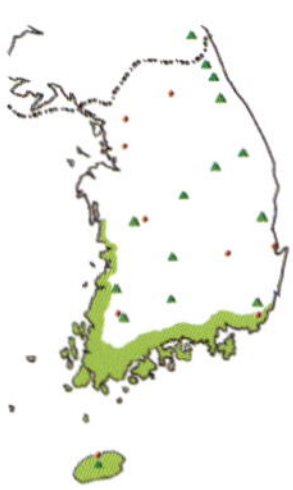

【국내】
- 전남, 경남 해안의 동수나무
- 제주, 울릉도

【해외】
- 중국

수양성한그루	풍•충매화
낙엽활엽수	어긋나기
5월	9월~10월
큰키나무	

완도수목원 16. 05.07

열매와 잎이 유사종 중에서 굵고 큰 편나 열매자루가 짧다. 수세가 강건하고 성장이 빠르다. 동수나무나 풍치목으로 심으며 방풍효과가 크다. 잎 가장자리에 예리한 톱니가 있으며 표면은 거칠고 뒷면에는 누운 털이 있다. 잎맥이 3개, 측맥은 7~12쌍으로서 팽나무보다 곧게 뻗는다.

안면도수목원 17.10.14

풍게나무

느릅나무과

Celtis jessoensis

풍게나무의 어원은 미상이다. 식물의 어원은 때로 아주 오래된 고어에 뿌리를 두기도 한다.

[국내]

- 전국 산지 울릉도, 덕적도, 제주도
- 안면도수목원

[해외]

- 일본

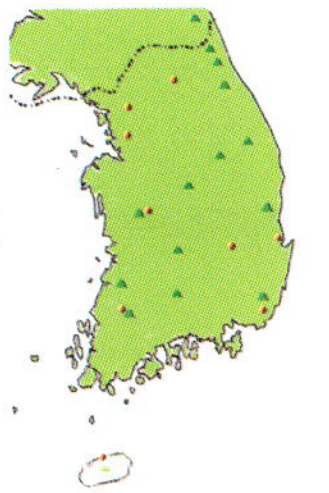

- 수양성한그루
- 풍•충매화
- 낙엽활엽수
- 어긋나기
- 5월
- 10월
- 큰키나무

잎은 타원형으로 폭이 좁고 길이가 긴 유선형으로 팽나무 종류 중 가장 미끈하며 아래쪽에는 톱니가 없다. 열매는 지름 6~8mm로서 흑색으로 익고 열매 자루는 길이 2.5~3cm로 긴편이다. 뒷면 맥 위에 털이 있고 측맥은 3쌍이다. 산지에 드물게 보인다.

굴업도 18. 10.12

좀풍게나무(좀팽나무)

느릅나무과

Celtis bungeana

풍게나무보다 잎이나 열매가 작다. 좀팽나무라는 이름으로도 불린다.

[국내]

- 제주외 전국에 드물게 자생
- 유달산, 굴업도, 울릉도

[해외]

- 일본, 중국, 대만

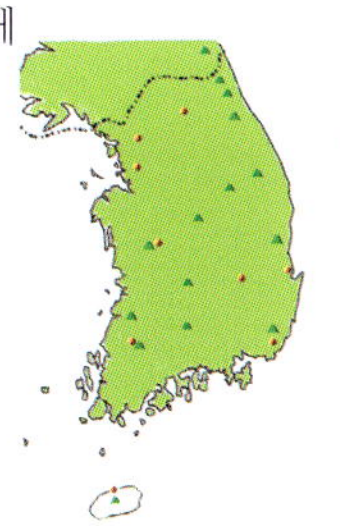

- 수양성한그루
- 풍•충매화
- 낙엽활엽수
- 어긋나기
- 5월
- 10월
- 큰키나무

잎 가장자리에 톱니가 없거나 상반부에 몇 개이며 표면과 뒷면 주맥에 털이 있고 측맥은 3쌍이다. 열매와 잎이 팽나무보다 다소 작으나 구분이 쉽지 않다. 서해안과 울릉도에 드물게 관찰된다. 잎은 달걀모양이며 끝은 뾰족하고 아래쪽은 원형이며 좌우가 서로 다르다.

폭나무

느릅나무과

Celtis biondii

바닷가 포구에 잘 자라는 나무로 '포구나무'라 하다가 폭나무가 되었다는 설이 있다.

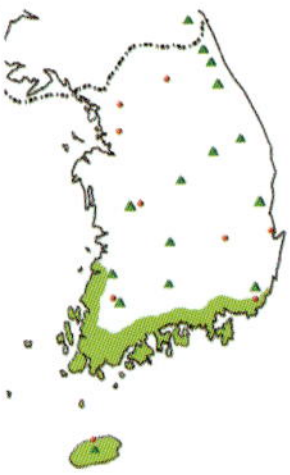

[국내]
- 남부지역
- 유달산

[해외]
- 일본 중국

수양성한그루	풍•충매화
낙엽활엽수	어긋나기
5월	10월
중간키나무	

유달산 17.10.21

열매 자루가 10mm 내외로 짧고 팽나무 종류 중에서 열매나 잎이 가장 작다. 잎은 윗부분이 갑자기 좁아져서 꼬리처럼 길어지고 밑은 둥글며 상반부에 깊은 톱니 또는 결각이 있다. 양면에 털이 있으며 측맥은 2쌍이고 엽병은 3~7mm로 털이 있다.

뽕나무(오디나무)

뽕나무과

Morus alba

오디를 먹으면 소화가 잘되기 때문에 방귀를 자주 뀌게 된다고 의성어 뽕을 붙여 '뽕나무'가 나왔다는 설이 있다.

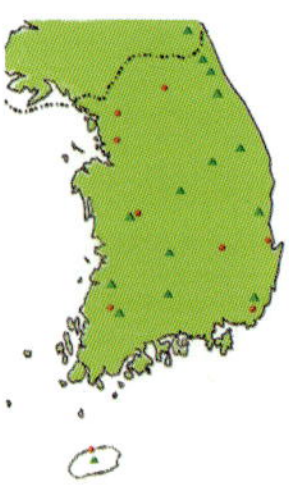

[국내]
- 전국의 들에 자생 및 재배
- 청계천

[해외]
- 중국북부 북반구 온대 지역

암수딴그루	풍•충매화
낙엽활엽수	어긋나기
5월	6월~7월
큰키나무	

청계천 17.06.06

누에를 치기 위해 인가 주위와 밭에 심은 나무이다. 수꽃차례는 새가지 밑부분의 잎겨드랑이에서 밑으로 처지며 꼬리모양꽃차례로 긴 타원형이다. 암꽃차례는 타원형이며 암술대는 거의 없으며 암술머리는 2개이다. 열매는 오디라고 하고 가공하거나 생으로 식용한다.

산뽕나무

뽕나무과

Morus bombycis Koidz. var.

산에 자라는 뽕나무라는 의미이다. 뽕나무는 누에를 치기 위해 도입하였고 산뽕나무는 자생종이다.

【국내】
- 전국 산지
- 전주수목원

【해외】
- 중국, 일본, 대만, 버마, 히말라야

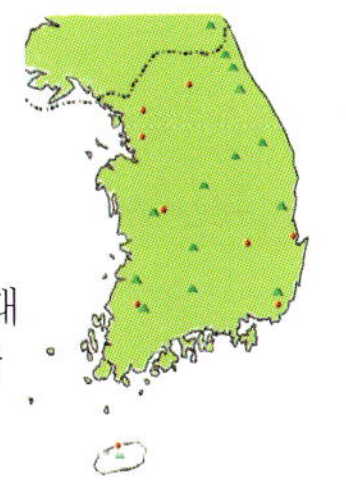

포천 17. 06.18

열매가 익어도 암술대가 길게 남아 있다. 열매 길이는 1.5㎝ 정도의 긴 타원형으로 검붉게 익는다. 산과 들에 자생한다. 잎끝이 뾰족 나오고 광택이 나며 잎 가장자리에는 날카로운 톱니가 난다. 나무 줄기는 회갈색을 띤다.

- 암수딴그루
- 풍•충매화
- 낙엽활엽수
- 어긋나기
- 5월
- 6월~7월
- 큰키나무

몽고뽕나무(왕뽕나무)

뽕나무과

Morus mongolica

몽골에서도 자란다는 의미로 몽고뽕나무라 부른다. 강원도 영월 인근 석회암지역에 분포한다.

【국내】
- 황해도 이북
- 영월 산지

【해외】
- 중국 몽골

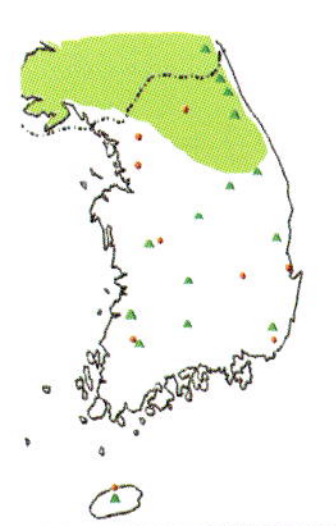

영월 16.09.17

영월 석회암 산지에 자라는 뽕나무 종류로 잎 가장자리에 톱니가 바늘처럼 날카롭다. 나무껍질은 회갈색이고 불규칙하게 갈라지고 햇가지는 갈색이며 껍질눈은 긴 타원형이다. 잎의 겉면은 거칠거칠하고 뒷면 맥 위에는 털이 난다.

- 암수딴그루
- 풍•충매화
- 낙엽활엽수
- 돌려나기
- 4월~5월
- 6월~7월
- 중간키나무

꾸지뽕나무

뽕나무과

Cudrania tricuspidata

뽕나무보다 단단하다고 단단하다는 의미의 '굳이'가 뽕나무와 결합하여 '굳이뽕나무' 〉 꾸지뽕나무가 나왔다.

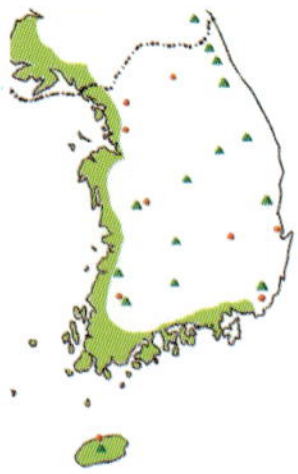

[국내]
- 황해도 이남의 서해안
- 물향기수목원 한밭수목원

[해외]
- 일본, 중국

암수딴그루	풍•충매화
낙엽활엽수	어긋나기
5월~6월	9월~10월
중간키나무	

제주 17.10.28

줄기에 큰 가시가 난다. 양지바른 산기슭이나 마을 주변에 자라는 작은키나무이다. 잎은 난형 또는 3갈래로 갈라지며, 위쪽이 점차 좁아지다가 끝은 둔해진다. 수꽃차례는 작은 꽃들이 모여 머리 모양을 이루며, 짧고 부드러운 털이 모여 난다. 열매나 줄기를 자르면 즙액이 난다.

꾸지나무

뽕나무과

Broussonetia papyrifera

꾸지나무는 닥나무와 같이 껍질을 벗겨 종이를 만들었다. 종이를 만든다는 구지(構紙)가 꾸지나무로 변하였다.

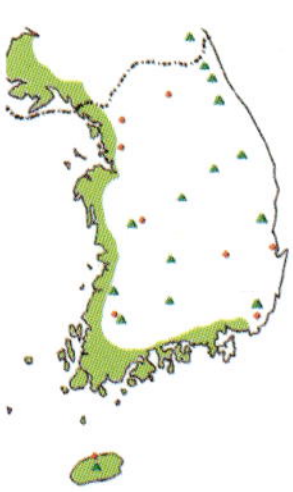

[국내]
- 남부지역 서해안
- 하늘공원

[해외]
- 아시아 난대와 열대지역

암수딴그루	풍•충매화
낙엽활엽수	마주나기
5월~6월	9월~10월
중간키나무	

하늘공원 17.09.06

잎자루가 길며 잎이 크고 마주나며 어린 가지와 잎자루 잎몸에 털이 많이 난다. 작은 열매가 덩어리를 이룬 열매 이삭은 둥글고 지름이 2cm 정도이다. 나무껍질은 한지의 원료로 쓰고, 열매는 약으로 쓰거나 날로 먹는다.

예천 16.04.28

닥나무

뽕나무과

Broussonetia kazinoki

종이를 만드는 질긴 껍질을 닥이라 하고 닥이 나오는 나무란 의미이다. 분지를 때 딱 소리가 난다고 닥나무라는 설이 있다.

[국내]

- 전국의 산 가장자리 밭둑
- 인천수목원 홍릉수목원

[해외]

- 일본, 중국

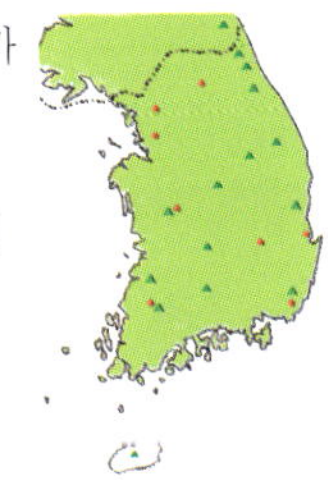

- 암수한그루
- 풍•충매화
- 낙엽활엽수
- 어긋나기
- 5월~6월
- 7월~8월
- 작은키나무

껍질을 벗겨 삶아서 종이를 만든다. 꽃은 봄에 잎과 함께 암 수꽃이 함께 핀다. 수꽃이삭은 길이 1.5cm의 타원 모양이고 암꽃 이삭은 둥글고 가지 윗부분의 잎겨드랑이에 달린다. 아시아가 원산지이고 산기슭의 양지쪽이나 밭둑에서 자란다.

무안군 15.09.19

무화과나무

뽕나무과

Ficus carica

꽃이 없는 열매라고 무화과(無花果)라 하며 꽃받침과 꽃자루가 긴 타원형 주머니를 이루고 그 안에 작은 꽃들이 들어 있다.

[국내]

- 남해안 지역에, 과수로 재배, 전국 온실
- 무안

[해외]

- 서아시아, 지중해

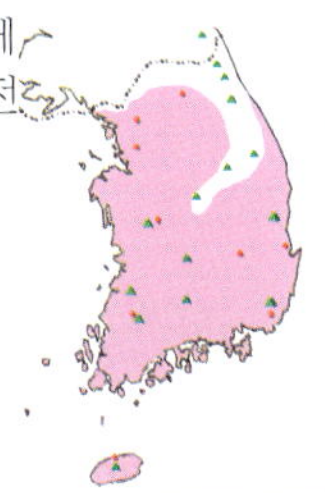

- 암수딴그루
- 충매화
- 낙엽활엽수
- 어긋나기
- 5월~6월
- 8월~10월
- 작은키나무

꽃이 열매 안에서 피는 은화과로 잎은 넓은 난형이며, 길이는 10~20㎝로서 3~5개로 깊게 갈라져 있다. 열매는 식용 또는 약용으로 한다. 우리나라에 도입된 것은 1927년 경이다. 충청남도 이남의 따뜻하고 토심이 깊고 비옥한 곳에서 자라며 과수나무나 조경수로 심는다.

천선과나무(젖꼭지나무)

뽕나무과

Ficus erecta

중국명 천선과(天仙果)를 차용하였다. 하늘의 신선이 먹는 과일이란 의미이다. 열매가 젖꼭지와 닮았다.

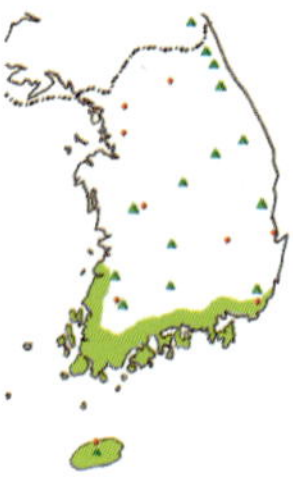

【국내】
- 남부 해안, 인근도서
- 제주

【해외】
- 일본 중국

서귀포시 16.08.17

암수딴그루	충매화
낙엽활엽수	어긋나기
5월~6월	8월~익년2월
작은키나무	

잎은 긴 타원형으로 두껍고 광택이 난다. 꽃은 열매 속에 피는 은화(隱花)로 천선과좀벌에 의해서 수정된다. 암벌이 수화낭 속에 들어가 알을 낳는다. 월동을 끝내고 새로 부화한 좀벌들이 그 속에서 짝짓기를 한 후 암벌이 꽃가루를 묻힌 채 다른 암꽃으로 이동 수정시킨다.

좁은잎천선과

목련과

Ficus erecta var.

천선과나무 중에서 잎이 가늘고 긴 나무를 이른다.

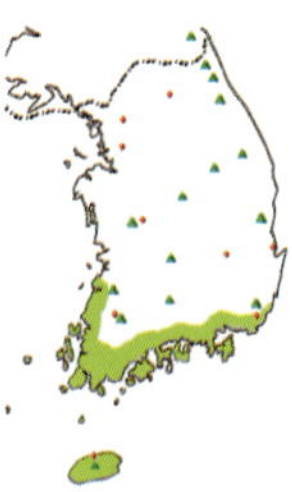

【국내】
- 남해안 도서와 주변 섬 지역
- 제주도

【해외】
- 일본 중국 대만 베트남

서귀포 16.08.17

암수딴그루	충매화
낙엽활엽수	어긋나기
5월~6월	9~익년2월
작은키나무	

잎의 폭이 좁고 길며 광택이 난다. 수꽃 주머니인 수화낭에서 교미를 끝낸 수벌들은 거기서 죽고, 암꽃(암낭화)을 찾아간 암벌은 열매를 수정시킨 후 그 안에서 죽으며, 수화낭를 찾아간 암벌들은 산란을 해서 다음 세대를 이어가게 된다. 수정된 암화낭은 흑자색으로 익는다.

거제도 18.02.21

모람

뽕나무과

Ficus oxyphylla

모람의 어원은 미상이다.

[국내]

- 남부지역 해안가 제주
- 거제도

[해외]

- 일본 대만

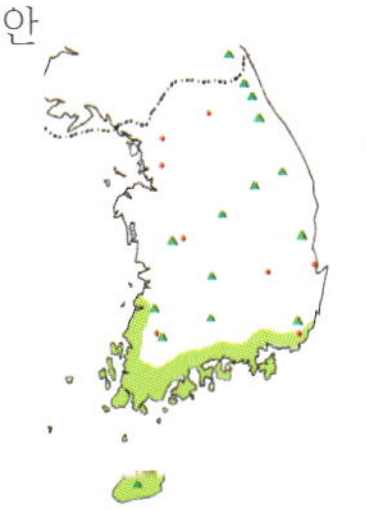

암수딴그루	충매화
상록활엽수	어긋나기
7월~8월	11월~12월
덩굴나무	

열매는 자루가 없고 직경이 1cm이고 덩굴로 자라며 잎은 6~13cm이다. 남해안과 인근 섬에 자란다. 줄기는 2~5m이며 가지에서 돋은 기근(氣根)으로 다른 물체에 붙어 올라간다. 잎은 어긋나고 두꺼우며 가죽질이고 피침형으로 잎맥이 튀어나온다.

제주시 18.03.19

애기모람(왕모람)

뽕나무과

Ficus stipulata

모람에 비해 잎이 작다고 애기모람이라 하고 열매가 굵다고 왕모람이라 부른다.

[국내]

- 남부 해안
- 제주

[해외]

- 일본 중국 대만

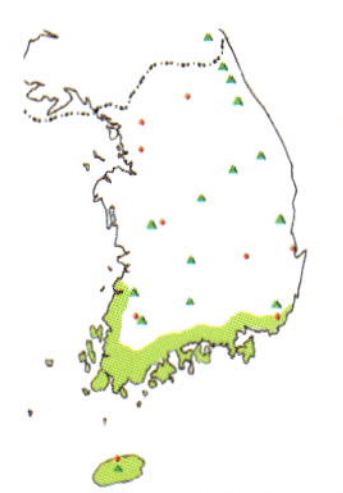

암수딴그루	충매화
상록활엽수	어긋나기
5월~7월	11월~12월
덩굴나무	

열매에 자루가 있다. 잎 길이가 1~6cm 정도로 작다고 애기모람이라 하나, 열매는 모람의 2배인 지름 2cm로 왕모람이라 부른다. 바위나 나무 줄기에 붙어 자라고, 가지가 많이 갈라지며 어린 가지에 갈색 털이 있다. 줄기는 2~5m까지 자란다. 성장에 따라 외형에 큰 변화가 있다.

좀깨잎나무

쐐기풀과

Boehmeria spicata

잎이 들깨 잎을 닮았으나 크기가 작다고 좀깨잎나무라 부른다.

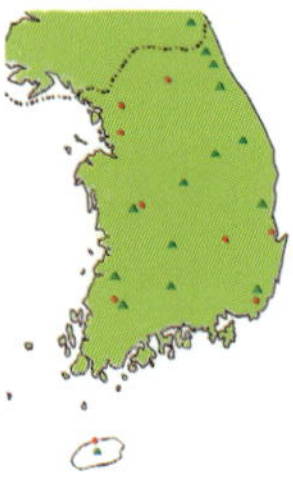

【국내】
- 전국 산지 가장자리, 들
- 제주

【해외】
- 중국, 일본

무등산 17.06.11

암수한그루	풍•충매화
낙엽활엽수	마주나기
7월~8월	9월~10월
작은키나무	

광주 무등산과 대구 아래에서는 관목상태로 자라고 그 위 지역에서는 다년생 풀로 자란다. 숲가장자리나 돌담에 군생한다. 키는 0.5~1.5m이며 붉은빛이 돈다. 잎은 마주 달리고 마름모꼴이며 끝이 꼬리처럼 길어지고 가장자리에 큰 톱니가 5~6개씩 있다. 수상꽃차례이다.

가래나무

가래나무과

Juglans mandshurica

열매가 물길을 내거나 밭갈이에 쓰는 전통 농기구인 가래를 닮았다고 가래나무라 한다.

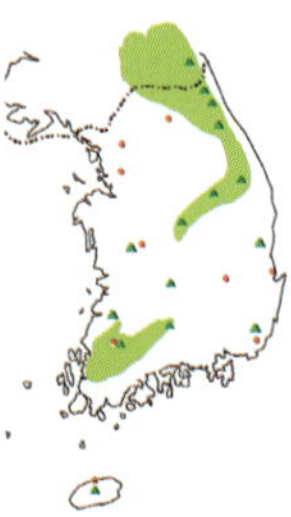

【국내】
- 소백산, 속리산 이북의 산지
- 홍릉수목원

【해외】
- 만주, 우수리, 러시아

인제 17.07.03

암수한그루	풍•충매화
낙엽활엽수	어긋나기
4월~5월	9월~10월
큰키나무	

잎은 홀수깃꼴겹잎이고 작은잎은 7~17개이며 긴 타원형이다. 열매는 5개이상 꼬투리로 달리고 종자는 달걀 모양으로 끝이 뾰족하고 몹시 단단하며 9월에 익으며 주름이 많고 뾰족한 편이다. 키는 20m 정도로 곧고 나무껍질은 회색이며 세로로 갈라진다.

천안 16.09.20

호두나무(추자)

가래나무과

Juglans regia

오랑캐 땅에서 들여온 과실이라고 오랑캐(胡)와 복숭아씨(桃)를 닮은 열매라고 중국명 호도(胡桃)를 호두나무라 쓴다.

【국내】
- 경기도 이남 과수로 식재
- 인천수목원

【해외】
- 중국, 파키스탄

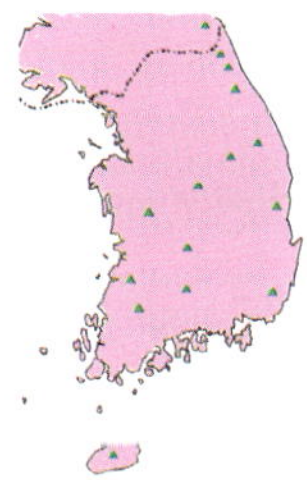

인가 주위나 밭에 유실수로 심는다. 열매는 둥글며 매끈하고 씨앗은 연한 갈색이고 2~3깨씩 달리고 봉선을 따라 주름이 지고, 껍질 속 공간은 연결되고 내부는 방이 4개이다. 높이가 20m에 달하며 가지는 성글게 나오며 나무껍질은 회백색이고 밋밋하지만 점차 깊게 갈라진다.

암수한그루	풍•충매화
낙엽활엽수	어긋나기
4월	9월
큰키나무	

굴피나무

중국굴피나무

굴피나무는 서해안 인근 산지에 흔하게 자생한다. 중국굴피나무는 중국에서 들여온 정원수로 겨울눈은 손가락을 움켜 쥔 형태이고 굴피나무는 둥근형이다. 중국굴피나무, 물들메나무, 쉬나무, 소태나무는 손가락을 움켜쥔 형태이고 가래나무, 호두나무, 굴피나무 등은 둥근형이다.

굴피나무

가래나무과

Platycarya strobilacea

껍질을 이용했던 나무는 피(皮)가 들어간다. 속껍질로 어망을 짠다고 그물피나무가 굴피나무로 변하였다.

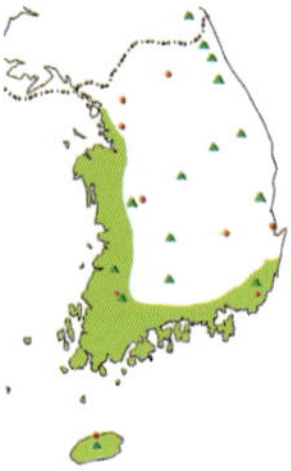

【국내】
- 서해 인근 섬과 산지
- 인천수목원

【해외】
- 일본, 중국, 대만

암수한그루	풍•충매화		
낙엽활엽수	어긋나기		
5월~6월	9월		
큰키나무			

강화도 15.06.21

열매는 흑갈색 타원형으로 솔방울을 닮았고 크기는 3~5cm로 인편은 날카롭고 피침형이다. 씨앗은 길이 5mm로서 9월에 익는다. 잎은 홀수깃꼴겹잎으로 길이 15~30cm, 7~19개의 잎자루 없는 소엽으로 이루어진다. 굴피나무집의 굴피와는 무관하다.

중국굴피나무

가래나무과

Pterocarya stenoptera

굴피나무 종류로 중국에서 들어온 나무라는 의미이다.

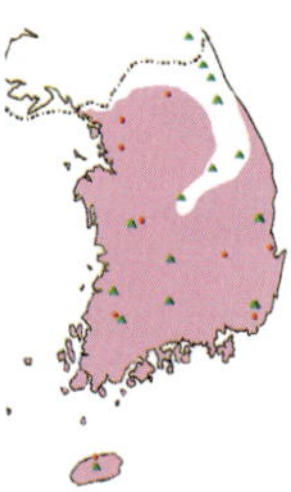

【국내】
- 경기 이남 식재
- 양재천 야생화됨.

【해외】
- 중국 원산, 미국, 일본 식재

암수한그루	풍•충매화
낙엽활엽수	어긋나기
5월~6월	9월
큰키나무	

서울 양재천 17.05.16

잎자루에 날개가 있고 홀수깃꼴겹잎으로 끝의 잎인 정엽(頂葉)이 없는 것도 있고 9~25개의 소엽으로 구성되며 길이 20~40cm이다. 꽃은 밑으로 처지는 꼬리모양꽃차례이다. 우리나라에서는 높이 10m, 지름은 1m 정도로 자란다. 서울시 양재천에 야생화되어 군락으로 자란다.

완도수목원 16.06.12

소귀나무

소귀나무과

Myrica rubra

열매에서 소나무의 송진 향이 난다고 솔향기나무 〉 소귀낭 〉 소귀나무로 변했다.

【국내】
- 한라산 300m 이하 산록
- 완도수목원

【해외】
- 일본, 대만, 중국, 필리핀

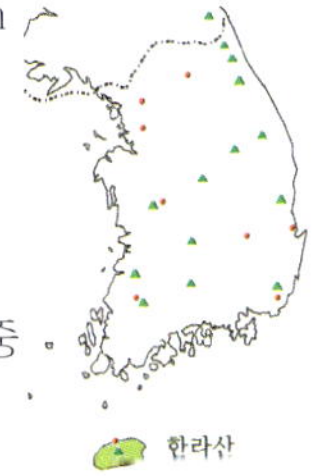

열매는 돌기가 덮여있고 지름 1~2cm로 적갈색으로 익는다. 나무껍질은 회색이며 어린 때는 갈라지지 않고 청갈색 얼룩이 있다. 꽃은 화피가 없으며 자색이고 암술대는 2쪽으로 갈라진다. 잎은 가죽질이고 광택이 나며 길이 5~15cm로서 가장자리는 밋밋하다.

암수딴그루	풍•충매화
상록활엽수	어긋나기
4월~5월	6월~7월
큰키나무	

참나무과

떡갈나무

갈참나무

졸참나무

붉가시나무

구실잣밤나무

너도밤나무

밤나무

대왕참나무

참나무과

참나무과는 도토리가 달리는 나무로 한반도 전역에 흔하게 자란다. 메마르고 산성화된 토양에 소나무가 들어와 숲을 만들어 토양을 기름지게 하고 나면, 참나무가 들어와 소나무를 밀어내며 안정된 숲을 만들어 간다. 도토리는 한반도의 선사시대 수렵 채취를 하던 시기부터 최근에 이르기까지 식량자원으로 이용해 왔다. 목재는 재질이 단단하며 농기구나 가구를 만들고 건축자재로 쓰고 수레를 만들었다. 도토리는 돼지의 옛말인 돝에서 돝의밤, 돝이밤 〉 도톼밤 〉 도토밤 〉 도톨밤 〉 도토리가 되었다.

전국에 자라는 낙엽활엽수인 참나무와 남부 지역에 자라는 상록활엽수인 가시나무로 크게 나누어진다. 낙엽수로는 떡갈나무, 신갈나무, 졸참나무, 갈참나무, 상수리나무, 굴참나무가 있고 남부지역에 상록수로 자라는 가시나무, 붉가시나무, 종가시나무, 개가시나무, 참가시나무, 졸가시나무가 있다. 가시나무는 열매깍지(각두)에 원형 테두리가 난다.

참나무과에는 밤나무라는 이름으로는 밤나무, 너도밤나무, 구실잣밤나무, 모밀잣밤나무가 있다. 외래종으로는 대왕참나무와 루브라참나무가 있다. 높은 산지에는 신갈나무가 주로 자란다. 도토리 열매는 모두 강한 탄닌 성분을 지니고 있어서 물에 우려내고 조리를 하나 밤나무 종류는 날것으로, 굽거나 삶아 먹기도 한다. 밤나무꽃은 많은 꿀을 함유하고 있어서 밀원식물이다.

낙엽성 참나무

1. 갈참나무

2. 신갈나무

3. 굴참나무

4. 졸참나무

5. 떡갈나무

6. 상수리나무

참나무과 잎과 각두

1.갈참나무

2. 신갈나무

3. 굴참나무

4. 졸참나무

5. 떡갈나무

6. 상수리나무

낙엽성 참나무는 잎과 열매 깍지에 특징을 지닌다. 신갈나무와 떡갈나무는 잎이 가장 크고 잎자루가 없다. 떡갈나무는 잎 뒷면에 누런 털이 난다.

갈참나무와 졸참나무는 잎자루가 있으며 졸참나무는 잎이 작다. 굴참나무와 상수리나무는 잎이 길쭉하며 상수리나무의 잎 가장자리는 톱니를 따라 잎몸이 따라나가며 굴참나무는 침만 자란다.

갈참나무 깍쟁이는 부드러운 비늘 형태이며 신갈나무는 자동차 타이어를 닮았다. 굴참나무는 인편이 긴편이고 떡갈나무의 인편은 더 길고 얇다. 졸참나무는 열매가 길쭉하고 상수리나무는 인편의 수가 적다. 열매의 굵기는 굴참나무가 가장 큰 편이다. 떡갈나무와 갈참나무 표면에는 부드러운 털이 자란다.

굴참나무 상수리나무 신갈나무 갈참나무 떡갈나무 졸참나무

갈참나무

참나무과

Quercus aliena

가을참나무 〉 갈참나무가 되었다. 구릉지나 인가 주위에 많이 자라 가을을 대표하는 참나무로 여겼다.

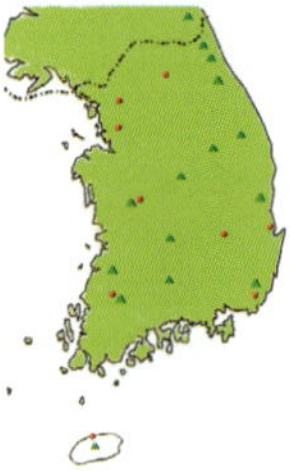

【국내】
- 전국 산지 해발 1,000m 이내
- 인천수목원

【해외】
- 중국, 일본, 동아시아 남부

암수한그루	풍매화
낙엽활엽수	어긋나기
4월~5월	9월~10월
큰키나무	

인천수목원 18.10.02

잎은 2~3.5cm의 잎자루가 있고 열매 깍지는 비늘 형태의 인편이 덮여있다. 잎 표면은 광택이 나고 녹색이나 뒷면은 회백색이고 가장자리는 물결 모양 또는 굵은 톱니가 난다. 나무껍질은 거칠게 그물처럼 갈라진다.

신갈나무

참나무과

Quercus mongolica

높은 산지에 주로 자라고 신발 아래에 깔아서 신는 잎이라고 신갈나무라 부르게 되었다고 한다.

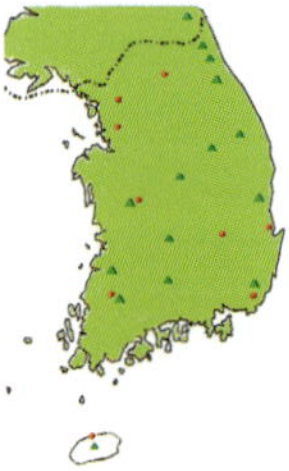

【국내】
- 전국 산지 들
- 오대산, 북한산

【해외】
- 사할린, 중국

암수한그루	풍매화
낙엽활엽수	어긋나기
4월~5월	9월~10월
큰키나무	

오대산 18.10.9

열매 깍지가 두둘두둘 튀어나오고 높은 산지에 주로 자란다. 잎자루가 거의 없으며 가지 끝에 모여나는 것처럼 보이고 타원형을 이루고 가장자리에는 물결 모양의 톱니가 난다. 줄기는 세로로 깊게 갈라진다. 잎 뒷면에 털이 없어 떡갈나무와 구별된다.

북한산 17.11.18

굴참나무

참나무과

Quercus variabilis

수피에 깊은 골이 지는 나무에서 굴참나무가 나왔다는 설과 열매가 가장 굵다고 굴참나무라는 설이 있다.

[국내]

- 중부 이남, 경상도, 강원
- 청량산

[해외]

- 일본, 대만, 중국, 베트남, 티벳

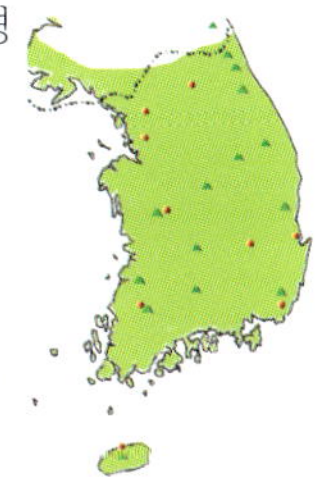

오래된 수피에는 두꺼운 코르크층이 발달하고 깊은 골이 팬다. 잎은 가운데가 넓고 아래위가 균형이 잡힌 타원형으로 중부 이남 지역에 많이 자란다. 잎과 더불어 수꽃차례는 새 가지 아래로 늘어지고 암꽃차례는 위로 곧게 서고 암술대는 3갈래로 갈라진다.

암수한그루	풍매화
낙엽활엽수	어긋나기
5월	9월~10월
큰키나무	

천마산 18.10.12

졸참나무

참나무과

Quercus serrata

잎이 작은 참나무란 의미의 조랑참나무 혹은 조롱참나무가 졸참나무가 되었다. *serrata* 는 톱니를 뜻한다.

[국내]

- 제주를 제외한 전국
- 천마산, 국립수목원

[해외]

- 일본, 대만, 중국, 베트남, 티벳

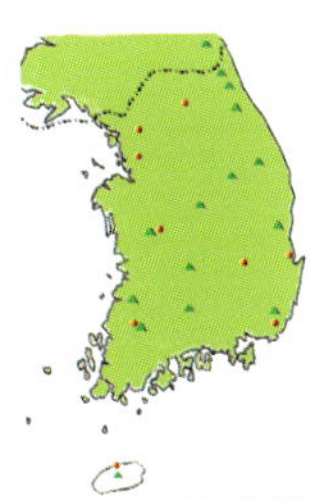

잎은 긴 타원상 피침형이며 참나무 잎 중에서 가장 작으나 나무는 30m정도로 크게 자란다. 열매는 길쭉하고 깍지는 참나무 중에서 가장 작으며 견과를 1/3 아래 부분을 감싼다. 수꽃차례는 새 가지 잎겨드랑이에서 아래로 처지고, 암꽃 차례는 새 가지 윗부분에서 곧게 선다.

암수한그루	풍매화
낙엽활엽수	어긋나기
5월	9~10월
큰키나무	

떡갈나무

참나무과

Quercus dentata

훈몽자회에 잎이 넓다는 뜻의 덥가나모, 떡을 찔 때 밑에 깐다고 떡갈나무. 농가에서 잎을 가공하여 일본으로 수출했다고 한다.

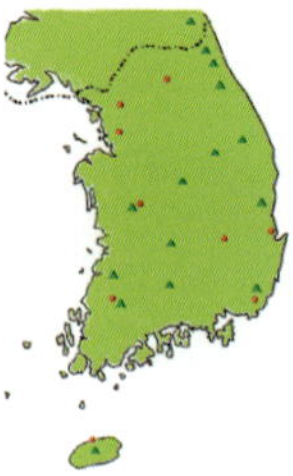

【국내】
- 전국에 산지와 들
- 북한산

【해외】
- 사할린, 중국, 일본, 대만, 몽고

- 암수한그루
- 풍매화
- 낙엽활엽수
- 어긋나기
- 5월
- 10월
- 큰키나무

북한산 16.10.02

잎이 참나무과 중에서 가장 크고 넓적하며 뒷면 맥과 주위에 누런 털이 자란다. 잎자루는 거의 없고 잎 가장자리는 물결 모양의 결각이 나고 어린 가지에도 별 모양의 털을 이르는 성모가 자란다. 열매 깍지의 인편 조각이 얇고 참나무 중에서 가장 길다.

상수리나무

참나무과

Quercus acutissima

한자어로 상실(橡實)이 어원이라는 설과 임진왜란 때 피란간 곳에서 임금님의 수라상에 오른 '상수라'가 어원이라는 설.

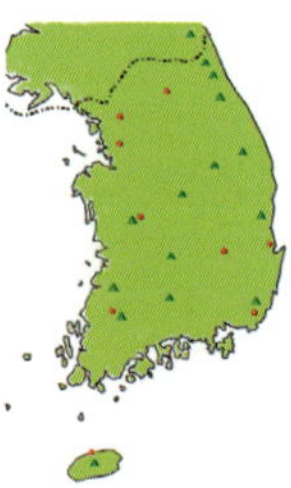

【국내】
- 전국 산지와 들 800m 이하
- 북한산

【해외】
- 일본, 중국, 인도, 라오스, 네팔

- 암수한그루
- 풍매화
- 낙엽활엽수
- 어긋나기
- 4월~5월
- 9월~10월
- 큰키나무

북한산 16.10.02

잎은 길쭉한 타원형이고 10~20cm로서 침상의 예리한 톱니와 12~16쌍의 측맥이 있으며 표면은 털이 없고 광택이 있다. 다 자란 나무는 높이 25m, 지름 1m에 이른다. 양지바른 산기슭에 주로 자라고 목재가 단단하고 재질이 좋아 식재하기도 한다.

상수리나무 **굴참나무** **밤나무** 겹쳐보기

상수리나무는 잎 가장자리에 날카로운 톱니가 나고 굴참나무는 톱니가 약간 나타나나 침만 돋아 나고, 밤나무는 잎몸이 침을 따라 나온다.

높은 산지에 많이 자라는 신갈나무

높은 산을 오르다 보면 고도에 따라 참나무 종류가 달라진다. 들판이나 산 가장자리에서는 여러 종류의 참나무가 함께 자라지만, 능선에 이르면 주로 신갈나무만 볼 수 있다. (*가리왕산, 오대산)

식물의 성장과 번식에는 자신의 능력보다는 기후와 생태라는 외적 요인에 지배된다. 지구상에는 일정한 주기로 빙하기와 간빙기가 반복되었다. 화산 폭발로 분진이 솟구쳐 햇빛을 차단하고, 기온이 떨어지거나, 폭우가 심해지거나 사막화 현상이 일어나는 등의 기상이변이 일어났다.

이동을 할 수 없는 식물은 이런 기후변화를 피할 수 없다. 식물은 조금씩 차이 나는 변이를 지닌 열매를 남기는 방법으로 대응했다. 환경이 변할 때마다 그 환경에 적절한 변이는 살아남고 그렇지 못한 개체는 도태된다. 환경에 적응해 살아남은 형질을 지닌 개체는 수를 늘리면서 하나의 종으로 안정되어 왔다. 신갈나무는 참나무 종류 중에 잎자루가 거의 없고 깍지가 두둘두둘하다. 그러나 이 특징이 높은 산지의 환경에 살아남을 수 있는 장점으로 보이지는 않기에 의문이 생긴다.

진달래과는 다른 생태를 보여준다. 설악산 정상 부근에는 진달래와 털진달래가 같이 자라고, 황매산에는 산철쭉이 주류를 이루고, 소백산 능선에는 철쭉이 우점종으로 자란다. 고산이라는 환경에 특정 종이 지배적이지 않다. 신갈나무는 어떤 형질이 높은 산지에 적응해서 살아남을 수 있게 했을까? 나무를 관찰하는 것은 긴 사색과 조사를 위한 먼 발걸음을 내디뎌야 한다.

상록성 참나무

가시나무

종가시나무

붉가시나무

개가시나무

참가시나무

졸가시나무

남부지역에 자라는 늘푸른 가시나무

상록성 참나무는 깍지에 원형 테두리가 둘러있다. 이들은 개체수가 그리 많지 않으며 남부지역 상록수림 속에서 자라기에 존재감이 잘 드러나지 않는다. 이들은 잎가장자리 톱니가 시작되는 지점과 그 특징, 잎 뒷면의 분백색의 정도, 털의 형태로 종을 구별할 수 있다. 그러나 열매인 도토리는 종 구분에 안정된 근거가 되지는 않는다. 나무의 영양 상태나 건조된 정도에 따라 색이나 굵기에서 같은 종이라도 큰 차이가 난다. 상록성 참나무의 수피는 모두 매끈하나, 졸가시나무는 예외적으로 줄기가 세로로 갈라지고 깍지는 낙엽성 참나무의 특징을 보여준다.

가시나무는 일본에서도 같은 이름을 쓰는데 그 어원은 먼 과거 바이칼 인근에서 한반도로 이주해온 북방계 주민들의 언어와 관련이 있다. 참나무는 몽골어로 쿠시, 중앙아시아와 시베리아 남부에서 쓰이는 알타이어와 브리야트어로 쿠사라 한다. 가시나무는 우리 인류가 수렵채취를 하던 먼 과거부터 요긴한 식량 자원이었고, 그들은 중앙아시아 넓은 지역으로 흩어졌으며 일부는 단어와 함께 일본으로 건너갔다는 증거라 될 수 있다. 가시나무라는 이름은 오래되고 폭 넓은 지역의 언어 속에 스며있다.

낙엽성 참나무를 관찰하기 좋은 곳은 인천수목원이고, 상록성 참나무는 완도수목원과 인근 예송리의 상록수림을 찾으면 된다. 그러나 참나무 종류는 키가 커서 다양한 장소를 둘러보아야 한다.

가시나무

종가시나무

붉가시나무

개가시나무

잎 뒷면이 희다.

참가시나무

졸가시나무

홍릉수목원 16.10.18

가시나무

참나무과

Quercus myrsinaefolia

참나무는 몽골어로 쿠시, 브리야트어로는 쿠사라 한다. 먼 과거부터 중앙아시아의 넓고 다양한 사람들과 식량자원으로 쓴 단어이다.

【국내】
- 제주도, 진도
- 홍릉수목원
  안면도수목원
  경남수목원

【해외】
- 일본, 중국

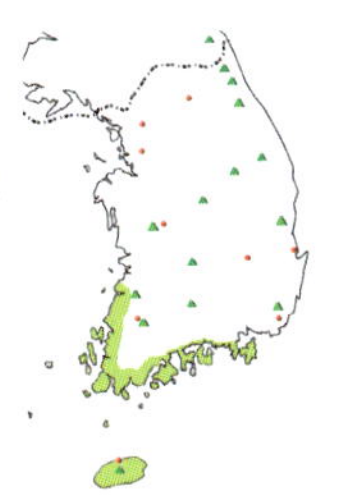

암수한그루	풍매화
상록활엽수	어긋나기
4월~5월	익년10월
큰키나무	

가시나무 종류 중에 잎이 상대적으로 긴 편이다. 상반부에서 잔톱니가 약하게 난다. 측맥은 12쌍 내외이며 뒷면은 밝은 회색을 띠고 매끈하다. 수피는 거칠지만 홈이 파이지는 않고 비옥한 사질 양토에 잘 자란다. 서울 홍릉수목원에서 볼 수 있다.

종가시나무

참나무과

Quercus glauca

열매의 깍지가 종모양이라고 종가시나무라 부른다.

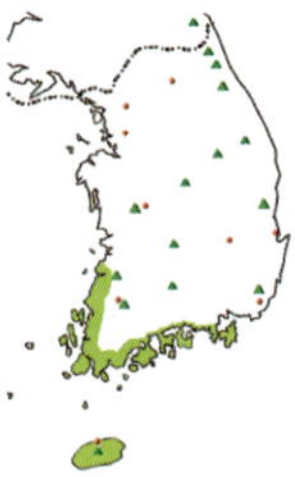

【국내】
- 제주도, 외나로도, 완도
- 안면도수목원 한밭수목원

【해외】
- 히말라야, 베트남, 대만, 일본

암수한그루	풍매화
상록활엽수	어긋나기
4월~5월	익년10월
큰키나무	

안면도수목원 17.10.07

잎은 두껍고 광택이 나며 잎의 중간 부위부터 둔한 톱니가 난다. 4~5월에 황록색 꽃이 피고 이듬해 가을에 익는다. 줄기는 녹색이 도는 회색으로 갈라지지 않는다. 추위에 강하고 내염성이 강해 대전과 안면도수목원까지 자라는 것을 볼 수 있다.

붉가시나무

참나무과

Quercus acuta

붉가시나무는 목재가 붉은색을 띤다고 해서 붙은 이름이다.

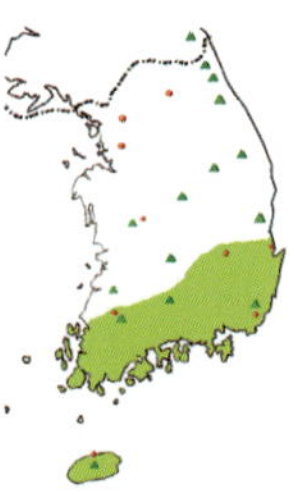

【국내】
- 경남북, 전남, 제주, 울릉
- 해발 500m이내 완도, 안면도수목원

【해외】
- 일본, 대만, 중국

암수한그루	풍매화
상록활엽수	어긋나기
5월	익년10월
큰키나무	

완도 17.11.05

가시나무 중에 잎이 가장 크고 가장자리에는 톱니가 없으며 두껍고 광택이 난다. 목재는 붉은색이 나고 수피는 흑갈색이며 갈라지지 않는다. 암술대는 3~5갈래로 갈라지고 뒤로 젖혀진다. 양지바른 산기슭에 자란다. 완도 수목원과 인근 산지에 큰 군락으로 자생한다.

한라수목원 16.06.12

개가시나무

참나무과

Quercus gilva

참가시나무에 대응하는 이름으로 잘 자라지 않고 개체수도 많지 않다.

【국내】

- 제주 전남고흥
- 완도수목원 한라수목원

【해외】

- 일본, 대만, 중국 남부

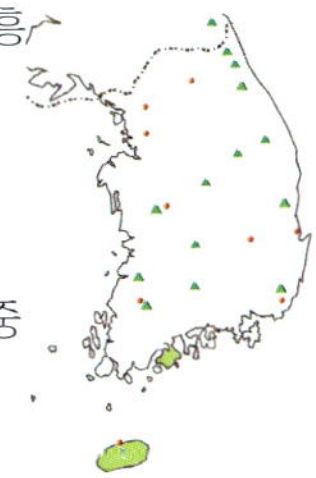

잎 뒷면에 황갈색 털이 나고 가죽질이며 좁고 긴 편으로 상반부에는 날카로운 톱니가 난다. 10~14쌍의 측맥이 있다. 잎자루는 1cm 정도로 어린가지와 더불어 털이 있다. 열매 끝에도 털이 난다. 전남 이남에 10여 곳의 자생지가 있으며 개체수는 비교적 많은 편이다.

암수한그루	풍매화
상록활엽수	어긋나기
4월	11월
큰키나무	

완도 16.06.12

참가시나무

참나무과

Quercus salicina

가시나무의 한 종류를 이르며 '참'은 다른 가시나무들과 구별하는 이름이다.

【국내】

- 전남, 제주, 울릉도
- 완도수목원, 경남수목원

【해외】

- 일본, 대만

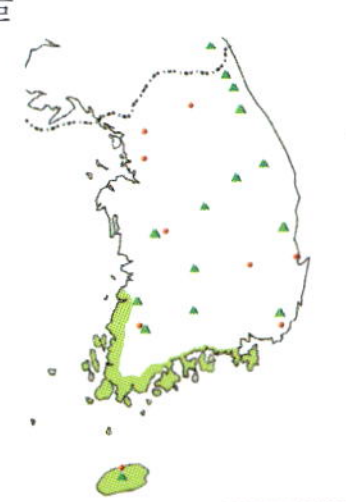

잎 뒷면이 분백색을 띠고 댓잎 형태이며 다소 작다. 잎의 아래쪽에서부터 날카로운 톱니가 나고 잎끝이 뾰족하다. 깍지는 접시 모양으로 7~9개의 둥근 원이 있고, 겉에 털이 밀생한다. 암술대는 3갈래로 갈라지고 열매는 다소 긴 편이며 이듬해 가을에 황갈색으로 익는다.

암수한그루	풍매화
상록활엽수	어긋나기
5월	익년10월
큰키나무	

졸가시나무

참나무과

Quercus phillyraeoides

가시나무 중에서 키가 가장 작게 자라는 관목이다.

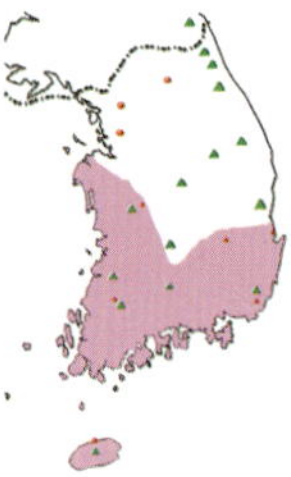

【국내】
- 남부지역 정원수로 식재
- 안면도수목원 경남수목원

【해외】
- 일본 원산

암수한그루	풍매화
상록활엽수	어긋나기
4월~5월	9월~10월
중간키나무	

안면도수목원 16.10.14

가시나무 중에서 키나 잎이 작다. 잎은 어긋나나 돌려나는 것처럼 보이고 깍정이와 수피는 낙엽성 참나무를 닮았다. 잎은 타원형이며 가장자리에 톱니가 있고 측맥은 8쌍 정도이다. 남부 지방에서 정원수로 심는다. 어린가지는 회갈색이며 황갈색 잔털로 덮여 있다.

밤나무

참나무과

Castanea crenata

밤이 귀한 먹거리던 시기 밤은 밥으로 여겼고 밥나무가 밤나무로 변했다는 설과 흰 꽃이 밤에도 잘보여 밤의 나무가 밤나무 설.

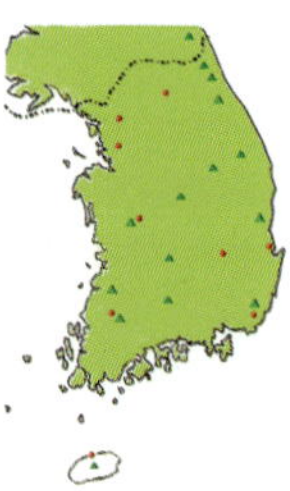

【국내】
- 전국의 산지 자생, 들 인가 주위 재배
- 공주, 부여

【해외】
- 일본, 중국, 만주, 북미, 유럽, 호주, 남미

암수한그루	충•풍매화
낙엽활엽수	어긋나기
6월	9월~10월
큰키나무	

수원시 16.06.20

재배하는 작물로 잎은 긴 타원형이며 10~20cm로서 물결모양의 톱니가 있고 17~25쌍의 측맥이 있고 끝이 침형이다. 꽃은 잎겨드랑이에서 곧추 자라는 꼬리모양꽃차례이다. 수꽃차례는 유백색이고 암꽃은 보통 3개씩 한군데에 모여 달리고 포로 싸인다. 향이 강한 밀원식물이다.

제주도에 6월이 오면 구실잣밤나무 꽃이 계곡을 덮고 향기는 섬을 감싼다.

완도수목원 16.06.12

구실잣밤나무(땍밤)

참나무과

Castanopsis sieboldii

작은 도토리를 한자로 구실자(球實子)라 하고, 맛이 없는 밤이 달린다고 잡(雜)밤나무가 결합되어 구실잡밤나무>구실잣밤나무

[국내]

- 전남 경남 제주 해안지대
- 완도

[해외]

- 일본, 중국, 대만

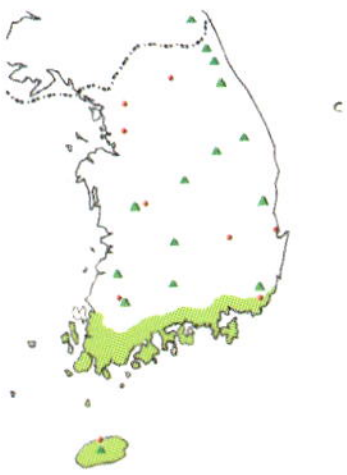

암수한그루	풍•충매화
상록활엽수	어긋나기
5월	9월
큰키나무	

잎은 타원형으로 끝이 뾰족하며 표면은 녹색으로 광택이 있고 털이 없다. 뒷면은 비늘털(鱗毛)로 덮여 있어 연한 갈색이지만 흰빛이 도는 것도 있다. 줄기는 크고 거칠게 세로로 갈라진다. 열매는 포로 싸여 있으며 3조각으로 갈라진다.

모밀잣밤나무

참나무과

Castanopsis cuspidata var.

잡밤나무이면서 열매는 모밀을 닮은 종이다.

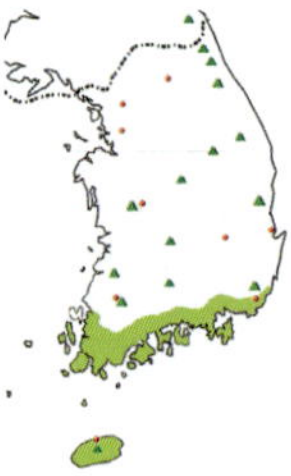

【국내】
- 제주, 거제, 남해도, 통영, 욕지도, 완도
- 완도수목원

【해외】
- 일본, 대만, 중국

- 암수한그루
- 풍매화
- 낙엽활엽수
- 어긋나기
- 5~6월
- 9~10월
- 큰키나무

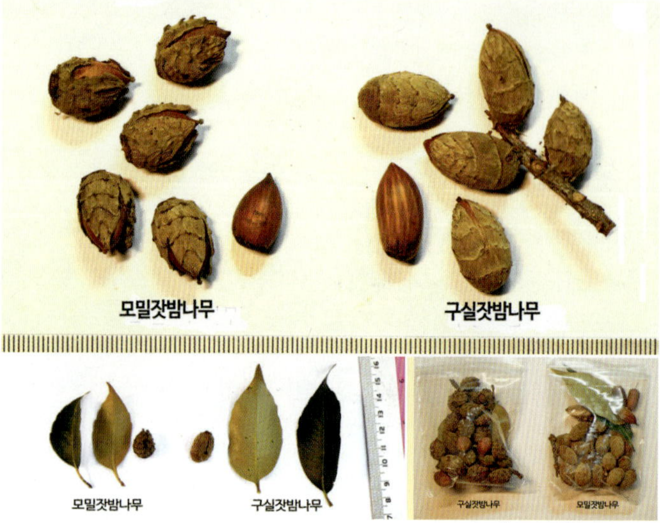

완도수목원 16.11.7

모밀잣밤나무는 열매가 메밀을 닮고 둥글고 길이가 짧다. 잎 길이는 4~10cm로 구실잣밤나무 잎 7~12cm보다 작다. 잎의 폭은 3~4cm이다. 모밀잣밤나무 어린가지는 구실잣밤나무보다 가늘고 수피가 늦게 갈라지고 병해충에 약하다. 우리땅에는 자라지 않는다고도 한다.

너도밤나무

참나무과

Fagus engleriana

밤나무와 유사하다는 의미이며 깍지에 싸인 열매가 밤나무 열매와 닮았다.

【국내】
- 울릉도 산지
- 홍릉수목원

【해외】
- 중국 내륙, 일본

- 암수한그루
- 풍매화
- 활엽낙엽수
- 어긋나기
- 4월~5월
- 10월
- 큰키나무

홍릉 수목원 19.06.02

잎의 톱니에 가시가 없으며 길고 흰털이 광택을 내며 측맥이 9~14쌍으로 뚜렷하게 나타난다. 열매는 삼각상으로 익으면 4갈래로 갈라지고 모가 난 종자가 나온다. 나무 수피는 회백색이고 매끄러우며 겨울 눈은 길쭉한 타원형으로 끝은 뾰족하다.

대왕참나무　루브라참나무

물향기수목원 17.10.07

대왕참나무(핀오크)

참나무과

Quercus palustris

일제강점기 국내에 들어왔으며 1990년대 중반 조달청이 우리말 이름을 등록하면서 핀오크를 대왕참나무로 명명하였다.

【국내】
- 전국의 공원 가로수로 식재
- 경의선 일산역~곡산역 구간

【해외】
- 미국 중동부 원산, 유럽, 남미

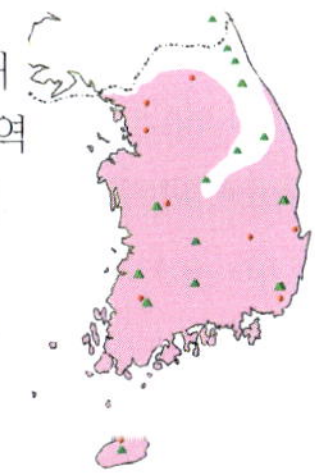

암수한그루	풍매화
낙엽활엽수	어긋나기
5월	9월
큰키나무	

잎이 깊게 파이고 열매에 세로로 줄무늬가 나타난다. 미국 중부지역 원산으로 핀오크라 부른다. 일제강점기 국내에 도입되었으며 오염에 강하고 빨리 자라며 수형이 아름다워 조경이나 가로수로 인기가 높다. 목재가 붉은빛을 띠는 레드오크에 속한다. 잎이 왕(王)자 형태이다.

물향기수목원 16.11.13

루브라참나무

참나무과

Quercus rubra

학명 루브라에서 나온 이름으로 미국 동부지역에 자란다. rubra는 라틴어로 붉다는 의미로 레드오크에 속한다.

【국내】
- 공원 가로수
- 물향기수목원 홍릉수목원

【해외】
- 미국 남동부, 캐나다, 중서부 원산, 유럽

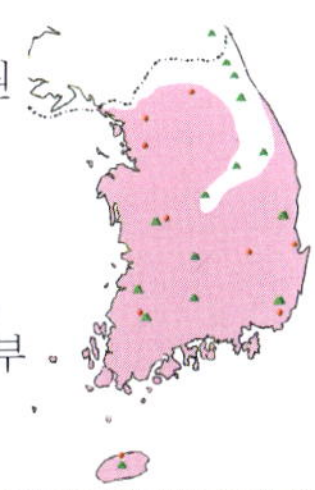

암수한그루	풍매화
낙엽활엽수	어긋나기
5월	9월
큰키나무	

잎 가장자리가 가운데를 중심으로 절반 정도로 파인다. 원산지에서는 레드오크라 부르며 올림픽오크 혹은 히틀러오크로도 불린다. 1936년 나치 베를린 올림픽에서 금메달 수상자들에게 메달과 함께 주어진 나무로 손기정 선수가 마라톤에서 우승하고 수상한 나무였다.

자작나무과

자작나무과에는 오리나무속, 자작나무속, 서어나무속, 개암나무속, 새우나무속 등이 있다. 이들은 모두 낙엽지는 나무로 열매는 솔방울 형태이다. 수피와 잎에 종의 특징이 나타난다. 이들은 산지 고도에 따라 종을 달리하고, 남부지역과 중부지역, 북부지역으로 위도에 의해서도 구분된다. 나무는 건축재나 가구를 제작하는데 쓰고 열매와 껍질에는 타닌산이 들어 있어 염료로 활용했다.

오리나무속에는 오리나무, 물오리나무, 두메오리나무, 사방오리나무, 좀사방오리나무가 있다. 이중 사방오리나무 1940년대, 좀사방오리나무는 1905년 일본에서 도입한 종으로 사방공사에 널리 심었다.

자작나무속에는 박달나무, 물박달나무, 자작나무, 거제수나무, 사스레나무가 있으며 이들은 모두 깊은 산에 자라고 자작나무는 북부지역에 자생하며 사스레나무는 산 능선과 정상부에 자란다.

서어나무속에는 서어나무, 개서어나무, 소사나무, 까치박달나무가 들어간다. 이들의 열매에는 날개가 달리는데 그 특징으로 종을 구분할 수 있다. 서어나무와 개서어나무, 소사나무는 숲이 성장하여 안정된 지역에 나타나는 우점종으로 울산, 포항, 경주 인근과 서해안 산지와 인근 섬에 군락으로 자란다.

개암나무속에는 전국에 자라는 개암나무와 중부지역에 자라는 물개암나무, 남부지역에 자라는 참암나무가 있다. 오리나무속과 자작나무속의 열매는 솔방울과 같은 겉씨식물 형태로 씨앗이 열매의 인편 사이에 끼어 있다가 바람에 흩어진다.

오리나무 잎 수피

오리나무 물오리나무 두메오리나무 사방오리 좀사방오리

오리나무속의 나무들은 잎, 수피, 열매에 종의 특징이 뚜렷하게 나타난다. 오리나무는 재질이 매우 단단해서 수레바퀴를 만들거나 도끼자루를 만드는데 썼다고 한다. 그러나 오리나무란 이름이 거리를 나타내는 의미라거나 이정목으로 심었다는 해석은 부적절하다. 오리나무는 탈을 만드는데 쓰는 나무로 탈의 고어인 달에서 달은 얼굴이고 얼굴나무가 올히남기>오리남기>오리나모>오리나무로 변했다는 주장이 설득력을 지닌다. 그러나 지금의 말에서는 연관을 찾을 수 없는 소멸된 언어에 뿌리가 있을 수 있다.

서오능 19.06.29

오리나무

자작나무과

Alnus japonica

일찍 꽃이 피고 빨리 여문다는 올되다의 올이 나무와 결합했다고 볼 수도 있다.

[국내]
- 전국의 산과 들
- 북한산

[해외]
- 중국, 일본, 사할린

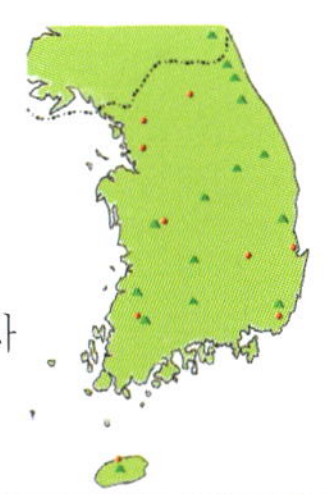

암수한그루	풍매화
낙엽활엽수	어긋나기
3월~4월	9월~10월
큰키나무	

잎은 긴 타원형이고 끝이 뾰족하며 가장자리에 불규칙한 톱니가 있다. 나무는 바로 서서 높이 자라고 수피는 거칠게 갈라진다. 수꽃차례는 작년 가지 끝에 2~5개 있으며, 암꽃차례는 1~5개가 수꽃차례 아래 잎겨드랑이에 1개씩 난다. 뿌리에는 뿌리혹박테리아를 가진다.

물오리나무

자작나무과

Alnus sibirica

계곡 주위나 산지의 북사면 물기 많은 곳에 주로 자란다고 물오리나무라 부른다.

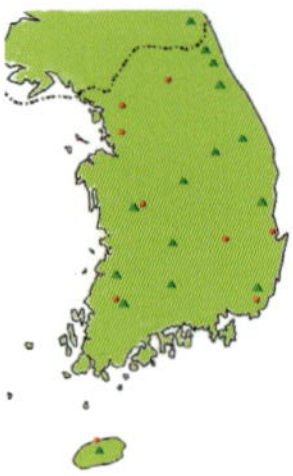

【국내】
- 전국의 산지
- 인천수목원

【해외】
- 중국, 일본, 시베리아, 사할린

암수한그루	풍매화
낙엽활엽수	어긋나기
3월~4월	10월
큰키나무	

강원 원대리 17.07.30

잎은 넓고 둥근 타원형이고 가장자리가 5~8개로 물결모양으로 얕게 갈라지며 겹톱니가 있고 맥 위에 잔털이 있다. 높이 20m, 지름 60cm까지 자라며 수피는 회갈색이고 매끈하다. 백두대간 계곡 주위에 주로 자랐으나 60년대 전국적인 사방공사로 전국에 식재되었다.

두메오리나무

자작나무과

Alnus maximowiczii

높은 산지에 자란다는 의미인 두메를 붙여서 두메오리나무라 한다.

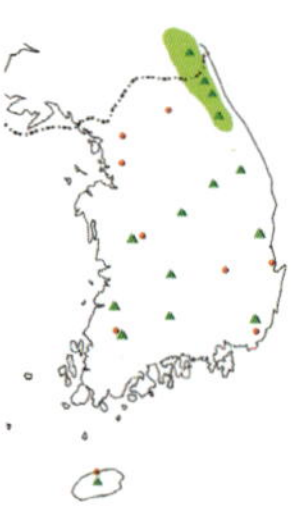

【국내】
- 울릉도, 설악산 능선
- 설악산 중청

【해외】
- 일본(북해도), 시베리아, 캄차카 반도

암수한그루	풍매화
낙엽활엽수	어긋나기
4월~5월	10월~11월
중간키나무	

설악산 18.07.29

잎 가장자리는 날카로운 톱니가 나고 둥근 타원형이며 10여개의 측맥이 난다. 울릉도 나리분지와 설악산 중청 주위에 중간키나무로 군락을 이룬다. 수꽃화서는 가지 끝에 달리며 황갈색이고 암꽃화서는 자갈색으로 3~5개의 암꽃이 모여 위를 향해 핀다.

부산 이기대 17.06.04

사방오리

자작나무과

Alnus firma

일제강점기와 한국전쟁으로 피폐해진 산림 녹화를 위해 사방공사에 많이 심은 나무로 일본 도입 종이다.

【국내】
- 남부지역 식재, 야생화 됨
- 완도, 충무

【해외】
- 일본 원산

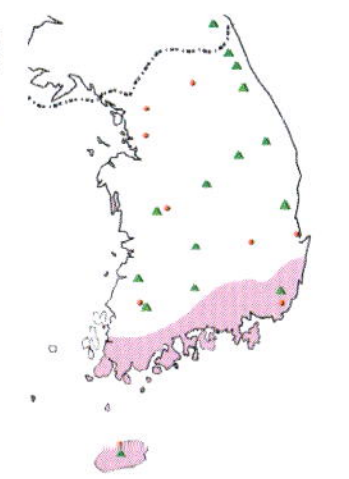

수꽃 이삭은 4~5cm로 굵은 원주형이며 암꽃차례는 가지 끝에 한두 개가 달린다. 잎은 긴 피침형이고 길이 5~12cm, 폭 3~5cm로서 불규칙한 겹톱니가 나고 털이 있으며 맥 위에 남는다. 측맥은 13~17쌍이 가장자리까지 뻗는다. 나무껍질은 회갈색이고 얇게 벗겨진다.

암수한그루	풍매화
낙엽활엽수	어긋나기
3월~4월	10월
중간키나무	

사방오리 좀사방오리

기장군 19.05.12

좀사방오리

자작나무과

Alnus pendula

사방오리보다 잎과 열매, 나무 크기가 작다. 민둥산 사방공사(砂防工事)를 위해 많이 심었으며 일본에서 도입하였다.

【국내】
- 남부지역 산지 조림, 야생화
- 부산 주위 산지, 기장읍

【해외】
- 일본 원산

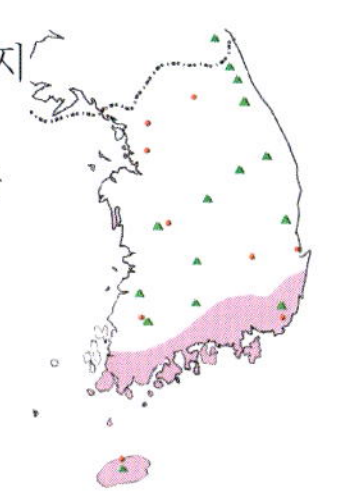

일본 원산으로 키는 6~8m정도이다. 잎은 작고 어긋나며 긴 타원상 바소꼴이며 가장자리에 불규칙한 톱니가 있다. 측맥은 16~27쌍이다. 꽃은 4월에 잎보다 먼저 피고 크기가 작다. 어린가지에는 털이 있다가 점점 없어진다. 남부지역에서 조림용으로 심었으며 야생화되었다.

암수한그루	풍매화
낙엽활엽수	어긋나기
3월~4월	10월
중간키나무	

자작나무속

박달나무 물박달나무 자작나무 거제수나무 사스래나무

자작나무과의 나무는 수피에서 종의 특징이 나타난다. 자작나무는 중부 이북 만주와 시베리아에 이르는 추운 지역에 자라고 중부지역에서는 식재한다. 수피는 사람의 속살처럼 매끈하다. 박달나무는 묵은 때가 검게 달라붙은 모습이고, 물박달나무는 덕지덕지 벗겨지는 형태이다. 거제수나무는 두꺼운 종잇장처럼 벗겨지고 사스래나무는 햇살에 그을린 피부가 밀리듯 얇게 일어난다. 사스래나무는 산 능선을 따라 자라고 북부지역 고산지 수목한계선에서는 땅에 엎드리듯 자란다. 거제수나무와 닮았으나 거제수나무는 수피가 붉은빛을 띠고 크고 굵게 자라고 나무의 상단 부위에서도 두껍게 껍질이 벗겨진다. 박달나무 잎은 비교적 크고 긴 편이고, 자작나무는 잎자루가 길고 거제수나무는 측맥이 많다. 물박달나무는 측맥에 다시 2차 맥이 나타나고 사스래나무는 맥이 뚜렷하다. 자작나무 숲으로 유명한 인제군 원대리나 화악산에는 자작나무 외에도 박달나무, 물오리나무, 거제수나무, 사스래나무 등을 관찰할 수 있다.

자작나무(신단수)

자작나무과

Betula platyphylla var. *japonica*

나무껍질에 기름기가 많아 불쏘시개로 썼는데 불을 붙이면 '자작자작' 소리를 내며 탄다고 자작나무라 부른다고 전해진다.

[국내]

- 중부지역 정원과 공원에 식재
- 인제 원대리

[해외]

- 중국, 시베리아, 만주, 일본, .

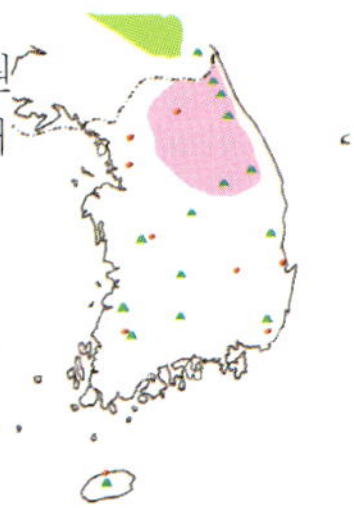

백두산 14.06.07

수피는 백색으로 매끈하고 잎 끝은 뾰족하며 겹톱니가 있고 맥겨드랑이에 갈색 털이 있으며 잎맥이 6~8 쌍이다. 키는 25m로 자란다. 열매는 원통형이고 길이 4cm로 밑으로 처지며 종자는 좁은 타원형으로 날개가 있다. 북부지역에 자생하고 중부지역에서 식재한다.

암수한그루	풍매화
낙엽활엽수	어긋나기
4월~5월	9월~10월
큰키나무	

박달나무(검은자작나무)

자작나무과

Betula schmidtii

박달은 순수 우리말로 밝다는 의미이며 박달나무는 밝은 나무로 자작나무의 특징을 이른다. 박달나무는 검은자작나무로 추천.

[국내]

- (전남북제외) 산지 전역
- 공원 가로수 화단

[해외]

- 일본, 중국, 대만

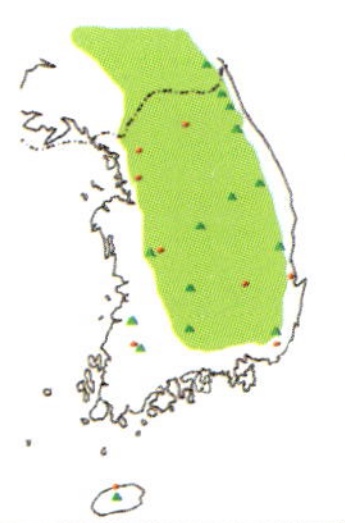

구룡령 17.04.02

나무껍질은 암회색이고 어린나무는 적갈색으로 피목이 많이 나타나나고 수령이 더하면 두껍고 작은 조각으로 떨어진다. 높이 30m, 지름 1m까지 곧게 자란다. 꽃은 암수한그루이며 이삭꽃차례로 달리고 수꽃차례는 가지 끝이 처지며 암꽃차례는 위로 서고 원통형이다.

암수한그루	풍매화
낙엽활엽수	어긋나기
5월	9월
큰키나무	

단군신화의 신단수는 박달나무가 아니라 자작나무이다.

자작나무 혹은 박달나무는 고조선 건국신화에 등장하는 나무이다. 삼국유사와 제왕운기에는 하늘나라의 환인은 차남인 환웅에게 3,000명의 군중을 이끌고 태백산 정상의 신단수 아래로 내려보내 신시를 열고 이들을 다스리게 했다고 기록한다. 환웅은 쑥과 마늘을 먹으며 동굴 속에서 삼칠일을 견뎌서 곰이 처녀로 변신한 여인과 결혼하고 겨레의 시조인 단군을 낳았다고 한다. 단군의 후손은 신의 아들이다.

여기에 등장하는 신단수는 세계 곳곳에 흩어진 수많은 민족의 기원신화에 등장하는 세계수와 연결된다. 우리는 이 신단수를 박달나무로 해석하고 있다. 박달나무란 말 그대로 "밝다 나무"로 밝은 나무를 이른다. 수피가 검은 게 아니라 흰색을 뜻한다. 그런데 우리가 지칭하는 박달나무는 수피가 검은 나무다. 지금의 박달나무는 건국신화에 등장하는 신단수가 아니라 와전된 이름이다.

예로부터 우리는 배달겨레라 불려왔다. 흰옷을 즐겨 입었고 제례행사에 나가는 이들은 지금도 흰옷을 입는다. 환웅이나 환인, 환국은 모두 환하다는 의미로 잘생긴 우두머리, 지혜로운 지도자, 밝은나라라는 뜻의 이두식 표기이다. 고조선 건국신화에 참여한 계층은 태양을 숭배하는 북방계 이주민들로 그들의 언어와 생활양식이 반영된 이름이다.

이들이 북방계 출신이라는 구체적 증거는 신화에 나타난 마늘이라는 식물이다. 마늘은 한반도 기후에서 자생하지 않는다. 마늘의 원산지는 건조하고 한랭한 중앙아시아와 몽골 등지이다. 마늘은 한반도의 습한 여름을 넘기지 못한다. 여름에는 시원하고 건조한 곳에 구근을 매달아 보관했다가 가을에 심어 주어야 해를 넘길 수 있는 작물이다. 마늘이라는 말 자체가 몽골어에 어원을 두고 있다.

우리 민족은 바이칼 호수 근처 온천이 솟는 열탕 지구에 의지해 빙하기를 넘기고 기후가 온난해진 약 1만5천 년 전 간빙기에 들어서면서 남쪽으로 이동을 시작한 무리의 일부이다. 그 경로에는 수피가 희

하늘의 아들 환웅이 곰처녀와 사랑을 나눈 곳은 자작나무 숲이었고 그 숲 아래에 고조선을 열었다.

고 밝게 빛나는 자작나무가 주로 자란다. 이들의 이동로 주위에는 수많은 민족이 곰을 자신들의 시조로 모시고, 자작나무로 북을 메고, 자작나무를 통해 신을 부른다. 곰이 마늘을 먹고 버틴 삼칠일(21일)은 북구의 슬라브족의 건국 신화와 일수마저 일치한다.

한반도는 바다를 통해 남방에서 들어온 농경민족과 북방으로 들어온 유목민족이 모인 곳이다. 북방계 부족은 그들의 시조가 탯줄을 자르고 나온 태생신화를 따르고, 남방계는 알에서 태어난 난생신화를 따른다. 바이칼 호수를 출발한 북방계 부족은 한반도에 이르기까지 허리에 마늘을 꿰차고 이동하였다. 그들은 쑥을 식용하고 약으로 처방하고 불쏘시개로 쓰는 토착민을 만나서 함께 고조선을 건국하였다. 고조선 건국신화는 북방계 주민들이 자신이 떠나온 고향에 대한 이야기를 소재로 한 서사시라 할 수 있다.

경주 신라 고분에서 나온 황금관은 자작나무의 잎과 가지를 형상화한 것이며, 천마총에서 나온 천마도는 자작나무 껍질에 그린 그림이다. 자작나무는 당시 신라 땅에는 자라지 않는 북부지역에서 나는 나무였다. 건국신화에 등장하는 신단수는 박달나무가 아니라 자작나무라는 것이 나무의 생태, 민속, 인류학적 근거를 지닌다.

고조선의 수도는 백두산 인근이나 만주벌판 어느 곳 자작나무 군락이 환하게 산등성을 밝히는 그 아래로 추정할 수 있다. 신화 속에 신단수는 수피가 희고 군락으로 자라는 나무로 누군가에 의해 수피가 검고 존재감이 없는 박달나무로 와전되었고 일제강점기를 거치면서 고착화되었다.

신화의 내용이 모두 과학적 객관성을 유지하지는 않는다. 그러나 신단수를 자작나무로 해석하고 박달나무는 검은자작나무로 부른다면 우리 건국신화를 제대로 해석하는 것이고, 민족 정체성을 확인하는 것이다. 우리 식물명이 과학성을 찾아가는 길이기도 하다.

물박달나무(물자작나무)

자작나무과

Betula davurica

나무에서 물은 물가 또는 무르다는 의미를 지니며 물박달나무는 박달나무보다 무른 박달나무 종류라는 의미이다.

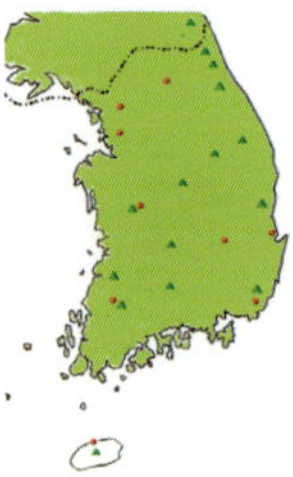

[국내]
- 전국의 산지
- 국립수목원

[해외]
- 중국 일본 사할린 몽고

암수한그루	풍매화
낙엽활엽수	어긋나기
5월	9월~10월
큰키나무	

구룡령 17.05.16

나무 수피가 덕지덕지 들떠서 벗겨지며 키는 20m로, 가는 줄기에는 흰 피목이 있다. 수꽃이삭은 아래로 처지고 암꽃이삭은 곧게 선다. 잎의 길이는 2~3cm로서 긴 타원형이고 광택이 나며 윗부분이 얕게 갈라진다. 산지 양지바르고 건조한 곳에 잘 자라고 공해에는 약하다.

개박달나무(좀박달나무)

자작나무과

Betula chinensis

산 능선의 암석지대에 자라고 키나 열매가 작아서 박달나무보다 못하다는 뜻이다.

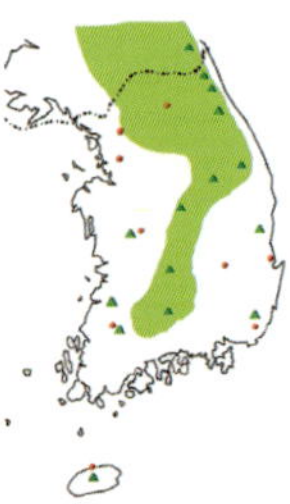

[국내]
- 전국 높은 산지 중부이북
- 삼척 석개재

[해외]
- 일본, 만주

암수한그루	풍매화
낙엽활엽수	어긋나기
5월	9월~10월
작은키나무	

구룡령 17.07.17

산 능선 암반 지대에 주로 자란다. 키는 3~4m로 자라고 나무껍질은 잿빛으로 벗겨지며 작은 가지는 자줏빛을 띤 갈색이고 아래쪽에서 가지가 많이 돋고 열매는 짧고 통통하며 인편은 길고 뾰족하다. 수꽃은 아래로 늘어지고 암꽃은 위를 향한다.

화악산 17.08.26

거제수나무(물자작나무)

자작나무과

Betula costata

봄날 곡우 즈음 이 나무의 수액을 채취해 마셨는데 재앙을 쫓아내고 액땜을 해준다고 거재수(去災水)가 변한 이름이다.

【국내】
- 지리산, 백두대간
- 국립수목원

【해외】
- 만주, 아무르

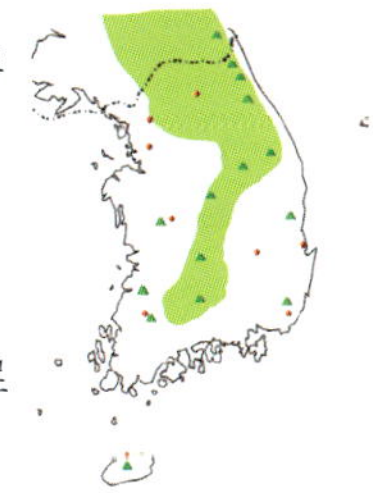

수피가 두꺼운 종잇장처럼 벗겨지고 갈색을 띤다. 잎은 달걀 모양이고 길이 5~8cm로 끝이 좁으며 뾰족하다. 잎 뒤 맥 위에 털이 있으며 측맥은 10~16쌍이고 잎자루가 있다. 산지의 산허리 위쪽의 숲속 척박하고 건조한 곳에 자라고, 키는 30m, 지름은 1m 정도이다.

암수한그루	충•풍매화
낙엽활엽수	어긋나기
5월~6월	9월
큰키나무	

구룡령 17.04.02

사스래나무(고채목)

자작나무과

Betula ermanii

사스래나무 어원은 미상이다. 고채목 또는 새수리나무라고도 한다.

【국내】
- 백두대간 한라산 능선
- 화악산, 덕유산

【해외】
- 중국, 일본, 사할린

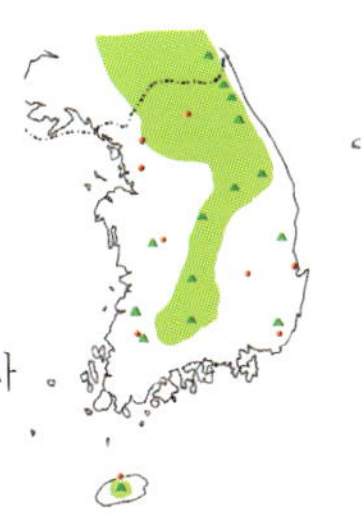

산 정상부 수목한계선까지 자라는 고산성 나무로 추위와 건조, 바람에 강하다. 회백색 나무껍질은 종이처럼 얇게 벗겨지고 줄기에 오래 붙어있다. 잎 가장자리에 톱니가 나고 삼각상 달걀모양으로 측맥은 7~14 쌍이다.

암수한그루	풍매화
낙엽활엽수	어긋나기
5월~6월	9월
중간키나무	

개암나무 속

개암나무

참개암나무

물개암나무

개암나무 종류에는 개암나무, 참개암나무, 물개암나무가 있다. 열매의 형태와 잎모양에서 구분된다. 개암나무는 열매를 감싸는 포가 짧아서 열매가 겉으로 드러나고 잎 끝은 뭉툭하거나 뾰족하거나 다양하다. 어린나무 잎에는 흑갈색 무늬가 나타나기도 한다.

개암은 과거 어린이들의 먹거리로 요긴한 간식이었고 아이들의 동화에 자주 등장한다. 커피콩을 오래 보관해서 맛이 떨어진 커피의 향미를 보태는 재료로 쓴다. 헤이즐넛 커피라 하며 그 열매는 주로 터키에서 생산된다.

개암나무

자작나무과

Corylus heterophylla

개암나무는 생김새와 맛이 밤을 닮았으나 그보다는 못하다고 개밤나무라 부르다가 개암나무가 된 것으로 추측한다.

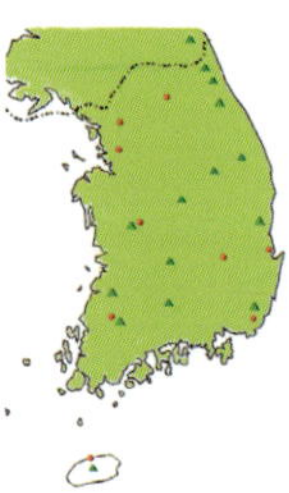

【국내】
- 전국의 산지
- 공원 수목원 식재

【해외】
- 일본, 중국 대만

암수한그루	풍매화
낙엽활엽수	어긋나기
5~6월	9~10월
작은키나무	

영양 일월산 17.08.13

키는 1~2m 정도로 자라는 관목으로 수피는 회갈색이다. 잎은 난상원형으로 끝이 뾰족하거나 뭉툭하고 가장자리에 잔 톱니가 있다. 6~7쌍의 측맥이 있으며 뒷면은 황록색으로 털이 밀생한다. 어린 잎 앞면에는 자주색의 무늬가 나타나기도 한다.

황매산 17.07.30

참개암나무

자작나무과

Corylus sieboldiana

개암나무를 구분하는 이름으로 개암나무 참개암나무 물개암나무 등으로 나누나 좋고 나쁘다의 가치와는 무관하다.

【국내】

- 남부지역 전남, 경남, 해발 1,200m이하
- 지리산

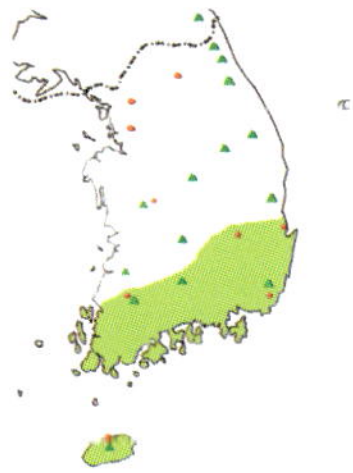

【해외】

- 중국, 일본

잎의 가장자리는 뚜렷하지 않은 결각과 잔톱니가 있고 표면의 맥 사이와 뒷면의 맥 위에 털이 있으며 측맥은 9~10쌍이다. 나무의 키는 4m에 달하고 나무껍질은 회갈색이며 일년생 가지는 잔털이 있고 흔히 샘털이 섞여 있다.

암수한그루	풍매화
낙엽활엽수	어긋나기
3월	9월
작은키나무	

상단의 윗줄은 중부지역에 주로 자라는 물개암나무이고 아래는 남부지역에 자라는 참개암나무 잎이다. 과학은 관찰을 통해 얻은 데이터를 객관화시킨 이론이다. 과학 이론은 같은 조건에서는 같은 결과가 반복되어야 하며, 다수의 동료 과학자나 관계자들의 동의를 얻어야 이론으로 성립한다.

다수의 도감 편집자들은 참개암나무와 물개암나무가 같은 종의 지역변이나 개체변이가 아닐까 의문을 제기하고 있다.

서어나무 개서어나무 소사나무 까치박달

자작나무과 서어나무속에는 서어나무, 개서어나무, 소사나무, 까치박달나무가 있다. 이들은 열매의 날개에서 특징이 나타난다. 서어나무 열매는 양쪽으로 날개가 달리고 개서어나무는 한쪽에만 달린다. 소사나무 열매의 날개는 둥글고 까치박달나무 열매는 타원형으로 모여 달린다. 꽃이 짐승의 꼬리같다고 미상꽃차례 또는 미상화서(尾狀花序)라 부른다.

서어나무(근육나무)

자작나무과

Carpinus laxiflora

서어나무는 한자로 서목(西木)으로 서쪽 방향에 잘 자라는 나무이다. 서나무가 서어나무로 변한 것으로 추정한다.

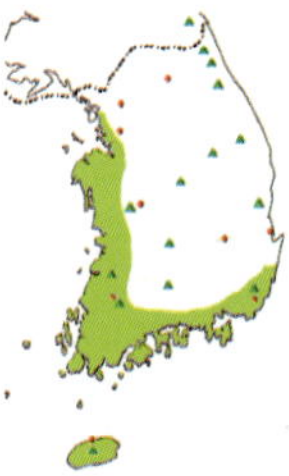

【국내】
- 강원도 황해 이남
- 홍릉수목원

【해외】
- 일본, 중국

암수한그루	풍매화
낙엽활엽수	어긋나기
4월~5월	10월
큰키나무	

거제도 16.10.08

열매 양쪽에 날개가 나고 남동해안 지역과 서해안 인근 산지에 극상림을 이룬다. 나무 수피에 뒤틀리는 무늬가 나타난다. 잎의 측맥은 10~13쌍이다. 햇볕이 잘 드는 건조하고 척박한 토양에 잘 자란다. 해안지역에서 많이 자라며 공해에 대한 저항성은 약하다.

거제도 17.04.15

개서어나무

자작나무과

Carpinus tschonoskii

서어나무와 구분하기 위해 개를 붙인 이름이며 일본명 이누시대(犬四手)의 영향으로 보인다. 북한명은 좀서어나무.

[국내]
- 전남, 경남, 남부지역
- 거제도

[해외]
- 중국, 일본

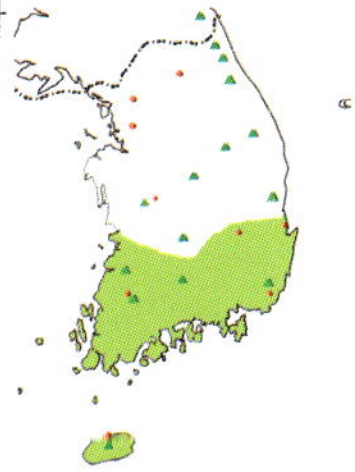

암수한그루	풍매화
낙엽활엽수	어긋나기
4월~5월	10월
큰키나무	

잎 표면에 은빛 털이 나고 어린 가지에도 긴 털이 난다. 열매는 한쪽으로만 날개가 달린다. 양지바르고 건조하고 척박한 곳이나 해안지역에 잘 자라지만 공해에 약해 인가주위에는 자라지 않는다. 줄기는 회색이고 비틀어지는 줄 무늬가 나타난다.

인천 인근섬 17.10.20

소사나무

자작나무과

Carpinus turczaninowii

작은 서어나무라는 소서어나무에서 소사나무로 변하였다. 서어나무를 닮았으나 키가 작고 열매 길이도 짧다.

[국내]
- 서해안과 남해안 산지, 섬
- 강원도

[해외]
- 일본, 중국

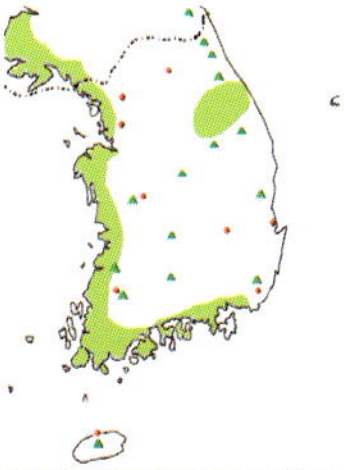

암수한그루	충매화
활엽낙엽수	돌려나기
4월~5월	9월~10월
중간키나무	

키는 4~5m로 아래쪽에서 많은 가지가 나서 더부룩하게 자란다. 서해안이나 인근 섬 숲이 안정된 곳에는 소사나무만으로 군락을 이룬다. 잎 길이는 짧고 달걀형이며 열매자루에는 10여 개의 씨앗이 둥근 꼬투리를 이루고 씨앗의 가장자리에 톱니가 달린 날개를 달고 있다.

까치박달

자작나무과

Carpinus cordata

까치는 버금간다란 뜻의 접두어로 단단하기가 박달나무 같다는 의미이며 열매는 소사나무에 가깝다.

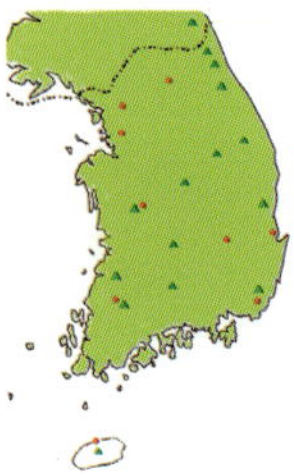

[국내]
- 전국의 산지
- 홍릉수목원

[해외]
- 중국, 일본, 극동러시아

암수한그루	풍매화
낙엽활엽수	어긋나기
4월~5월	9월
큰키나무	

광릉수목원 14.06.22

열매 이삭은 길고 원통형으로 긴 꽃자루가 아래로 처진다. 수피는 회색이고 세로로 갈라지며 피목이 두드러진다. 서어나무에 비해 측맥이 15~24쌍으로 많다. 키는 15m, 지름 60cm 크기로 토심이 깊으며 비옥한 사질양토에 다른 나무들과 함께 자란다.

새우나무

자작나무과

Ostrya japonica

열매가 연한 갈색으로 익어가면서 약간 구부러지는데 그 모습이 새우를 닮았다고 새우나무라 부른다.

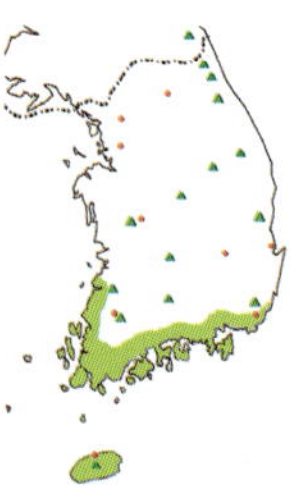

[국내]
- 제주도, 전남 남해안
- 한라수목원

[해외]
- 일본, 중국

암수한그루	충•풍매화
낙엽활엽수	어긋나기
7월	8월~10월
큰키나무	

한라수목원 19.10.26

서어나무와 흡사하나 잎이 더 넓고 크며 열매는 까치박달을 닮았다. 키는 20m, 지름 70cm로 주로 남해안 산골짝 중턱과 제주도 산림에 드물게 관찰된다. 나무껍질은 갈색 또는 회갈색이고 얇게 세로로 갈라진다. 가지는 적갈색이며 일년생 가지에 털과 샘털이 난다.

차나무과는 주로 남부지역에 자라고 키는 관목에서 중간키이며 상록수가 많고 꽃에는 수술이 많다.

차나무과에는 차나무속, 비쭈기나무속, 사스레피나무속, 노각나무속, 후피향나무속이 있으나 사스레피나무속에 우묵사스레피와 사스레피나무 두 종을 제외하면 모두 한 과에 한 종의 나무가 있다.

노각나무를 제외하면 모두 상록성이고 잎이 두껍고 광택이 나며 작은편이고 바닷가나 섬에 자린다. 차나무와 동백나무 열매는 매우 흡시히고, 껍질이 갈라지며 굵은 씨앗이 나오고, 노각나무와 후피향나무도 껍질이 갈라진다. 사스레피나무와 우묵사스레피나, 비쭈기나무 열매는 장과이다. 과내의 열매 형태는 다양하다.

완도 16.03.19

동백나무

차나무과

Camellia japonica

겨울에 꽃을 피우는 나무란 의미이다. 한자로 동백(冬栢)으로 백은 측백나무처럼 겨울에도 푸르다는 의미로 쓰인다.

【국내】
- 남해, 황해도에서 서해안, 울릉도
- 거제도

【해외】
- 일본, 중국 대만

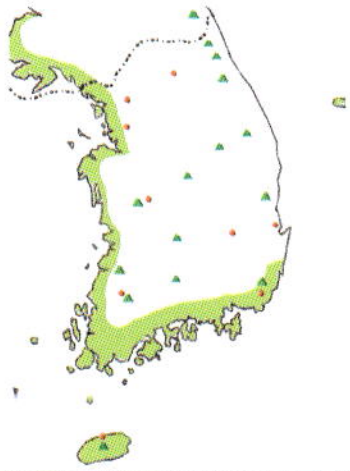

암수한그루	조매화
상록활엽수	어긋나기
11월~5월	9월~10월
중간키나무	

난대성 상록수로 잎은 두껍고 광택이 나며 키는 6~7m로 자란다. 열매는 삭과로 과피가 벌어지고 1.5~2cm 크기의 잣 모양의 암갈색 종자가 3개 정도 들어 있다. 어린 가지나 잎 뒷면 맥에 털이 없고 씨방에도 털이 없으며 암술대는 끝에서 갈라진다. 꽃은 봉오리째 떨어진다.

애기동백나무

차나무과

Camellia sasanqua

동백나무보다 꽃이나 키가 작다고 애기 동백나무라 한다.

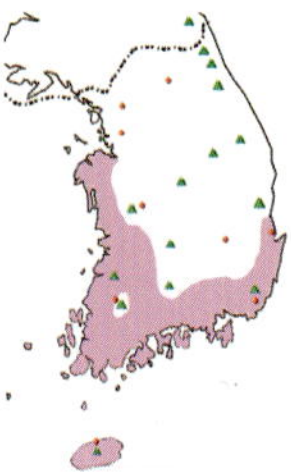

【국내】
- 남부지역에 식재
- 물향기 수목원 온실

【해외】
- 일본 원산

제주도 19.10.25

암수한그루	조매화
상록활엽수	어긋나기
11월~1월	8월~9월
중간키나무	

암술이 아래쪽에서 세 갈래로 갈라진다. 키는 5~10m로 동백나무보다 작고 잎과 잎자루도 작다. 꽃잎이 서로 포개지지 않으며 흰색이고 어린가지와 잎 뒷면 맥위와 씨방, 열매에 털이 있다. 애기동백나무는 일본 도입종이며 국내외에 3,000여 품종이 있다고 알려진다.

노각나무(비단나무)

차나무과

Stewartia pseudocamellia

수피에 황갈색 모자이크 무늬가 나는데 이것이 갓 돋아난 사슴뿔을 연상시킨다고 녹각(鹿角)나무가 노각나무로 변하였다.

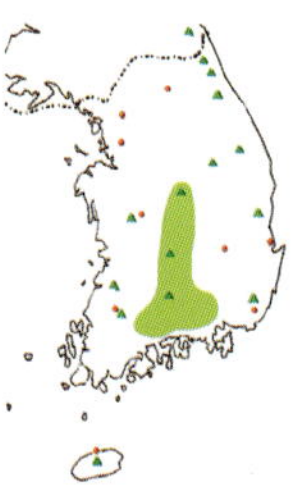

【국내】
- 충북 소백산 이남
- 가야산, 홍릉 수목원

【해외】
- 일본

가야산 18.08.18

암수한그루	충매화
낙엽활엽수	어긋나기
6월~8월	9월~10월
중간키나무	

나무껍질은 적갈색이나 모자이크 모양으로 벗겨지고 밝은 속껍질이 드러나 무늬를 나타내고 표면은 매끈하다. 잎은 타원형이고 표면에 털이 있으나 곧 없어지고 가장자리에는 물결 모양 톱니가 있다. 씨방에 털이나고 암술대는 5개로 갈라진다.

전남 보성 15.10.18

차나무

차나무과

Camellia sinensis

원산지 중국 남부에서 찻잎을 우린 물을 '테'라 하는데 북부에서는 차(茶)로 읽으며 다른 말과 함께 쓰일 때는 '다'로 읽는다.

【국내】
- 남부지역에 식재
- 완도수목원 보성, 제주

【해외】
- 일본, 중국, 인도, 스리랑카

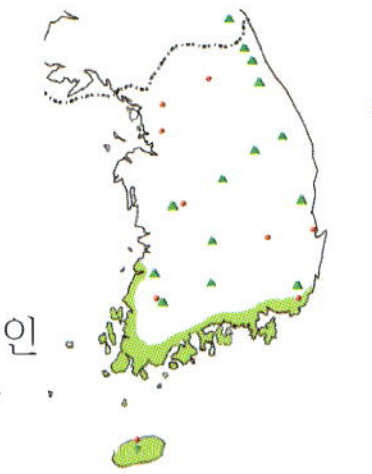

잎은 두껍고 광택이 나며 긴 타원형으로 안으로 굽은 둔한 톱니가 있다. 잎맥에 골이 나고 뒷면은 회록색으로서 맥이 튀어 나온다. 꽃은 1~3개씩 달리고 흰색이며 향기가 있고, 꽃받침조각은 5개로 녹색이며 둥글고 꽃잎은 6~8개로 넓은 달걀 형태이다.

암수한그루	충매화
상록활엽수	어긋나기
9월~11월	익년 9월
작은키나무	

기장읍 15.03.23

사스레피나무

차나무과

Eurya japonica

껍질이 떫고 쌉싸래한 맛이 나는데 쌉싸래하다는 말이 사스레가 되었고 껍질(皮)이 붙어 사스레피나무가 됨.

【국내】
- 전남, 경남, 울릉도, 제주
- 기장읍

【해외】
- 일본, 중국, 대만

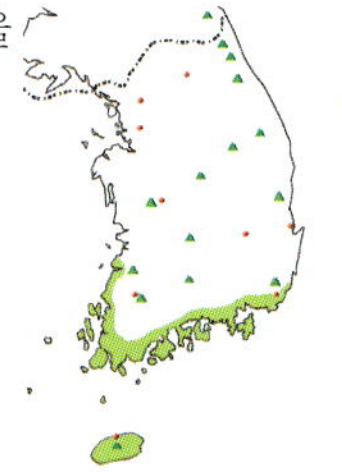

해안가나 섬, 숲 가장자리에 자라고 키는 1m 정도이다. 잎은 긴 타원상 피침형이며 위를 향한 둔한 톱니가 있다. 표면은 광택이 나고 뒷면은 황록색이며 측맥이 뚜렷하다. 꽃은 아래쪽을 향해 피며, 지름은 5~6mm이고, 연한 황록색으로 강한 향기가 난다.

암수딴그루	충매화
상록활엽수	돌려나기
3월~4월	10월~11월
작은키나무	

우묵사스레피

차나무과

Eurya emarginata

사스레피나무를 닮았고 잎몸이 우묵하게 들어간다고 우묵사스레피라 한다.

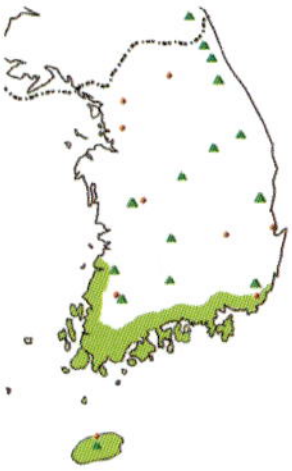

【국내】
- 전남, 경남, 해안 섬
- 기장읍, 제주 서귀포

【해외】
- 중국, 일본, 대만, 인도

암수딴그루	충매화
상록활엽수	어긋나기
10월~12월	익년10~11월
작은키나무	

기장군 15.05.29

상록관목으로 키는 2~3m 정도로 자란다. 잎은 어긋나고 2줄로 배열하며 가죽질이다. 좁은 달걀형으로 끝이 오목하게 들어가며 광택이 나고 가장자리는 뒤로 젖혀지며, 물결 모양의 둔한 톱니가 난다. 꽃은 연한 황록색이며 잎겨드랑이에서 아래를 향해 1~3송이씩 달린다.

비쭈기나무(빗죽이나무)

차나무과

Cleyera japonica

가지끝 겨울눈이 약간 휘어서 비쭉해 보인다고 비쭈기나무가 되었다. 열매에 달린 암술자루가 비쭉하게 나와서라고도 한다.

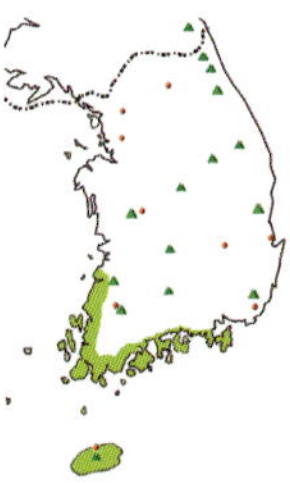

【국내】
- 제주도 전남 해안과 인근섬
- 안면도수목원 완도수목원

【해외】
- 일본 중국 대만

암수한그루	충매화
상록활엽수	어긋나기
6월~7월	11월~12월
중간키나무	

제주시 16.06.18

잎은 두꺼운 가죽질이고 긴 타원형이며 양면에 털이 없이 매끈하다. 표면에는 광택이 나고 뒷면은 황록색이고 가장자리는 밋밋하다. 열매 끝에 암술대가 열매가 익을 때까지 달려있다. 꽃은 흰색에서 노란색으로 변하며 일년생가지의 아랫부분에 1~3개씩 달린다.

후피향나무

차나무과

Ternstroemia gymnanthera

후피향(厚皮香)나무는 나무에서 후박나무(厚) 껍질(皮) 냄새(香)가 나는 나무로 중국명을 차용하였다.

【국내】
- 전남, 경남 해변, 제주도
- 완도수목원

【해외】
- 중국, 일본, 인도, 보르네오, 필리핀

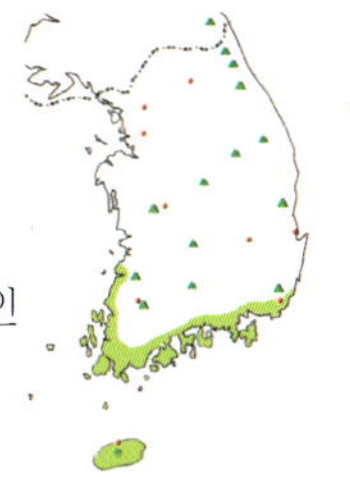

완도 16.11.05

잎 양면은 매끈하고 광택이 나며 가장자리에 톱니가 없고 잎자루는 붉은빛이 돈다. 잎은 가지끝에 모여나고 가죽질이며 타원형이다. 낙엽 직전의 잎은 진홍색이 되는 경우도 있다. 과피는 적색이고 상반부가 불규칙하게 갈라지며 붉은색 종자가 5개씩 들어 있다.

암수잡성화	충매화
상록활엽수	어긋나기
5월~6월	10월~11월
큰키나무	

망종화(금사매)

물레나물과

Hypericum patulum

망종(芒種)은 24 절기상 6월6일부터 보름간으로 보리 베기와 모심기를 하는데 이맘때 피는 꽃이란 뜻이다.

【국내】
- 전국의 화단 공원
- 완도수목원

【해외】
- 중국 원산

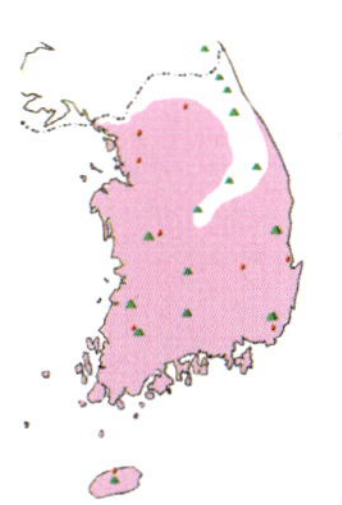

서울 20.07.18

줄기는 길이 1m 정도로 자라고 아래쪽에서 가지가 많이 돋아 무리지어 자라 덩굴처럼 보인다. 가지는 다소 붉거나 갈색이다. 잎은 마주나고 긴 타원형이며 길이 3~5㎝, 폭 2~3㎝이다. 잎 끝은 둥글고 가장자리가 매끈하다. 국내에서는 열매가 잘 여물지 않는다.

암수한그루	충매화
낙엽활엽수	마주나기
6월~7월	9월
작은키나무	

갈퀴망종화

물레나물과

Hypericum galioides

잎이 갈퀴덩굴과 같고 꽃은 망종화와 닮았다고 갈퀴망종화라고 한다.

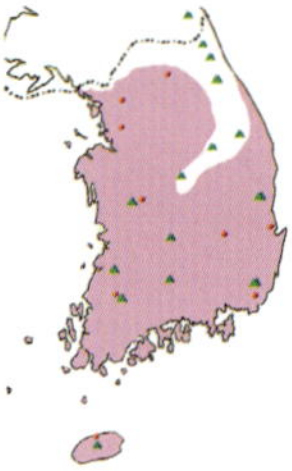

[국내]
- 전국 화단에 드물게 식재
- 완도수목원

[해외]
- 북미 원산

암수한그루	충매화
낙엽활엽수	마주나기
7월~8월	9월
작은키나무	

기청산수목원 16.06.12

공원이나 정원에 관상용으로 심는다. 북아메리카 원산의 소관목이며 키는 1~2m 정도로 자라고 가지가 많이 갈라진다. 수피는 얇은 막으로 벗겨지고 가지에 2개의 능선이 있다. 꽃잎과 꽃받침잎은 각각 5개씩이고 수술은 5개의 다발이며 길고 암술대는 5쪽으로 갈라진다.

모란(목단, 牧丹)

작약과

Paeonia suffruticosa

당나라 측천무후가 붙인 이름으로 추정. 모(牡)는 남성, 단은 단심(丹心)으로 천하의 남자가 그녀에게 충성을 바친다는 의미이다.

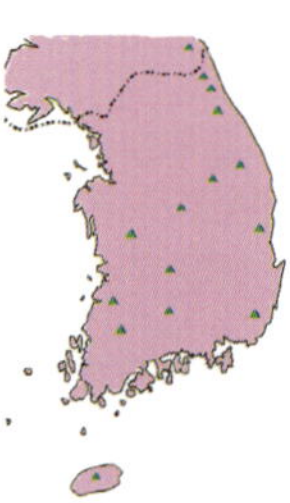

[국내]
- 전국 화단과 공원에 식재
- 인천수목원

[해외]
- 중국, 원산

암수한그루	충매화
낙엽활엽수	어긋나기
4월~5월	9월
작은키나무	

서울시 20.04.30

잎은 2회깃꼴겹잎이며 작은잎은 3~5개로 갈라지고 뒷면에는 잔털이 난다. 꽃색은 자주색이 보통이나, 개량종은 빨강, 분홍, 노랑, 흰색, 보라 등 다양한 원예종이 있으며 홑꽃과 겹꽃이 있다. 꽃잎은 8개 이상이고 크기와 형태가 다양하며 가장자리에 불규칙한 결각이 있다.

다래 개다래 쥐다래

우리나라에는 5종의 다래가 있다. 열매가 둥글고 먹을 수 있는 다래, 열매가 굵고 뾰족한 개다래, 타원형인 쥐다래, 제주 등 남해 섬 지역에 자라는 섬다래, 작물로 심는 양다래가 있다. 꽃이 필 때가 되면 개다래는 잎이 흰색으로 변하고 쥐다래는 붉은색으로 변한다. 녹색인 숲에서 벌나비가 쉽게 찾아올 수 있도록 하는 일종의 유인색이라고 할 수 있다. 탄소동화작용에는 불리한 상태가 된다. 나무 줄기 속은 종류에 따라 색다르다. 꽃은 수꽃이 피는 나무와 양성화가 피는 나무가 각각 다른 수꽃양성화딴그루이다.

화악산 16.08.20

열매가 둥글고 꽃밥이 검은색을 띤다. 덩굴나무로 키는 5~8m 정도이고 잎은 넓은 난형과 타원형으로 가장자리에 가늘고 날카로운 톱니가 난다. 꽃은 흰색으로 3~10송이 가량이 아래로 향해 핀다. 열매가 익으면 연두색으로 변하고 말랑하게 된다. 익은 과실은 식용한다.

다래(다래나무)

다래나무과

Actinidia arguta

다래는 열매의 맛이 달다는 데서 나온 이름이다. 한자로 달애(怛艾)라는 이두식표기도 발견된다.

[국내]

- 산지 전역에 자생
- 인천수목원

[해외]

- 일본, 중국

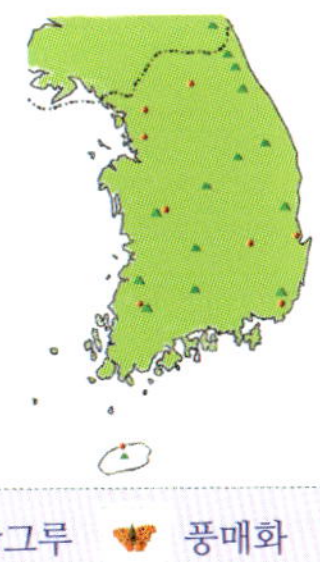

수양성딴그루	풍매화
낙엽활엽수	어긋나기
5월	9~10월
덩굴나무	

개다래

다래나무과

Actinidia polygama

먹을 수 없어서 다래에 미치지 못한다고 개다래이다. 북한명은 말다래나무이다.

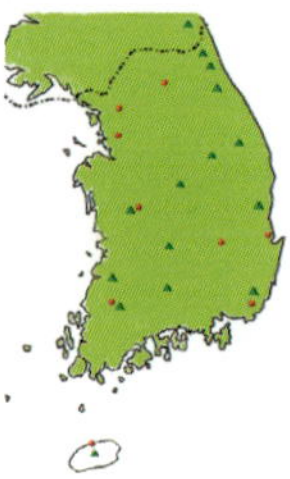

【국내】
- 전국의 산지
- 국립수목원 지리산 천마산

【해외】
- 중국, 일본, 러시아

수양성딴그루	충매화
낙엽활엽수	어긋나기
6월~7월	9월~10월
덩굴나무	

지리산 16.10.22

열매는 굵고 길쭉하고 끝은 뾰족하다. 꽃이 필 때 수나무의 잎이 흰색으로 변하는 게 나타나고 덩굴로 자라고 키는 5m까지 뻗는다. 잎의 양면 맥 위에도 갈색털이 있고 가장자리에 잔 톱니가 있다. 덜 익거나 익은 과일도 혓바닥을 찌르는 듯하며 떫고 쓴맛이 나서 먹을 수 없다.

쥐다래

다래나무과

Actinidia kolomikta

다래와 비슷하나 열매가 타원형이고 작다고 쥐다래라 한다.

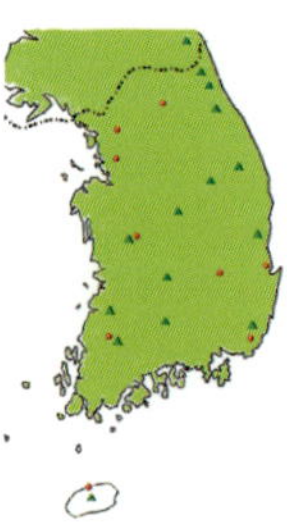

【국내】
- 지리산 이북 백두대간
- 홍릉수목원 가리왕산

【해외】
- 중국, 일본, 극동러시아

수양성딴그루	충매화
낙엽활엽수	어긋나기
5월~6월	9월
덩굴나무	

가리왕산 16.07.14

열매는 타원형이고 다래에 비해 꽃과 열매가 작다. 수나무 잎의 상반부가 흰색 또는 연한 붉은색으로 변하는 것이 생기고 수꽃에는 많은 수술과 헛암술이 있고 암꽃에는 1개의 암술과 헛수술이 여럿 있다. 열매는 길이 2cm 정도로 노란색으로 익으며 단맛이 난다.

섬다래

다래나무과

Actinidia rufa

섬에 자라는 다래나무라는 의미이다.

[국내]
• 남부 해안과 섬, 신안군, 여수시, 진도군
• 제주시

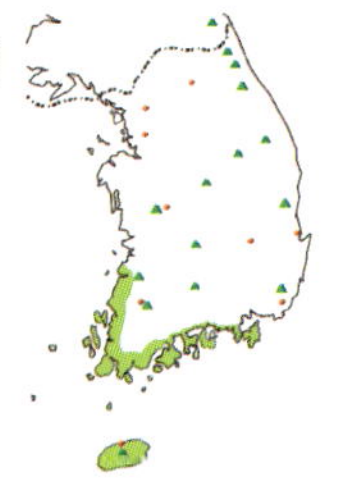

[해외]
• 일본

제주도 15.05.29

꽃은 잎겨드랑이에 달리며 적갈색 털이 있고 1~8개의 꽃이 달리며 지름 1~1.5cm로서 백색이고 씨방에 갈색 털이 밀생한다. 열매는 넓은 타원형이며 길이 2~3cm로서 밝은 갈색 반점이 있다. 일년생 가지는 어릴 때 적갈색 털로 덮여 있다. 덩굴은 10m로 자란다.

- 수양성딴그루 / 충매화
- 낙엽활엽수 / 어긋나기
- 5월~6월 / 11월~12월
- 덩굴나무

양다래(키위)

다래나무과

Actinidia chinensis var. *deliciosa*

바다 건너 들여온 과일이라고 양다래라 부른다. 대체로 미국에서 들어온 과일이나 물건에 큰 바다 양(洋)자를 붙였다.

[국내]
• 남부지역에 재배
• 물향기수목원

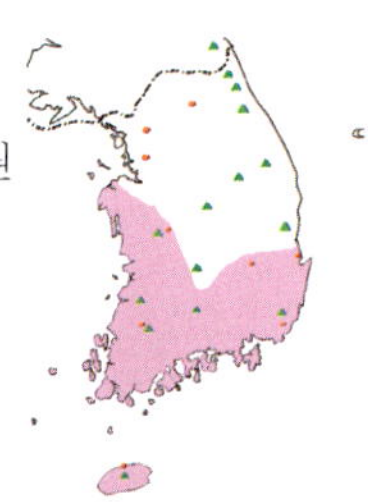

[해외]
• 중국, 뉴질랜드

물향기수목원 15.08.14

키위라고도 부르며 중국 양쯔강이 원산이나 뉴질랜드에서 개량하여서 전 세계로 퍼져나갔다. 해외에서 인기를 얻자 뉴질랜드는 1962년 자기 나라를 상징하는 새인 키위라는 이름으로 미국 등지로 수출하면서 세계적으로 알려지게 되었다. 재배하는 과일나무이다.

- 수양성딴그루 / 충매화
- 낙엽활엽수 / 어긋나기
- 5월~6월 / 9월~10월
- 덩굴나무

1. 갈참나무

2. 신갈나무

3. 굴참나무

4. 졸참나무

5. 떡갈나무

6. 상수리나무

1. 가시나무

2. 종가시나무

3. 붉가시나무

4. 개가시나무

5. 참가시나무

6. 졸가시나무

1. 구실잣밤나무

2. 모밀잣밤나무

참나무과 18종

낙엽성 참나무 6종
상록성 참나무 6종
잣밤나무 2종
밤나무·너도밤나무
북미도입종 2종

밤나무

너도밤나무

1. 대왕참나무

2. 루브라참나무

속씨식물 II

담팔수과
피나무과
벽오동과
아욱과
산유자나무과
위성류과
손수건나무과
버드나무과
암매과
시로미과
진달래과
감나무과
때죽나무과
노린재나무과
자금우과
돈나무과
수국과
까치밥나무과
장미과
콩과
보리수나무과
팥꽃나무과
부처꽃과
석류나무과
박쥐나무과
층층나무과
식나무과
단향과
꼬리겨우살이과
노박덩굴과
감탕나무과
회양목과
대극과

담팔수

담팔수과

Elaeocarpus sylvestris var.

잎 여덟 장 중에 하나는 단풍이 든 것처럼 붉다는 의미로 담팔수(膽八樹)라 한다. 膽은 쓸개를 이른다

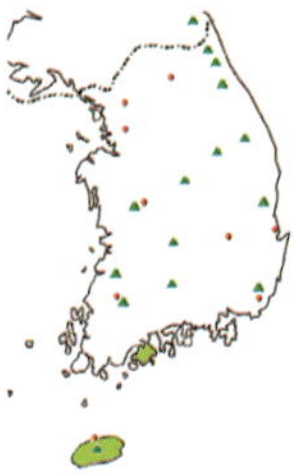

【국내】
- 제주도 서귀포시
- 천제연 폭포

【해외】
- 중국 남부, 일본, 대만, 베트남, 태국

암수한그루	충매화
상록활엽수	어긋나기
7월~8월	11월
큰키나무	

천제연폭포 19.10.25

제주 지역에서만 자라고 키는 20m 정도이다. 잎은 12~15cm로 댓잎 모양으로 길쭉하고 광택이 있다. 질감이 가죽처럼 두껍고 가장자리에 물결 모양의 톱니가 난다. 꽃은 잎겨드랑이에서 총상꽃차례를 이루고 꽃잎은 5개로 끝이 잘게 갈라지고 길이는 4~5mm이다.

피나무과 잎

피나무　　찰피나무　　보리자나무　　유럽피나무　　구주피나무

피나무과에는 피나무속, 장구밤나무속이 있다. 피나무속은 꽃자루에 크고 긴 밴드 형태의 날개(포)가 있고 장구밤나무는 포가 없다. 전국 산지에 드물게 자라며 강원도 산지와 백두대간에 흔하게 자란다. 찰피나무는 피나무 군락 사이에 드물게 자라며 서해안과 인근 섬에서는 흔하게 볼 수 있다. 보리자나무는 중국이 원산이고, 유럽피나무는 유럽, 구주피나무는 일본이 원산이다. 이들은 잎의 특징이나 열매, 수피에서 종에 따른 특징이 나타난다.

피나무

찰피나무

보리자나무

유럽피나무

피나무 열매 자루에는 길고 넓은 포가 붙어 있다. 열매가 지면에 닿을 때까지 공중에 떠 있는 시간을 늘려주고 바람이 불면 그만큼 먼 거리로 날아갈 수 있다. 피나무 열매는 작고 찰피나무 열매가 가장 크다. 보리자나무 열매는 다소 납작하고 유럽피나무 열매에는 능선이 두드러진다.

함백산 16.06.18

피나무(달피나무)

피나무과

Tilia amurensis

껍질을 뜻하는 피(皮)가 나무에 붙은 이름이다. 나무 속 껍질은 옷이나 밧줄 삿자리 재료로 사용하였다.

[국내]

- 전국산지
- 인천수목원
  한밭수목원

[해외]

- 중국, 몽골, 헤이룽장, 사할린

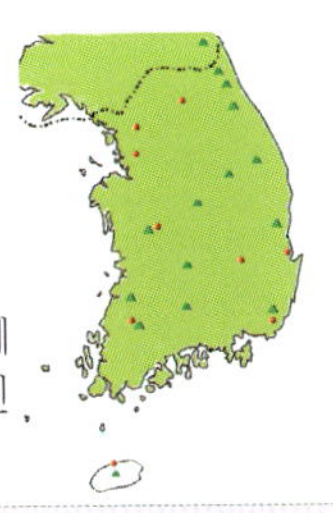

암수한그루	충매화
낙엽활엽수	어긋나기
5월~7월	8월~9월
큰키나무	

열매자루에 길고 넓은 포가 달리고 열매는 털이 덮여있다. 잎은 넓은 달걀형이고 아래쪽이 심장형이며 뒷면은 회녹색을 띤다. 잎맥겨드랑이에 갈색 털이 밀생하고 가장자리에 예리한 톱니가 있다. 꽃은 담황색으로 향기가 강하고 꿀을 채취하는 밀원식물이다.

찰피나무

피나무과

Tilia mandshurica

찰피나무의 '찰'은 품질이 좋다는 뜻을 지니며 참과 같은 의미이다.

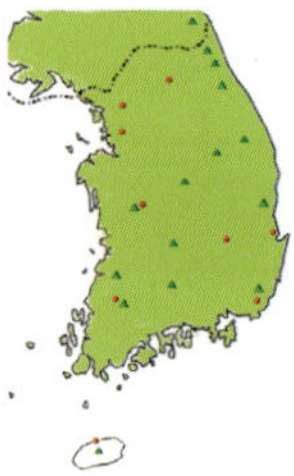

【국내】
- 전국의 산지 (제주 제외)
- 인천수목원

【해외】
- 중국, 러시아

암수한그루		충매화	
낙엽활엽수		어긋나기	
5월~7월		9월~10월	
큰키나무			

천마산 15.06.23

잎 크기는 피나무에 비해 2배 이상이다. 잎은 넓은 달걀형으로 뒷면은 회색 또는 흰색의 별모양 털이 밀생하고, 맥의 겨드랑이에도 별 모양 털이 난다. 꽃은 담황색으로 7~20개가 취산꽃차례로 달리며, 꽃대 길이는 7~9cm로 일년생 가지와 함께 겨울눈에 갈색 성모가 밀생한다.

보리자나무

피나무과

Tilia miqueliana

중국에서 불교가 들어올 때 따라 들어온 나무, 깨달음을 뜻하는 보리(菩提)에 염주를 만드는 열매(子)를 붙여 보리자나무라 한다.

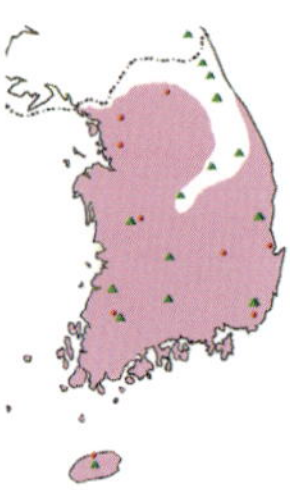

【국내】
- 전국 사찰에 식재
- 북한산 삼천사

【해외】
- 일본, 중국, 대만

암수한그루		충매화	
낙엽활엽수		어긋나기	
5~6월		9~10월	
큰키나무			

홍릉수목원 16.11.04

부처가 나무 아래서 깨달음을 얻었다는 반얀나무를 대신해 사찰에서 심는 나무로 염주를 만든다. 잎은 넓은 달걀 모양이고 아래쪽은 한쪽으로 일그러진 심장형이다. 잎 표면에는 털이 없으나 뒷면은 엽병과 더불어 회백색 성모가 밀생하며 가장자리에 예리한 톱니가 난다.

물향기수목원 15.10.07

유럽피나무

피나무과

Tilia x europaea L.

유럽에서 들여온 피나무란 의미이다.

【국내】
- 전국 수목원
- 물향기수목원 한밭수목원

【해외】
- 북유럽

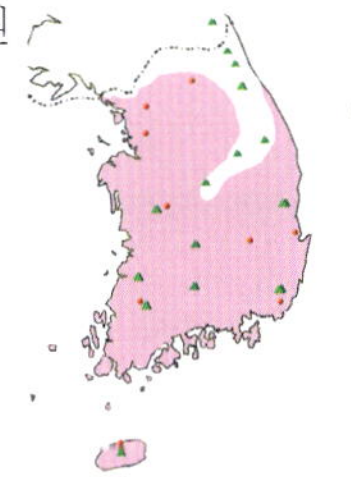

암수한그루		충매화	
낙엽활엽수		어긋나기	
6월~7월		9월~10월	
큰키나무			

유럽 원산이며 현지에서는 키가 약 40m에 이른다. 잎은 둥근 달걀 모양으로서 뒷면에는 잎맥 겨드랑이 털이 나고 가장자리에 톱니가 있다. 꽃은 긴 자루가 있는 취산꽃차례로 달리며 연한 노란색이다. 열매는 둥글고 능선이 두드러진다. * 중국피나무와 검토가 필요하다.

광릉수목원 19.07.27

구주피나무

피나무과

Tilia kiusiana

일본 특산 피나무로 일제강점기에 들어오고 규슈(九州) 지방에 많이 자라는 나무이다.

【국내】
- 전국 공원
- 광릉국립수목원, 홍릉수목원

【해외】
- 일본, 원산

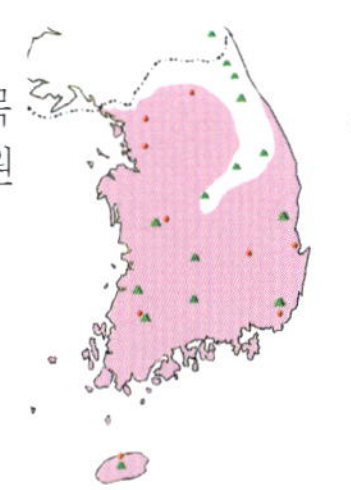

암수한그루		충매화	
낙엽활엽수		어긋나기	
6월~7월		10월~11월	
큰키나무			

잎은 일그러진 좁은 타원형이고 끝이 꼬리처럼 길며 가장자리에 불규칙한 톱니가 있다. 뒷면 맥 위에 짧은 털이 난다. 맥 겨드랑이에는 황갈색 털이 있다. 일본 규슈가 원생지로 1930년대 일제강점기에 도입되었다. 성장이 빠르고 가지가 무성하다.

장구밤나무(장구밥나무)

피나무과

Grewia parviflora

열매가 2~4개씩 붙어 익는 모습이 장구의 방(榜)을 닮았다고 장구방나무가 장구밤나무로 변했다.

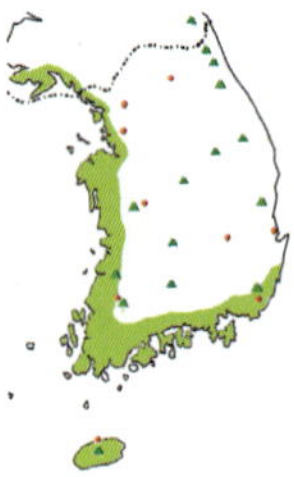

【국내】
- 황해도 이남, 서해안, 경남.
- 한밭수목원

【해외】
- 중국

- 암양성딴그루
- 충매화
- 낙엽활엽수
- 어긋나기
- 6월~7월
- 9월~10월
- 작은키나무

제부도 16.07.06

열매가 장구통 모양이다. 서해안 바닷가와 남부지역 양지바른 산기슭에 자라고 키는 2m 정도이다. 잎은 넓은 타원형으로 큰 맥이 뚜렷하다. 가장자리에 불규칙한 겹톱니가 있고 표면은 거칠다. 열매는 노란색 또는 황적색으로 익고 털은 없다.

벽오동(벽오동나무)

벽오동과

Firmiana simplex

오동나무와 비슷하나 수피가 푸르다고 푸를 벽자를 써서 벽오동(碧梧桐)이라 한다. 중국명은 청오(靑梧), 청동목(靑桐木).

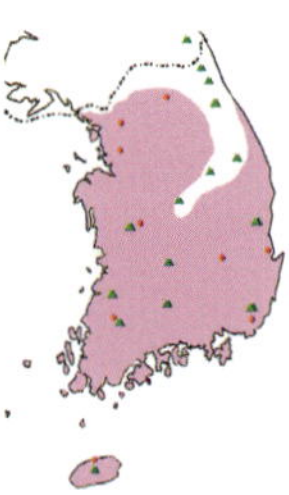

【국내】
- 전국 화단 공원
- 한밭수목원

【해외】
- 일본, 중국, 대만

- 암수한그루
- 충매화
- 낙엽활엽수
- 어긋나기
- 6월~7월
- 10월
- 큰키나무

한밭수목원 17.10.22

수피가 녹색을 띠며 키는 10m 가량이고 잎은 넓고 크며 손바닥 모양으로 세 조각 또는 다섯 조각으로 얕게 갈라진다. 잎자루는 길고, 잎 뒷면에 잔털이 있다. 여름철에 황록색 꽃이 원추꽃차례로 피고, 열매는 큰 포의 가장자리를 따라 씨앗이 달린다.

완도 16.10.08

황근(갯아욱)

아욱과

Hibiscus hamabo

노란꽃이 피는 무궁화란 뜻으로 황근(黃槿)이라 한다. 북한명은 갯아욱이다.

【국내】
- 제주도, 남부 해안과 섬지역
- 완도

【해외】
- 일본

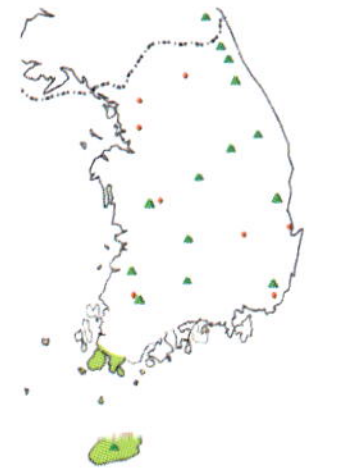

암수한그루	충매화
낙엽활엽수	어긋나기
6월~10월	10월~11월
작은키나무	

꽃은 연한 황색으로 중앙은 암적색이고 꽃대는 황회색이며 별 모양털이 밀생한다. 많은 수술이 합쳐진 한몸수술이다. 나무껍질은 녹회색이고 일년생가지에는 회색의 별모양털이 밀생한다. 일년생가지는 모두 황색이며 황회색의 털로 덮여 있다.

홍릉수목원 19.08.28

무궁화

아욱과

Hibiscus syriacus

대한민국 국화로 끝없이 피고 진다고 무궁화(無窮花)로 우리 이름이다. 중국명 목근(木槿), 일본명 무구게(ムクゲ:木槿)이다.

【국내】
- 평남 강원 이남 식재
- 공원 화단

【해외】
- 중국 원산, 일본, 인도, 서아시아 재배

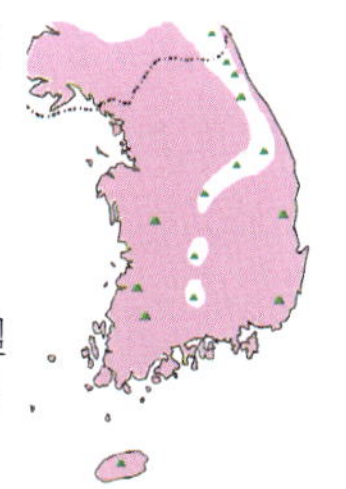

암수한그루	충매화
낙엽활엽수	어긋나기
7월~10월	10월
작은키나무	

키는 2~4m이고 잎은 늦게 돋고 꽃은 홑꽃과 원예종 겹꽃이 있으며 여름부터 가을까지 분홍, 보라, 자주, 순백 색으로 종 모양으로 핀다. 꽃이 피는 기간이 길며 관상용, 울타리용으로 심는다. 잎은 3개로 갈라지고 아랫부분에 3개의 큰 맥이 있고, 가장자리에는 톱니가 난다.

부용(미국부용)

아욱과

Hibiscus mutabilis

중국명 목부용 또는 부용화(芙蓉花)에서 차용한 이름으로 연꽃에 비유한 이름이다.

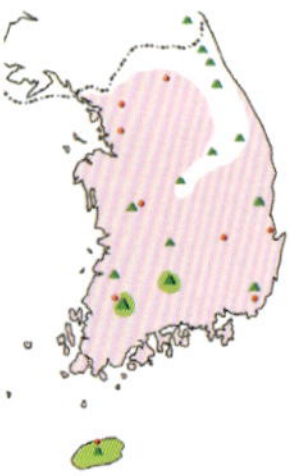

【국내】
- 제주도에 자생
- 내륙 전역 식재

【해외】
- 중국 원산, 일본, 미국 식재

암수한그루	충매화
낙엽활엽수	어긋나기
8월~10월	10월~11월
작은키나무	

경기 이천 17.07.30

제주 서귀포에서는 관목형태로 자생하며 내륙에서는 다년생 풀 형태로 식재한다. 잎은 삼각상 타원형이거나 3~7개로 갈라지며 끝이 뾰족하며 둔한 톱니가 있고 표면에 잔 돌기가 있다. 열매는 삭과이며 황색의 억센 털이 밀생하고, 맥이 있으며 종자는 많고 콩팥 모양이다.

브라질아브틸론

아욱과

Abutilon megapotamicum

학명의 아브틸론과 원산지인 브라질을 붙여서 브라질아브틸론이라 부른다.

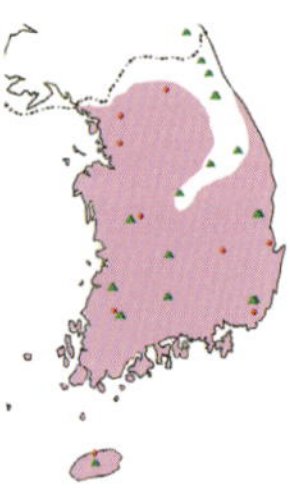

【국내】
- 전국 온실에 재배
- 물향기수목원

【해외】
- 브라질, 남미

암수한그루	충매화
상록활엽수	어긋나기
1월~12월	연중
덩굴나무	

물향기수목원 17.07.15

전국의 수목원 온실에 재배하는 열대식물로 연중 꽃이 핀다. 꽃은 황색으로 아래를 향해 피며 꽃받침은 붉은색 통 모양으로 감싼다. 꽃잎은 5장으로 종 모양이고 수술은 암술을 따라 감싼다. 청사초롱꽃이라고 부르기도 하며 키는 3m 정도로 다른 나무를 타고 오른다.

이나무

이나무과

Idesia polycarpa

잎자루에 돋은 돌기가 이(蝨)를 닮았다. 의자와 같은 물건을 만들기에 좋은 나무로 의목(椅木), 의나무 〉 이나무가 되었다.

[국내]

- 전남북, 제주
- 내장산
  한밭수목원
  완도수목원

[해외]

- 중국 대만

| 완도수목원 15.11.22

암수딴그루	충매화
낙엽활엽수	어긋나기
6월	10월~11월
큰키나무	

초가을에 늘어지며 달리는 붉은 열매가 특징으로 겨울을 넘긴다. 수피는 밝은 황백색이고 잎자루가 길다. 잎 표면은 녹색이며 뒷면은 분백색을 띠고 잎맥은 붉은빛이 돌며 잎자루 중간에 2개의 선이 있다. 장성 백양산이 북방한계선이다.

산유자나무

이나무과

Xylosma japonica

유자나무처럼 가시가 달리고 산에 자란다고 산유자나무로 추정한다. 그러나 유자나무와 산유자나무는 과가 다르다.

[국내]

- 전남, 제주
- 천지연 폭포

[해외]

- 일본, 대만, 인도, 필리핀

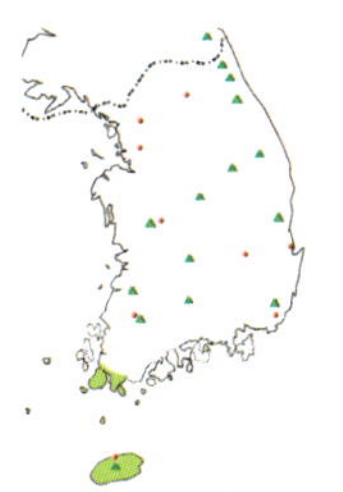

| 천제연폭포 20.10.25

암수딴그루	풍매화
상록활엽수	어긋나기
8월~9월	11월
작은키나무	

줄기에 거친 가시가 돋고, 가시로 된 짧은 가지가 나며 적갈색을 띤다. 전남과 제주도의 표고 700m 이하의 바닷가나 숲속 계곡에 자란다. 키는 7m, 직경 10cm정도이며 잎의 양면에 털은 없고 가장자리에 둔한 톱니가 있으며 열매는 장과로 가을에 검은색으로 익는다.

위성류

위성류과

Tamarix chinensis

중국 산서성 서안 진나라의 수도 함양을 위성이라 불렀고 당 시인 왕유가 위성에 비가 내려 버들잎이 푸르다는 시에 나온다.

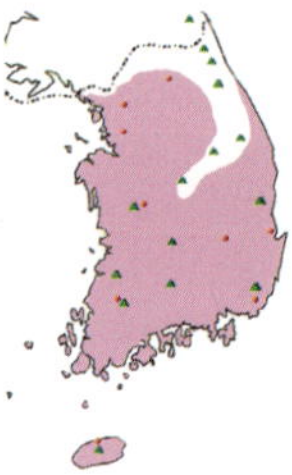

【국내】
- 전국 수목원 공원에 식재
- 서울 서대문 현저동

【해외】
- 중국 원산

암수한그루	충매화
낙엽활엽수	어긋나기
5월 9월	10월
큰키나무	

서울현저동 19.05.15

위성류는 낙엽 활엽수로 분류하지만 잎의 형태가 바늘잎이다. 5월에는 지난해 자라난 가지에서, 9월에는 새 가지 끝에 연분홍색 작은 꽃이 빽빽하게 두 번 꽃이 핀다. 위성류는 중국 위성(渭城)에서 많이 자라는 '위성의 버드나무'라는 뜻이다.

손수건나무(비둘기나무)

니시나무과

Davidia involucrata

영명이 Handkerchief tree, Dove tree, Ghost tree이며 국내 유통명은 손수건나무, 비둘기나무이다. 중명 합자화(鴿子花)

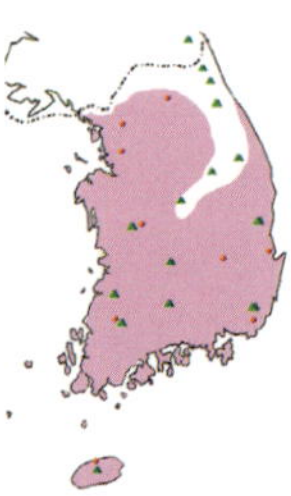

【국내】
- 전국 몇몇 수목원에 식재
- 홍릉수목원 여미지식물원

【해외】
- 중국 원산

암수한그루	충매화
낙엽활엽수	어긋나기
4월~5월	10월
중간키나무	

홍릉수목원 17.05.01

꽃잎은 없고 흰 포가 피나무의 포를 닮았고 산딸나무 꽃을 연상시킨다. 중국이 원산으로 마지막 빙하기를 생존한 살아있는 화석이라고 불리며 중국 현지에서는 보호수종이지만, 개체수는 많다. 니시나무과(Nyssaceae)로 분류하며 층층나무과로 보기도 한다.

버드나무과

버드나무과는 강가나 개울가, 산지의 양지바르고 다습한 곳에 자란다. 버드나무속과 사시나무속이 있다. 버드나무속은 꽃이 하늘을 향해 피고 사시나무속은 대체로 아래로 처진다. 버드나무속은 관목이나 교목으로 키가 다양하고 잎은 좁고 길쭉하다. 사시나무속은 모두 크게 자라는 교목으로 잎이 원형이거나 삼각형으로 폭이 넓다.

청계천 20.09.12

버드나무

버드나무과

Salix koreensis

가늘고 길게 늘어진 가지가 바람에 부들부들하다는 말에서 부들나무라 하다가 버들나무가 된 것으로 본다.

[국내]
- 전국 강가, 들판
- 청계천

[해외]
- 일본, 중국

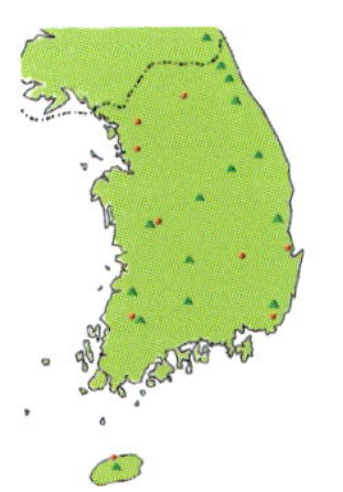

암수딴그루 | 풍매화
낙엽활엽수 | 어긋나기
4월 | 5월
큰키나무

하천과 개울주위 들판에 자라고 암수딴그루로 물가의 지표식물이다. 잎은 길고 뾰족하며 뒷면은 흰빛이 돌고 주맥 위에 털이 있으나 점차 없어지며 가장자리에 작은 톱니가 있다. 꽃은 꽃대를 중심으로 뭉쳐 달리고 꽃잎과 꽃받침이 없다.

수양버들

버드나무과

Salix babylonica

중국명 수류(垂柳)에서 나온 이름이다. 수나라 양제가 양자강 대운하 공사에 심었다는 데서 유래한다는 설이 있다.

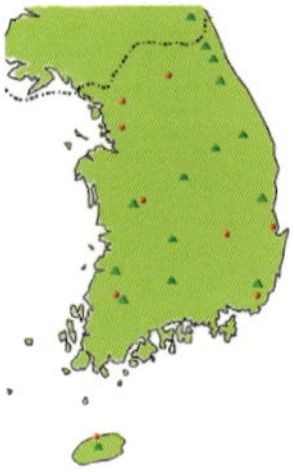

【국내】
- 전국의 개울가 자생, 식재
- 한강 지류

【해외】
- 중국

암수딴그루	풍매화
낙엽활엽수	어긋나기
4월	6월
큰키나무	

한강 18.05.19

가지가 밑으로 처지며 일년생가지는 적갈색이다. 잎은 좁은 피침형이고 길이 7~12cm, 가장자리는 잔톱니가 있거나 거의 밋밋하다. 잎 뒷면은 분백색을 띤다. 중국에서 들어온 종이며 자생종으로 능수버들이 있으나 두 종은 구분이 쉽지 않다.

용버들(운용버들)

버드나무과

Salix matsudana f *tortuosa*

어린가지가 구불구불 늘어지는데 용이 하늘을 향해 날아오르는 모습을 닮았다고 용버들이라 한다. 중국명 운룡류(雲龍柳).

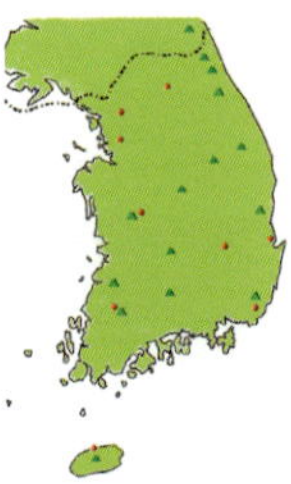

【국내】
- 전국 강가 식재, 자생
- 한강 둔치

【해외】
- 중국, 일본

암수딴그루	풍매화
활엽낙엽수	어긋나기
4월	6월
큰키나무	

한강 18.05.19

일년생 가지가 아래로 처지고 꾸불꾸불 꼬이며 자란다. 잎 표면에 복모가 약간 있고 뒷면은 회록색으로서 가장자리에 뾰족한 잔톱니가 있다. 나무 모습이 특이하여 정원수, 풍치수, 녹음수로 심으며 강가에 자생한다.

한강 18.05.19

갯버들

버드나무과

Salix gracilistyla

개울가에 흔하게 자라는 버들이라고 갯버들이라 부른다.

[국내]
- 전국 개울가 습지
- 청계천

[해외]
- 중국, 일본, 우수리강

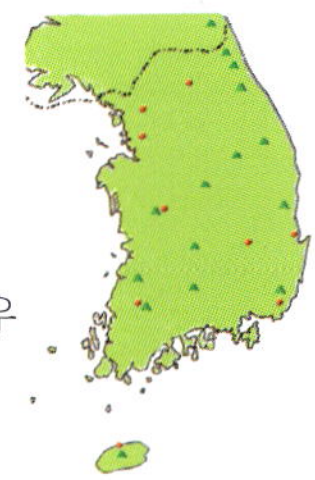

강가에 무더기를 이루며 자란다. 키 1~2m이고 뿌리 근처에서 가지가 많이 나오며 어린 가지는 노란 빛이 도는 녹색으로 털이 있으나 곧 없어진다. 잎겨드랑이에서 자주색 이삭 모양으로 꽃이 핀다. 4~5월에 덜 익은 열매 꼬투리는 식용한다. 제방의 방수림으로 심는다.

암수딴그루	풍매화
낙엽활엽수	어긋나기
4월	6월
작은키나무	

청계천 18.05.20

키버들(고리버들)

버드나무과

Salix koriyanagi

곡식의 쭉정이나 이물질을 골라내는 키나 물건을 담는 고리를 만드는데 그 줄기를 이용했다고 키버들이라 한다.

[국내]
- 전국 개울가 습지
- 청계천

[해외]
- 일본, 중국

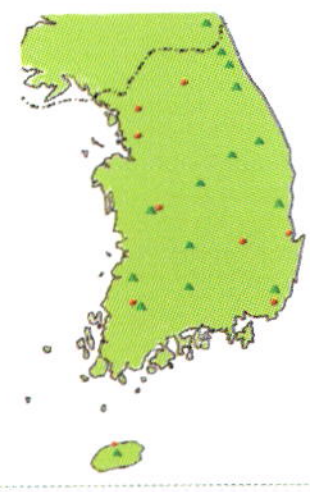

줄기에서 잎이나 꽃이 마주 달린다. 갯버들과 같은 장소에 자라고 아래쪽에서 가지가 많이 돋아 덤불 같은 군락을 만든다. 한국특산식물로 일찍이 중국과 일본에 가구나 상자를 만드는 나무로 전해졌으며 고리버들(고려버들)이라는 이름이 붙었다. 어린줄기나 잎은 붉은색을 띤다.

암수딴그루	풍매화
활엽낙엽수	마주나기
2월~3월	5월~6월
작은키나무	

왕버들

버드나무과

Salix chaenomeloides

버드나무 중에서 가장 크고 오래 산다고 왕버들이라 한다. 턱잎이 왕관을 닮았다.

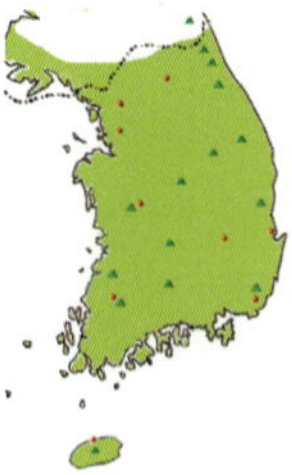

[국내]
- 중부이남 강가와 들, 인가 주위
- 청계천

[해외]
- 일본, 대만, 중국

암수딴그루	풍매화
낙엽활엽수	어긋나기
4월	5월~6월
큰키나무	

나주 16.03.28

버드나무 중에 가장 크게 자라고 왕관 형태의 탁엽이 달린다. 키는 20m, 직경 1m까지 자란다. 잎은 갓 돋을 때 붉은빛을 띠며 넓은 타원형 또는 긴 타원형이고 뒷면은 흰빛이 돈다. 나무는 회갈색을 띠고 수피는 깊게 갈라지고 마을 어귀에 동수나무로 자라기도 한다.

선버들

버드나무과

Salix triandra

갯가나 습지에 자라는 여러 버들이 경쟁하는 데서 좀 더 높게 서서 자라게 된 버들이란 의미이다.

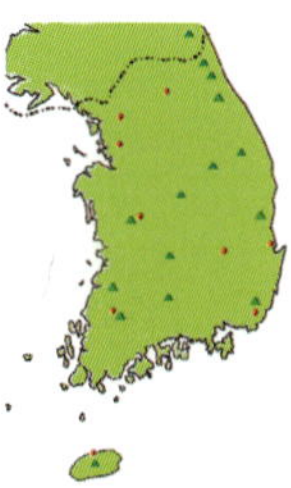

[국내]
- 전국 습지 개울가
- 청계천, 인천 수목원

[해외]
- 일본, 중국 대만

암수딴그루	풍매화
낙엽활엽수	어긋나기
4월	6월
작은키나무	

청계천 18.09.12

잎 자루 아래에 줄기를 감싸는 포가 둥글게 달리고 여드름 같은 작은 돌기가 난다. 하천이나 산골짜기의 습지에 자란다. 잎은 좁고 피침형이며 뒷면은 흰빛이 돌며 털이 있다. 꽃이 성글게 달리며 꽃대축에 털이 있고 일년생 가지는 털이 있으나 점차 없어지며 짙은 갈색이다.

백암산 16.06.18

호랑버들

버드나무과

Salix caprea

봄에 피는 꽃차례가 호랑이 눈을 연상시킨다고 호랑버들이라 한다.

[국내]

- 전국의 산지
- 전주수목원

[해외]

- 일본, 사할린, 중국, 시베리아

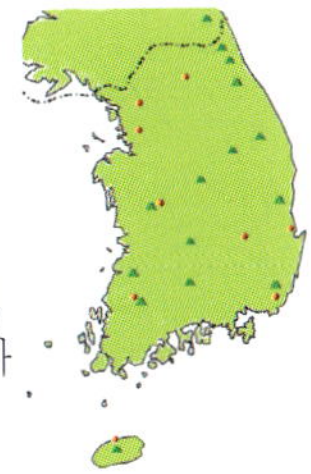

산지에 주로 자라는 산지형 버들로 잎맥을 따라 주름이 지고 잎 뒷면에 융털이 덮인다. 잎은 넓고 긴 타원형으로 가장자리가 밋밋하거나 뚜렷하지 않은 톱니가 있다. 꽃은 잎겨드랑이에서 피며 암술머리는 4개로 갈라지며 꽃 전체는 연한 황록색이 난다.

- 암수딴그루
- 풍매화
- 낙엽활엽수
- 어긋나기
- 4월
- 6월
- 중간키나무

오대산 18.06.24

여우버들

버드나무과

Salix xerophila

산지에 자라는 버드나무로 잎이 여우처럼 날렵해 보인다고 여우버들이라 한다.

[국내]

- 가야산 이북 산지
- 오대산

[해외]

- 만주, 몽고, 아무르, 우수리, 러시아, 유럽

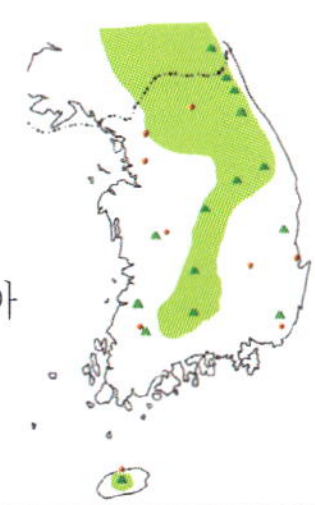

산 정상 부위나 높은 산 암석지에 주로 자란다. 잎은 긴 타원형으로 폭이 좁고 잎 뒷면에 분백색이 난다. 길이 3~10cm, 폭은 4cm로 양끝이 뾰족하고 얕은 물결 모양의 톱니가 있거나 밋밋하다. 표면은 녹색이고 뒷면은 흰빛이 돌며 잔털이 있으나 점차 없어진다.

- 암수딴그루
- 풍매화
- 낙엽활엽수
- 어긋나기
- 4월
- 6월
- 중간키나무

분버들

버드나무과

Salix rorida

어린 가지가 분을 바른 것 같고 흰색이 난다고 분버들이라 한다.

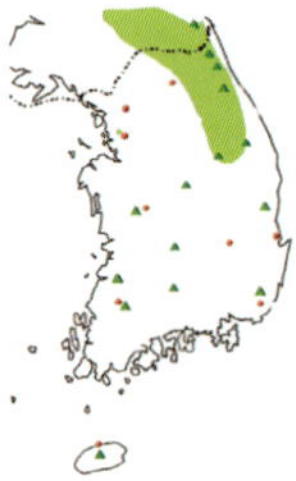

【국내】
- 중부 이북의 산지 개울가
- 구룡령 함백산

【해외】
- 중국, 일본, 시베리아

암수딴그루 · 풍매화 · 낙엽활엽수 · 어긋나기 · 4월 · 6월 · 큰키나무

구룡령 17.05.10

일년생 가지는 윤이 나는 황색 또는 자홍색을 띠고 백분으로 덮여 있다. 수피는 회갈색이고 세로로 갈라지며 겨울눈은 매끈하다. 잎은 좁은 피침형이고 길이 5~12cm, 폭 1~3cm로서 잎 뒷면은 흰색을 띤다. 키는 15m, 지름 30cm에 이르고 주로 높은 산지에 자란다.

쪽버들

버드나무과

Salix maximowiczii

하늘 높이 쭉 벋는다는 뜻의 쭉버들이 쪽버들로 변했고 한다.

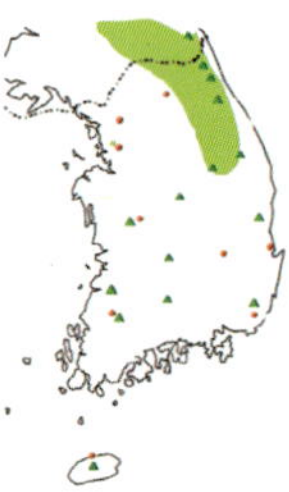

【국내】
- 계방산 이북 산지
- 함백산

【해외】
- 일본, 중국 대만

암수딴그루 · 풍매화 · 낙엽활엽수 · 어긋나기 · 4월 · 6월 · 큰키나무

구룡령 16.05.14

수꽃은 연노랑색을 띠며 가운데가 굵고 아래로 처진다. 잎은 넓은 타원상 피침형이고 길이 10~15cm, 폭 3~5cm로서 잔 톱니가 있으며 표면은 털이 없고 광택이 나며 뒷면은 흰빛이 난다. 멸종위기종으로 보호 대상이며 백두대간을 따라 높은 산지에 자란다.

버드나무속 산지형

호랑버들　　여우버들　　분버들　　쪽버들

버드나무는 강가에서 주로 자라나, 산지에 주로 자라는 종류도 있다. 호랑버들이나 여우버들, 분버들, 쪽버들은 산지형에 속한다. 들에서는 관찰되지 않고 산지의 습한 곳에 잘 자란다. 버드나무 종류는 모두 이른 봄에 꽃을 피우고 이내 가는 실을 매단 씨앗을 날려 흩어지게 한다. 버드나무의 번식은 씨앗과, 줄기 삽목, 뿌리에서 돋은 곁가지의 포기 나누기 등으로 다양하다.

사시나무속

사시나무　　은사시나무　　양버들　　이태리포플러　　황철나무

버드나무과 사시나무속은 모두 키가 크게 자라고 잎이 둥글거나 삼각형이다. 사시나무와 황철나무는 자생종이고 백두대간을 따라 높은 산지에 자란다. 은사시나무는 사시나무와 백양나무의 자연교잡종이며, 이태리포플러는 인공 교배종으로 도입한 것이다. 양버들과 함께 유럽에서 들여와 가로수로 심는 백양나무는 개체수가 급격히 줄어들었다. 최근 양버들은 한강 둔치에 많이 심으며 강의 풍치를 바꾸고 있다. 사시나무 종류는 벼락과 태풍이 잦은 우리 기후에서 쉽게 피해를 입는다.

사시나무

버드나무과

Populus davidiana

나무 잎자루가 길어 바람에 잘 떨린다. 몽골어로 떠는 모습을 '사지'라고 하는데 우리말에 들어와 '사시'가 되었다고 추정한다.

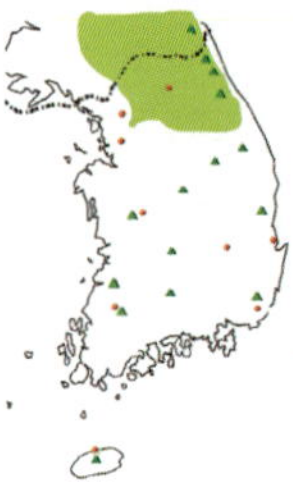

[국내]
- 강원도와 경기도 북부 이북
- 양구 DMZ수목원 구룡령

[해외]
- 중국, 일본, 극동러시아

DMZ수목원 18.05.12

암수딴그루	풍매화
낙엽활엽수	어긋나기
4월	6월
큰키나무	

잎은 원형이거나 달걀모양이며 2~6cm×2~5cm 크기로 가장자리에 얕은 물결모양의 톱니가 있고 뒷면은 회록색이며 잎자루는 편평하고 길이 3~6cm이다. 흰솜털에 달린 열매는 바람을 타고 날아간다. 높이 10m로 자란다. 백두대간과 높은 산지에 자란다.

은사시나무

버드나무과

Populus tomentiglandulosa

은사시나무는 은백양(백양나무)과 사시나무의 자연교잡종이다.

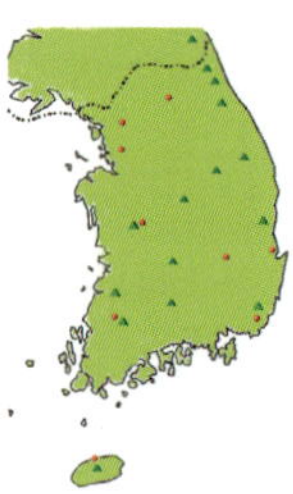

[국내]
- 전국 산지와 들에 자생하고 식재
- 홍릉수목원

[해외]
- 일본, 중국, 대만

홍릉수목원 16.05.06

암수딴그루	풍매화
낙엽활엽수	어긋나기
4월	5월
큰키나무	

전국의 산과 들에 자라고 잎의 아래쪽에는 선점 돌기가 나며 은백양처럼 백색면모가 밀생하지만 점차 없어진다. 사시나무와 은백양(*P. alba*) 사이의 자연교잡종이다. 유럽에서 들여온 은백양은 현재 거의 소멸되었다. 연세대학교 백양로에 지금은 은행나무가 자란다.

양버들

버드나무과

Populus nigra var. *italica*

유럽에서 들어왔다고 양버들이라 부른다.

【국내】
- 전국식재
- 한강 둔치

【해외】
- 중국, 유럽

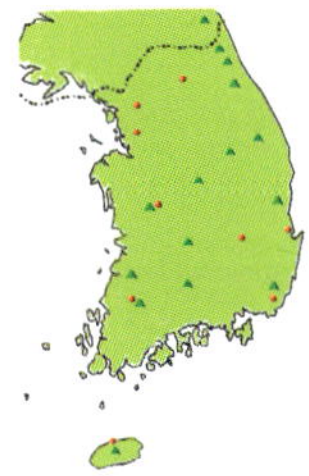

한강 17.04.16

나무 줄기에서 잔가지가 많이 돋아 빗자루 모양이다. 전국 어디서나 잘 자라며 지방 국도나 논밭 둑에 많이 심었다. 잎은 마름모꼴의 달걀형이고 너비가 길이보다 길며 뒷면은 황록색이고 가장자리에 둔한 톱니가 있다. 2018년부터 한강둔치에 대거 심고 있다.

암수딴그루	풍매화
낙엽활엽수	어긋나기
3월~4월	5월~6월
큰키나무	

이태리포플러

버드나무과

Populus euramericana

유럽산 양버들과 미국산인 미루나무의 교배종으로 이탈리아로부터 도입하였다. 학명에 유럽과 미국이 표기되어 있다.

【국내】
- 전국의 들과 하천 둔치 식재
- 공원 가로수 화단

【해외】
- 일본, 중국, 대만

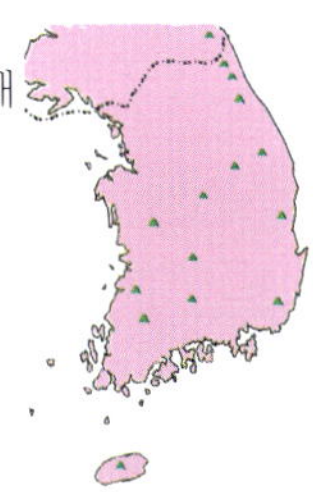

인천수목원 18.05.13

유럽 원산의 양버들과 미국원산의 미루나무(*P. deltoides*)의 교배종에서에서 선발한 수종으로 갓 돋은 암그루 잎은 붉은빛이 돌며 수그루는 녹색을 띤다. 성장이 빠르고 키가 크며 외모가 아름다워 강가나 가로수로 많이 심는다. 암꽃자루는 이삭모양으로 씨앗이 드문드문 달린다.

암수딴그루	풍매화
낙엽활엽수	돌려나기
3월~4월	5월~6월
큰키나무	

황철나무

버드나무과

Populus maximowiczii

북한명은 황철목(黃鐵木)이며 황철광산 주위에 많이 자란다고 황철나무로 불리게 되었다고 한다.

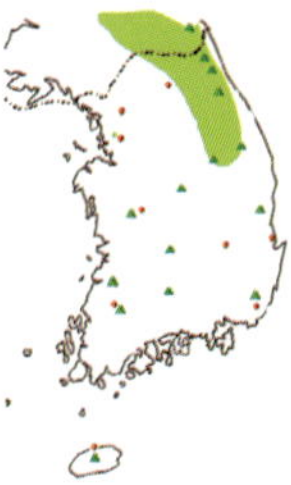

【국내】
- 강원도 이북 백두대간
- 구룡령, 평강 수목원

【해외】
- 일본, 중국, 아무르, 사할린, 캄차카

암수딴그루	풍매화
낙엽활엽수	어긋나기
4월	5월
큰키나무	

인제 17.04.23

강원 이북에 주로 자라고 키는 30m에 이른다. 잎은 두껍고 가장자리에는 물결 모양의 잔 톱니가 있다. 뒷면은 흰빛이 돌며 전체에 털이 있거나 맥 위에만 털이 있다. 계곡 주변 비옥하고 개방된 토양에 잘 자란다. 잎이 나기 전에 꽃이 먼저 핀다.

삼색버들

버드나무과

Salix integra 'Hakuro Nishiki'

잎이 삼색을 띤다고 삼색버들이다. 육종가가 붙인 등록 상품명이 표기되어 있다.

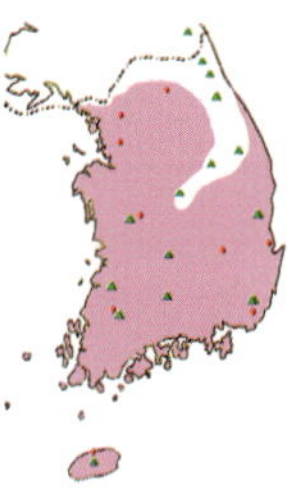

【국내】
- 전국 화단, 공원에 식재
- 전주 수목원

【해외】
- 일본, 중국, 대만

암수딴그루	풍매화
낙엽활엽수	어긋나기
4월	6월
작은키나무	

전주수목원 16.05.08

잎이 3가지 색을 띠고 유통명으로 삼색버들(white pink salix)이라 부른다. 꽃이나 잎이 마주 달리는 키버들의 특징과 닮았다. 잎에 엽록소가 부족하여 생장이 불리하며 다른 버드나무에 접을 붙여 상품화한다. 일본명은 개고리버들이라 부른다.

한라산 19.10.27

시로미

시로미과

Empetrum nigrum var.

열매는 약간 신맛이 나는데 시다는 뜻의 제주 방언 시로미, 시라미, 시러미, 서럼비, 시루미 등에서 시로미가 표준명이 되었다.

【국내】

• 한라산 백두산

• 한라산 영실코스 능선

【해외】

• 북반구 고위도지역 캐나다 알래스카 유럽

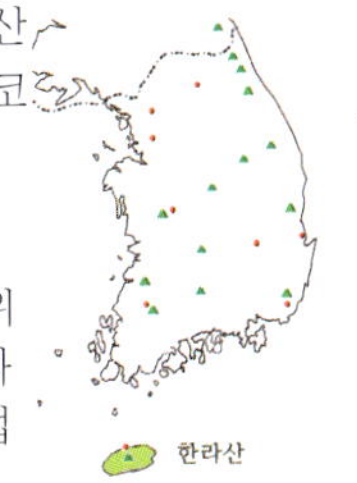

- 암수한그루
- 풍매화
- 상록활엽수
- 돌려나기
- 5월
- 8월~9월
- 작은키나무

한라산 영실과 백두산 고산지 능선 바위 등 건조한 땅에 붙어 자라고 키는 10~20cm이다. 잎은 돌려나기하며, 두껍고 광택이 있으며 넓은 선형이다. 꽃은 자주색으로 잎겨드랑이에 달리고, 꽃잎은 3장이며, 수술대는 가늘고 길며 꽃밥은 홍색이다.

진달래과

진달래속은 꽃이 주로 분홍색으로 피고 자태가 아름다워 우리 국민의 정서에 큰 위안과 공감을 주어왔다. 일제강점기와 6.25전란을 거치며 산림이 황폐화하였고 국민들의 삶이 힘들던 시기, 진달래는 민둥산을 붉게 뒤덮었다. 일제강점기에 발표된 김소월의 「진달래꽃」은 한국인이 가장 사랑하는 국민시로 애송된다. 산림이 깊어지면서 군락은 약화되었으나 국가 경제는 산업화에 성공하였고 국민의 정서는 다양하고 깊어졌다. 요즘은 원예종인 영산홍과 다양한 색깔의 산철쭉이 도시 빌딩 주위와 공원을 단장하는 나무로 큰 존재감을 보여주고 있다.

진달래과는 대부분 관목으로 산지와 고산의 척박한 환경에 자란다. 우리나라에는 진달래속, 산앵도나무속, 등대꽃속이 남부와 북부지역에 자라고, 가솔송속, 진퍼리꽃나무속, 장지석남속, 홍월귤속은 백두산 등지의 고산에 자란다.

진달래과는 열매가 익으면 껍질이 갈라지는 삭과이나 산앵도나무속과 홍월귤속은 육질에 싸인 장과이다. 산앵도나무속으로 북미에서 도입한 블루베리는 식용으로 재배하고 남부지역에 자생하는 모새나무도 열매를 먹을 수 있다.

진달래꽃

나 보기가 역겨워
가실 때에는
말없이 고이 보내드리오리다

영변(寧邊)에 약산(藥山)
진달래꽃
아름따다 가실 길에 뿌리오리다

가시는 걸음 걸음
놓인 그 꽃을
사뿐히 즈려밟고 가시옵소서

나 보기가 역겨워
가실 때에는
죽어도 아니 눈물 흘리오리다

1925년 **김소월**

진달래(참꽃)

진달래과

Rhododendron mucronulatum

진(眞)+돌외(들꽃)를 원형으로 보고 있다. 진돌위나 진돌외가 진달래가 되었다고 보고 있다.

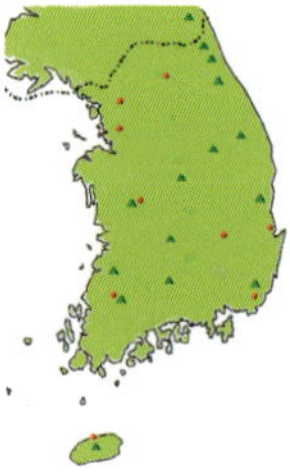

[국내]

- 전국의 산지
- 야산에서 산 능선까지 넓게 자람

[해외]

- 중국, 내몽골, 일본, 극동러시아

- 암수한그루
- 충매화
- 낙엽활엽수
- 어긋나기
- 3월~5월
- 11월
- 작은키나무

설악산 13.05.18

꽃이 먼저 피고 잎이 돋는다. 키는 1m 이내의 관목으로 산 언저리에서 능선과 계곡을 가리지 않고 자란다. 꽃은 벌어진 깔때기 모양이고 지름이 3~4cm로 연분홍색이며 외부에 잔털이 있다. 잎은 긴 타원형이고 톱니는 없으며 뒷면에 비늘조각이 밀생한다.

산철쭉(수달래)

진달래과

Rhododendron yedoense f.

산에 자라는 철쭉이라는 의미로 산은 특정한 의미를 지니지는 않는다.

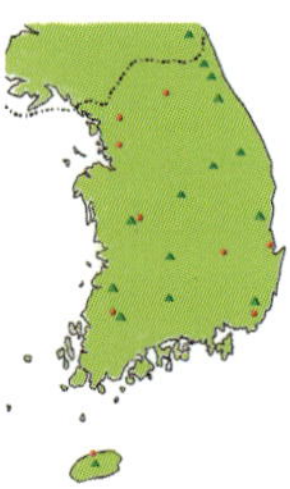

[국내]

- 전국의 산지
- 야산에서 산 능선까지 넓게 자람 개울가

[해외]

- 일본

- 암수한그루
- 충매화
- 반상록수
- 어긋나기
- 4월
- 10월~11월
- 작은키나무

황매산 17.05.06

잎이 먼저 나고 꽃이 핀다. 꽃과 어린 순에 끈끈한 점액이 나고 꽃 속에는 반점이 나며 먹을 수 없다. 잎은 어긋나거나 드물게 마주나고 피침형이며 맥 위에 갈색털이 밀생한다. 잎자루와 잎 양면에도 갈색 잔털이 있다. 산속 개울가에 흔하게 자라고 반상록성이다.

철쭉(개꽃 연달래)

진달래과

Rhododendron schlippenbachii

독성이 있어서 양이 먹지 않고 머뭇거린다는 중국명 양척촉(羊躑躅)의 척촉이 변한 이름으로 본다.

[국내]

- 전국의 산지
- 산 능선에 주로 자람 소백산

[해외]

- 중국, 만주, 내몽고, 극동러시아

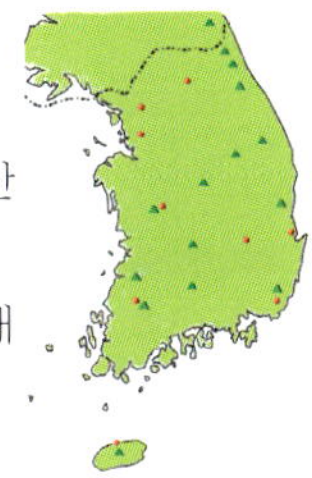

소백산 15.06.05

산 능선에 주로 자라고 크고 둥근 타원형의 잎이 꽃과 함께 돋는다. 잎은 어긋나고 가지 끝에는 5장이 모여 달린다. 열매는 1.5cm정도로 타원형이고 샘털이 난다. 꽃잎 안쪽에는 반점이 나고 꽃잎은 육질이고 꽃색은 흰색, 연분홍색, 붉은색, 등으로 다양하다.

암수한그루	충매화
낙엽활엽수	어긋나기
4월	10월~11월
작은키나무	

영산홍

진달래과

Rhododendron indicum

영산홍(映山紅) 붉은 꽃이 산을 덮는다는 뜻으로 다양한 개량종을 뜻한다..

[국내]

- 전국 화단 공원에 식재
- 주변 공원

[해외]

- 일본 원산의 원예종

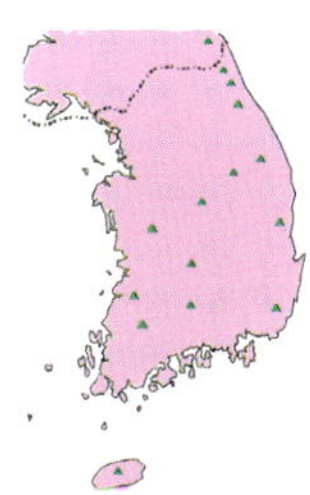

북한산 15.05.09

반상록관목으로 겨울에도 잎이 완전히 떨어지지 않는다. 많은 원예품종이 있고 꽃색은 붉은색, 흰색, 분홍색 등 피는 시기도 4월에서 7월까지 다양하다. 꽃은 작고 온실이나 화단 정원에 많이 심는다. 종자와 삽목에 의해 번식하고 발근이 잘 된다. 세종 대에 일본에서 들어왔다.

암수한그루	충매화
낙엽활엽수	어긋나기
4월~7월	10월~11월
작은키나무	

흰참꽃나무

진달래과

Rhododendron tschonoskii

흰색꽃이 피는 참꽃이라는 의미를 지닌다.

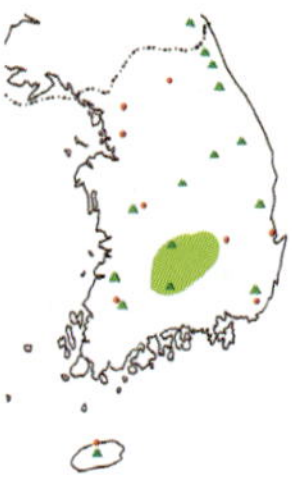

【국내】
- 가야산, 덕유산, 지리산
- 산지 능선

【해외】
- 일본, 쿠릴 열도

암수한그루	충매화
반상록수	어긋나기
6월~7월	9월~10월
작은키나무	

지리산 17.06.28

잎에 털이 많고 4개의 수술 중에서 2개는 길다. 높은 산지 바위틈에 자라는 관목으로 반상록성이며 키는 50cm 정도이다. 꽃은 지름 7~8mm로서 흰색이고 가지 끝에 2~6개씩 달리며 흰털이 있다. 꽃잎은 4~5개로 갈라지고 짧으며 안쪽에 털이 있다.

참꽃나무(신달위)

진달래과

Rhododendron weyrichii

한자어로 진척촉(眞躑躅)이라 쓰고 '참철쭉나무'로 쓰이다가 참꽃나무로 변하였다.

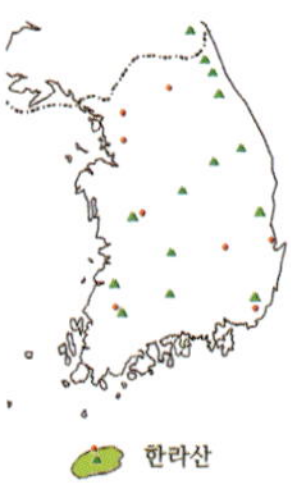

【국내】
- 한라산 자생 남부지역 식재
- 대전 한밭수목원, 완도수목원

【해외】
- 일본

암수한그루	충매화
낙엽활엽수	어긋나기
5월~6월	9월~10월
작은키나무	

제주 19.05.17

잎은 가지 끝에 2~3장이 모여나고 마름모꼴 원형이며 남부지역과 제주도에 자란다. 높이 3m 정도로 자라며 수피는 갈색이고 세로로 얇게 갈라진다. 꽃은 잎과 동시에 나오며 선홍색으로 2~5송이씩 모여 나고 향기가 난다.

진달래과 잎

진달래 산철쭉 철쭉 흰참꽃나무

진달래는 샘점이 잎 양면에 고르게 흩어져 있고, 산철쭉은 긴 흰털이 나고, 철쭉은 뒷면에 약간의 털이 나고, 잎은 가지 끝에 5개가 모여 나고 둥글고 큰 편이다. 흰참꽃나무는 잎이 작고 양면에 털이 난다.

평강수목원 15.05.09

만병초

진달래과

Rhododendron brachycarpum

만병을 고치는 나무라고 해석하나, 일정 약효 외에는 만병에 버금가는 강한 독성을 지닌 유독식물이다.

【국내】
- 함경도, 한라산, 지리산, 설악산, 울릉도
- 평강식물원

【해외】
- 일본, 중국, 티벳

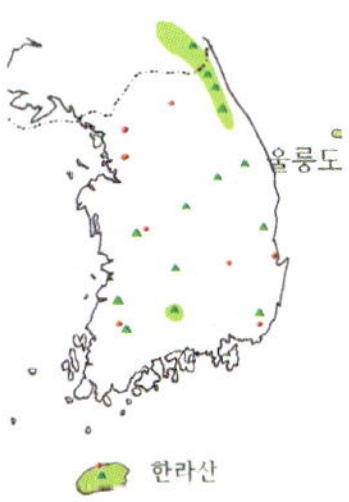

암수한그루	충매화
상록활엽수	어긋나기
4월	10월~11월
작은키나무	

꽃색은 흰색 또는 연분홍색이며 잎은 두껍고 광택이 나며 가장자리는 톱니가 없이 밋밋하고 키는 2m 이내로 자란다. 잎은 가지 끝에 몰려 달리고 뒷면에 갈색 털이 난다. 꽃색과 크기가 다양한 형태로 한국과 일본, 중국, 티벳, 히말라야 등지에 자란다.

노랑만병초

진달래과

Rhododendron aureum

꽃색이 연노랑색을 띤다고 노랑만병초라 부른다.

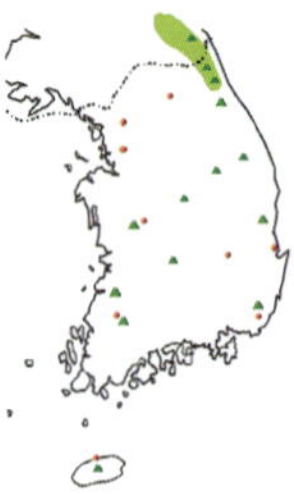

【국내】
- 북부지역, 설악산
- 백두산

【해외】
- 일본, 중국

암수한그루	충매화
상록활엽수	어긋나기
5월~6월	9월~10월
작은키나무	

백두산 13.06.07

북부지역 해발 1,300~2,500m의 툰드라 지대 사스래나무 숲 아래에 자라며, 추위에 강하다. 꽃은 5~6월에 피며 가지 끝에 5~8개의 꽃이 산형 또는 취산형으로 달리고 잎의 아래쪽이 비늘조각으로 싸여 있다. 꽃자루는 길이 2.5~3.5cm로서 갈색털이 있다.

만첩산철쭉(두봉화)

진달래과

Rhododendron yedoense

산철쭉으로 잎이 겹으로 피는 종이다.

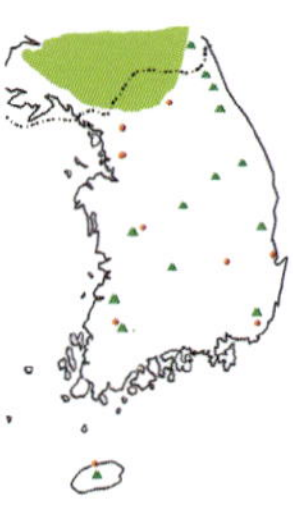

【국내】
- 경기, 평남북 황남북
- 공원 화단에 식재, 연인산

【해외】
- 일본

암수한그루	충매화
반상록활엽수	어긋나기
4월~5월	무결실
작은키나무	

연인산 10.05.22

꽃은 붉은색이 섞인 자줏빛이고 겹꽃이며 잎이 난 후 2~3송이씩 가지 끝에 달린다. 화관은 깔때기처럼 생기며 5갈래로 갈라지고, 안쪽 윗부분에 짙은 자줏빛 점이 있다. 수술은 10개이고, 암술대 밑동에 털이 난다. 열매는 맺지 않는다.

덕유산 11.06.12

털진달래

진달래과

Rhododendron mucronulatum var.

진달래 종류로 잎과 어린가지에 털이 난다.

[국내]
- 전국의 높은 산지
- 덕유산, 설악산, 한라산, 지리산

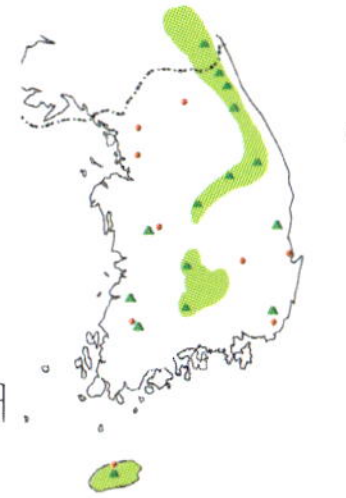

[해외]
- 중국, 몽골, 러시아

잎에 털이 많이 나고 비늘조각이 있고 긴 타원상 피침형이다. 꽃은 잎보다 먼저 피거나 같이 나며 가지 끝 겨드랑이눈에서 1개씩 나오고 2~5개가 모여 달리며 꽃은 깔때기모양이다. 수술의 아래쪽에 털이 난다. 전국의 높은 산지에 자란다.

암수한그루	충매화
낙엽활엽수	어긋나기
4월	10월~11월
작은키나무	

충북 이만봉 14.06.18

꼬리진달래

진달래과

Rhododendron micranthum

작은 꽃이 모여 달리는 모습이 짐승 꼬리 모양이라고 꼬리진달래라 부른다.

[국내]
- 충북, 경북 산지
- 평강수목원 이만봉

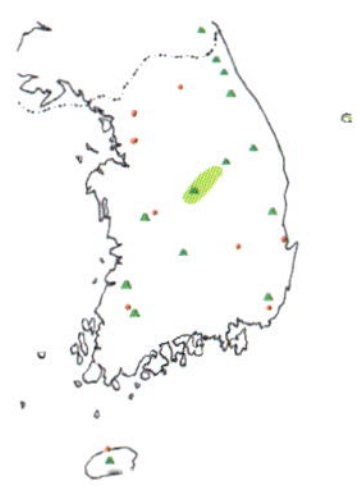

[해외]
- 중국

20여 개의 꽃이 총상꽃차례로 모여 공같이 달리고 꽃대 길이는 6mm로 흰 샘이 있다. 줄기는 잔털 또는 비늘조각이 있고 꽃받침조각은 작고 꽃부리는 깔때기 모양이며 지름 1cm 정도로 흰색이다. 잎은 타원형으로 흰점이 있으며 뒷면은 갈색 비늘조각이 밀생한다.

암수한그루	충매화
활엽낙엽수	어긋나기
6월~8월	9월~10월
작은키나무	

산앵도나무

진달래과

Vaccinium hirtum var.

산에 자라고 앵두를 닮은 열매가 달리는 나무라는 의미이다.

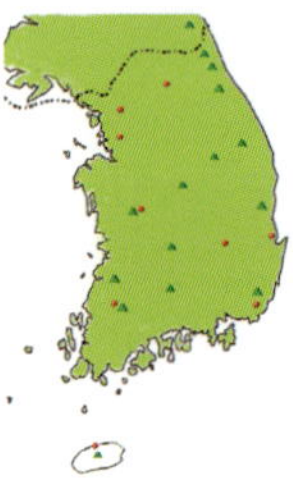

【국내】
- 전국 높은 산지 중턱 이상
- 설악산

【해외】
- 중국

설악산 16.06.02

암수한그루	충매화
낙엽활엽수	어긋나기
5월~6월	9월
작은키나무	

열매는 붉게 익으며 끝이 절구 모양으로 움푹 파인다. 키는 1m 정도로 자라고 잎 뒷면 맥 위에 털이 나고 가장자리에는 잔 톱니가 있다. 꽃은 총상꽃차례로 가지 끝에서 나오고 밑으로 처지며 2~3개 꽃이 달리고, 꽃부리는 종형으로 붉은색이 나고 일년생가지에 털이 있다.

정금나무(종가리나무)

진달래과

Vaccinium oldhamii

정금나무의 어원이나 유래는 미상이다.

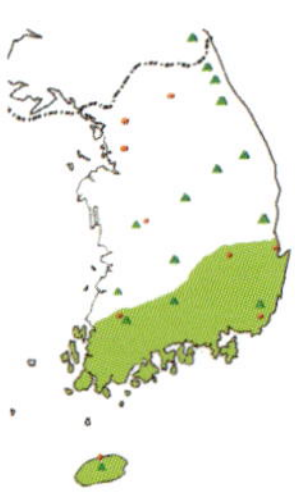

【국내】
- 한반도 남부 지역 산지
- 가야산 안면도수목원

【해외】
- 일본, 중국

가야산 16.08.07

암수한그루	충매화
낙엽활엽수	어긋나기
6월~7월	9월~10월
작은키나무	

꽃은 붉은 갈색이며 총상꽃차례로 밑을 향하여 달린다. 꽃이삭은 새가지 끝에 달리고 길이 3~6cm이며 샘털과 잔털이 있다. 화관은 종처럼 생기고 끝이 5개로 갈라진다. 열매는 둥근 장과로서 검은 갈색으로 익으며 흰 가루로 덮여 있다.

완도수목원 15.10.08

모새나무(모세낭)

진달래과

Vaccinium bracteatum

모새는 남부 지역 방언으로 흰쌀이나 가는 모래를 이르는데 흰 꽃이 촘촘히 달리는 모습을 묘사한다.

[국내]
- 흑산도 이남의 도서 지방과 제주도
- 완도수목원

[해외]
- 일본, 중국, 인도

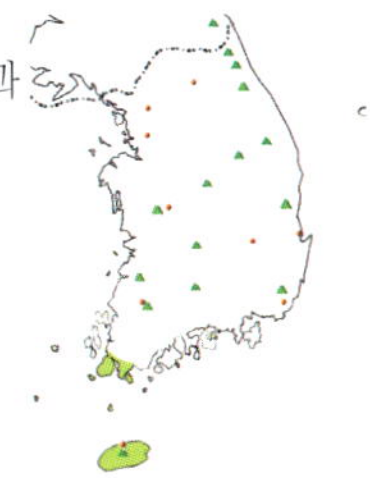

남부지역 해안 산지에 자라고 키는 3m에 이른다. 작은가지는 회갈색이고 잎은 두껍고 가죽질이다. 가장자리에 잔 톱니가 있으며 뒷면 잎자루와 연결 지점에 꿀샘이 있다. 꽃은 홍백색이며 밑으로 처지고 총상꽃차례에 10여 개씩 달린다. 열매는 검게 익으며 먹을 수 있다.

암수한그루	충매화
상록활엽수	어긋나기
6월	10월~11월
작은키나무	

한라산 17.06.10

산매자나무

진달래과

Vaccinium japonicum

매자나무와는 관련이 없으며 제주 방언 '산메자낭'에 어원을 찾을 수 있다.

[국내]
- 제주
- 산지의 능선

[해외]
- 일본

잎은 양쪽으로 배열하며 타원형으로 끝은 뾰족하고 가장자리에 잔 톱니가 있으며 뒷면은 흰빛이 돈다. 꽃받침과 꽃잎이 4개로 갈라지며 꽃잎이 뒤로 말리고 수술은 8개로 꽃대에 털이 있다. 작은가지는 녹색으로 능선이 나며 잔털이 있고 묵은 가지는 회갈색이다.

암수한그루	충매화
낙엽활엽수	어긋나기
7월	9월
작은키나무	

넌출월귤

진달래과

Vaccinium oxycoccus

월귤로 줄기가 길게 뻗으며 아래로 처진다. 넌출은 줄기를 뜻한다.

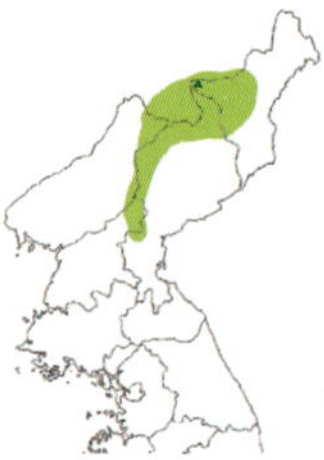

【국내】
- 함경남북도 백두산 주위
- 평강수목원

【해외】
- 일본, 만주, 사할린 캄차카 유럽

평강수목원 19.05.18

암수한그루	충매화
상록활엽수	어긋나기
7월	9월
덩굴나무	

키는 20cm 정도로 자라고 잎은 긴 타원형으로 길이 10mm 정도이다. 끝은 뾰족하며 둔하고 광택이 나며, 뒷면은 분백색이며 엽병은 길이 1mm 정도이다. 꽃은 가지 끝에서 나와 1~5개의 꽃이 총상화서로 달리며 꽃잎은 4개로 뒤로 말리며 수술은 8개이다.

블루베리

진달래과

Vaccinium corymbosum

베리는 딸기나 오디 버찌 같은 열매를 지칭하며, 남보라색으로 익는다는 뜻이다. 나무와 함께 이름이 들어왔다.

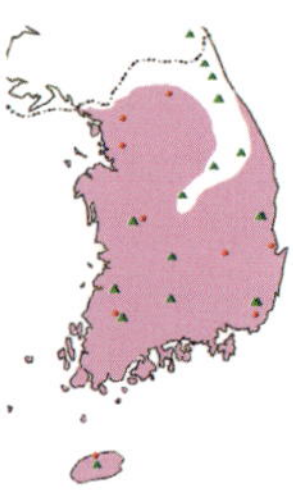

【국내】
- 전국 농가에 식재
- 인천수목원

【해외】
- 북미, 캐나다

인천수목원 16.07.08

암수한그루	충매화
낙엽활엽수	어긋나기
5월	6월
작은키나무	

북미원산으로 농작물로 도입한 나무이다. 키는 2~3m 정도로 자라며 잎은 타원형으로 끝은 뾰족하고 2줄로 달리며 가장자리는 밋밋하거나 약간의 톱니가 난다. 가을이면 붉거나 노랗게 단풍이 든다. 꽃은 종 모양이거나 항아리 형태로 우리나라에는 여러 종이 재배되고 있다.

단풍철쭉

진달래과

Enkianthus perulatus

일본명은 도단쯔쯔지(灯台躑躅:등대철쭉)로 가을에 붉게 단풍이 든다.

【국내】
- 전국 정원과 공원에 식재
- 지리산 자생 홍릉수목원

【해외】
- 일본

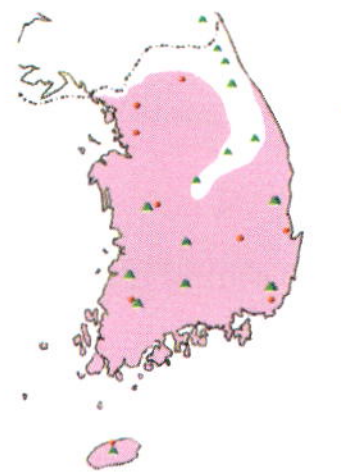

홍등수목원 18.05.05

화관 끝은 뒤로 젖혀진다. 일본에서 도입한 정원수로 키는 2m까지 자라고 항아리 모양의 흰꽃이 핀다. 잎은 돌려나거나 어긋나며 줄기는 한 곳에서 많은 가지가 돋아나 층을 이룬다. 꽃자루는 길고 꽃받침이 없다. 근래 지리산 활엽수림 계곡에 자생하는 개체가 확인되었다.

암수한그루	충매화
낙엽활엽수	어긋나기
4월	10월~11월
작은키나무	

등대꽃나무(방울철쭉)

진달래과

Enkianthus perula

원산지인 일본명이 更紗灯台(경사등대)이고 이명으로 風鈴躑躅(풍령척촉)이다. 이런 이유로 단풍철쭉과 이름이 혼동된다.

【국내】
- 전국 정원과 공원에 식재
- 홍릉수목원

【해외】
- 일본원산

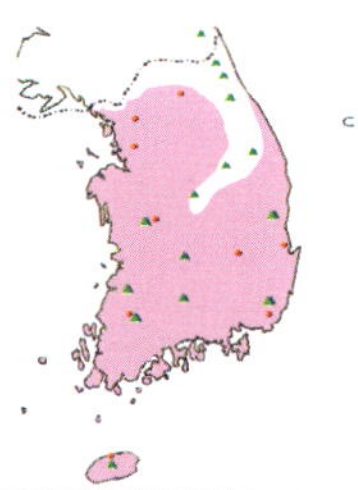

홍릉수목원 18.05.05

꽃은 항아리 모양이고 화관 끝이 젖혀지지 않는다. 흰색 바탕에 붉은 무늬가 들어 있다. 일본에서 도입한 정원수로 키는 2m까지 자란다. 잎은 돌려나거나 어긋나며 줄기는 한 곳에서 여러 개가 돋아 층을 이룬다. 꽃자루가 길고 꽃받침이 없다.

암수한그루	충매화
낙엽활엽수	어긋나기
4월	10월~11월
작은키나무	

애기석남(장지석남, 각시석남)

진달래과

Andromeda polifolia f. acerosa

같은 지역에 자라는 만병초의 이명이 석남인데 이보다 작은 나무란 뜻이다.

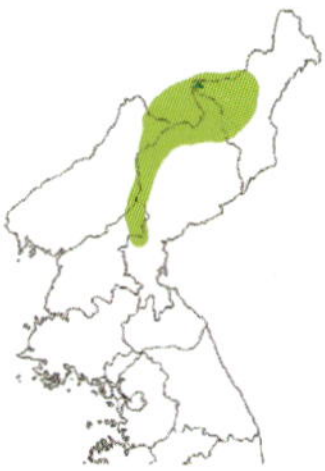

【국내】
- 백두산 인근 고산 습지, 함경도
- 평강식물원

【해외】
- 일본, 중국

ㅣ평강수목원 17.05.06

암수한그루	충매화
상록활엽수	어긋나기
5월	10월
작은키나무	

식물체에는 털이 없이 매끈하고 줄기는 길고 물이끼 속으로 뻗어가며 자란다. 잎은 선형, 장타원형이고 양 끝은 뾰족하며 매끈하고 뒤로 말리며 뒷면은 흰 가루가 덮여 있다. 꽃은 가지 끝에서 산형화서를 이루고 백색 또는 연분홍색으로 피며 열매는 삭과이다.

칼미아

진달래과

Kalmia latifolia

칼미아는 학명에서 나온 이름으로 이명법의 창시자인 린네의 친구이자 식물학자인 Pehr Kalm에서 따왔다.

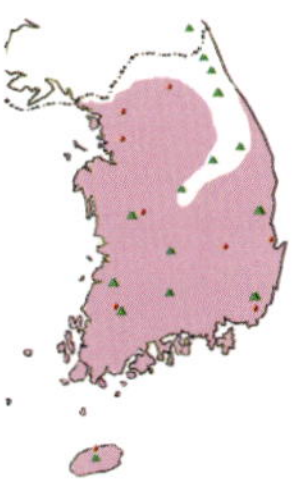

【국내】
- 화단 온실에 식재
- 홍릉수목원 평강식물원

【해외】
- 미국 원산

ㅣ홍릉수목원 13.05.25

암수한그루	충매화
상록활엽수	돌려나기
4월~5월	10월~11월
작은키나무	

북미 동부지역에 분포하며 키는 2~5m이다. 산성토양에서 잘 자라며 관상수로 심는다. 잎자루는 짧으며 잎은 어긋나거나 마주나거나 돌려나고 다양한 꽃색이 있다. 꽃자루, 꽃받침, 씨방에 샘털이 밀생한다. 꽃받침은 5갈래로 깊게 갈라진다.

마취목

진달래과

Pieris japonica

잎에는 독이 있다. 말을 마취시키는 나무라고 마취목(馬醉木)이다.

【국내】
- 전국 정원과 공원에 식재
- 완도수목원 홍릉수목원

【해외】
- 일본 원산

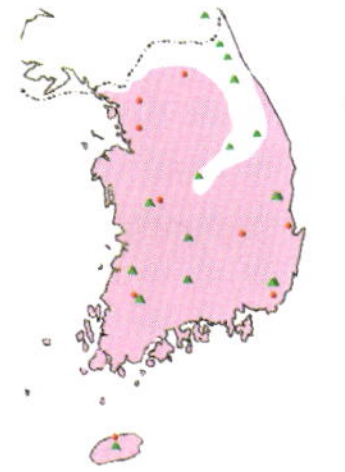

완도수목원 16.03.19

일본에서 도입한 원예종으로 잎은 어긋나고 딱딱하며 바소꼴이고 가장자리에 톱니가 있다. 꽃은 항아리 모양으로 흰색 또는 분홍색으로 총상꽃차례로 핀다. 열매는 둥글며 지름 5~6mm로서 위를 향하여 달린다. 잎에 독성분이 있어 소나 말이 먹으면 마비된다.

암수한그루	충매화
상록활엽수	어긋나기
3월	10월~11월
작은키나무	

감나무

감나무과

Diospyros kaki

익은 열매가 달다는 감(甘)이 나무와 붙어 감나무가 되었다는 설과 순수 우리말이라는 견해도 있다.

【국내】
- 경기도 이남 인가 주위 밭에 식재
- 경북 상주

【해외】
- 일본, 중국, 대만

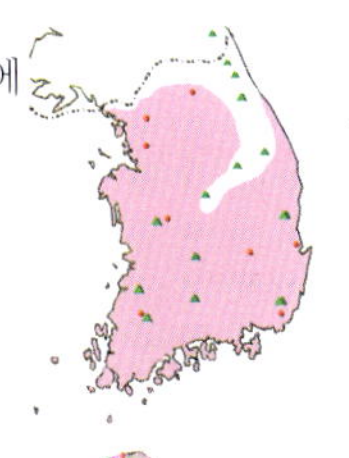

서울 17.10.07

잎은 두껍고 타원상 달걀형이고 톱니가 없으며 털이 난다. 꽃은 수꽃양성화한그루 또는 수꽃양성화딴그루로 황백색으로 잎겨드랑이에 달리며 열매는 장과로 난상 원형 또는 구형이며 황적색으로 익는다. 수꽃은 1cm로 16개의 수술이, 암수한꽃에는 4~16개의 수술이 있다.

수양성딴그루	충매화
낙엽활엽수	어긋나기
5월~6월	10월
중간키나무	

고욤나무

감나무과

Diospyros lotus

〈훈몽자회〉에서 고욤을 영(梬)으로 쓰고 있다. 여기에 감보다 작고 맛이 없다는 의미의 고(짤)를 붙여 고영 〉고욤이 되었다.

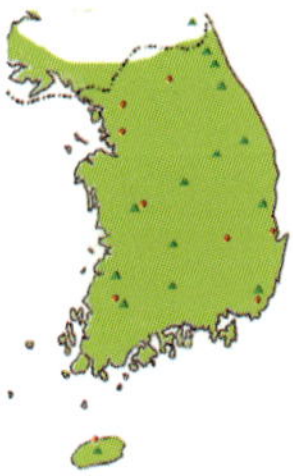

【국내】
- 경기도 이남 자생, 식재
- 인천수목원 광덕산

【해외】
- 중국, 대만, 일본, 서남아시아

- 암수딴그루
- 충매화
- 낙엽활엽수
- 어긋나기
- 6월
- 10월
- 큰키나무

천안 광덕산 15.06.06

잎은 타원형이고 위쪽은 뾰족하고 아래는 원형이고 길이와 폭이 각 6~12cm × 5~7cm 정도이다. 나무껍질은 암회색이고 잘게 갈라지며 꽃은 새 가지 아래쪽 잎겨드랑이에 달린다. 수꽃은 2~3개씩 한 군데에 달리며 열매는 장과로 둥글고 노란색에서 흑색으로 성숙한다.

노아시(애기감나무)

진달래과

Diospyros rhombifolia

노아시(老鴉柿)라는 중국명이 나무와 함께 국내에 도입되었다.

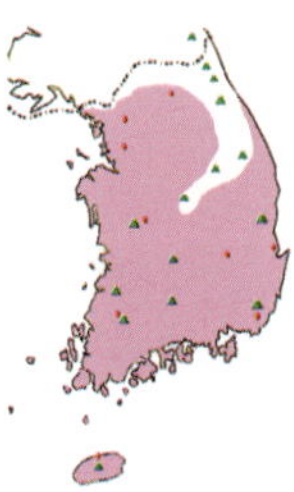

【국내】
- 전국 식재
- 국립수목원

【해외】
- 중국 원산, 일본, 대만

- 암수딴그루
- 충매화
- 낙엽활엽수
- 어긋나기
- 5월~6월
- 10월
- 작은키나무

국립수목원 17.05.09

중국에서 들어온 원예종으로 키는 3m 이내로 자라고 중부 이남지역에서 화단과 공원에 조경수와 분재목으로 심는다. 가지는 가늘고 가시가 나며 어린 가지는 털이 나고 꽃은 단성화로 항아리 모양이다. 열매는 2cm 정도이고 붉게 익는다.

때죽나무

때죽나무과

Styrax japonicus

물고기를 떼로 죽인다고 때죽나무. 늘어져 달린 열매가 까까머리의 스님 모습이라고 떼중나무가 때죽나무로 되었다.

【국내】

- 백두대간 서쪽 지역
- 북한산

【해외】

- 중국, 일본, 대만

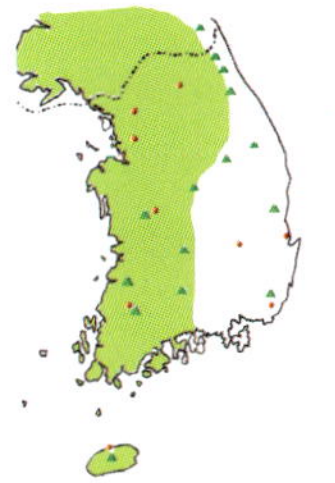

북한산 18.05.19

꽃은 총상꽃차례로 잎겨드랑이에 2~5개가 달리거나 간혹 1송이가 핀다. 키는 10m로 자라고 수피는 검으며 잎은 긴 타원형이다. 열매가 익으면 껍질이 불규칙하게 갈라지고 타원형이며 끝이 뾰족한 열매가 떨어진다. 수피가 검은 색으로 검은 때가 죽 같다는 표현이기도 하다.

암수한그루	충매화
낙엽활엽수	어긋나기
5월	9월
중간키나무	

쪽동백나무

때죽나무과

Styrax obassia

쪽은 작다는 의미로 '동백나무보다 열매가 작은 나무'로 동백처럼 씨앗에서 기름을 짜서 머릿기름으로 사용했다.

【국내】

- 산지 전역 백두대간
- 인천수목원

【해외】

- 일본, 중국

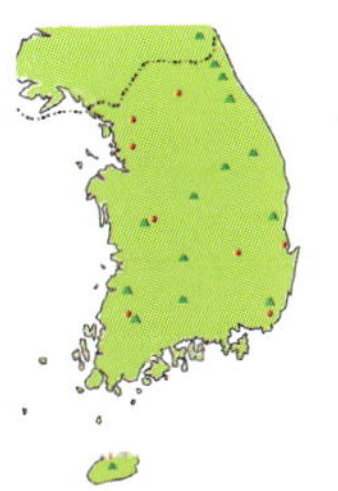

제천 16.05.21

꽃은 5~6월에 흰색으로 피고 새 가지 끝에 총상꽃차례로 달린다. 키는 6~15m이고 나무껍질은 잿빛을 띤 흰색이며, 어린 가지는 녹색을 띤다. 열매는 핵과이고 달걀 모양의 원형 또는 타원 모양이며 별모양의 털인 성모가 빽빽이 난다.

암수한그루	충매화
낙엽활엽수	돌려나기
5월~6월	9월
큰키나무	

노린재나무

노린재나무과

Symplocos chinensis f.

나무를 태우면 노란색 재가 나오고 그 잿물을 황회라 하는데 천연 염료로 물을 들일 때 염색이 잘 되도록 하는 매염제로 썼다.

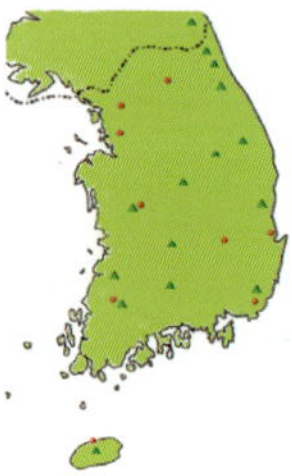

【국내】
- 전국의 산지
- 북한산 덕유산

【해외】
- 중국 일본

암수한그루	충매화
낙엽활엽수	어긋나기
4월	10월~11월
작은키나무	

무등산 14.05.06

가을에 짙은 보라색이 나는 열매가 달린다. 키는 2~5m이며 나무껍질은 회갈색이다. 어린 가지에 잔털이 나고 잎 길이는 3~7cm 정도로 타원 모양이다. 끝이 뾰족하며 가장자리에 둔한 톱니가 있다. 꽃은 어린 가지 끝에 원추꽃차례로 흰색 꽃이 핀다.

검노린재나무

노린재나무과

Symplocos tanakana

열매가 검게 익는 노린재나무라고 검노린재나무라 한다.

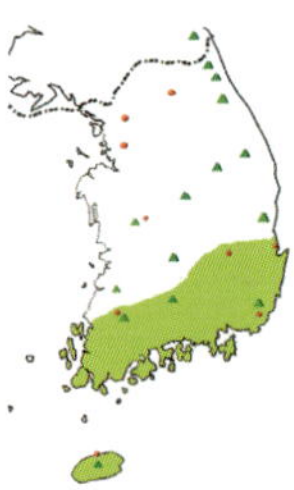

【국내】
- 전남 경남 제주도
- 기장읍

【해외】
- 일본

암수한그루	충매화
낙엽활엽수	어긋나기
5월	9월
중간키나무	

기장군 19.05.12

열매가 검은색으로 익는다. 잎 뒷면은 회녹색으로서 맥 위에 털이 있고 가장자리 톱니는 뾰족하고 꽃은 백색이며, 원뿔모양꽃차례로 길이 3~8cm이다. 꽃받침조각은 달걀형으로 연모가 있고, 꽃잎은 깊게 갈라지며 녹색이고, 수술은 25~40개이다.

서귀포 13.03.24

백량금

자금우과

Ardisia crenata

약재로 쓰이는데 그 가치가 백 냥에 해당한다고 백량금으로 불리게 되었다.

【국내】
- 전남 홍도 제주도
- 전국 수목원 온실

【해외】
- 중국, 대만, 인도, 말레이시아,, 필리핀, 일본

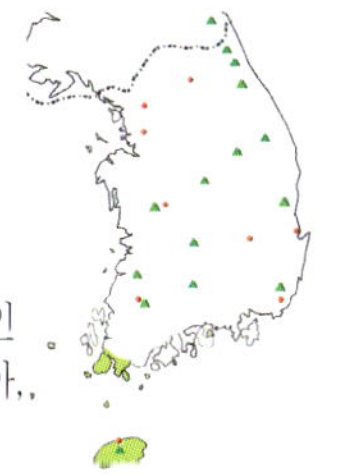

암수한그루	충매화
상록활엽수	어긋나기
5월	9월
작은키나무	

그늘진 상록수림 하부에 자금우 등과 혼생하며 전국의 온실에서 키운다. 잎은 타원형이며 끝이 둔하다. 잎 가장자리에 물결 모양의 톱니 사이에 나는 샘털은 박테리아에 의해 형성된다. 꽃차례 가지 끝에 산형 또는 복산형으로 달리며 수술대는 거의 없다.

완도수목원 17.11.05

자금우

자금우과

Ardisia japonica

중국명 자금우(紫金牛)를 차용하였다. 결핵 각혈 기관지염에 처방하는 약재명으로도 쓰인다.

【국내】
- 전남, 경남, 충남북 해안
- 진도, 제주도

【해외】
- 중국, 일본, 대만

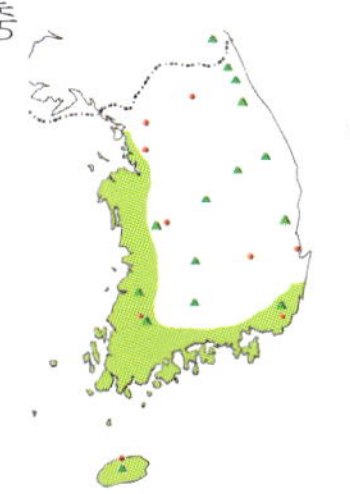

암수한그루	충매화
상록활엽수	마주나기
7월~8월	10월~12월
작은키나무	

높이 10~20cm. 열매는 9월에 성숙해서 다음 해 꽃이 필 때도 달려 있다. 꽃은 잎겨드랑이에 연한 홍백색으로 산형꽃차례로 아래를 향해 핀다. 암술은 1개이고 수술은 5개로 깊게 갈라진다. 잎에 잔톱니가 나고 줄기에는 털이 거의 없어서 산호수와 구분된다..

산호수(털자금우)

자금우과

Ardisia pusilla

줄기가 여러갈래로 갈라지며 자라는 것이 바다 속 산호 같다고 산호수(珊瑚樹)라 한다. 북한명은 털자금우이다.

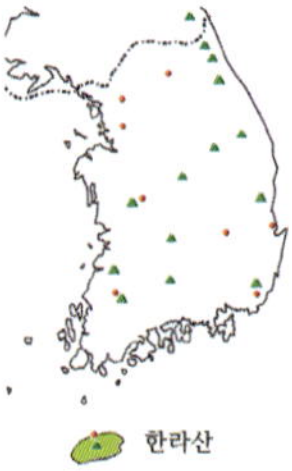

[국내]
- 제주도 산지
- 전국 수목원 온실

[해외]
- 중국 일본 대만 말레이시아 필리핀

암수한그루	충매화
상록활엽수	어긋나기
7월~8월	10월~12월
작은키나무	

한라산 15.11.21

잎은 가장자리에 거친 톱니가 나고 줄기에 털이 밀생한다. 반덩굴성으로 땅을 기면서 뿌리를 내린다. 꽃은 잎겨드랑이에서 나오며 2~4개의 꽃이 핀다. 상록수 아래 자금우 등과 함께 자라며 강한 햇볕이나 척박한 모래땅에서도 잘 자란다. 중부지방에서는 온실에서 키운다.

돈나무(갯똥나무)

돈나무과

Pittosporum tobira

열매에 파리 같은 곤충이 달려든다고 똥낭(똥나무)으로 불리던 제주 방언이 변한 이름이다.

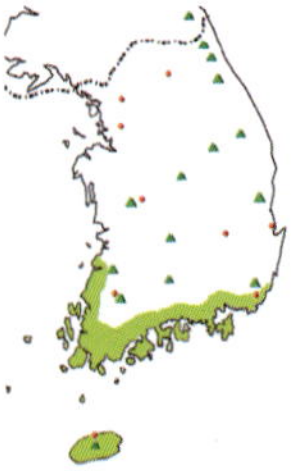

[국내]
- 전남, 전북, 경남 해안, 제주
- 공원 화단에 식재

[해외]
- 일본, 중국, 대만

암수딴그루	충매화
상록활엽수	어긋나기
5월~6월	10월~11월
작은키나무	

서귀포 18.05.28

잎은 어긋나고 가지끝에 모여 달리고 두꺼우며 광택이 난다. 양지바르고 비옥한 모래땅에 잘 자란다. 꽃은 가지 끝에 취산꽃차례로 달리고 향기가 있으며 흰색에서 노란색으로 변한다. 열매는 3쪽으로 갈라지고 점액이 묻은 붉은 씨앗이 나온다.

수국과 범의귀과

범의귀과의 나무들은 모두 키가 작은 관목이며 정원수나 조경수로 심는다. 범의귀과에는 수국속, 말발도리속, 고광나무속, 까마귀밥나무속으로 구분된다. 수국, 나무수국은 일본에서 도입된 종으로 남부지역에서 심는다. 산수국은 국내 산지에 자생하고 등수국은 울릉도와 제주도에 자란다. 수국은 토양의 산성도에 따라 꽃 색이 변한다. 수국속은 최근에 수국과로 분류되었다.

말발도리속에는 말발도리와 매화말발도리, 바위말발도리, 꼬리말발도리가 전국 산지에 자라고 산지 개울가에는 물참대가 있다. 애기발발도리, 만첩빈도리는 일본에서 도입한 원예종으로 공원에 심는다. 고광나무속에는 구분이 다소 모호한 고광나무와 얇은잎고광나무가 있다. 까마귀밥속에는 까치밥나무, 까마귀밥나무, 꼬리까치밥나무, 명자순 등이 있으며 강원도 깊은 산지와 북부지역에 자생하는 것으로 바늘까치밥나무, 눈까치밥나무, 까막까치밥나무 등이 있다. 아래는 꽃 가장자리에 달리는 무성화이다.

산수국

꽃산수국

탐라산수국

수국

수국과

Hydrangea macrophylla

물을 좋아하는 국화 모양의 꽃이라는 의미로 수국(水菊)이다. 일본과 중국명은 팔선화(八仙花)이다.

【국내】
- 전국에 식재
- 제주 가로수 정원수, 부산 태종대

【해외】
- 일본, 중국

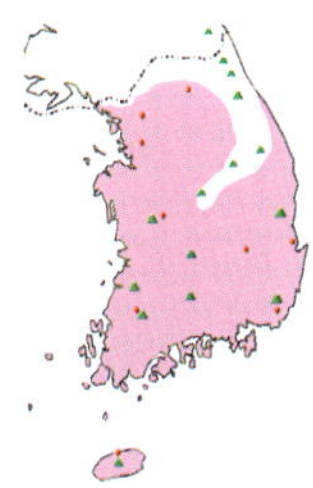

서귀포 15.06.25

토양의 산성도에 따라 꽃색은 연분홍에서 보라색 등으로 변한다. 인위적으로 개량한 품종으로 헛꽃으로 이루어져서 씨앗을 맺을 수 없다. 잎은 넓은 달걀꼴이고 두껍고 가장자리에 톱니가 난다. 다양한 색깔의 원예종을 통칭하는 이름이며 대부분 일본에서 개발되어 도입되었다.

암수한그루	충매화
낙엽활엽수	마주나기
6월~7월	무결실
작은키나무	

산수국

수국과

Hydrangea serrata f.

산에 자라는 자생종 수국을 뜻하는 말이다. 학명 Hydro(물) angeion(용기)이고 serrata는 '톱니가 달린'이란 의미이다.

【국내】
- 전국의 산지 그늘지고 다습한 곳
- 화담숲

【해외】
- 일본, 대만

암수한그루		충매화	
낙엽활엽수		마주나기	
7월~8월		9월~10월	
작은키나무			

횡성 13.07.22

산지의 돌무더기 주위나 개울가에 자생하고 키는 1m에 이르며 꽃은 가지 끝에 큰 편평꽃차례로 달린다. 둘레에는 무성화가 달리고 꽃받침 조각은 꽃잎 같고 3~5개이며 하늘색이나 연보라색을 띤다. 무성화들은 가루받이가 끝나면 뒤집어져서 늘어진다.

등수국(넌출수국)

수국과

Hydrangea petiolaris

나무나 바위를 등처럼 타고 오르는 모습이 등을 닮은 수국이라고 등수국이라 불린다. petiolaris: 잎자루가 길다.

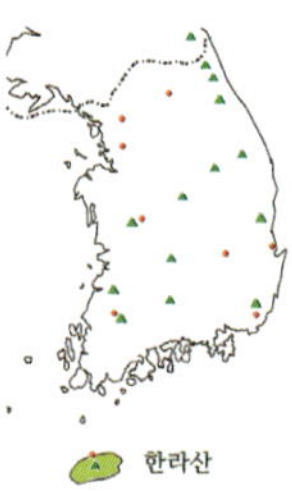

【국내】
- 제주도 울릉도
- 홍릉수목원

【해외】
- 일본

암수한그루	충매화
낙엽활엽수	마주나기
5월 ~6월	10월~11월
덩굴나무	

한라산 16.05.27

꽃주위에 꽃잎 같은 장식화가 달리고 3~4개로 이루어진다. 길이 20m 정도로 줄기를 뻗어가며 자라고 잎은 넓은 달걀 모양이고 가장자리에 톱니가 난다. 꽃은 우산상 취산꽃차례를 이루며 안쪽의 양성꽃은 꽃받침조각과 꽃잎이 각각 5개, 수술은 15~20개이다.

인천수목원 17.08.13

나무수국

수국과

Hydrangea paniculata

나무에 피는 수국이라는 의미이다. 수국에 비해 키가 크게 자란다.

【국내】
- 남부지역 정원과 공원에 식재
- 인천수목원

【해외】
- 일본 원산, 중국, 러시아

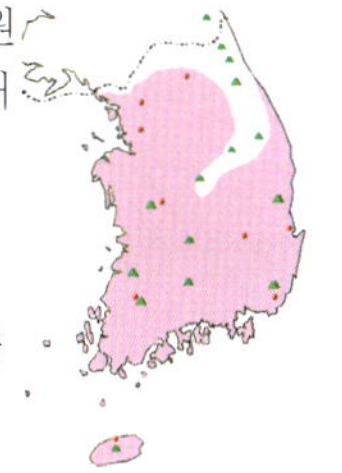

한여름에 흰색 원추꽃차례로 핀다. 키는 2~3m로 잎은 마주나고 때로는 3개가 돌려나며 타원 모양이다. 잎 끝은 뾰족하고 뒷면은 연한 녹색으로 맥 위에 털이 있으며 가장자리에 톱니가 있다. 꽃이 중성화뿐인 것은 큰나무수국이며 모두 일본에서 개량된 원예품이다.

암수한그루	충매화
낙엽활엽수	마주나기
7월~8월	9월~11월
작은키나무	

한라산 19.06.08

바위수국

수국과

Schizophragma hydrangeoides

바위나 나무를 타고 오르며 자란다고 등수국과 구분하여 바위수국이라 한다.

【국내】
- 울릉도
  제주도
- 홍릉수목원

【해외】
- 일본, 대만, 히발라야

꽃 주위 타원형의 장식화는 1개씩 달리는데 이는 꽃받침이다. 가운데 양성화는 꽃잎이 5개이며 수술이 10개이고 암술이 1개이다. 줄기에서 기근이 돋아 나무와 바위에 붙어 길이 10m 내외로 자란다. 잎은 마주나고 달걀 모양이며 가장자리에 뾰족한 톱니가 있다.

암수한그루	충매화
낙엽활엽수	마주나기
5월~6월	9월~10월
덩굴나무	

매화말발도리

수국과

Deutzia uniflora

꽃이 매화처럼 아름다운 말발도리라는 의미이다.

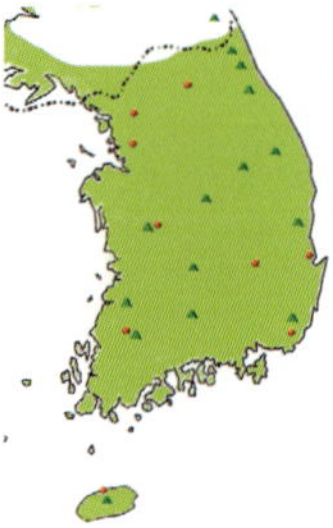

【국내】
- 함남, 황해도 이남의 산지
- 홍릉수목원

【해외】
- 일본

암수한그루		충매화	
낙엽활엽수		마주나기	
4월~5월		9월~10월	
작은키나무			

수락산 19.04.18

꽃은 지난해 자란 가지에 흰색으로 피고 꽃받침에는 별 모양의 털이 밀생하며 꽃잎은 5장으로 타원형이다. 주로 바위틈에 자라며 키는 1m이고 수피는 불규칙하게 갈라진다. 잎은 타원형 피침형으로 불규칙한 잔 톱니가 나고 잎자루에도 별 모양의 털이 자란다.

말발도리

수국과

Deutzia parviflora

정확한 유래는 알려지지 않으나 열매가 말발굽을 닮았다는 데서 나온 것으로 추정한다.

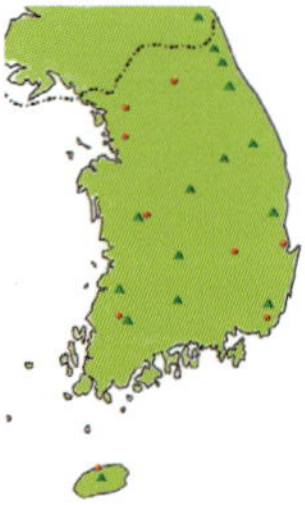

【국내】
- 전국의 산지
- 백두대간

【해외】
- 중국, 러시아, 몽골

암수한그루		충매화	
낙엽활엽수		마주나기	
5월~6월		9월~10월	
작은키나무			

검룡소 14.05.27

꽃의 암술대 부위가 황색을 띤다. 꽃의 지름은 1cm정도로서 별모양의 털이 나고 편평꽃차례로 달린다. 꽃받침은 통 모양이고 꽃잎은 5개로 갈라진다. 수술은 10개이고 암술대는 3개이다. 물참대에 비해 꽃받침의 통부에 별모양의 털이 있으며 둘 다 묵은 가지에서 꽃이 핀다.

천성산 20.04.25

꼬리말발도리

수국과

Deutzia paniculata

꽃이 짐승의 꼬리 모양으로 달리는 종류라는 이름이다.

【국내】
- 경남 지역 산지
- 천성산 내원사 계곡

【해외】
- 한국특산

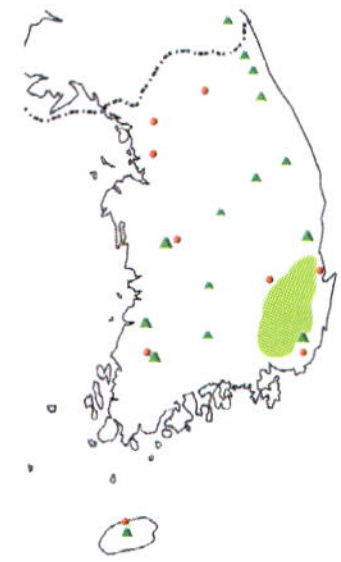

암수한그루	충매화
낙엽활엽수	마주나기
4월~5월	9월~10월
작은키나무	

꽃은 새로 자라난 가지에 원추꽃차례로 달린다. 꽃받침은 5개로 갈라지며 암술대는 2~3갈래로 깊게 갈라지고 꽃잎은 4~5장이다. 잎의 앞면은 별모양의 털이 있고 거칠며 뒷면에는 털이 없다. 열매는 삭과이고 암술대가 끝까지 남는다.

연천 20.04.29

바위말발도리

수국과

Deutzia grandiflora var.

바위틈에 자라는 말발도리라는 이름이다.

【국내】
- 경기도, 강원 이북 산지
- 연천 고대산

【해외】
- 중국

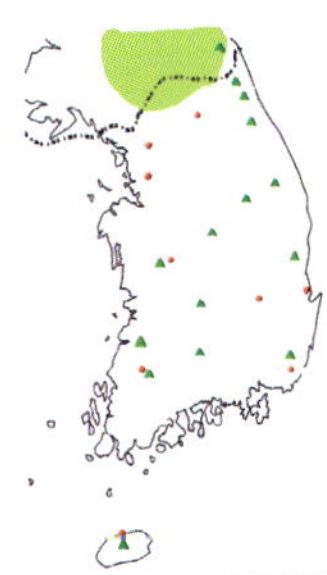

암수한그루	충매화
낙엽활엽수	마주나기
4월~6월	9월~10월
작은키나무	

꽃이 새로 자라난 가지에 핀다. 꽃잎, 꽃받침, 잎 양면에 별 모양의 털이 나며, 꽃잎 꽃받침이 5조각으로 갈라지고 꽃은 흰색으로 1~3개씩 모여 피고 암술대는 3갈래로 깊게 갈라진다. 나무껍질이 적갈색이고 주로 산지 능선과 암석지대에 자란다.

물참대

수국과

Deutzia glabrata

어원이나 유래는 알려진게 없으며 습기가 많은 물가에 자라는 특징을 이르는 것으로 보인다.

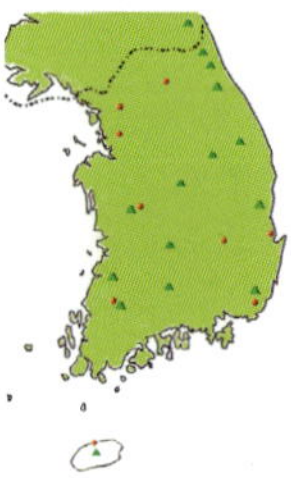

【국내】
- 제주 제외한 전국
- 인천수목원

【해외】
- 중국, 러시아

암수한그루	충매화
낙엽활엽수	마주나기
5월	7월~9월
작은키나무	

지리산 19.06.01

말발도리와 닮았으나 암술대 부위의 꽃턱이 연두색이다. 꽃받침과 열매에 털이 없으며 잎 뒷면에 털이 없다. 꽃은 가지 끝에 산방꽃차례로 피고 수술은 10개 중 5개는 길고 나머지는 짧다. 잎의 앞면에는 털이 약간 있으나 뒷면에는 털이 없어 매끈하다.

애기말발도리(각시말발도리)

수국과

Deutzia gracilis

말발도리 종류로 나무의 크기나 꽃이 작다고 애기라는 접두어를 붙였다.

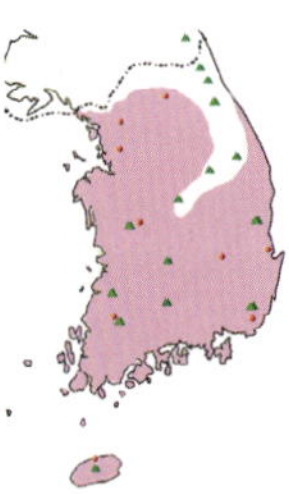

【국내】
- 전국 화단과 공원에 식재
- 광릉 국립수목원

【해외】
- 일본

암수한그루	충매화
낙엽활엽수	마주나기
5월	7월~9월
작은키나무	

광릉수목원 15.05.03

일본에서 들여온 원예종으로 꽃은 지난해 자란 가지에 흰색으로 피고 꽃잎은 5장으로 타원형이다. 열매는 삭과이고 둥글며 별모양의 성모가 있고 끝에 암술대가 남아 있다. 잎은 타원형 피침형으로 불규칙한 잔 톱니가 나고 양면에 성모가 있고 어린 가지에는 털이 없다.

빈도리(일본말발도리)

수국과

Deutzia crenata

줄기 속이 빈 말발도리 종류라는 뜻이다.

【국내】
- 전국 공원 화단에 드물게 식재
- 홍릉수목원

【해외】
- 일본원산

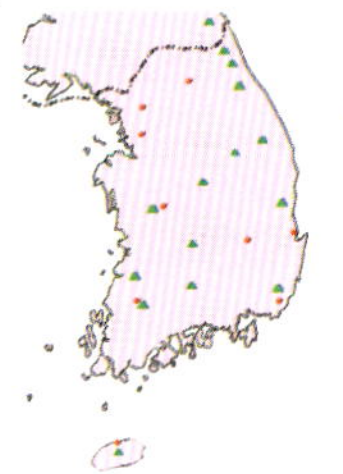

홍릉수목원15.05.03

일본에서 도입한 원예종으로 줄기 속은 비어있고 꽃은 원추꽃차례로 풍성하게 피며 공원과 화단에 많이 심는다. 꽃받침은 별 모양의 털이 있고 암술대는 3개로 갈라지며 수술보다 길다. 열매는 원형이고 암술대가 남는다. 나무 껍질은 회갈색이고 세로로 얇게 갈라진다.

암수한그루	충매화
낙엽활엽수	마주나기
5월~6월	9월~10월
작은키나무	

만첩빈도리

수국과

Ribes mandshuricum

줄기속이 비어 있고 꽃잎이 여러 장으로 겹쳐 핀다고 만첩빈도리라 부른다. .

【국내】
- 전국 화단 공원에 식재
- 하늘공원 홍릉수목원

【해외】
- 일본원산

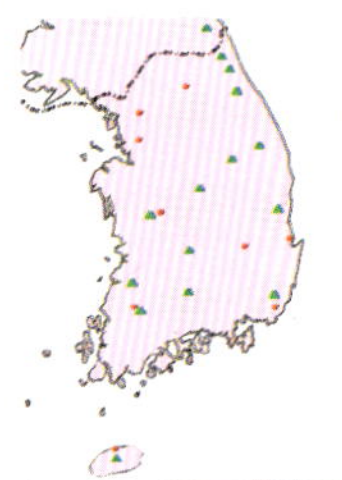

하늘공원 14.05.10

일본에서 도입한 원예종으로 줄기 속은 비어있고 꽃은 원추꽃차례로 꽃잎이 풍성한 복엽이어서 공원과 화단에 많이 심는다. 꽃받침은 별 모양의 털이 있고 암술대는 3개로 갈라지며 수술보다 길다. 열매는 원형이고 암술대가 남는다. 빈도리보다 더 흔하게 심는다.

암수한그루	충매화
낙엽활엽수	마주나기
5월~6월	7월~8월
작은키나무	

고광나무(털고광나무)

범의귀과

Philadelphus schrenkii

어린순은 오이순이라고 부르며 식용하는데 그 모습은 배추의 속을 뜻하는 고갱이를 닮았다. 고갱이나물 〉고광나물로 변하였다.

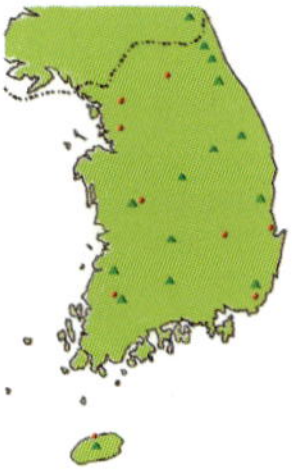

[국내]
- 전국의 산지
- 함백산 전주수목원

[해외]
- 중국

암수한그루	충매화
낙엽활엽수	어긋나기
6월~7월	9월~10월
작은키나무	

함백산 16.05.08

잎의 가장자리는 뚜렷하지 않은 톱니가 나고 꽃차례와 작은꽃자루, 꽃받침통과 잎 뒷면 맥 위에는 털이 나며 잎 표면에는 거의 없다. 모양은 달걀꼴이고 세로 맥이 뚜렷하다. 암술대는 깊은 곳에서부터 갈라지고 털이 난다. 얇은잎고광나무와 털의 정도를 달리한다.

얇은잎고광나무

범의귀과

Philadelphus tenuifolius

잎이 얇은 고광나무 종류라는 뜻이다.

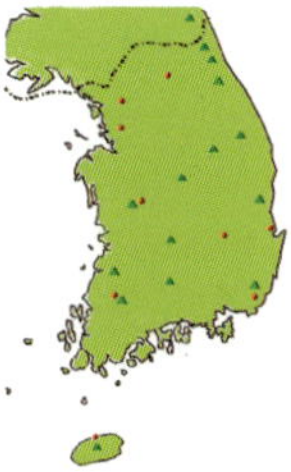

[국내]
- 전국의 산지
- 홍릉수목원

[해외]
- 한국특산종

암수한그루	충매화
낙엽활엽수	마주나기
6월~7월	9월~10월
작은키나무	

홍릉수목원 16.05.08

키는 1~3m이고 수피는 회백색으로 갈색을 띠며 벗겨진다. 잎질은 얇고 가장자리에 치아 모양의 톱니가 있다. 잎의 앞면에는 털이 없으며 뒷면 맥 위에 털이 있다. 꽃은 총상화서로 달린다. 암술대는 4개로 갈라지며 털이 없다. 국내 종은 모두 얇은잎고광나무라는 견해가 있다.

옥천군17.10.13

까마귀밥나무(까마귀여름밥나무)

범의귀과

Ribes fasciculatum var.

열매가 먹음직하지만, 쓴맛이 나서 먹을 수 없고 까마귀나 먹을만하다는 의미이다.

[국내]
- 전국 산지 가장자리
- 충북 옥천 국립수목원

[해외]
- 중국, 일본

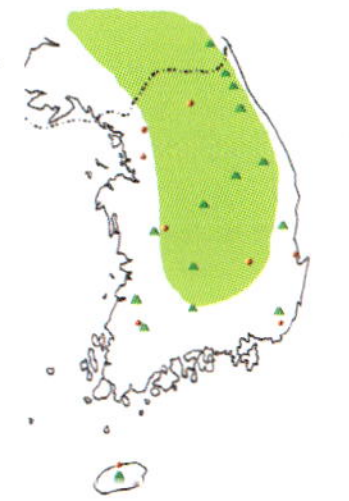

암수잡성그루 / 충매화 / 낙엽활엽수 / 어긋나기 / 4월~5월 / 9월~10월 / 작은키나무

꽃은 노란색으로 피며 꽃잎은 작고 꽃받침 사이에 있다. 열매는 장과로 타원형이며 붉게 익고 쓴맛이 난다. 10여 개의 종자가 들어 있는데, 겉이 끈적끈적하고 연노란색이다. 키는 1~1.5m 자라고 잎은 3~5개로 갈라지며 잎 앞면에는 털이 없으나 뒷면과 잎자루에는 털이 난다.

설악산 14.05.10

까치밥나무

범의귀과

Ribes mandshuricum

콩알 크기의 열매가 붉게 익어 아래로 달리는데 까치가 잘 먹을 것이라고 기대하는 이름이다.

[국내]
- 지리산, 백두대간
- 설악산, 태백산

[해외]
- 중국

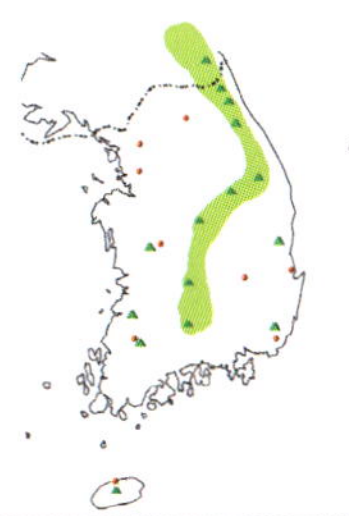

암수한그루 / 충매화 / 낙엽활엽수 / 어긋나기 / 5월~6월 / 7월~8월 / 작은키나무

높은 산 숲속에 자라며 키는 2m 정도이다. 잎은 원형으로 3~5개로 갈라지며 잔털이 나고 뒷면에 융털이 있으며 잎자루는 길이 1~6cm로서 털이 거의 없다. 열매는 둥글며 털이 없고 꽃자루를 따라 이삭처럼 달리고 붉은 색으로 익으며 먹을 수 있다.

꼬리까치밥나무

범의귀과

Ribes komarovii

까치밥나무 중에서 열매가 꼬리처럼 모여 달리는 나무라는 의미이다.

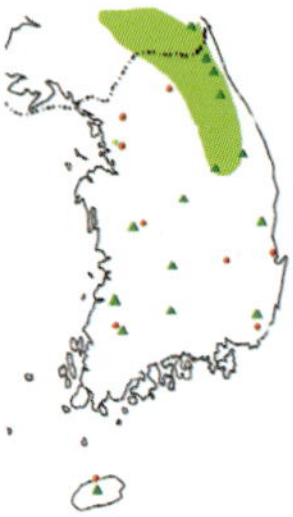

【국내】
- 강원이북
- 산지
- 강원 인제

【해외】
- 북미 지역
원산

암수한그루	충매화
낙엽활엽수	어긋나기
4월	7월
작은키나무	

인제 19.04.21

꽃은 총상꽃차례로 달리고 꽃받침, 꽃잎, 수술이 4개인 4수성이며 열매는 붉은 색으로 익으며 먹을 수 있고 새콤하다. 키는 2.5m 정도로 자라며 줄기는 매끈하고 잎은 난상 원형이며 3~5개로 갈라진다. 톱니가 있고 길이 3~4cm로서 표면에 털이 없으며 뒷면 맥 위에 샘털이 있다.

명자순

범의귀과

Ribes maximowiczianum

어원이나 유래는 미상이다.

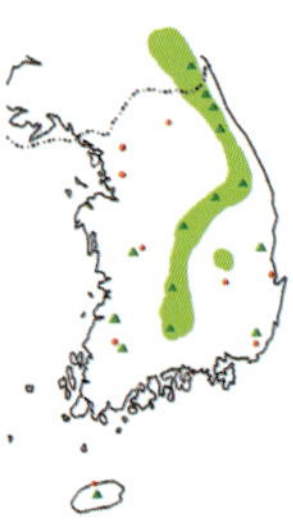

【국내】
- 강원도 백두대간 이북
- 덕유산
- 보현산

【해외】
- 일본, 중국, 대만

암수한그루	충매화
낙엽활엽수	어긋나기
4월	9월
작은키나무	

덕유산 19.09.29

잎은 삼각상 원형이고 3개로 얕게 갈라지며 겹톱니가 있고 양면에 털이 나지만 뒷면에 털이 없는 것도 있다. 잎자루 길이는 7~10mm이고 잔털이 난다. 꽃은 총상꽃차례로 달리며 수꽃차례에 7~10송이, 암꽃차례에 2~6송이씩이고 장과로 붉게 익는다. 꽃받침과 꽃잎이 녹색이다.

장미과의 꽃은 아름답고 향기로우며 열매는 달콤하고 과육이 많다. 종류도 많다. 이 책에 수록한 나무는100과 700종인데 장미과가 약 54종으로 8%에 해당한다. 장미과는 대부분 키가 작은 꽃나무로 관목이거나 과일나무로 중간키로 자란다.

전통적으로 장미아과(Rosa), 벚나무아과(Prunus), 사과나무아과(Malus), 조팝아과(Spiraea) 4개의 아과(亞科)로 크게 나눈다. 아과는 과와 속의 중간의 위치하는 분류이다. 꽃잎, 꽃받침, 수술이 융합된 꽃턱(화탁통)으로 갖춘꽃 구조이며 열매의 특징에 따라 아과로 구분하였으나 하나의 계통으로 보기에는 비약된 부분이 포함되어 있나.

이들을 속으로 배열하면 채진목속, 명자나무속, 개야광나무속, 산사나무속, 비파나무속, 가침박달속, 황매화속, 사과나무속, 나도국수나무속, 병아리꽃나무속, 홍가시나무속, 양지꽃속, 산국수나무속, 윤노리나무속, 벚나무속, 피라칸다속, 배나무속, 산국수나무속, 다정큼나무속, 담자리꽃속, 장미속, 산딸기속, 쉬땅나무속, 마가목속, 조팝나무속, 국수나무속 등 25개 속이 한반도에 자란다.

이들은 대개 꽃잎이 다섯 장이고 수술이 많고 암수한그루로 낙엽활엽수이고 열매는 과육이 많다.

꽃과 열매는 다양한 색과 형태로 개량되고 있으며, 사람에게 과일과 꿀을 제공하고, 공원과 가로를 장식하고, 연인 사이에 사랑의 징표가 되어왔다. 우리 인류와 함께 진화하고 개량되어온 과이다.

채진목(제기나무)

장미과

Amelanchier asiatica

일본명 (采振り木)에서 차용한 이름, 채배(采配)는 전장에 나가는 장수가 군대를 인솔하는 군장비이다. 제기를 닮았다.

한라산 16.04.17

꽃잎이 제기의 날개처럼 생기고 가늘게 갈라져 늘어진다. 열매는 암자색으로 익으며 꽃받침이 붙어 있고 먹을 수 있다. 잎은 달걀모양으로 길이 4~8cm, 폭 2.5~4cm로서 얕은 잔톱니가 있으며 표면은 털이 없고 뒷면은 어릴 때는 면모가 있으나 점차 없어진다.

【국내】
- 제주도 산간 전국 수목원 식재
- 한라산 1100 고지

【해외】
- 일본, 중국

암수한그루	충매화
낙엽활엽수	어긋나기
6월	8월
중간키나무	

장미과

장미과는 우리나라에 자라는 나무 중에 가장 종류가 많다. 꽃은 모두 양성화로 암수한그루이며 꽃에는 꽃받침, 꽃잎, 암수술을 모두 갖추고 있다. 열매의 특징에 따라 장미아과, 벚나무아과, 사과나무아과, 조팝나무아과 4군으로 크게 나눈다. 아과는 과의 하위 분류이다.

❀ **장미아과** - 장미과, 깃꼴겹잎, 작은키, 덩굴나무, 가시

❀ **벚나무아과** - 핵과, 홑잎, 작은키, 중간키

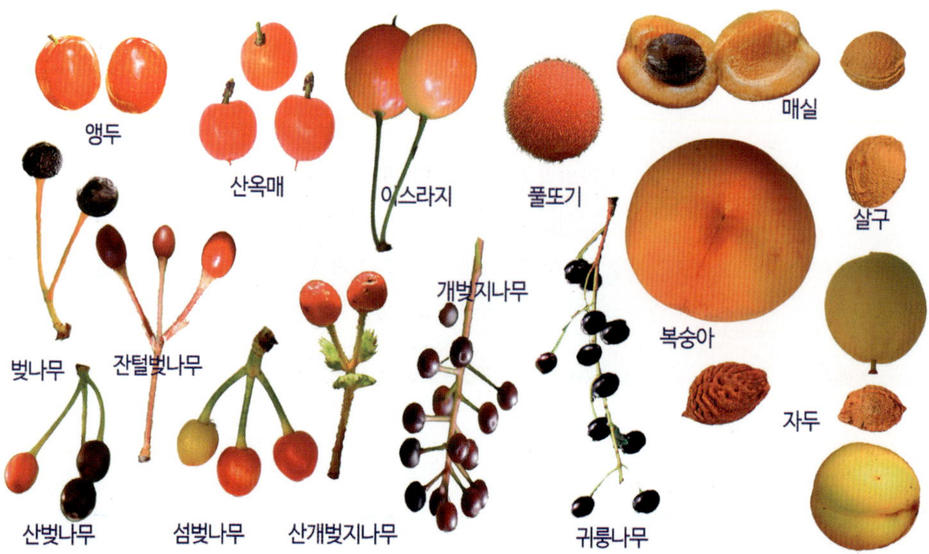

❀ **사과나무아과** - 이과, 홑잎, 작은키, 중간키

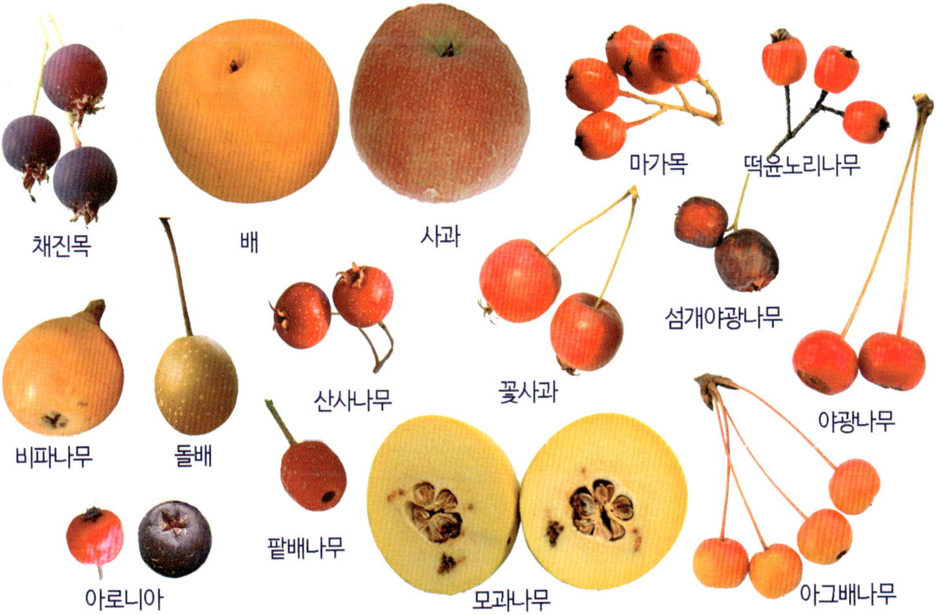

❀ **조팝나무아과** - 삭과, 견과, 홑잎, 작은키, 중간키

앵두나무(앵도나무)

장미과

Prunus tomentosa

중국에서 나무에 이름이 따라왔다. 꾀꼬리처럼 아름답고 생김새는 복숭아 같다고 앵도(鶯桃)가 앵두(櫻桃)나무로 변했다.

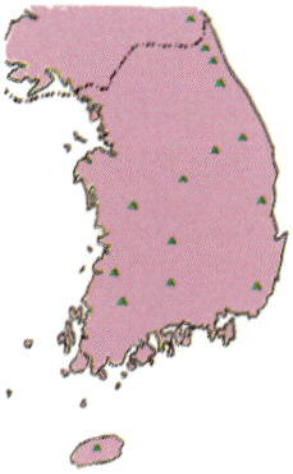

【국내】
- 전국의 화단과 공원에 식재
- 독립문공원

【해외】
- 중국 원산 1600년대 도입

| 독립문공원 16.04.19

암수한그루 / 충매화 / 낙엽활엽수 / 어긋나기 / 3월~4월 / 5월~6월 / 작은키나무

꽃자루가 없다. 붉고 말랑한 열매가 달리고 주로 꽃을 감상하는 정원수지만 작물로 키우기도 한다. 잎 표면에는 잔털이 있으며, 뒷면에는 흰색 융털이 밀생한다. 잎보다 꽃이 연분홍색으로 먼저 피고 씨방에는 털이 난다. 가지가 많이 갈라지고 1.5m 정도로 자란다.

복사나무(복숭아나무)

장미과

Prunus persica

한자로 도(桃)라 하며 훈몽자회 '복셩화' 복숑화 등이 복성나무 〉 복송나무 〉 복서나무를 거쳐 복사나무가 되었다.

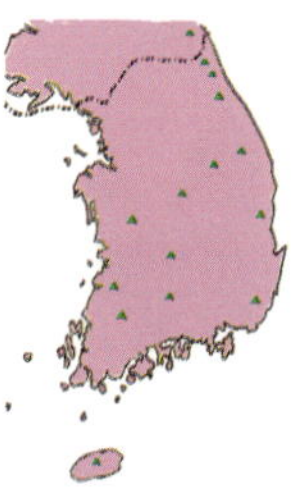

【국내】
- 함경도를 제외한 전국 식재
- 산지 야생

【해외】
- 일본, 중국

| 하늘공원 16.04.20

암수한그루 / 충매화 / 낙엽활엽수 / 어긋나기 / 4월 / 7월~9월 / 중간키나무

잎은 피침형으로 길쭉하고 가장자리에 약간의 톱니가 있다. 꽃은 잎보다 먼저 분홍색으로 피고 꽃받침조각은 털이 많으며 씨방에 털이 밀생한다. 중부 내륙지방에 과일나무로 심으며 다양한 재배종이 있으나 씨앗을 심으면 한두 종으로 수렴된다.

❶ **국화도** (菊花桃) : 관상수로 심으며 중국 원산으로 국화도라 부른다. 꽃잎이 가늘어 국화꽃을 연상시키는 원예종이다. -하늘공원

❷ **만첩백도** : 흰색 꽃이 겹으로 피는 품종이다. -한택식물원, 도로공사전주수목원

❸ **만천홍도** : 꽃이 붉은색을 띠고 겹으로 달린다. -홍릉수목원

대덕사 19.06.03

복사앵도나무

장미과

Prunus choreiana

복사나무와 앵두나무의 특징을 함께 지닌다. 두 나무의 잡종이라는 견해가 있으나 근거가 부족하다.

[국내]
- 강원도 함경도 지역
- 영월

[해외]
- 한국특산

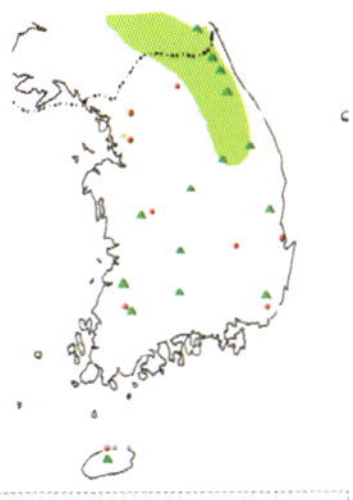

암수한그루	충매화
낙엽활엽수	어긋나기
4월	7월~8월
작은키나무	

키는 2m 이내로 자라고 꽃은 잎보다 먼저 연분홍색으로 피고 2개씩 마주 달린다. 꽃받침통과 암술대에는 흰털이 나고 씨방에는 털이 없다. 잎은 길이 2.5~7.5cm, 폭1.8~3cm로서 타원상 피침형이다. 수피는 흑갈색이며 종잇장처럼 벗겨진다. 열매는 단단해서 먹을 수 없다.

살구나무

장미과

Prunus armeniaca

한자로는 행(杏)이고 고서에는 솔고로 나온다. 이는 살이 곱다는 의미로 '살갗같이 고운 열매가 열리는 나무'라는 뜻이다.

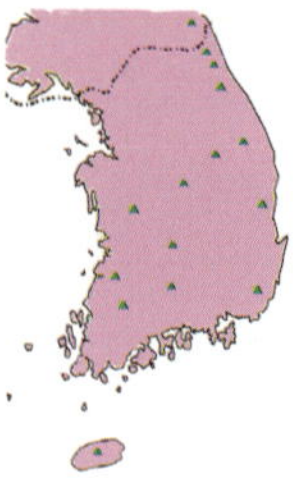

[국내]
- 중부이남 인가 주위, 밭에 식재
- 마을주위

[해외]
- 중국

암수한그루	충매화
낙엽활엽수	어긋나기
4월	7월
중간키나무	

북한산 15.04.01

꽃은 꽃자루가 없으며 꽃받침이 뒤로 젖혀지고 잎보다 먼저 연분홍색으로 핀다. 잎은 넓은 달걀 모양이고 양면에 털이 없으며 가장자리에 불규칙한 톱니가 있다. 열매는 황적색으로 익고 씨앗에는 능선이 있다. 수피에는 코르크층이 없으며 과일나무로 재배한다.

개살구나무(산살구나무)

장미과

Prunus mandshurica

살구나무보다 못하다는 뜻이다. 살구보다 열매가 작고 맛은 떫다.

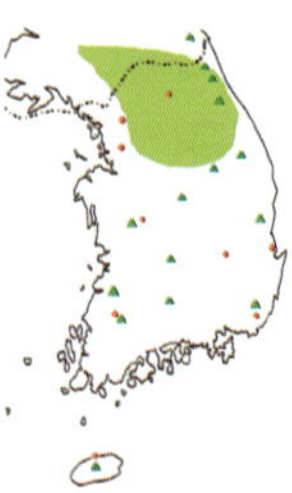

[국내]
- 백두대간, 중부 이북 산지
- 홍릉수목원

[해외]
- 중국, 극동러시아

암수한그루	충매화
낙엽활엽수	어긋나기
4월	7월~8월
중간키나무	

구룡령 16.04.23

약 1cm 꽃자루가 있고 수피의 코르크층이 특징이다. 강원 이북지역 산지에 자생한다. 잎 뒷면 맥겨드랑이에 잔털이 나고 가장자리에 불규칙한 톱니가 난다. 꽃은 잎보다 먼저 흰색 또는 연분홍색으로 피며 열매는 노란색으로 익고 살구보다 다소 작고 떫은맛이 난다.

영월 18.04.15

시베리아살구

장미과

Prunus sibirica

산지에 자생하는 야생 살구나무로 학명에서 이름을 참조했다.

[국내]

- 강원 북부지역
- 영월, 평창

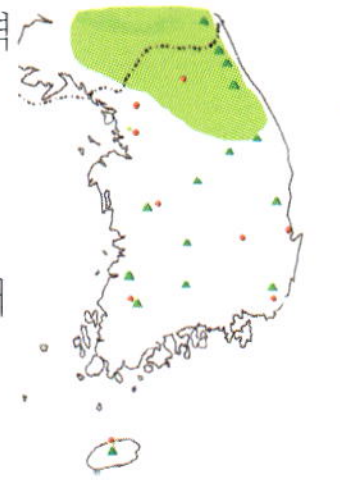

[해외]

- 중국, 몽골, 러시아

살구나무보다 잎이 둥글고 개살구나무에 비해 꽃자루가 거의 없다. 나무껍질에 코르크질이 약간 자란다. 씨앗은 납작한 편이고 끝이 뾰족하며 한쪽에 날개가 난다. 잎은 뒷면에는 잎맥에 털이 있고 날카로운 톱니가 균일하다. 잎자루는 길이 1~3cm로서 붉은빛이 돈다.

암수한그루	충매화
낙엽활엽수	어긋나기
4월	7월~8월
중간키나무	

구례 14.04.18

매실나무(매화나무)

장미과

Prunus mume

살구와 구분하기 위해 살구 행(杏)을 거꾸로 써서 매(呆)를 썼으며 청동기 시대부터 나무를 심었다. 시경에 등장한다.

[국내]

- 중부이남 밭, 인가 주위, 공원에 식재
- 공원 화단

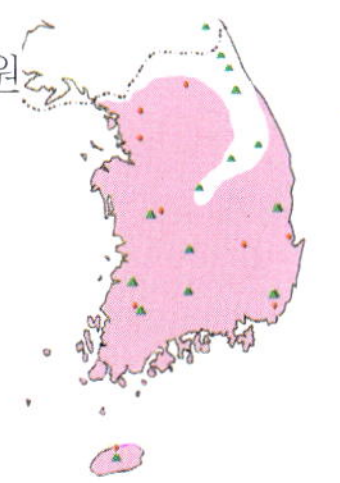

[해외]

- 일본, 중국, 대만

꽃받침이 꽃잎에 달라붙고 어린가지는 녹색을 띤다. 꽃은 매화라 하며 잎보다 먼저 흰색, 분홍색, 붉은색으로 피고 잎겨드랑이에 1~3개씩 달리며 꽃자루는 없다. 잎 양면에 털이 있고 뒷면 맥에는 갈색털이 난다. 살구에 비해 보름 정도 앞서 꽃이 핀다.

암수한그루	충매화
낙엽활엽수	어긋나기
3~4월	6월~7월
중간키나무	

매실나무는 꽃받침이 꽃잎에 달라붙고 살구나무는 젖혀지고 화통이 살구나무보다 얕다.

복사나무 씨앗에는 주름과 구멍이 있고, 살구나무는 다소 납작하며 능선이 나고, 매실나무는 둥글며, 자두나무는 열매가 납작하고 표면이 거칠다. 살구와 매실은 매우 닮았으나 씨앗은 차이가 크다.

자두나무(자도나무)

장미과

Prunus salicina

열매가 보라색(紫)이고 복숭아(桃)를 닮았다고 자도나무라 하다가 자두나무가 되었다. 삼국시대 초기 중국에서 들어왔다.

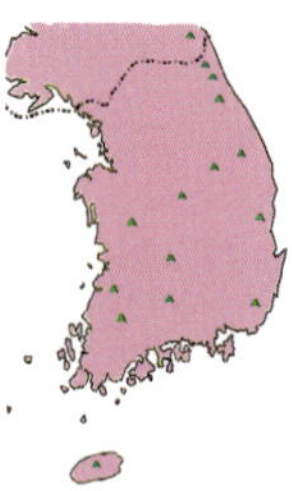

【국내】

- 전국 인가 주위와 밭에 식재
- 공원 화단에 재배

【해외】

- 중국, 극동러시아

암수한그루	충매화
낙엽활엽수	어긋나기
4월	7월~8월
중간키나무	

홍천 17.04.23

인가 주위의 유휴지나 텃밭에 심는다. 잎은 긴 타원형이며, 양면에 털이 없고 가장자리에 둔한 톱니가 난다. 꽃은 4월에 잎보다 먼저 피고 대개 3개씩 달리며, 열매는 황색 또는 자주색으로 익고 씨앗은 비교적 작고 납작하다. 종자의 양 끝이 뾰족하고 표면은 거칠다.

귀룽나무

흰귀룽나무

세로티나벚나무

귀룽나무는 잎 뒷면이 연두색을 띠고 흰귀룽나무는 분백색을 띠며 맥 겨드랑이에 털이 많이 난다. 외래종인 세로티나벚나무는 맥 위에 흰털이 난다. 흰귀룽나무는 높은 산지에 주로 자라고 열매가 귀룽나무보다 늦게 익는다. 세로티나벚나무는 인가주위나 산지에 심는다.

남한산성 13.05.01

이른 봄 산지에서 가장 먼저 연두색 잎을 돋아내는 나무이다. 잎의 가장자리에 잔톱니가 있으며 엽병에는 꿀샘이 있다. 열매는 5~7mm로 흑색으로 익고 핵은 주름이 있으며 과육은 떫다. 꽃은 흰색이고 총상꽃차례는 새 가지 끝에서 처지며 가지를 꺾으면 특유의 냄새가 난다.

귀룽나무

장미과

Prunus padus

흰꽃이 핀 모습이 구름같다고 구름나무가 귀룽나무가 되었다. 북한명은 구름나무이다.

국내

- 산지 전역에 자생
- 공원 가로수 화단

해외

- 일본, 중국, 몽골, 시베리아, 유럽

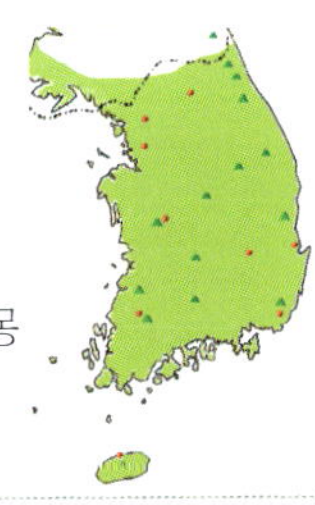

암수한그루	충매화
낙엽활엽수	어긋나기
5월	6월~7월
큰키나무	

흰귀룽나무

장미과

Prunus padus f. *glauca*

잎 뒷면이 회백색을 띠는 귀룽나무라는 의미이다.

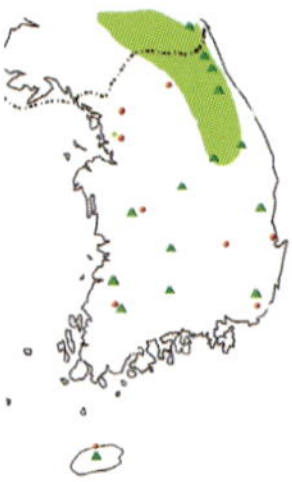

【국내】
- 백두대간
- 화악산 설악산

【해외】
- 중국, 몽고, 시베리아, 유럽

암수한그루	충매화
낙엽활엽수	어긋나기
5월~6월	8월~9월
큰키나무	

백암산 15.05.02

높은 산지에 자라고 열매는 6~8mm로 굵고 잎 뒷면은 회백색이며 잎맥 겨드랑이에 털이 있다. 잎 가장자리에 잔톱니가 나며 엽병에는 꿀샘이 있다. 꽃은 백색이고 총상꽃차례로 새 가지 끝에 달리고 밑부분에 잎이 달리고 꽃자루는 길이 5~12mm로서 털은 없다.

세로티나벚나무

장미과

prunus serotina

학명 세로티나를 참고한 이름이다. *prunus*는 자두속을 이른다. 열매는 귀룽나무를 닮았고 벚나무 종류이다.

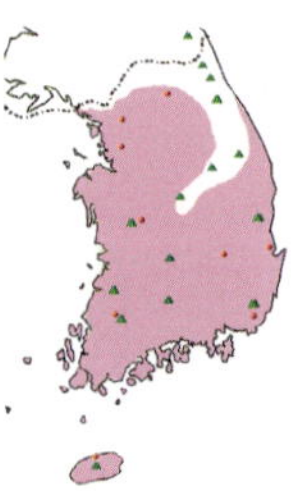

【국내】
- 전국 식재
- 공원 가로수 화단

【해외】
- 미국 원산 1937년경 수입

암수한그루	충매화
낙엽활엽수	어긋나기
5월~6월	6월~7월
큰키나무	

서대문 안산 15.05.15

잎 뒷면 주맥에 털이 많이 나며 회백색을 띠고 표면은 광택이 있으며 타원형으로 끝은 뾰족하고 가장자리는 예리한 톱니가 있다. 열매는 붉은색에서 검은색으로 익고 꽃은 원통형 브러쉬 모양으로 꽃자루에 40개 작은 꽃이 흰색으로 핀다.

함백산 16.05.14

개벚지나무

장미과

Prunus maackii

귀룽나무와 매우 흡사하며 개는 의미보다는 구별을 위해 붙인 말이다. 북한명은 별벗나무이다.

[국내]
- 백두대간 북부지역, 강원이북
- 함백산

[해외]
- 중국, 러시아

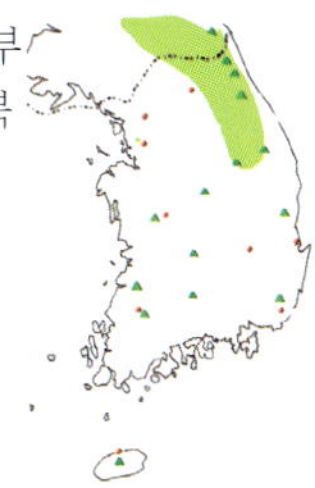

암수한그루	충매화
낙엽활엽수	어긋나기
5월~6월	7월~8월
큰키나무	

높은 산지에 자라고 수피가 자갈색이고 곧게 자라며 꽃차례가 길다. 꽃과 열매가 많이 달린다. 잎은 타원형이고 표면에 털이 없고 뒷면은 선점이 밀생하며, 열매는 핵과로 둥글고 지름 5~7mm로 검게 익으며, 매우 떫은 맛이 난다. 귀룽나무보다 수술이 길다.

한라산 19.05.17

산개벚지나무

장미과

Prunus maximowiczii

개벚지나무에서 '산'이란 접두어가 더해졌다. 종의 구분을 위한 표식이다.

[국내]
- 백두대간
- 한라산
  함백산

[해외]
- 일본, 중국

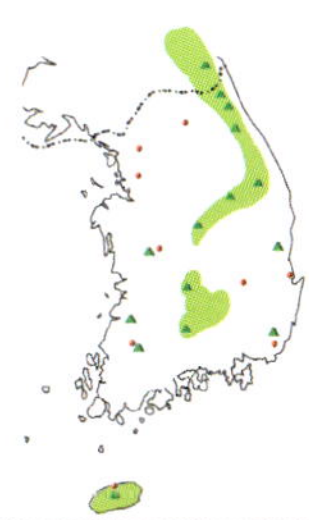

암수한그루	충매화
낙엽활엽수	어긋나기
5월~6월	7월~8월
중간키나무	

열매 자루에 달린 큰 포엽이 특징이다. 뒷면 맥 위에 털이 있으며 짧은 가지에 모여나고 가장자리에 겹톱니가 드문드문 난다. 꽃은 잎보다 약간 늦게 피며 꽃차례는 총상에 가까운 산방형으로 5~10개의 꽃이 달린다. 나무 껍질은 어두운 회색으로 거칠며 일년생 가지는 회색을 띤다.

벚나무의 종을 구분하는 특징은 꽃자루와 암술대에 있다. 왕벚나무는 꽃자루와 암술대에 털이 난다. 산지에 흔한 잔털벚나무는 꽃자루에 털이 나고 암술대에는 털이 없다. 올벚나무는 씨방을 감싸는 화통이 항아리 형태이다. 벚나무와 산벚나무는 작은꽃자루나 암술에 털이 없고 산벚나무는 작은꽃자루가 거의 없고 벚나무는 작은꽃자루가 길다. 산지의 벚나무는 털, 꽃자루의 유무, 색 등의 매우 다양한 모습이다.

벚나무

장미과

Prunus serrulata var. *spontanea*

벚은 버찌의 준말이고 '버찌가 달리는 나무'라는 의미다. 한자로는 앵(櫻)이다. *Prunus*은 자두이고 *serrulata*는 톱니.

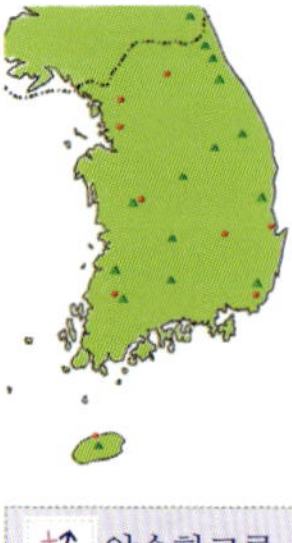

【국내】
- 전국 산지
- 공원 가로수

【해외】
- 중국, 일본

암수한그루	충매화
낙엽활엽수	어긋나기
4월	6월~7월
큰키나무	

북한산 19.04.28

작은꽃자루와 암술대에 털이 없다. 꽃받침통에도 털이 없다. 꽃자루가 있고 작은 꽃자루는 길다. 꽃은 연한 홍색 또는 백색으로 산방 또는 우상모양꽃차례에 2~5개씩 달리고 포가 있으며 잎자루 길이는 2~3cm이고 털이 없다. 산벚나무와는 꽃자루의 유무로 차이가 난다.

영월 16.04.27

산벚나무

장미과

Prunus sargentii

산에 자라는 벚나무라는 의미이나 '산'은 벚나무와 구별하기 위한 표식이다.

[국내]

- 강원도 백두대간, 전북
- 백두대간, 지리산 이북

[해외]

- 일본, 러시아

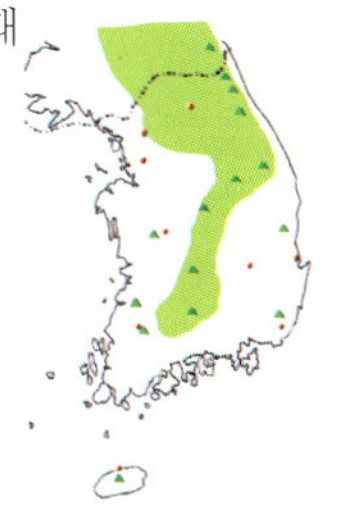

암수한그루	충매화
낙엽활엽수	어긋나기
4월~5월	7월~8월
큰키나무	

암술대와 꽃자루 씨방에는 털이 없이 매끈하다. 꽃자루가 거의 없어 벚나무와 구별되고 작은꽃자루는 길다. 꽃은 연분홍색 또는 백색으로 산형으로 달린다. 꽃잎은 둥글고 끝이 오므라지며, 향기가 없다. 잎의 앞뒷면에 털이 없다.

북한산 14.04.27

잔털벚나무

장미과

Prunus serrulata var. *pubescens*

작은꽃자루와 잎 뒷면 잎자루에 잔털이 많이 난다고 잔털벚나무라 한다.

[국내]

- 전국 산지
- 공원 가로수 화단

[해외]

- 일본, 중국

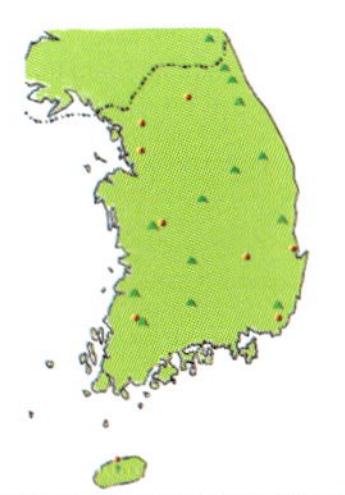

암수한그루	충매화
낙엽활엽수	마주나기
4월~5월	6월~7월
큰키나무	

꽃자루와 작은꽃자루, 잎자루, 잎 뒷면 맥에 잔털이 있어 잔털벚나무라 한다. 키는 높이 20m, 지름 90cm까지 자란다. 나무껍질은 짙은 갈색으로 옆으로 벗겨지며 껍질눈이 옆으로 길게 많이 나타난다. 일년생 가지에는 털이 없다. 산지에 흔하게 자란다.

왕벚나무

장미과

Prunus yedoensis

꽃이 크고 아름답다고 붙인 이름이다. 한라산에 자생하는 제주왕벚나무와 일본산 재배종인 왕벚나무로 구분된다.

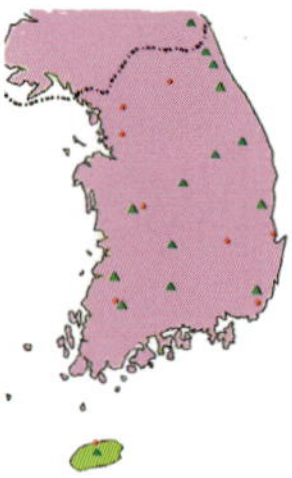

【국내】
- 전국의 공원 가로 유원지 식재
- 한라산 자생

【해외】
- 한반도 고유종

암수한그루	충매화
낙엽활엽수	어긋나기
4월	6월~7월
큰키나무	

제주도 13.03.24

작은꽃자루와 암술대에 털이 있다. 꽃은 잎보다 먼저 피며, 백색 또는 홍색이고, 짧은 편평꽃차례에 3~6개의 꽃이 달린다. 제주도에 자생하는 왕벚나무는 올벚나무와 산벚나무의 자연교잡종이고, 가로에 심은 왕벚나무(소메이요시노)는 일본의 인위적인 원예품으로 확인된다.

올벚나무

장미과

Prunus spachiana

꽃이 일찍 핀다고 올벚나무라 한다. spachiana는 가지가 늘어진다는 뜻이다.

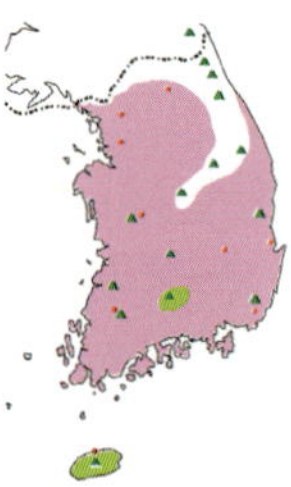

【국내】
- 지리산, 한라산, 보길도 자생, 전국식재
- 경복궁, 덕수궁, 선유도

【해외】
- 일본

암수한그루	충매화
활엽낙엽수	어긋나기
3월~4월	6월~7월
큰키나무	

한강 선유도 20.04.03

꽃자루와 암술대에 털이 나고 화통이 항아리처럼 둥글다. 가지가 처지며 자라고 작은꽃자루와 암술대에 털이 나고 꽃색이 연분홍으로 곱다. 공원과 화단에 흔하게 심으며 화엄사의 올벚나무가 오래되었고 한강 선유도에 많으며, 경복궁의 나무는 수형이 아름답다.

인천 15.05.18

양벚나무

장미과

Prunus avium

유럽지역에서 도입된 종이라고 양벚나무라 부른다.

[국내]
- 정원과 공원에 식재
- 홍릉수목원

[해외]
- 북반구, 유럽 남부, 중앙아시아

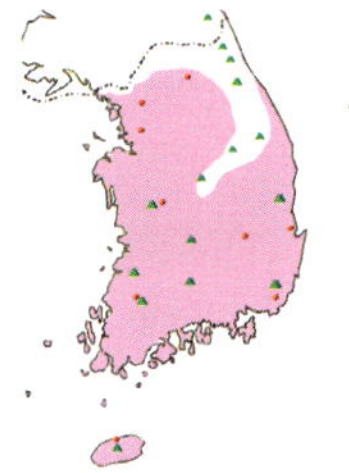

암수한그루	충매화
낙엽활엽수	어긋나기
4월	6월~7월
큰키나무	

열매가 1.2cm 정도로 굵으며 황적색으로 익는다. 꽃자루에는 거친 털이 나고 암술대와 씨방에는 털이 없다. 잎은 불규칙하고 둔한 톱니가 있고 표면에 뚜렷한 주름이 있으며 뒷면 맥 위에 퍼진 털이 있다. 꽃받침통은 윗부분이 좁고 꽃받침조각은 뒤로 젖혀진다.

울릉도 15.04.24

섬벚나무

장미과

Prunus takesimensis

울릉도에 자라는 벚나무이며 이를 구분하여 섬벚나무라 한다.

[국내]
- 울릉도
- 선유도

[해외]
- 울릉도 특산

암수한그루	충매화
낙엽활엽수	어긋나기
4월	6월~7월
큰키나무	

울릉도에 자라고 열매는 0.7x 1.1cm로 다소 굵다. 작은꽃자루는 길이 1.5~1.8cm로 짧다. 작은꽃자루나 암술대에 털이 없고 꽃받침조각은 뒤로 젖혀진다. 나무껍질은 회갈색으로, 껍질눈이 옆으로 길게 나타난다. 나무껍질은 회갈색이고 열매는 붉은색에서 검게 익는다.

처진개벚나무

장미과

Prunus verecunda var. pendula

산지에 자라는 벚나무 종류로 줄기가 아래로 처진다는 이름이다.

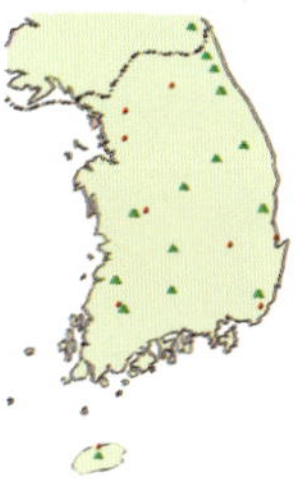

[국내]

- 산지에 드물게 자람
- **북한산**

[해외]

- 한반도 고유종

북한산 16.04.13

암수한그루	충매화
낙엽활엽수	어긋나기
4월	6월~7월
큰키나무	

일년생가지는 자줏빛이며 털이 없고 가지가 밑으로 처진다. 꽃은 지름 3.5cm로서 연분홍색을 띠며 잎과 같이 2~3개씩 산형꽃차례를 이룬다. 꽃잎은 둥글고 길이 2㎝ 정도로 끝이 오목하다. 꽃자루는 길이 3cm로서 털이 난다.

겹벚꽃 : 일본에서 산벚나무를 육종(育種)해 만든 품종으로 연분홍색 꽃으로 겹꽃이다. 열매는 맺지 못하고 병해충에도 약하다.

청벚꽃 : 꽃이 옅은 미색으로 핀다. 일본서 개발되었고 우콘자쿠라(鬱金桜) 또는 우콘노사쿠라라 불린다. 울금은 염색과 카레의 원료로 남부지역에서 재배되는 농작물이다.(*Prunus lannesiana* 'Gyoiko')

신안군 14.04.21

이스라지

장미과

Prunus japonica var. *nakaii*

「산림경제」에 '앵두는 이사 다니기를 좋아해서 이스랏(移徙樂)이라 한다'와 관련있다. 이슬과 연관이 있다는 견해도 있다.

[국내]

- 전국의 산지
- 영월, 서해안 산지

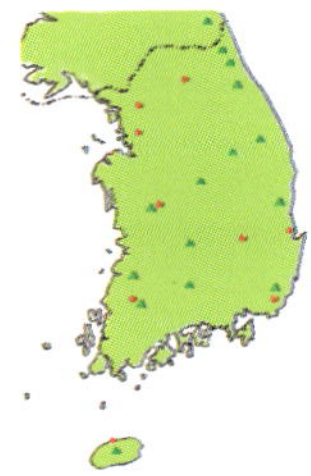

[해외]

- 중국

암수한그루 · 충매화 · 낙엽활엽수 · 어긋나기 · 5월 · 6월~7월 · 작은키나무

꽃자루는 길이 2cm 정도이다. 꽃은 연분홍색이며 2~4개가 산형으로 달리고 전국 산지에 자란다. 잎은 타원형이고 끝이 급하게 좁아지고 길이 3~7cm, 폭 2~2.5cm로서 표면에 털이 없으며 뒷면 맥 위에 잔털이 있고 가장자리에 깊은 겹톱니가 있다.

홍릉수목원 19.04.14

풀또기

장미과

Prunus triloba var. *truncata*

어원은 미상이다. *Prunus* 는 살구나무속을 이른다. *triloba*는 뽀뽀나무에도 쓰였으며 꽃잎이 3장이란 의미다.

[국내]

- 함경도 회령 무산에 자생
- 창경궁 서울역사박물관

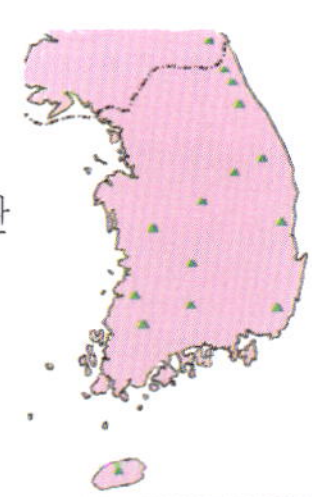

[해외]

- 일본, 중국, 대만

암수한그루 · 충매화 · 낙엽활엽수 · 어긋나기 · 4월~5월 · 8월 · 작은키나무

열매가 1.5~2cm 정도이고 흰털이 덮이고 적색으로 익으며 열매자루는 0.5cm 이내이다. 가지는 적갈색으로 윤이 나며 앵두나무와 닮았다. 키는 2~3m로 자란다. 잎은 피침형이고 톱니가 나거나 끝이 세쪽으로 갈라진다. 겹꽃은 만첩풀또기라 하며 열매가 잘 여물지 않는다.

옥매

장미과

Prunus glandulosa f. *albiplena*

산옥매를 개량한 꽃으로 매화를 닮았고 옥처럼 흰꽃이 핀다.

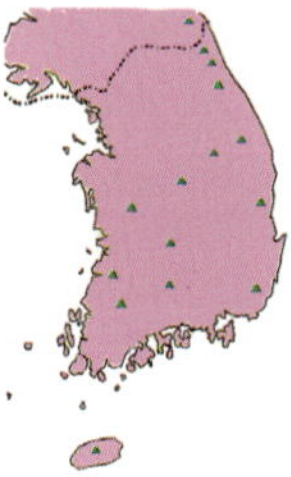

[국내]
- 전국의 공원 화단에 식재
- 인천수목원 전주수목원

[해외]
- 중국 원산

암수한그루	충매화
낙엽활엽수	어긋나기
4월	7월~8월
작은키나무	

도공 전주수목원 13.04.28

꽃과 잎이 동시에 피며 키는 1m쯤 자란다. 꽃잎이 흰 겹꽃으로 촘촘하게 달려 눈뭉치처럼 보인다. 줄기는 지면에서 여러 개가 모여 난다. 잎 가장자리에 물결 모양의 톱니가 나고 끝은 뾰족하다. 붉은꽃이 피는 것은 홍매라 부르며 이들은 열매는 맺지 않는다.

산옥매

장미과

Prunus glandulosa

매화를 닮은 옥같이 고운꽃이란 뜻이다. 중국원산으로 산옥매를 개량한 옥매가 있고 그중 붉은꽃은 홍매라 한다.

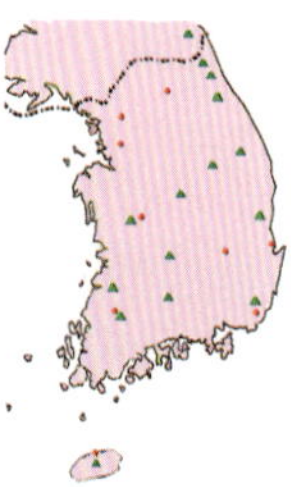

[국내]
- 공원 화단에 드물게 식재
- 전주수목원, 물향기수목원

[해외]
- 중국 원산 일본, 대만

암수한그루	충매화
낙엽활엽수	어긋나기
4월	7월~8월
작은키나무	

도공 전주수목원 13.04.28

열매가 익어도 암술대가 달려 있다. 꽃은 연분홍색으로 잎과 함께 피고 꽃자루는 1cm 이내로 짧고 암술대는 수술보다 길다. 잎은 길쭉하고 피침형이며 가장자리에는 둔한 톱니가 나고 뒤 맥 위에 약간의 털이 난다. 열매는 직경 1cm정도로 붉게 익으며 시고, 달콤한 맛이 난다.

홍천 17.04.23

열녀목

장미과

Prunus salicina var. *columnaris*

가지를 옆으로 뻗질 않고 위로만 자라는 것이 열녀의 자태라 보았다. 부부의 금실이 좋게 하고 아이를 갖게 한다고 한다.

[국내]

- 경기, 강원, 충청 식재
- 홍천, 정선 홍릉수목원

[해외]

- 중국 원산

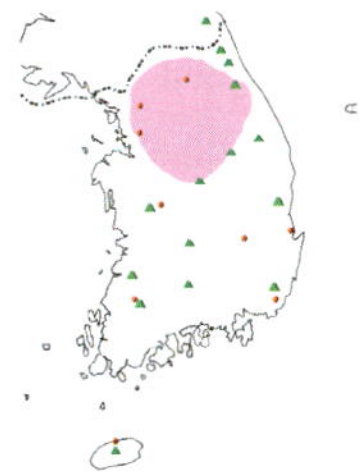

암수한그루	충매화		
낙엽활엽수	어긋나기		
4월	7월~8월		
중간키나무			

인가주위나 밭에 심는다. 가지가 지면에서 여러 개가 돋아 곧추서며 6~7m 키로 빗자루같이 자란다. 자두나무의 변종이며 열매가 좀 작으나 매우 닮았다. 잎은 타원형으로 끝은 뾰족하게 좁아지고 가장자리에 톱니가 있거나 간혹 겹톱니가 있다. 맥겨드랑이에 약간의 털이 있다.

완도 16.06.12

비파나무

장미과

Eriobotrya japonica

잎이 옛 악기인 비파를 닮았다고 비파(枇杷)나무라는 중국명을 쓴다. 한중일 같은 이름을 쓴다.

[국내]

- 제주도 남부해안 식재
- 공원, 가로수, 화단, 정원, 밭

[해외]

- 일본, 중국

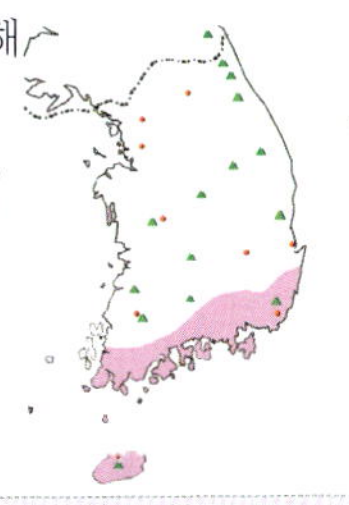

암수한그루	충매화
상록활엽수	어긋나기
10월~12월	익년 6월
중간키나무	

잎맥을 따라 접히듯 깊은 골이 나며 앞면은 광택이 나고 가죽질이며 뒷면은 갈색 털이 나고 잎자루는 없다. 키는 대체로 3~5m지만 10m에 이르기도 한다. 어린 가지에 갈색 털이 많다. 열매는 달고 향기로우며 남부지역에서 식용과 관상용으로 심는 늘푸른 중간키나무이다.

꽃이 너무 아름다워 담장 안에는 심지 않았다. 혹여 꽃을 보고 여인들의 마음이 심란해질까 염려했다고 한다. 한 남자와 결혼을 유지하지 못하고 이 남자 저 남자를 만나며 살게 되는 여자는 복사나무의 나쁜 기운인 도화살이 끼었다고 했다. 복사나무는 귀신을 쫓는다 해서 과일을 제사상에 올리지 않는다. 그러나 시골을 떠나 도시에 살게 된 사람이 고향을 떠올리면 가장 먼저 떠올리는 나무이다.

다정큼나무(쪽나무)

장미과

Raphiolepis indica var. umbellata

다정스럽다 할 만큼 고운 나무라는 의미이다. 어원이나 유래는 알려지지 않는다.

【국내】
- 제주, 전남, 경남
- 완도수목원 서귀포

【해외】
- 일본, 대만

암수한그루	충매화
상록활엽수	어긋나기
5월~6월	10월~11월
작은키나무	

서귀포 18.06.13

잎은 좁은 타원형이거나 변이가 많고 두껍고 딱딱하다. 잎에는 암녹색 그물맥이 뚜렷하다. 꽃은 흰색으로 가지 끝에 원뿔꽃차례로 핀다. 꽃잎은 5개로 원형 또는 달걀형이고 암술대는 2개이며 씨방은 2실이다. 열매는 구형이고 흑자색으로 익으며 흰 가루가 덮인다.

섬개야광나무

장미과

Cotoneaster wilsonii

야광나무는 어두운 밤을 밝힌다는 말이며 개는 그보다 못하다는 뜻에 섬에 자란다는 의미를 담고 있다.

【국내】
- 울릉도 송곳산
- 홍릉수목원 한밭수목원

【해외】
- 중국

암수한그루	충매화
낙엽활엽수	어긋나기
5월~6월	8월~9월
작은키나무	

홍릉수목원 14.05.03

열매는 굵기가 0.8~0.9cm로 흑자색으로 익고 백분이 덮인다. 울릉도에 자라며, 자생지가 10곳 미만으로 개체수가 매우 적은 멸종위기종이다. 꽃은 산방상 총상꽃차례로 달리고 5~20개의 꽃이 모여 핀다. 꽃자루의 털은 꽃이 핀 다음 떨어지며 암술대는 수술보다 짧다.

산사나무와 꽃사과, 아그배나무, 야광나무는 장미과로 열매 크기가 비슷하나 특징은 뚜렷하게 구분된다. 산사나무와 꽃사과는 열매꼭지에 꽃받침이 남아있고, 아그배나무와 야광나무는 꽃받침 흔적이 남지 않는다. 산사나무는 잎의 결각이 크고 아그배나무는 결각이 없는 잎과 결각을 갖는 잎이 함께 달린다.

화천 18.05.07

산사나무(아가위나무)

장미과

Crataegus pinnatifida

중국명 산사(山楂)를 차용하고 있다. 옛 이름은 '아가외'로 아기사과를 뜻한다. 북한명은 찔광나무이다.

[국내]

- 산지 전역에 자람
- 공원 수목원 물향기수목원

[해외]

- 일본, 중국, 러시아, 유럽, 영국

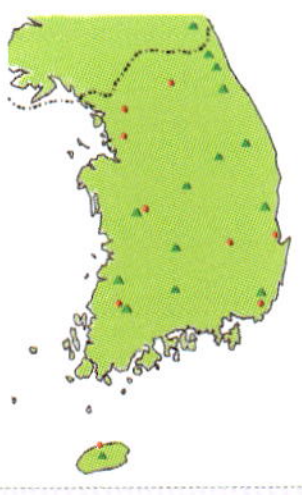

암수한그루 · 충매화
낙엽활엽수 · 어긋나기
4월~5월 · 9월~10월
중간키나무

열매에는 흰색 반점이 있으며 꽃받침이 붙어 있고 빨갛게 익는다. 꽃은 잎이 난 후 흰색으로 피고 털이 있다. 꽃잎은 둥글며 각 5개이고 수술은 20개이며 꽃밥은 홍색이고 몇 송이씩 뭉쳐 핀다. 잎은 깃 모양으로 깊게 갈라지며 밑부분의 열편은 주맥 가까이까지 갈라진다.

❶ **미국산사** : 잎은 타원형이고 톱니가 나고 결각은 없으며 큰 가시가 난다.

❷ **털산사** : 꽃자루, 열매, 잎맥에 털이 빽빽하게 난다.

❸ **넓은잎산사** : 산사나무보다 잎이 넓고 크며 결각이 나고 톱니는 얕게 갈라지고 맥에 잔털이 나고 열매는 1.5cm로 굵은 편이다.

아그배나무

장미과

Malus sieboldii

아이들이 열매를 따먹고 배탈이 나서 '아이구 배야'하다가 아그배가 되었다는 설, 작은 배인 '아기배'가 아그배로 변했다고 한다.

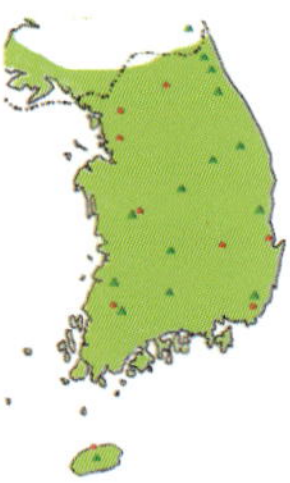

[국내]
- 황해도 이남
- 공원 화단에 재배, 전국 수목원

[해외]
- 일본, 중국

암수한그루	충매화
낙엽활엽수	어긋나기
5월	9월~10월
중간키나무	

태백산 15.05.05

가지 끝에는 깊은 결각이 나는 잎이 달리고 중간에는 달걀 형태의 잎이 나고 탁엽이 돋는다. 꽃은 연한 홍색으로 피고 점차 백색으로 변하며 산형꽃차례에 4~5개씩 달리고, 열매는 둥글며 지름 4~6mm로 홍색 또는 황색으로 익는다.

포천 16.06.18

야광나무

장미과

Malus baccata

열매가 작다는 의미의 아가외가 아가위나무 〉아광나무 〉야광나무로 보는 설과 만개한 꽃이 야광주(夜光珠)를 떠올린다고 야광나무.

[국내]

- 평안남북 함경남북 ,백두대간
- 평강수목원

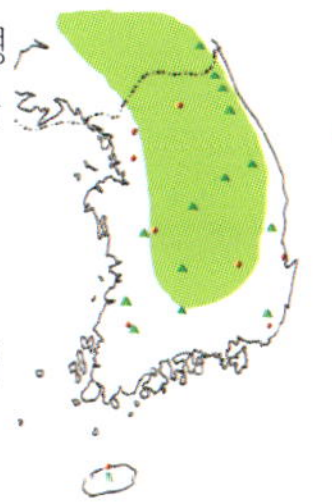

[해외]

- 중국, 일본, 러시아

잎은 달걀 모양이고 가장자리에 잔 톱니가 있으며 잎자루가 길다. 꽃은 산방꽃차례로, 꽃받침에는 털이 밀생하며, 연분홍색으로 꽃받침통에 털이 있고, 암술대는 4~5개이다. 열매는 붉은색 또는 노란색으로 익으며 열매자루는 4~8cm이고 열매의 끝에 꽃받침이 떨어진다.

- 암수한그루
- 충매화
- 낙엽활엽수
- 어긋나기
- 4월~5월
- 9월~10월
- 중간키나무

종로 정독도서관 19.04.09

서부해당화(수사해당)

장미과

Malus halliana

긴 꽃자루에 꽃이 늘어져 달리는 모습이 늘어진 실 같다고 수사(垂絲)해당에서 서부해당(西府海棠)으로 변경하였다.

[국내]

- 전국에 식재
- 공원 화단

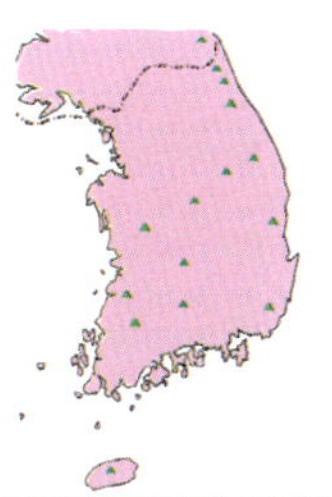

[해외]

- 중국원산, 일본, 대만

긴 꽃자루 끝에 분홍색 꽃이 달린다. 중국 특산으로 건조하고 양지바른 곳에 자란다. 키는 8m까지 자라고 지름 2cm 정도의 열매가 열리고 붉은색으로 익는다. 서부해당화는 학명을 딴 할리아나꽃사과 또는 수사해당화라 부르기도 하며 두 종을 따로 별개 종으로 구분하기도 한다.

- 암수한그루
- 충매화
- 낙엽활엽수
- 어긋나기
- 4월
- 7월~9월
- 중간키나무

이노리나무

장미과

Crataegus komarovii

함경도 방언으로 유래나 어원은 미상이다.

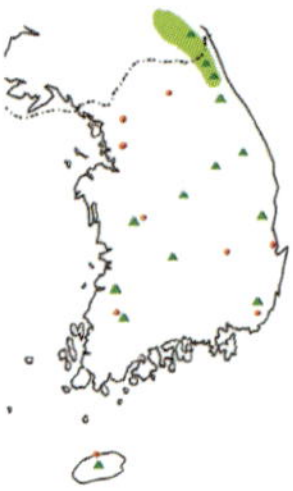

【국내】
- 북부지역
- 설악산 서북능선, 홍릉수목원

【해외】
- 중국

암수한그루	충매화
낙엽활엽수	어긋나기
5월~6월	9월~10월
작은키나무	

홍릉수목원 19.06.02

잎은 손바닥 모양으로 3~5개로 깊게 갈라지고 가장자리에 잔 톱니가 있으며 뒷면은 흰빛이 돌고 맥에 털이 있고 잎자루가 길다. 꽃은 백색이며 꽃받침 조각은 뒤로 젖혀지고 암술대는 4개이다. 키는 5m 정도로 자라고 열매는 가을에 붉게 익는다. 설악산 대청봉에 자란다.

사과나무(능금나무)

장미과

Malus pumila

아삭아삭한 식감이 모래를 연상시켜 모래사(沙)를 붙여 사과(沙果)라고 한 것으로 짐작된다. 개화기부터 능금이 쓰임.

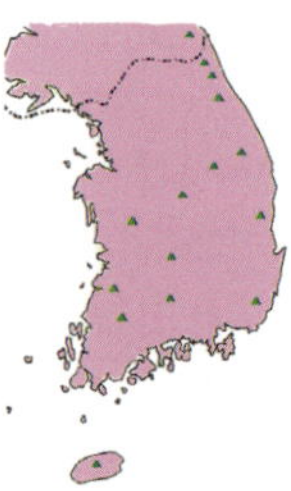

【국내】
- 전국의 농가에 재배
- 소백산 산기슭

【해외】
- 서아시아 원산, 전세계 식재

암수한그루	충매화
낙엽활엽수	어긋나기
4월	7월~8월
중간키나무	

문경새재 17.09.20

수많은 재배종이 있으며 사과가 달리는 나무를 통칭하는 이름이다. 잎은 타원형으로 가장자리에 톱니가 있으며 맥 위에 털이 있다. 흰색 꽃이 잎과 함께 가지 끝 잎겨드랑이에서 나와 산형으로 달린다. 겨울눈에는 털이 나고 일년생 가지는 자줏빛이다.

황매산 16.06.18

꽃사과나무

장미과

Malus prunifolia

꽃이 아름다운 사과나무라는 의미이다. 꽃이 특별히 아름답지는 않으며 열매가 작고 개량을 거치지 않은 원시적인 나무이다.

국내

- 전국 밭과 정원, 공원에 식재
- 가루받이 나무

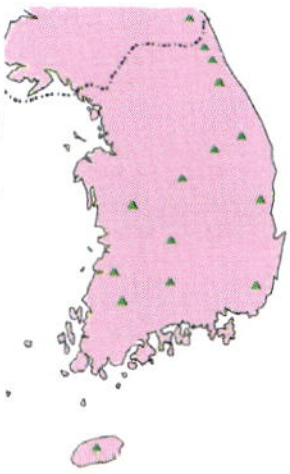

해외

- 아시아, 북미

꽃이 많이 피고 사과보다 굵기가 작은 열매가 달리며 많은 품종이 있다. 잎 가장자리에는 톱니가 있고 꽃은 총상화서로 6~10개가 연분홍 혹은 흰색으로 핀다. 과실은 직경이 1~2㎝ 정도로 연황색, 적색 등으로 익는다. 분재나 정원수, 가루받이 나무로 심는다.

암수한그루	충매화
낙엽활엽수	어긋나기
4월	7월~8월
중간키나무	

❶ 블랙초크베리 : 아로니아라 부르며 북미 원산으로 농작물로 재배한다. 4~5월에 꽃이 피고 7~8월에 수확한다. 폴란드가 최대 산지이고 음식, 음료, 가공식품을 만든다. 안토시아닌을 포함하고 있으며 국내에는 단양과 양주 지역에서 많이 재배한다. (*Aronia melanocarpa*)

❷ 레드초크베리 : 열매가 붉은색으로 익고 좀 작으며 조금 늦은 10월에 수확한다. 인천수목원, 물향기수목원에서 볼 수 있다. (*Aronia arbutifolia*)

윤노리나무

장미과

Pourthiaea villosa

윷을 만들어 윷놀이를 하는 나무라는 뜻에서 유래한 윷놀이나무가 발음이 쉬운 윤노리나무로 바뀌었다.

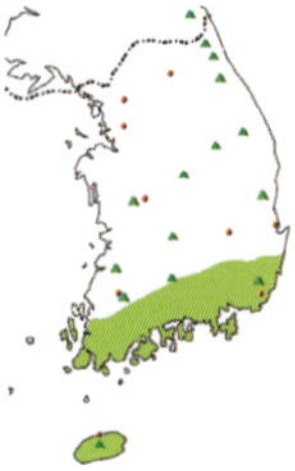

[국내]
- 경남, 전남, 제주, 울릉도
- 인천수목원 홍릉수목원

[해외]
- 중국, 일본

암수한그루	충매화
낙엽활엽수	어긋나기
4월~5월	8월~9월
중간키나무	

홍릉수목원 16.05.01

꽃은 편평꽃차례로 지름 0.7~1.2cm이며 흰색으로 피고 꽃자루에 흰 털이 밀생하고 피목이 발달한다. 수술은 20개이고 암술대는 2~4개로 밑부분이 합쳐진다. 열매는 이과로 붉게 익고 꽃받침 자국이 남는다. 잎은 끝이 급하게 좁아지고 뾰족하다.

떡윤노리나무

장미과

Pourthiaea villosa var. *brunnea*

윤노리나무보다 잎이 두껍고 두툼한데 이를 떡에 비유해서 떡윤노리나무라 한다.

[국내]
- 한라산 중간 산간, 진도, 월출산
- 한밭수목원

[해외]
- 일본, 중국, 대만

암수한그루	충매화
낙엽활엽수	어긋나기
5월	9월
작은키나무	

한밭수목원 17.10.07

잎은 두껍고 잎자루는 짧고 어린 가지에 피목이 두드러진다. 잎 가장자리에는 잘고 예리한 톱니가 나고 양면에 털이 있으나 점차 사라진다. 편평꽃차례로 백색 꽃이 달리며 흰 털이 밀생한다. 꽃잎은 원형이며 수술이 20개이고 암술대는 2~4개로서 밑부분이 합쳐진다.

울릉도 13.05.12

마가목

장미과

Sorbus commixta

새싹이 말의 이빨을 닮아 마아목(馬牙木)에서 나왔다는 것과 옛 문헌의 다양한 표기로 보아 순우리말의 이두식 표기 가능성.

[국내]

- 중부이남 산지
- 한라산, 설악산, 북한산 능선, 공원에 식재

[해외]

- 일본, 사할린

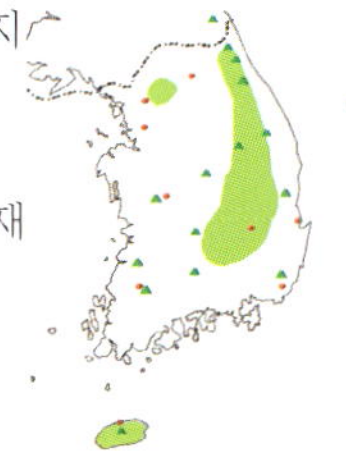

가지 끝에 꽃이 모여 복산방꽃차례로 백색으로 핀다. 햇가지는 짙은 적자색이고 겨울눈은 뾰족하며 끈끈한 점성이 있다. 잎은 4~7쌍의 작은잎으로 된 깃꼴겹잎이다. 열매는 작은 사과 모양이고 둥글며 끝부분에 남은 꽃받침은 안쪽으로 약간 구부러지고 붉게 익는다.

- 암수한그루 · 양성화
- 낙엽활엽수 · 어긋나기
- 5월~6월 · 10월
- 큰키나무

광릉수목원 17.04.16

명자나무(산당화)

장미과

Chaenomeles speciosa

동의보감에서 명자를 한자로 명사(榠樝)로 쓰고 명자로 읽는다. 산당화(山棠花)라 쓰기도 한다.

[국내]

- 전국 식재, 경상도 지역 자생
- 공원 울타리, 화단

[해외]

- 중국, 미얀마

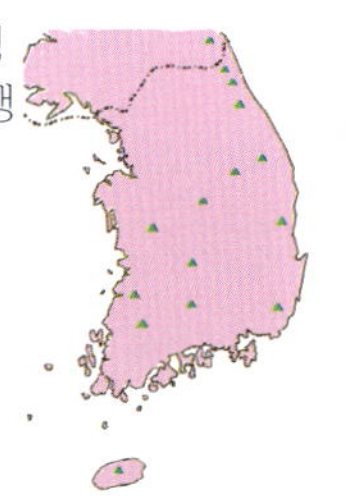

주로 관상용으로 심으며 키는 2m 내외에 달하고 잎은 타원형이며 가장자리에 톱니가 있고 턱잎은 달리나 일찍 떨어진다. 꽃은 모여 달리며 적색이지만 원예품으로 다양한 꽃색이 있다. 가지가 많이 돋고 반덩굴성으로 자라는 것은 풀명자나무이다.

- 암수한그루 · 양성화
- 낙엽활엽수 · 어긋나기
- 4월 · 7월~8월
- 작은키나무

모과나무

장미과

Chaenomeles sinensis

나무에 달린 참외란 뜻으로 목과(木瓜)였으나 ㄱ이 탈락하여 모과가 되었다.

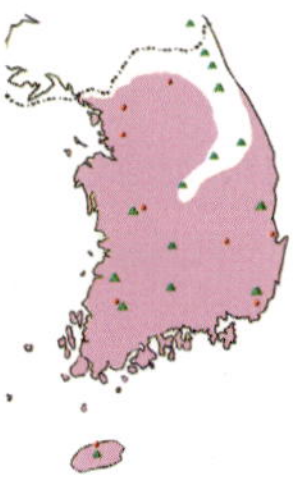

【국내】

• 중부이남 공원, 정원 식재

• 홍릉수목원

【해외】

• 중국, 일본

암수한그루 | 충매화
낙엽활엽수 | 어긋나기
5월 | 9월
중간키나무

홍릉수목원 16.06.18

나무껍질이 조각으로 벗겨지며 얼룩무늬가 나타난다. 중국 원산이며 관상수나 과수 또는 분재용으로 심는다. 키는 10m에 달하고 잎은 달걀모양이며 열매는 황색으로 익고 향기가 나며 신맛이 난다. 꽃은 연한 홍색으로 지름 2.5~3cm이며 1개씩 달린다.

배나무

장미과

Pyrus pyrifolia var

배는 순수 우리말로 아무르강과 사할린 일대에서 함께 쓰고 과즙이 많은 과일을 뜻의 페(pe)가 어원이라는 설이 있다.

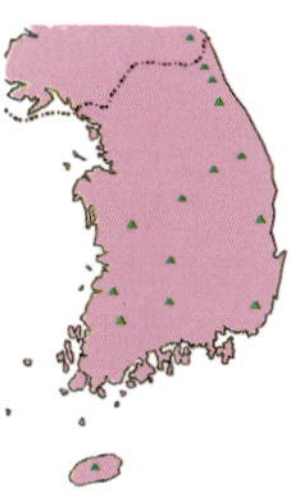

【국내】

• 과수원에 식재

• 의정부

【해외】

• 일본, 중국, 대만

암수한그루 | 충매화
낙엽활엽수 | 어긋나기
4월 | 9월
중간키나무

경기양주 16.04.28

열매의 과육에는 딱딱한 석세포가 들어있고 즙이 많다. 과일나무로 심는 배를 통칭하여 부르는 이름이며 개량한 원산지에 따라 일본배, 중국배 등이 있다. 꽃은 백색이고 총상꽃차례로 잎은 계란형으로 날카로운 톱니가 난다. 품종에 따라 크기가 다양하고 열은 갈색으로 익는다.

산돌배

장미과

Pyrus ussuriensis

태백 19.08.10

산지에 자생하는 배나무 종류로 열매가 작고 단단하며 석세포가 많다. 돌배나무 산돌배나무라 한다.

[국내]
- 강원도 이북지역 백두대간
- 산지 인가 주위

[해외]
- 중국, 일본, 극동러시아

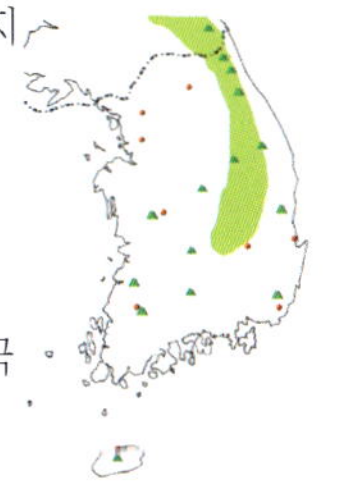

암수한그루	충매화
낙엽활엽수	어긋나기
5월	8월~10월
큰키나무	

열매가 익은 후에도 열매 꼭지에 꽃받침이 남으며 둥글고 지름은 3~4cm이며 노란색으로 익는다. 잎은 털이 없고 가장자리에는 침상의 톱니가 있다. 키는 10m에 달하며 줄기는 곧게 서고 나무껍질은 흑갈색으로 잘게 갈라지며 일년생가지는 갈색이고 털은 없다.

콩배나무

장미과

Pyrus calleryana var. *fauriei*

수원 칠보산 17.09.098

열매의 크기가 작다는 의미인 콩을 붙여 콩배나무라 한다.

[국내]
- 중부 이남 양지바른 산록과 계곡
- 물향기수목원

[해외]
- 일본, 중국

암수한그루	충매화
낙엽활엽수	어긋나기
5월	10월
작은키나무	

꽃밥은 자줏빛이 도는 적색이며 암술대는 2~3개이다. 열매는 둥글고 지름 1~1.5cm로서 10월에 녹갈색에서 흑색으로 익으며 꽃자루는 3cm이다. 잎은 길이 2~5cm로서 가장자리에 둔한 잔 톱니가 있으며 털이 있으나 점차 없어진다

팔배나무

장미과

Sorbus alnifolia

열매가 팥알처럼 생기고 꽃이 배나무를 닮았다는 의미이다.

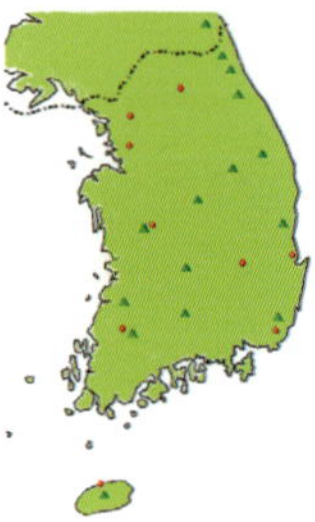

[국내]
- 전국 산지에 자생
- 북한산

[해외]
- 중국, 일본, 타이완

암수한그루	충매화
낙엽활엽수	어긋나기
5월	9월
큰키나무	

북한산 19.05.05

흰색 꽃이 산방꽃차례로 피고 꽃잎은 둥글며 수술은 20개 정도이고 암술대는 2~3개로 갈라진다. 잎은 타원형이고 끝은 뾰족하며 잎맥이 뚜렷하고 가장자리에 불규칙한 톱니가 난다. 열매는 붉게 익고 흰색 반점이 나며 시큼한 맛이 난다. 수피는 회갈색이고 갈라짐이 없다.

피라칸다

장미과

Pyracantha angustifolia

학명의 속명인 피라칸다를 따서 이름을 붙였다.

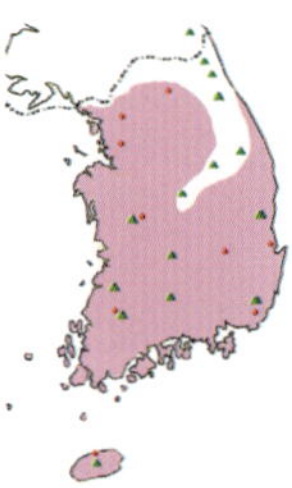

[국내]
- 전국의 공원 화단, 생울타리로 식재
- 한밭수목원

[해외]
- 중국 원산

암수한그루	충매화
상록활엽수	어긋나기
5월~6월	10월~12월
작은키나무	

완도수목원 15.10.18

전국에 심으며 겨울 동안 붉은 열매를 감상하는 나무이다. 주로 상록수이나 중부지역에서는 잎이 떨어지기도 한다. 지면에서 가지가 많이 돋는다. 잎은 두꺼운 타원형이며 길이 5~6cm, 폭 1~2cm로서 뒷면에는 짧은 백색 융모가 밀생하며 끝이 둔하며 가장자리가 밋밋하다.

조팝나무

아구장나무

당조팝나무

인가목조팝나무

공조팝나무

산조팝나무

꼬리조팝나무

참조팝나무

일본조팝나무

조팝나무

장미과

Spiraea prunifolia f. *simpliciflora*

익어 벌어진 열매가 좁쌀처럼 생겼는데 그 이름을 따서 붙였다.

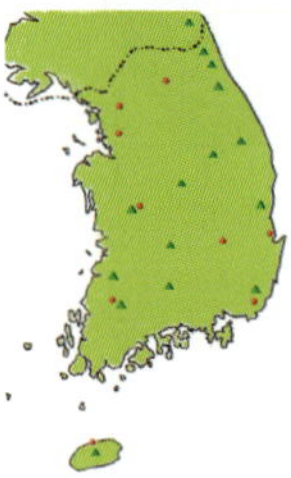

【국내】
- 함경남북도 제외한 전국
- 전국 수목원 정원, 공원

【해외】
- 중국

암수한그루	충매화
낙엽활엽수	어긋나기
4월~5월	8월~9월
작은키나무	

한강 둔치 16.04.18

꽃은 흰색이며 잎이 나오기 전 가지를 따라 4~6개씩 모여 달린다. 잎은 긴 타원형이며 가장자리에 잔톱니가 발달했으며, 길이와 폭은 각 2.5~4cm×1.5~2cm이다. 꽃잎은 5개이고 암술대는 수술보다 짧다. 줄기는 밤색이며 능선이 있고 광택이 난다.

아구장나무

장미과

Spiraea pubescens

어원이나 유래는 알려지지 않는다. *pubescens*는 라틴어로 사춘기를 뜻한다.

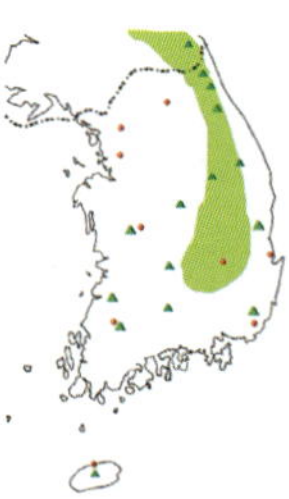

【국내】
- 경상도지역, 백두대간 이북
- 영월

【해외】
- 중국, 극동러시아

암수한그루	충매화
낙엽활엽수	어긋나기
5월~6월	10월
작은키나무	

설악산 18.06.02

잎 뒷면은 황갈색 털이 많이 있거나 없기도 한다. 길이는 3~4cm로, 상반부에 톱니가 있고 간혹 3개로 갈라지는 것도 있으며, 열매와 꽃자루에는 털이 없어서 이 부분에 털이 많은 당조팝나무와 구별된다. 키는 2m로 자라고 줄기는 곧추서며 가지는 회갈색 또는 황갈색을 띤다.

영월동강 18.05.21

당조팝나무

장미과

Spiraea chinensis

식물 이름에 쓰는 '당'은 나라 이름이라기보다는 기본 종명과는 다른 종이라는 뜻으로 대부분 가치 중립적이다.

【국내】
- 백두대간, 황해도, 함경도
- 정선, 영월

【해외】
- 일본, 중국

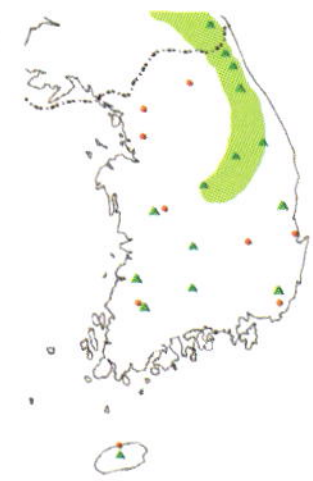

암수한그루	충매화
낙엽활엽수	어긋나기
4월~5월	9월~10월
작은키나무	

작은 꽃자루와 꽃자루 및 잎 뒷면과 열매에 누런 털이 밀생한다. 잎 바탕에는 맥을 따라 굴곡이 많다. 줄기는 지면에서 모여나기하고 일년생가지는 갈색으로 짧은 털이 나고 나무껍질은 세로로 갈라진다. 꽃은 지름 1cm 내외의 흰색 꽃이 산형꽃차례로 달린다.

정신 15.04.29

인가목조팝나무

장미과

Spiraea chamaedryfolia

인가목과는 아무런 관련이 없으며 어원은 미상이다.

【국내】
- 백두대간 북부 지역, 울릉도
- 함백산, 홍릉 수목원

【해외】
- 일본, 중국, 극동러시아

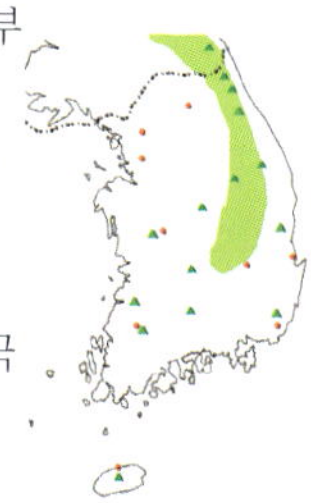

암수한그루	충매화
낙엽활엽수	어긋나기
4월~6월	9월~10월
작은키나무	

꽃은 적게 피는 편이고 수술이 30개 내외이며 꽃잎보다 길고 새로 돋은 가지에 달린다. 잎은 넓은 타원형이며 끝이 뾰족하고 길이 3~6cm로서 가장자리에 이중 톱니가 나며 표면에 털이 없고 뒷면은 회백색이다. 맥겨드랑이와 어린 가지 잎자루에 털이 밀생한다.

공조팝나무

장미과

Spiraea cantoniensis

둥글게 피는 꽃이 공을 쪼개놓은 것 같다고 공조팝나무라 부른다.

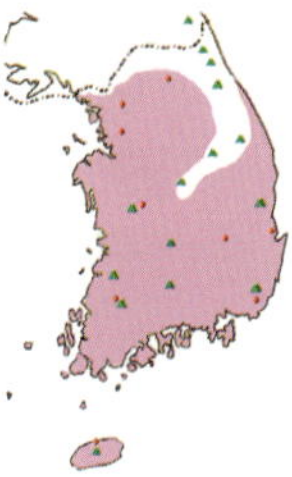

【국내】
- 전국의 공원
- 화단에 식재
- 인천수목원

【해외】
- 중국, 원산

⚥	암수한그루		충매화
	낙엽활엽수		어긋나기
	4월		7월~9월
	작은키나무		

서울 20.04.18

잎은 폭이 좁고 상반부에 결각상 톱니가 있으며 양면에 털이 없고 뒷면은 흰빛이 돈다. 중국 원산으로 화단과 공원에 정원수로 심는다. 꽃은 수술이 20개 내외이고 꽃잎보다 짧다. 키는 2m 정도이고 지면에서 가지가 많이 돋아 덤불처럼 보이고 많은 꽃이 핀다.

갈기조팝나무

장미과

Spiraea trichocarpa

줄기를 따라 돋아난 꽃이 말의 갈기를 닮은 조팝나무라는 의미이다.

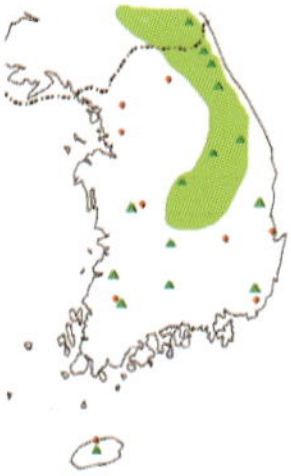

【국내】
- 백두대간, 강원, 충청, 경상북도
- 영월, 정선

【해외】
- 중국, 몽골, 내몽골

⚥	암수한그루		충매화
	낙엽활엽수		어긋나기
	5월~6월		9월~10월
	작은키나무		

영월 19.05.25

꽃이 겹산형꽃차례로 핀다. 가축의 갈기 모양으로 새로 자란 가지 끝에 꽃이 달리며 꽃잎은 둥글고 끝이 오목하며 수술과 길이가 비슷하다. 잎은 긴 타원형이며 양면에 털이 없이 매끈하고 잎 가장자리에 약간의 톱니가 나며 뒷면은 흰빛이 돈다.

덕산기계곡 19.05.21

산조팝나무(은행조팝나무)

장미과

Spiraea blumei

산지에 자라는 조팝나무라는 의미로 대부분의 조팝나무는 산지에 자란다. 의미보다는 구분을 위한 표식으로 쓰였다.

[국내]

- 강원 이남
- 울릉도, 영월 정선

[해외]

- 중국, 일본

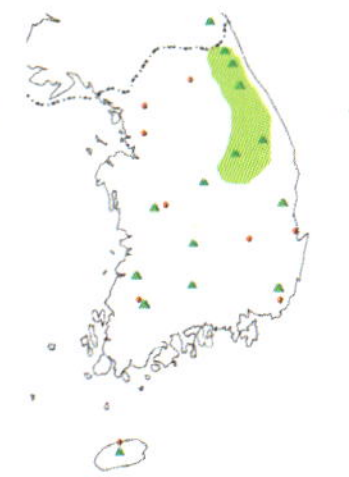

암수한그루	충매화
낙엽활엽수	어긋나기
5월	9월~10월
작은키나무	

잎이 둥근 편이거나 은행나무 잎을 연상시키며 상반부에 얕은 결각이 있고 길이와 폭은 거의 비슷하고 양면에 털이 없이 매끈하다. 잎맥이 돌출하였고 잎자루에도 털이 없다. 꽃은 산형상 편평꽃차례이며 꽃잎은 둥글고, 길이보다 너비가 넓으며, 수술이 꽃잎보다 짧다.

한강 둔치 20.06.18

꼬리조팝나무

장미과

Spiraea salicifolia

원뿔모양의 꽃이 가지끝에 피는 게 꼬리를 닮았다고 꼬리조팝나무라 부른다. *salicifolia*는 버들잎 모양의 잎을 뜻한다.

[국내]

- 중부 이북지역
- 공원 가로수 화단, 한강

[해외]

- 일본, 중국, 극동러시아

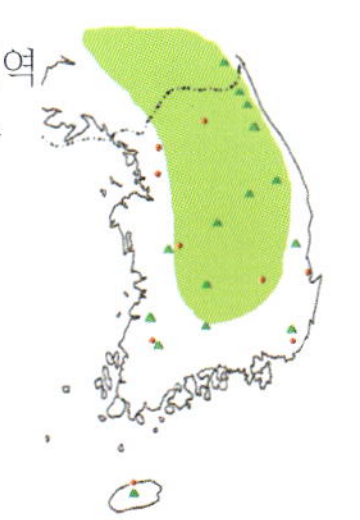

암수한그루	충매화
낙엽활엽수	어긋나기
5월~9월	9월~10월
작은키나무	

꽃은 줄기 끝에 원뿔모양꽃차례가 발달하고 분홍색 꽃이 피고 꽃대와 작은꽃자루에 털이 많다. 개울가나 습지 주위의 양지바른 곳에서는 전국 어디서든 흔하게 자란다. 키는 1~1.5m이며 가지는 능선이 있고 털이 있는 것과 없는 것이 있다. 여름에 피는 조팝나무이다.

참조팝나무

장미과

Spiraea fritschiana

조팝나무 중에 붉은색으로 피며 주로 산 가장자리에서 능선에 이르기까지 오랜 기간 핀다.

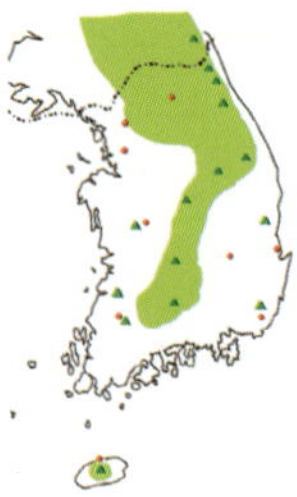

【국내】
- 북부지역
- 백두대간
- 지리산

【해외】
- 중국

암수한그루	충매화
낙엽활엽수	어긋나기
5월~7월	9월
작은키나무	

오대산 17.07.07

꽃은 새 가지 끝에 겹편평꽃차례로 달리고 가운데가 붉고 수술이 꽃잎보다 2배 길다. 키는 1m 정도이고 가지에는 능각이 있고 자갈색을 띤다. 잎은 긴 타원형으로 폭은 각 3~8cm× 3~4cm로, 중앙 이하에 겹톱니가 있으며, 잎 양면과 잎자루에 털이 없다.

일본조팝나무

장미과

Spiraea japonica

일본에서 개량되어 도입한 조팝나무이다.

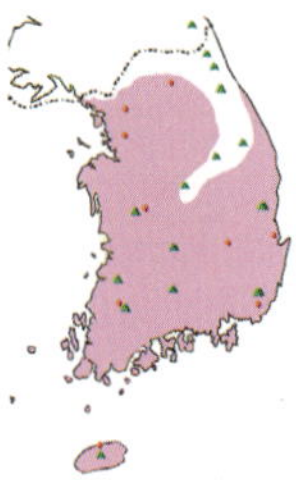

【국내】
- 전국 화단 공원 가로에 식재
- 홍릉수목원

【해외】
- 일본 원산

암수한그루	충매화
낙엽활엽수	어긋나기
6월~7월	8월~9월
작은키나무	

홍릉수목원 16.06.22

일본에서 개량되어 도입된 조팝나무로 꽃이 붉고 여름내 핀다. 전국적으로 심으며 키는 1m에 달하고 가지에 능선이 있고 털이 나는 것도 있다. 꽃은 연한 분홍색이고 가지 끝에 편평꽃차례에 모여 달린다. 잎이 조팝나무 종류 중에 가장 가늘고 가장자리에 톱니가 난다.

❶ **징미조팝** :도입 원예종으로 정원에 심으며 꽃잎이 겹잎으로 일본 중국에 자생하며, 조팝나무의 원종으로 본다. 국립수목원(*Spiraea prunifolia*)

❷ **가는잎조팝나무** : 정원에 심으며 중국원산으로 잎에는 톱니 없이 매끈하다. 전주수목원, 홍릉수목원(*Spiraea thunbergii*)

천마산 16.06.02

국수나무

장미과

Stephanandra incisa

줄기를 잘라 껍질을 벗기면 속에 들어 있는 목질이 국수면발 같다고 국수나무라 부른다.

[국내]
- 전국 산지
- 산지 가장자리

[해외]
- 일본, 중국 대만

암수한그루 | 충매화
낙엽활엽수 | 어긋나기
6월~7월 | 9월~10월
작은키나무

꽃은 원뿔모양꽃차례로 새 가지 끝에 달리고 낱 꽃이 40~80개 정도가 달린다. 꽃받침조각은 첨두이고 수술은 10개로 꽃잎보다 짧다. 잎에는 결각상의 톱니가 발달하고 주로 3갈래가 나고 뒷면 맥 위에 털이 있다. 가지 끝은 밑으로 처지며 일년생가지는 둥글고 잔털이 난다.

나도국수나무

장미과

Neillia uekii

국수나무와 닮았지만 유사한 종류라는 의미로 쓰인다.

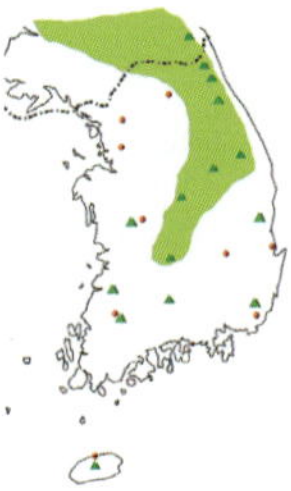

【국내】
- 경기, 강원, 충북
- 물향기수목원

【해외】
- 중국

암수한그루	충매화
낙엽활엽수	어긋나기
5월	9월~10월
작은키나무	

충북 단양 17.05.14

잎은 타원형이고 가장자리는 결각상의 톱니가 있으며 뒷면 잎맥에 털이 있다. 꽃은 가지 끝에 이삭처럼 달리고 작은 꽃대에 샘털이 난다. 열매는 달걀꼴로 샘털이 거칠게 나며 윗부분에 꽃받침이 남는다. 국수나무와는 속이 다르다.

쉬땅나무(개쉬땅나무)

장미과

Sorbaria sorbifolia var. *stellipila*

열매의 색깔과 모양이 밭 작물인 수수 이삭을 닮았다. 수숫단나무 〉 수숫땅나무 〉 쉬땅나무가 되었다.

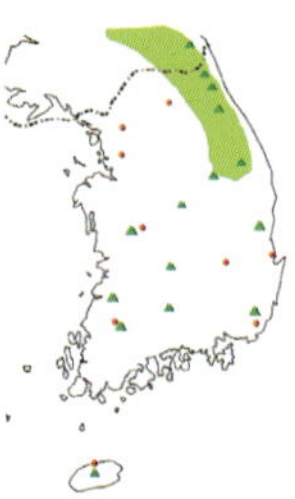

【국내】
- 북부지역, 강원도, 백두대간
- 대암산 국립수목원

【해외】
- 중국, 일본, 극동러시아

암수한그루	충매화
낙엽활엽수	어긋나기
6월~7월	9월~10월
작은키나무	

양구 대암산 17.07.29

꽃은 복총상꽃차례로 꽃대와 열매에 털이 있고 하늘을 향해 곧추선다. 잎은 깃꼴겹잎이고 소엽은 13~23개이며 뒷면에 별 모양의 털인 성모가 있다. 잎 끝은 꼬리처럼 뾰족하고 겹톱니가 난다. 키는 2m로 자라고 많은 줄기가 지면에서 모여난다.

하늘공원 15.06.26

좀쉬땅나무

장미과

Sorbaria kirilowii

쉬땅나무보다 흔히 작거나 못하다는 말이나 특별한 의미는 없으며 구분에 쓰였다.

[국내]
- 전국 화단 공원에 식재
- 하늘공원

[해외]
- 중국 원산

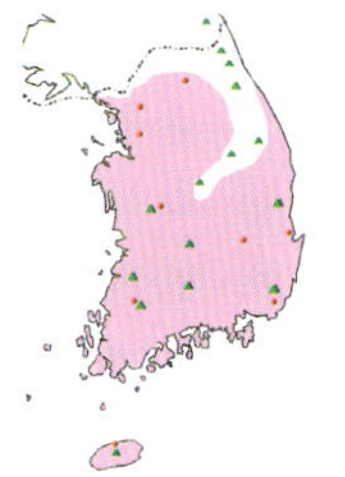

암수한그루 / 충매화
낙엽활엽수 / 어긋나기
6월~7월 / 9월~10월
작은키나무

쉬땅나무보다 수술 수가 적고 열매에는 털이 거의 없다. 꽃차례가 옆으로 고개를 떨구며 핀다. 복총상꽃차례로 많은 꽃이 달리며 꽃대에 털이 있고 잎은 깃꼴겹잎이다. 소엽은 13~21개이며 뒷면에 별 모양의 털이 있고 끝이 꼬리처럼 뾰족하고 겹톱니가 난다.

영월 상등 15.05.25

가침박달

장미과

Exochorda serratifolia

씨방이 바느질할 때 감치기를 한 모습이고 박달나무처럼 단단하다고 '감치기박달나무'가 가침박달로 변하였다.

[국내]
- 강원도, 경기도
- 영월 장릉습지

[해외]
- 일본, 중국, 러시아, 미국, 유럽

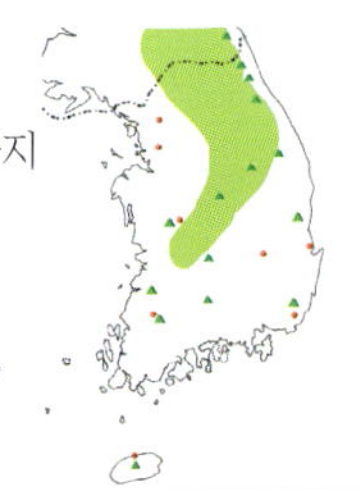

암수한그루 / 충매화
낙엽활엽수 / 어긋나기
5월~6월 / 7월~8월
중간키나무

꽃은 백색이고 총상꽃차례에 3~8개씩 달리며 꽃잎도 5개로 백색이고 끝이 오목하다. 수술은 25개, 암술대는 5개이고 종자가 1~2개씩 들어 있으며 날개가 있고 열매는 5개의 골이 지는 삭과이다. 잎 뒷면은 회백색이고 양면에 털이 없으며 타원형으로 끝은 뾰족하다.

병아리꽃나무(대대추나무)

장미과

Rhodotypos scandens

병아리가 부화할 때 흰꽃이 피는데 그 모습이 병아리처럼 귀엽다는 이름이다. 중국명은 계마(鷄麻)이다.

[국내]
- 황해도 이남, 경기도, 서해안 자생, 식재
- 전주수목원

[해외]
- 일본, 중국

안산 풍도 13.05.25

암수한그루	충매화
낙엽활엽수	마주나기
5월	9월
작은키나무	

꽃잎은 흰색으로 4장이며 가장자리는 구불거리고 원형이며 새로 돋은 가지에 핀다. 암술대는 4~6개이고 수술은 여러 개이다. 잎은 타원형이고 끝은 꼬리처럼 뾰족하며 주름이 지고 뒷면은 연한 녹색으로 긴 털이 있다. 꽃받침조각과 꽃잎 등이 모두 4장씩이다.

황매화(죽도화)

장미과

Kerria japonica

봄에 피는 노란 꽃이 매화처럼 예쁘다고 황매화(黃梅花)라 부른다.

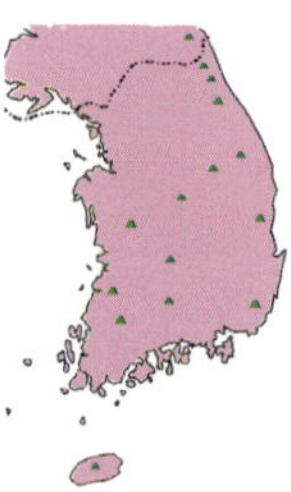

[국내]
- 전국 정원수로 식재
- 마을 인근 산언저리 북한산

[해외]
- 일본, 중국

관악산 14.04.30

암수한그루	충매화
낙엽활엽수	어긋나기
4월~5월	8월~9월
작은키나무	

꽃은 가지 끝에 1송이씩 피고 황색이며 꽃잎은 5개이다. 잎은 달걀모양으로 가장자리에 결각상의 겹톱니가 있고 잎맥이 오목하게 들어가며 뒷면은 맥이 돌출하고 맥 위에 털이 있다. 겹꽃은 겹황매화 또는 죽단화, 죽도화라 부른다.

백두산 인근 14.07.26

물싸리(산양지꽃나무)

장미과

Potentilla fruticosa var. *rigida*

잎이 싸리나무를 닮았다. 싸리는 콩과에 쓰는 이름이다. 산에 자라는 양지꽃이 피는 나무로 '산양지꽃나무'가 어울린다.

【국내】
- 함경남북도 고산지
- 전국수목원 화단 식재

【해외】
- 북반구, 유럽에서 북미대륙

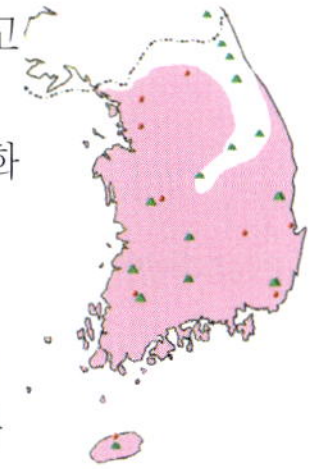

암수한그루	충매화
낙엽활엽수	어긋나기
6월~8월	7월~9월
작은키나무	

잎은 홀수깃꼴겹잎이며 소엽은 긴 타원형으로 3~7개(보통 5개)이고 뒷면에 회록색 잔털이 나며 가장자리가 뒤로 말린다. 꽃은 지름 3cm 정도로서 새 가지 끝에 달리며 잎겨드랑이에 2~3개가 달린다. 풀꽃인 양지꽃을 닮았다.

아구장나무와 당조팝나무는 구분이 쉽지 않다. 두 종은 잎과 열매자루, 열매에 나타나는 털의 특징으로 구별된다. 아구장나무는 잎 뒷맥에 약간의 털이 난다. 이에 비해 당조팝나무는 열매와 꽃받침, 작은 꽃자루 및 잎 뒷면에 누런 털이 밀생한다.

딸기나무속

줄딸기

멍석딸기

멍덕딸기

복분자딸기

곰딸기

산딸기

섬나무딸기

섬딸기

거문딸기

장딸기

수리딸기

겨울딸기

줄딸기

장미과

Rubus oldhamii

딸기는 딸과 함께 따다는 말에 어원이 있다. 떨기가 어원이라는 견해도 있다. 줄딸기는 덩굴로 자라는 딸기이다.

함백산 14.05.01

잎은 깃꼴겹잎으로 작은잎이 5~9개로 이루어지며 가장자리에 톱니가 이중으로 나고, 표면에 잔털이 있으며 뒷면 맥 위에 가시와 털이 있다. 잎자루 주위에는 억센 가시가 나며 어린 가지는 붉은빛이 돌고 백분으로 덮여있다. 꽃은 연분홍색으로 피고 키는 2m 정도로 자란다.

【국내】
- 국내 전역의 산 언저리와 들
- 북한산

【해외】
- 중국, 일본

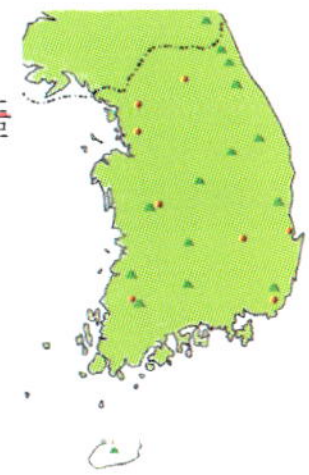

암수한그루	충매화
낙엽활엽수	어긋나기
4월~5월	7월~8월
덩굴나무	

멍석딸기

장미과

Rubus parvifolius

줄기가 멍석을 깐 것처럼 바닥에 붙어 자란다고 멍석딸기라 한다.

안양천 19.08.15

잎은 작은잎 3장의 깃꼴겹잎이며 각각은 달걀상 원형이고 흔히 3개로 갈라지고 가장자리에 큰 톱니가 난다. 길이는 2~5cm로 표면에 잔털이 있으며 뒷면에 가시와 잔털이 있고 잎자루에도 털과 가시가 있다. 꽃은 연분홍색이며 원뿔모양꽃차례로 꽃대에 가시와 털이 있다.

【국내】
- 전국 산지 가장자리, 들, 해안
- 안면도

【해외】
- 중국, 일본

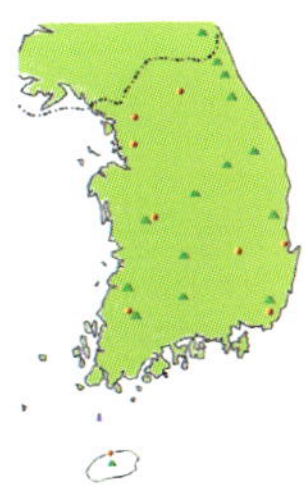

암수한그루	충매화
낙엽활엽수	돌려나기
5월~6월	7월~8월
덩굴나무	

멍덕딸기

장미과

Rubus idaeus var. microphyllus

멍덕(벌집을 보호하기 위해 짚으로 만든 바가지 같은 덮개) 주위에 자란다는 뜻으로 보이며 비교적 높은 산지에 자란다.

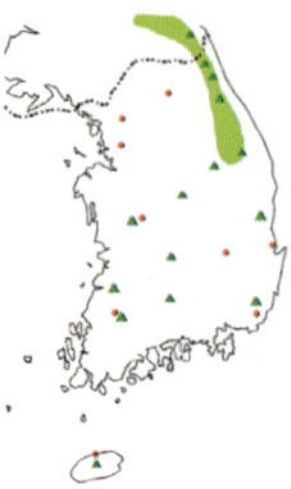

[국내]
- 중부 이북 높은 산지
- 함백산

[해외]
- 만주, 일본, 아무르, 사할린, 캄차카

암수한그루	충매화
낙엽활엽수	어긋나기
6월~7월	7월~8월
반덩굴성나무	

함백산 16.06.04

꽃은 흰색이고 꽃잎이 곰딸기에 비해 크다. 잎은 작은잎 3장이 모여나고 잎자루에 융털과 가시가 있다. 가운데 소엽이 가장 크고 잎 앞면에는 잔털이 있으며, 뒷면은 백색 면모로 덮여 있고 가장자리에 불규칙한 톱니가 있다. 줄기에 황갈색 또는 홍색의 가시가 밀생한다.

복분자딸기

장미과

Rubus coreanus

소변을 보면 요강을 엎는 열매라고 복분자(覆盆子)라 하며 남자의 정력과 여성의 임신을 도와주는 약효를 지닌다고 한다.

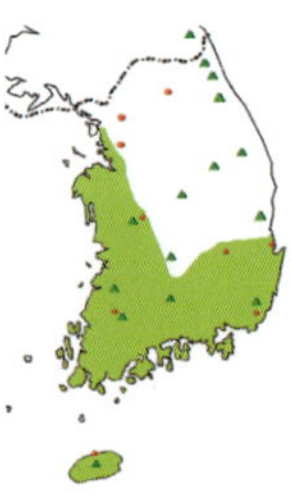

[국내]
- 경기 이남
- 황해도 해안 전국 수목원 자생 및 재배

[해외]
- 중국

암수한그루	충매화
활엽활엽수	어긋나기
5월~6월	7월~8월
반덩굴성나무	

충남 공주 19.07.27

열매가 붉은색에서 검은색으로 익는다. 가지는 백분이 덮여있다. 잎은 홀수깃꼴겹잎이고 소엽은 5~7개로 길이는 3~7cm이며 불규칙하고 예리한 톱니가 난다. 꽃은 가지 끝에 산형꽃차례로 달리고 꽃받침조각은 꽃잎보다 길고 털이 난다. 지역에 따라 작물로 재배한다.

제주 19.05.18

가시복분자딸기

장미과

Rubus schizostylus

줄기와 잎자루에 거친 가시가 난다고 가시복분자딸기라 한다.

【국내】

• 제주도 해안가 산가장자리

【해외】

• 미확인

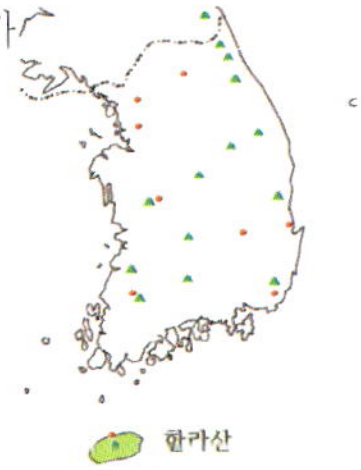

암수한그루 / 충매화

낙엽활엽수 / 어긋나기

5월~6월 / 7월~8월

반덩굴나무

꽃은 편평꽃차례로 새 가지 끝에 달리고 꽃받침통 표면에 가시와 털이 있다. 꽃잎은 안쪽으로 꼬부라지고 장미색이며 꽃받침과 길이가 같거나 짧고 씨방에 털이 많다. 잎은 우상복엽이고 소엽은 3~7개이며 깊은 겹톱니가 있고 표면은 광택이 나며 뒷면에 잔털이 있다.

인제 18.07.08

곰딸기(붉은가시딸기)

장미과

Rubus phoenicolasius

샘털이 덮인 꽃봉오리가 검붉어 검다는 뜻으로 곰딸기라 부른다.

【국내】

• 전국 산과 들

• 산 가장자리

【해외】

• 일본, 중국, 대만

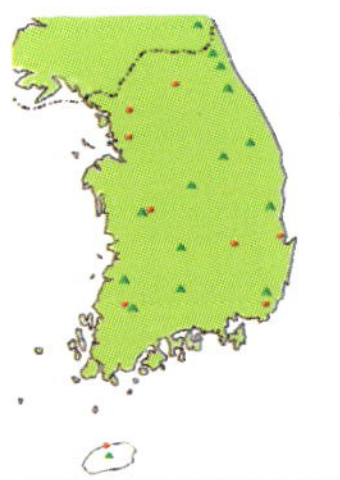

암수한그루 / 충매화

낙엽활엽수 / 어긋나기

5월~6월 / 7월~8월

반덩굴성나무

잎은 3~5개의 작은잎으로 깃꼴겹잎이고 중앙의 잎이 훨씬 크며 결각이 나고 겹톱니가 있다. 작은잎은 표면에 부드러운 털이 있으며 뒷면에 백색 밀모가 있고, 엽병에는 샘털이 밀생한다. 작은잎의 개수와 결각 및 꽃잎의 크기로 멍덕딸기와 구분된다.

산딸기

장미과

Rubus crataegifolius

무더기를 뜻하는 '떨기'와 산에 자라는 딸기라는 의미로 산딸기라 한다. *Rubus*는 라틴어로 '붉다'.

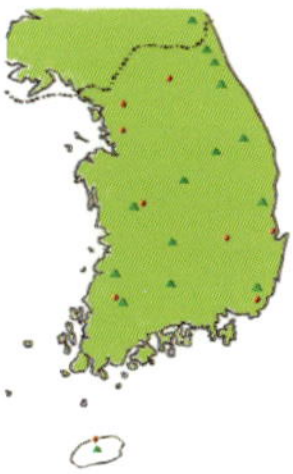

【국내】
- 전국의 산지
- 산지 가장자리

【해외】
- 중국, 일본, 극동러시아

암수한그루	충매화
낙엽활엽수	어긋나기
6월	7월~8월
작은키나무	

북한산 14.05.19

잎은 3~5개로 갈라지며 열편은 달걀꼴로 이중톱니가 있고 잎자루는 길이 2~5cm이고 갈퀴 같은 가시가 있다. 꽃은 백색이고 산방상이거나 하나 또는 2개씩 달린다. 양지바른 모래 땅에 군락을 이루어 자라고 키는 2m 정도로 줄기에도 가시가 많이 돋는다.

섬나무딸기(섬산딸기)

장미과

Rubus takesimensis

울릉도에 자라는 나무딸기 종류라는 의미이다.

【국내】
- 울릉도. 오동도
- 강릉 해안가

【해외】
- 한국 특산

암수한그루	충매화
낙엽활엽수	어긋나기
5월	7월
반덩굴나무	

울릉도 16.04.24

잎자루와 잎 뒷면 주맥에 갈퀴 같은 가시가 없는 것이 산딸기와 구분된다. 키는 4m 정도이고 줄기에도 가시가 없다. 잎은 손모양으로 3~5개로 갈라진다. 울릉도 특산종으로 내륙의 산딸기보다 키와 잎이 다소 크나 내륙에 옮겨 심으면 다시 가시가 자란다고 한다.

섬딸기

장미과

Rubus ribisoideus

남해안 섬 지역에 많이 자라는 딸기라는 의미이다. 맥도딸기와 거제딸기도 같은 종으로 본다.

국내
- 해안도서 지역
- 거문도, 거제도

해외
- 일본

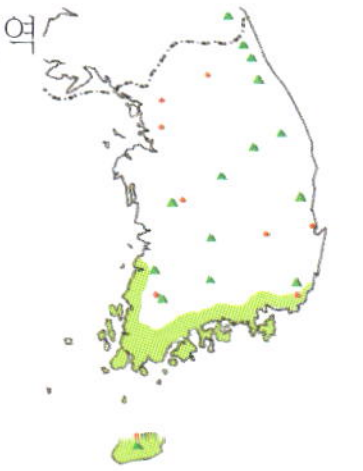

거제도 17.06.04

가장자리는 3~5개로 반쯤 갈라지며 불규칙한 톱니가 드문드문 난다. 꽃 가지가 굵고, 일년생가지에는 짧고 부드러운 털이 밀생한다. 꽃은 백색으로, 3~4월에 새 가지 끝에 1개씩 달리며, 꽃대 길이는 1~2cm이고, 꽃받침과 함께 융털이 밀생한다.

암수한그루	충매화
낙엽활엽수	어긋나기
4월~5월	6월~7월
반덩굴나무	

거문딸기

장미과

Rubus trifidus

거문도에 분포하는 딸기로 거문딸기라 한다.

국내
- 거문도
- 제주도

해외
- 일본, 중국, 대만

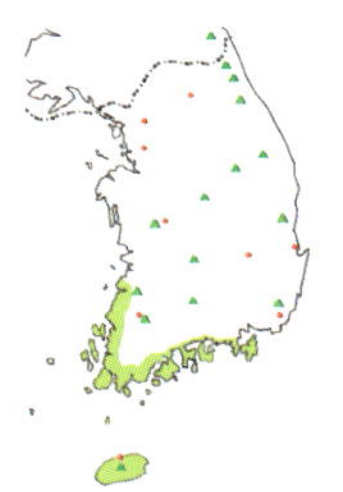

제주시 16.06.18

꽃은 백색으로 새 가지에 1개씩 달린다. 꽃자루에 샘털이 있고 꽃받침과 함께 융단 같은 털이 밀생한다. 꽃받침은 안쪽에 짧은 털이 밀생하고 꽃잎은 난상 원형이며 백색이고 길이와 폭이 각각 15mm로서 옆으로 퍼진다. 섬딸기의 유사종이다.

암수한그루	충매화
낙엽활엽수	어긋나기
6월	7월~8월
작은키나무	

장딸기

장미과

Rubus hirsutus

잎자루가 긴 딸기라는 의미로 추정한다.

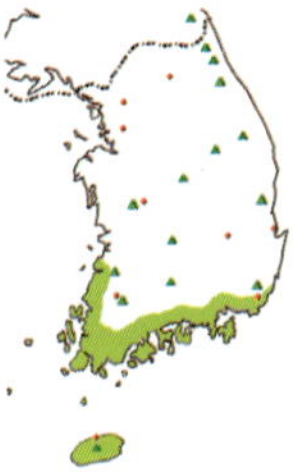

【국내】
- 전남 거제도
- 제주도 낮은 지대, 들판

【해외】
- 중국, 일본

청산도 21.04.07

암수한그루	충매화
낙엽활엽수	어긋나기
3월~5월	5월~6월
덩굴나무	

잎은 깃꼴겹잎으로 작은잎이 3~5개로 이뤄지며 가장자리에 결각상 톱니가 나고 잎자루가 길고 턱잎으로 가시가 난다. 꽃받침조각은 끝이 꼬리처럼 길게 뾰족하고 양면에 짧은 털이 난다. 꽃잎은 5장이며 수평으로 펴지고 꽃받침과 길이가 거의 같다.

수리딸기

장미과

Rubus corchorifolius

어원이나 유래는 미상이다.

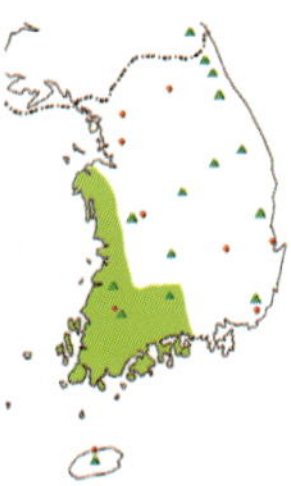

【국내】
- 충남이남 남부지역
- 공원 가로수 화단에 재배

【해외】
- 중국, 일본

지리산 16.04.22

암수한그루	충매화
낙엽활엽수	어긋나기
4월~5월	5월~6월
작은키나무	

잎은 달걀상 피침형이고 홑잎이고 가장자리에 불규칙한 잔 톱니가 있다. 잎 뒷면은 융털이 밀생하고 잎자루는 15~20mm이고 날카로운 가시가 달린다. 열매는 노란색을 띤 붉은색이고 종자에는 주름이 있다. 꽃은 곁가지 끝에 1~2개씩 달리며 백색이고 아래로 드리워진다.

겨울딸기

장미과

Rubus buergeri

겨울에 익는 딸기란 의미이다.

【국내】
- 제주도
- 제주 산지

【해외】
- 중국 일본 대만

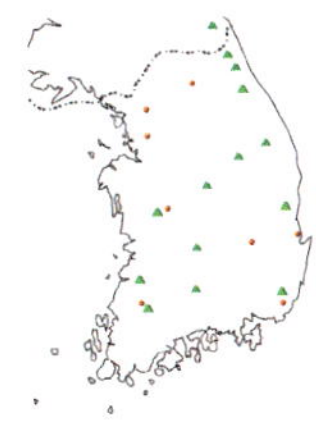

제주시 16.01.18

암수한그루	충매화
낙엽활엽수	어긋나기
7월~8월	11월~12월
덩굴나무	

제주도 숲속에 자라고 식물 전체에 융털이 빽빽이 나고 가시가 나며 간혹 없는 것도 있다. 잎은 원형으로 잎의 밑부분이 심장형이며 잎 뒷면에 융털이 빽빽이 나고 가장자리가 패어 갈라지며 약간 뾰족한 톱니가 있다. 꽃은 흰색으로 총상꽃차례로 핀다.

장미

장미과

Rosa hybrida

장미과에 속하는 원예종를 통칭하는 말로 한중일 모두 장미(薔薇)를 쓴다.

장미는 장미과에 속하는 관목으로 전 세계 약 300종 이상의 자생종이 있으며 주로 아시아가 원산이다. 유럽, 북미, 아프리카에도 일부가 자란다. 이들의 자연교배종과 개량종은 약 25,000종에 이르고 현재 재배되는 종은 5천 종에 달한다.

향수를 추출하거나 관상용으로 심으며 매년 수백 종이 새로 개발되고 있다. 5월에서 10월에 꽃이 피고 붉은색에서 노란색, 흰색, 분홍색 등이 있으며 바닥을 기거나 덩굴로 또는 곧추서며 자란다. 기온이 오르는 여름에는 개수가 줄고 꽃이 작아진다. 대부분 줄기와 잎맥에 가시가 달리고 작은잎이 3~13장이 모여 난다. 용인 놀이 공원 장미축제에서는 한번에 약 500종에서 700여 종을 선보이기도 한다.

장미속 잎, 열매

찔레꽃 해당화 생열귀나무 인가목 흰인가목

장미속으로 해발 고도에 따라 종의 구분이 뚜렷하다. 바닷가 암반에는 돌가시나무가 자라고 모래땅에는 해당화가 자생하며 들판과 강가에는 찔레꽃이 있고, 산지 가장자리에는 생열귀나무가 자란다. 인가목과 흰인가목, 둥근인가목은 해발 1,000m 이상 산지에 자란다. 이들은 모두 작은잎이 모여나는 복엽이며 열매의 형태와 굵기로 구분할 수 있다. 가장 굵은 것은 해당화이며 생열귀나무는 샘점이 많고 인가목은 열매가 길쭉하고 흰인가목은 줄기가 가늘다.

찔레꽃

장미과

Rosa multiflora

잎과 가지에 돋은 가시가 '찌르는 꽃나무'라고 찔레꽃이나 찔레나무가 되었다.

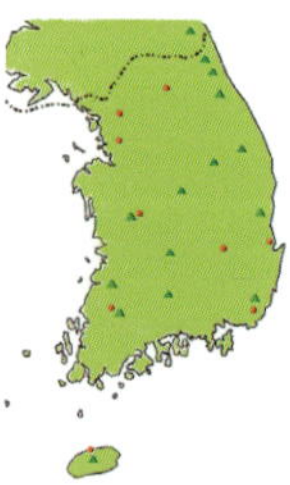

【국내】
- 함경북도 제외한 전국 들판, 강가, 산언저리
- 한강

【해외】
- 일본, 중국

암수한그루	충매화
낙엽활엽수	어긋나기
5월	10월
반덩굴나무	

한강 둔치 19.05.19

꽃이 흰색이며 원뿔꽃차례로 핀다. 잎은 깃꼴겹잎이고 작은잎은 5~9개로 타원형이며 길이 2~3cm로 가장자리에 잔톱니가 있고 뒷면에 잔털이 있다. 턱잎에는 빗살 같은 톱니가 있고, 하반부가 잎자루와 합쳐진다. 전국의 산 가장자리와 들 개울가에 자란다.

해당화

장미과

Rosa rugosa

해당화(海棠花)는 바닷가에 자라는 꽃나무란 의미를 지닌다.

국내

- 전국 바닷가
- 강릉, 제주, 경기 지역 해안

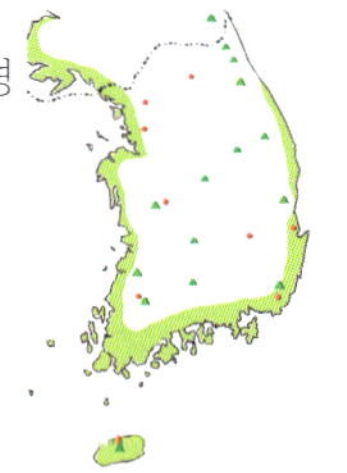

해외

- 중국, 일본

강릉 15.05.16

바닷가 모래사장에서 잘 자라며 내륙에는 심는다. 잎은 깃꼴겹잎이고 소엽은 7~9개로 두껍고 표면에 주름이 난다. 뒷면 맥이 튀어나오고 샘점이 있으며 가장자리에 잔톱니가 있다. 꽃은 가지끝에 진한 분홍색이나 흰색으로 핀다. 열매가 유사종 중에 가장 굵다.

암수한그루	충매화
낙엽활엽수	어긋나기
5월~6월	8월~9월
작은키나무	

생열귀나무

장미과

Rosa davurica

함경도 지역 방언으로 알려지나 의미나 유래는 미상이다.

국내

- 평남, 함북, 백두대간
- 영월, 정선, 인제

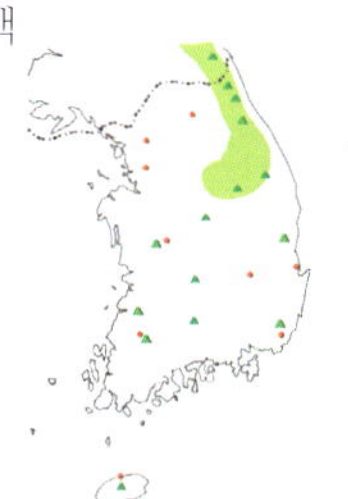

해외

- 중국, 극동러시아

강원 정선 19.05.19

산록이나 계곡의 양지바른 곳에 자라고 붉은 꽃이 피며 키는 2m에 이른다. 열매는 둥글고 꽃받침이 달려있으며 붉은색으로 익고 열매와 가지, 꽃받침에는 샘털이 많이 난다. 작은잎은 5~11개이고 뒷면에 작은 선점이 밀생하고, 엽축 및 턱잎에도 샘털이 있다.

암수한그루	충매화
낙엽활엽수	어긋나기
5월	6월
작은키나무	

인가목

장미과

Rosa acicularis

한자로 인가목(人伽木)이라고 하나, 이름에 대한 어원이나 유래는 알려진 바 없다.

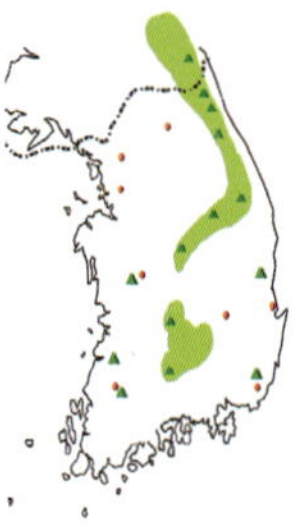

【국내】
- 지리산 이북 백두대간
- 설악산 대청봉

【해외】
- 한국, 일본, 중국

암수한그루	충매화
낙엽활엽수	어긋나기
5월~6월	8월~9월
작은키나무	

설악산 16.06.04

열매가 붉게 익고 타원형으로 다소 길쭉하다. 높은 산에 자라고 키는 2~3m에 이르며 줄기에 가시가 빽빽하게 난다. 잎은 작은잎 5~9개가 깃꼴로 달리며 끝은 둥글거나 뾰족하고 가장자리에 날카로운 톱니가 있다. 꽃은 가지 끝에 1~3개가 홍자색으로 핀다.

흰인가목

장미과

Rosa koreana

인가목 종류로 꽃이 흰색으로 핀다는 의미이다.

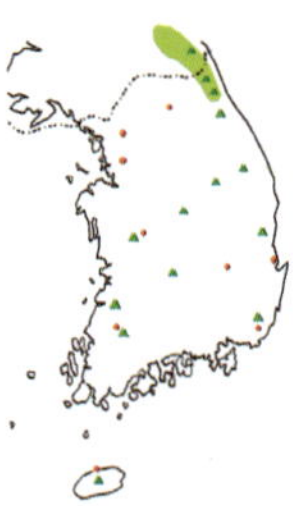

【국내】
- 설악산 이북, 금강산
- DMZ수목원 국립수목원

【해외】
- 중국, 극동러시아

암수한그루	충매화
낙엽활엽수	어긋나기
5월~6월	7월~9월
작은키나무	

설악산 15.06.15

인가목에 비해 줄기가 가늘고 가지가 많이 나고 나무 전체에 가시가 난다. 높은 산지에 자라고 키는 1~2m이다. 새 가지 끝에 흰색 또는 연분홍 꽃이 한 개씩 핀다. 잎은 깃꼴겹잎으로 작은잎은 7~17개로 길이 1~2cm이고 가장자리에 톱니가 있다.

부산 17.06.04

돌가시나무(반들가시나무)

장미과

Rosa wichuraiana

해안가 바위(돌)위에 자라는 나무라는 의미이다. 잎이 반들거린다고 반들가시나무라고도 한다.

[국내]

- 제주, 전남, 함남북 해안
- 제주 해안

[해외]

- 일본, 중국, 대만

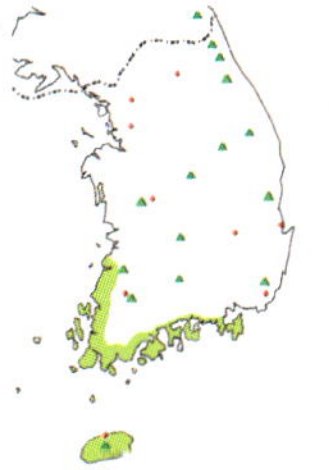

해안가 바닥에 덩굴처럼 기며 자란다. 작은잎은 7~9개로 깃꼴겹잎이며 광택이 나고 가장자리에 톱니가 있다. 잎자루와 주맥에 샘털이 있다. 꽃은 5~6월에 백색으로 피고 향기가 있으며 가지 끝에 1~5개씩 달리고 화경에 샘털이 있다.

암수한그루	충매화
낙엽활엽수	어긋나기
5월~6월	9월
덩굴나무	

완도수목원 15.10.17

홍가시나무

장미과

Photinia glabra

봄에 돋는 잎이 붉은색을 띠고 가시나무잎을 닮았다고 홍가시나무라 부른다.

[국내]

- 남부지역 조경수로 식재
- 완도수목원

[해외]

- 중국, 일본, 동남아시아

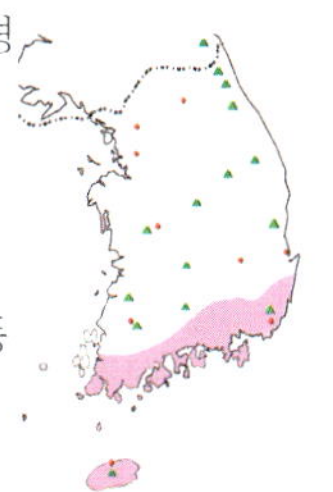

봄에 새로 돋는 어린잎이 붉은색을 띤다. 가죽질이며 광택이 나고 뒷면은 황록색으로서 주맥이 두드러지며 가장자리에 좁고 예리한 톱니가 있다. 꽃은 원뿔모양으로 흰색 꽃이 피고 키는 3~10m이고 가지는 흑회색이다

암수한그루	충매화
상록활엽수	어긋나기
5월~6월	12 월
중간키나무	

홍자단

장미과

Cotoneaster horizontalis

일본명 홍자단(紅紫檀)을 차용한 이름이다.

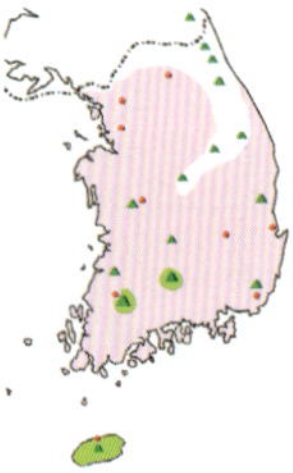

[국내]

- 전국의 공원, 화단 조경수로 식재
- 인천수목원

[해외]

- 중국 쓰촨성 원산

인천수목원 18.05.13

암수한그루	충매화
낙엽활엽수	어긋나기
5월~6월	8월~ 9월
작은키나무	

잎은 2열로 납작하게 붙고 가죽질이며 크기는 1㎝ 정도 된다. 반상록 또는 낙엽성 관목으로 1m 정도로 자라고 가지가 많이 돋아 옆으로 뻗어가며 덤불처럼 자란다. 원산지는 중국서부 지역 해발 2,000~3,500m 고산지에 자생하나 우리나라에서는 공원에 심고 분재로 키운다.

콩과의 열매

콩과는 열매가 꼬투리 형태인 협과이다. 잎은 작은잎이 모여 달리는 형태이고 가축이 좋아하는 먹이이다.

콩과

콩과 식물은 초본과 목본 모두 다양하며, 잎은 어긋나고 우상 복엽이고 대부분 턱잎이 달린다. 꽃은 양성화이고 꽃잎은 5장으로 각각 떨어지고, 대부분 좌우대칭이다. 구조상 꽃잎의 위쪽에 위치하며 뒤로 완전히 젖혀지는 기판(旗瓣), 가운데 꽃잎을 용골판(龍骨瓣), 아래 꽃잎은 익판(翼瓣)이라고 한다.

줄기는 곧게 자라거나 덩굴이 지며 작은키 나무거나 큰 나무이다. 열매는 꼬투리 형태로 달리고 잎과 열매는 영양분이 많아 소나 가축의 사료로 활용되며 들짐승들의 먹이가 된다. 싸리나 칡 등과 같이 밀원식물도 많아 유익한 식물군이다. 작물로는 벼 다음으로 산업적 비중이 크다.

한반도에는 장미과에 속하는 나무가 많지만 전세계적으로는 난초과와 국화과 다음으로 종이 많다. 이들의 뿌리에는 공기중에 포함된 질소를 고정시켜 영양분으로 흡수하는 뿌리혹박테리아 주머니가 달린다. 식물이 생장하면서 토양을 기름지게 한다.

우리나라에 자라는 콩과는 속은 많으나 속내 종은 다양하지 않다. 대부분 한 속에 한 종의 나무가 들어있다. 사귀나무속과 박태기나무속, 주엽나무속, 실거리나무속, 싸리속, 된장풀속, 칡속, 골담초속, 족제비싸리속, 다릅나무속, 고삼속, 등속, 애기등속, 땅비싸리속, 아까시나무속 등이 있다. 이중 박태기나무와 족제비싸리, 아까시나무 등은 외래종이다.

청계천 19.07.07

자귀나무(합환수)

콩과

Albizia julibrissin

해가 져서 잎을 마주 닫는 모습이 잠자는 모습으로 여겨졌고 이 이름이 줄어 자귀나무가 되었다. 좌귀목(左歸木) 〉자귀나무

국내

- 중부이남
- 공원 가로수 화단에 식재 청계천

해외

- 중국, 대만, 인도, 네팔, 일본

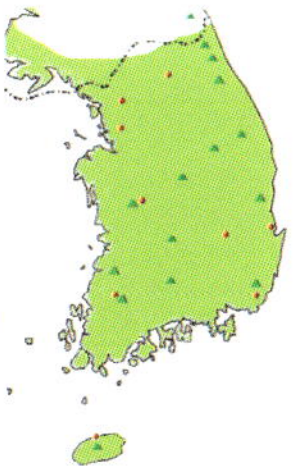

수양성한그루 / 충매화
낙엽활엽수 / 어긋나기
6월~7월 / 9월~10월
중간키나무

잎은 짝수 2회 깃꼴겹잎이고 작은잎은 낫 같고 원줄기를 향해 굽는다. 꽃은 암수한꽃이며 깃털모양으로 15~20개씩 달리고 긴 타원형으로 수술은 25개 정도이다. 길이는 3cm 정도로 상반부는 붉은색이고 하반부는 흰색이다. 수꽃과 양성화가 한그루에 핀다.

왕자귀나무

콩과

Albizia kalkora

자귀나무에 비해 잎이 크다고 왕자귀나무라 한다.

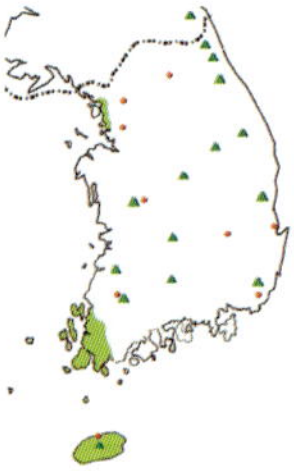

[국내]
- 전남, 경기, 제주
- 유달산

[해외]
- 중국, 일본, 대만

암수한그루	충매화
낙엽활엽수	어긋나기
6월~7월	10월
중간키나무	

목포 유달산 16.06.18

꽃이 황백색이다. 잎은 짝수 2회 깃꼴겹잎이며 작은잎은 길이와 폭이 각 20~45mm× 5~20mm이며 가장자리는 밋밋하다. 열매는 협과로 길이와 폭이 각 8~17cm× 2cm이며, 10월에 성숙한다. 자귀나무보다 작은잎이나 전체 잎이 크다.

주엽나무

콩과

Gleditsia japonica

열매를 약재로 조협(皁莢)이라는 조협나무>주엽나무, 쥐엄나무>주엽나무, 주엽나모>주엽나무 등의 견해가 있다.

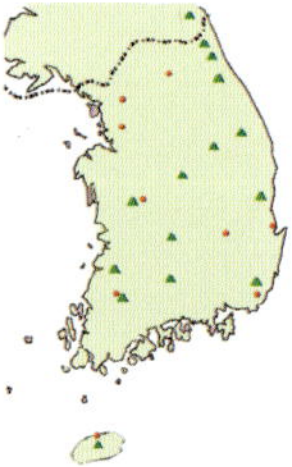

[국내]
- 전국 산지
- 일산 호수공원, 소요산, 한밭수목원

[해외]
- 일본, 중국

암수딴그루	충매화
낙엽활엽수	어긋나기
6월	10월
큰키나무	

소요산 19.09.22

줄기에는 거칠고 긴 가시가 달린다. 협과는 비틀려서 꼬이고 길이와 폭이 각 23cm× 3cm 정도이다. 꽃은 6월에 황록색으로 피고 총상꽃차례로, 꽃받침조각과 꽃잎은 각각 5개이며 수술은 9~10개이다. 줄기에 침이 나지 않는 것은 민주엽나무라 한다. (일산 호수공원)

한밭수목원 17.10.01

조각자나무

콩과

Gleditsia sinensis

중국명 조각자(皂角子)를 차용하였다. 각종 피부질환에 처방하는 약재이다.

국내

- 일부 지역에 식재
- 경주시 독락당

해외

- 중국 원산

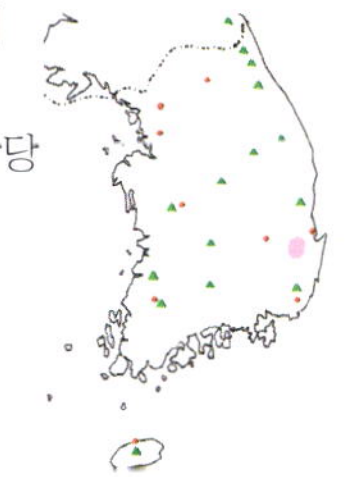

열매는 협과로 비틀리지 않는다. 길이 20cm 정도이고 두꺼우며 쪼개면 매운 냄새가 난다. 꽃은 이삭꽃차례로 달린다. 소엽은 3~6쌍이고 타원형으로 양 끝이 둔하며 주맥과 맥 위에 갈색 털이, 뒷면은 맥 위에만 갈색 털이 있다. 주엽나무와 특징의 차이가 크지 않다.

암수딴그루	충매화
낙엽활엽수	어긋나기
6월	10월
큰키나무	

인제 16.09.18

다릅나무

콩과

Maackia amurensis

나무 중심부는 갈색이고 주변은 황백색으로 다름나무에서 다릅나무가 되었다.

국내

- 전국 산지
- 홍릉수목원

해외

- 중국, 일본, 러시아

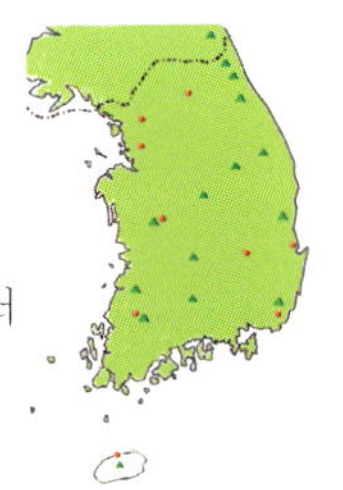

산지에 주로 자라고 가시가 나지 않는다. 잎은 어긋나기하며 홀수깃꼴겹잎이고 소엽은 9~11개이며 타원형 또는 긴 달걀형이고 길이는 5~8cm로, 양면에 털이 없다. 열매는 협과로 넓은 선형이고 열매자루는 길이 5~10mm이며 종자는 길이 6mm로 콩팥 모양이다.

암수딴그루	충매화
낙엽활엽수	어긋나기
7월~8월	9월~10월
큰키나무	

솔비나무

콩과

Maackia fauriei

어원은 미상이다. 제주 방언으로 솔비낭 또는 솔피낭으로 불리고 있다.

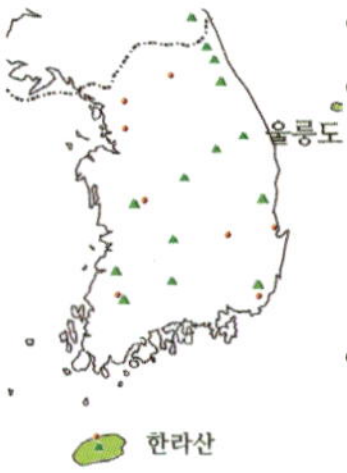

[국내]
- 제주도
- 1100고지, 한라생태숲

[해외]
- 한국 특산

암수한그루	충매화
낙엽활엽수	어긋나기
7월~8월	10월~11월
큰키나무	

한라생태숲 17.06.09

잎은 홀수1회 우상복엽이고 다릅나무보다 잎이 작고 좁다. 작은잎은 9~17개이고 가장자리는 밋밋하며 솜털이 났다가 사라진다. 꽃은 연한 황백색 또는 백색에 가까우며 열매는 협과로 좁은 장타원형으로 편평하고 한쪽에 날개가 발달한다. 키는 10m 정도에 달한다.

회화나무(학자수)

콩과

Styphnolobium japonicum

중국 원산으로 한자로는 괴(槐) 또는 괴수(槐樹)라 쓰는데 중국 발음 화이화(hwái-huâ)가 회화나무가 되었다.

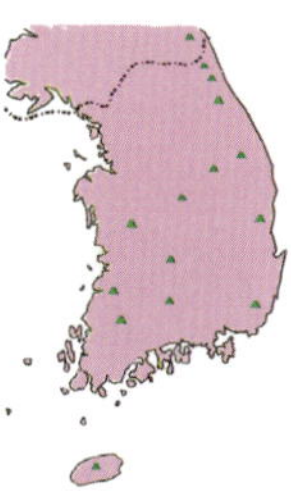

[국내]
- 궁궐, 전국 고택 식재
- 공원 가로수, 인사동

[해외]
- 중국원산

암수한그루	충매화
낙엽활엽수	어긋나기
8월	10월
큰키나무	

창덕궁 14.08.22

잎은 깃꼴겹잎이며, 소엽은 7~17개씩이고 흔히 작은 턱잎이 있다. 뒷면은 회색의 짧은 복모가 있으며 잎자루는 짧은 털이 난다. 꽃은 원뿔모양으로 가지 끝에 달리고 염주형으로 길이는 5~8cm이며 잘룩잘룩하고 아래로 드리우고, 다소 육질이며 안에 물기를 담고있다.

개느삼

콩과

Echinosophora koreensis

여러해살이풀인 고삼(苦蔘) 또는 느삼이라 부르는 식물과 비슷하다고 개느삼이라 한다.

국내

- 강원 이북 양구, 인제
- 국립수목원 인천수목원

해외

- 한국 특산

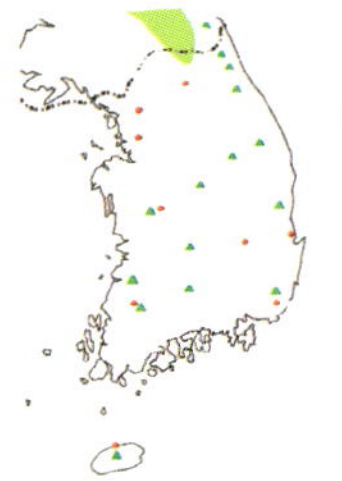

국립수목원 17.07.03

꽃은 새 가지 끝에서 나와 5~6개의 노란색 꽃이 달리고 털이 있다. 줄기는 곧게 서서 자라고 가지는 털이 있으며 암갈색이고, 동아는 털로 싸여 있다. 잎은 홀수깃꼴겹잎으로 작은잎은 13~27개로 타원형이며 잎끝은 오목하다. 가시는 없고 땅속줄기가 뻗으며 무리로 자란다.

암수한그루	충매화
낙엽활엽수	어긋나기
5월	7월
작은키나무	

박태기나무

장미과

Cercis chinensis

중국명은 미화목(米花木)이란 이름에서 영향을 받았으며 밥알의 방언인 밥티, 밥티기, 밥태기라는 이름에서 유래한다.

국내

- 전국의 화단 공원에 식재
- 물향기수목원

해외

- 중국 원산

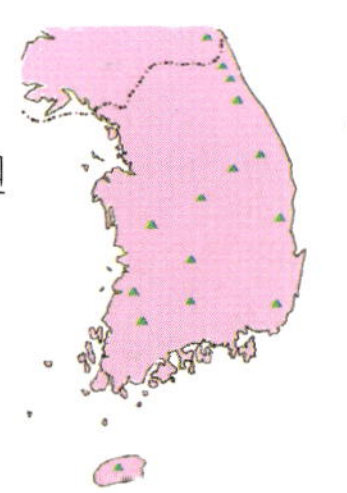

거제도 17.04.15

꽃은 잎보다 먼저 홍자색으로 피며 7~8개가 뭉쳐 달리고 산형꽃차례를 이룬다. 잎은 심장형이고 두꺼우며 지름이 6~11cm로 표면은 광택이 있다. 잎은 둥글고 아래쪽에서 5개로 갈라지는 맥이 발달하였고 꼬투리 열매가 달리고 씨앗은 광택이 난다.

암수한그루	충매화
낙엽활엽수	어긋나기
4월	8월~9월
작은키나무	

골담초

콩과

Caragana sinica

골담초(骨擔草)는 뼈에 효과가 있는 풀로 뼈가 아플 때 처방하는 약재이다. 뿌리를 말린 것을 골담근(骨擔根)이라 한다.

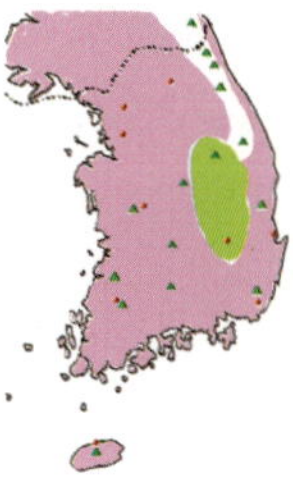

【국내】
- 경북 및 중부 지역 자생
- 공원 인가 식재, 홍릉수목원

【해외】
- 중국, 몽골

국립수목원 17.04.22

암수한그루	충매화
낙엽활엽수	어긋나기
5월	9월
작은키나무	

꽃은 황색으로 피고 시간이 지나면서 적황색으로 변하며, 아래로 늘어진다. 줄기에 가시가 나고 5개의 능선이 있다. 중국 원산지의 외래종으로 알려져 왔으나 경북 및 중부지방 산지에 자생 군락지가 발견되고 있다. 열매는 잘 결실하지 않는다.

참골담초

콩과

Caragana fruticosa

골담초와 다르다는 것을 구분하기 위해 참을 넣어 부른다.

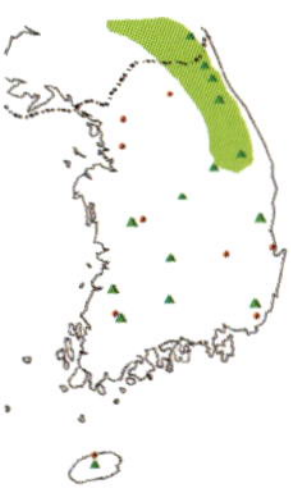

【국내】
- 강원도 한정된 지역
- DMZ 수목원

【해외】
- 중국, 러시아

강원 정선 19.05.25

암수한그루	충매화
낙엽활엽수	어긋나기
5월	7월~9월
작은키나무	

줄기는 곧추서며 2m 정도로 자라고 가지가 많이 돋는다. 수피는 어두운 녹색이고 가시가 있다. 잎은 짝수깃꼴겹잎이다. 작은잎은 4~5쌍으로 윗부분은 둔하고 끝은 오목하며 가장자리는 밋밋하다. 꽃은 잎겨드랑이에 1~2개씩 달리며 나비 모양이다. 열매는 협과로 납작하다.

족제비싸리

콩과

Amorpha fruticosa

곧추선 꽃대가 족제비 꼬리를 닮았다고 족제비싸리라 부른다. 일제강점기 북미에서 도입하였다.

[국내]

- 전국 들, 산 언저리
- 제부도

[해외]

- 북미

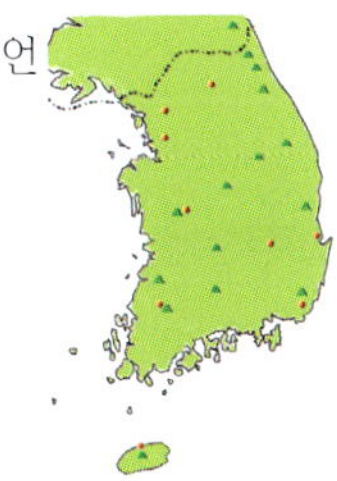

ㅣ경기 제부도 18.06.17

키는 1.5m로 자라고 잎은 홀수깃꼴겹잎이고 소엽은 11~25개이며 타원형이고 끝이 둥글지만 주맥 끝은 뾰족하다. 꽃은 보라색으로 향기가 강하며 꽃받침에는 샘점이 많다. 열매는 약간 굽으며 종자가 1개씩 들어있으며 광택이 나고 콩팥 모양이다.

암수한그루	충매화
낙엽활엽수	어긋나기
5월~6월	9월
작은키나무	

칡

콩과

Pueraria lobata

질을(叱乙)이라는 기록이 있으며 질을이 츩으로 최근에 칡이 되었다. 조선 초 이방원의 하여가에 드렁츩으로 나온다.

[국내]

- 산지 전역
- 북한산

[해외]

- 말레이시아, 인도, 중국, 일본, 극동러시아

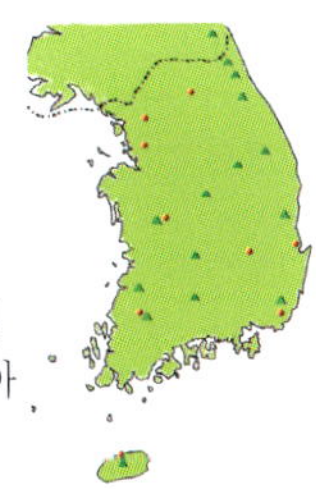

ㅣ전남 신안 17.09.09

줄기의 아랫부분은 목질화하며 지면에 기거나 다른 나무를 감고 올라간다. 열매인 협과는 갈색의 퍼진 털이 나며, 종자는 갈색으로 성숙한다. 꽃은 홍자색이고 향기가 강하고 총상꽃차례로 곧추선다. 잎은 3출엽으로 소엽은 마름모꼴이며 가장자리는 밋밋하다.

암수한그루	충매화
낙엽활엽수	어긋나기
5월	9월~10월
덩굴나무	

낭아초

콩과

Indigofera pseudotinctoria

이리의 이빨 풀이란 뜻으로 낭아초(狼牙草)라 하며 풀과 나무의 특성을 공유한다.

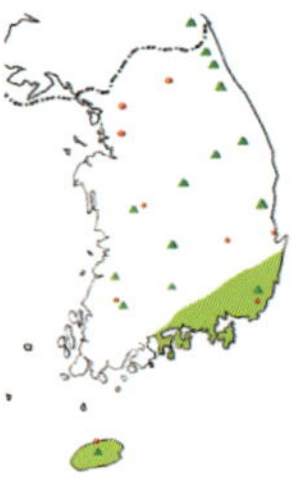

【국내】
- 경남 제주도
- 기장읍

【해외】
- 중국, 일본

부산 18.07.01

암수한그루	충매화
낙엽활엽수	어긋나기
5월~8월	9월~10월
작은키나무	

가지가 많이 갈라지고 바닥을 기며 자라고 키는 50cm 이내이다. 열매는 협과로 타원형이며 검은색이다. 잎은 작은잎 7~11개로 이뤄지며 뒷면에 털이 있고 흰빛이 돌고 가장자리가 밋밋하다. 꽃은 총상꽃차례로 원줄기 끝에 달리고 연분홍색이다. 줄기에 누운 털이 길게 자란다.

큰낭아초

콩과

Indigofera bungeana

낭아초보다 크게 자란다고 큰낭아초라 부른다.

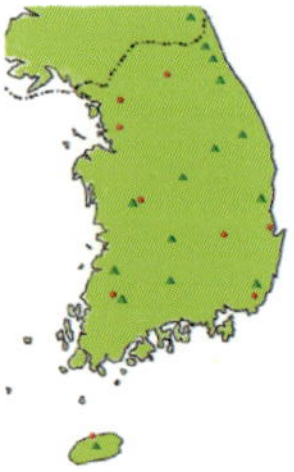

【국내】
- 전국 들판, 산 가장자리 야생화
- 도로 절개지 식재

【해외】
- 중국 원산

하늘공원 15.06.26

암수한그루	충매화
낙엽활엽수	어긋나기
6월~9월	10월~11월
작은키나무	

키는 1.5m까지 비교적 곧게 자라고 가지가 많이 난다. 꽃은 홍자색으로 잎겨드랑이에서 이삭모양으로 돋아나고 꽃이 많이 달린다. 잎은 깃꼴겹잎이고 작은잎은 긴 타원형으로 달걀을 거꾸로 세운 모양이다. 열매는 협과이고 길이가 3~5㎝로 길쭉한 원통형이다.

된장풀

콩과

Desmodium caudatum

줄기와 잎을 된장에 넣으면 벌레가 생기지 않는다고 하여 된장풀이라 부른다.

[국내]

- 제주도
- 한밭수목원 전주수목원

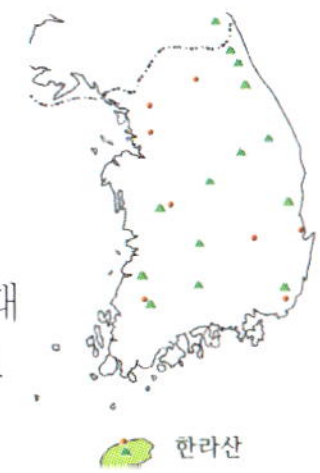

[해외]

- 일본, 중국, 대만, 인도, 인도네시아,

서귀포시 17.09.10

키는 1.5m 정도이고 잎자루가 길고 어긋나며 3개의 소엽으로 구성된다. 가죽질이고 긴 타원형이며 양 끝이 좁고 뒷면 잎맥이 도드라지고 맥 위에 털이 있다. 꽃은 잎겨드랑이에서 돋고 연미색이며 총상꽃차례로 달린다. 열매에는 4~6개의 마디가 나고 잘 떨어진다.

- 암수한그루
- 충매화
- 낙엽활엽수
- 어긋나기
- 6월
- 9월
- 작은키나무

우리 주위에 가장 흔한 싸리나무이다. 산지에 주로 자란다. 싸리나무는 꽃자루가 길고 참싸리는 꽃이 가지 끝에 모여 달리고 잎이 둥글다. 조록싸리는 일찍 피고 개화기가 짧으며 잎끝이 삼각형으로 좁아진다.

싸리

콩과

Lespedeza bicolor

살림이나 살이를 뜻하는 사리가 나무와 결합하여 사리나무 〉싸리나무로 변한 것으로 추정한다.

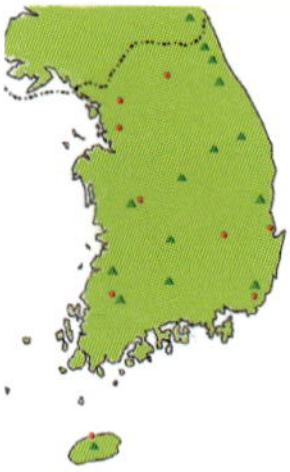

【국내】
- 전국의 산지와 들
- 북한산

【해외】
- 중국, 일본, 극동러시아

암수한그루	충매화
낙엽활엽수	어긋나기
6월~8월	10월
작은키나무	

황매산 14.06.28

꽃은 총상꽃차례로 잎겨드랑이나 가지 끝에 달리며 원뿔모양을 이룬다. 키는 3m로 자라고 잎은 3출엽이며 넓은 달걀형이고 뒷면에 복모가 있다. 꽃은 붉은 보라색이고 줄기 및 가지는 월동 중 절반 이상이 말라 죽는다. 일년생가지는 능선이 있고 암갈색이다.

참싸리

콩과

Lespedeza cyrtobotrya

싸리와 구분하는 다른 이름으로 참싸리라 한다.

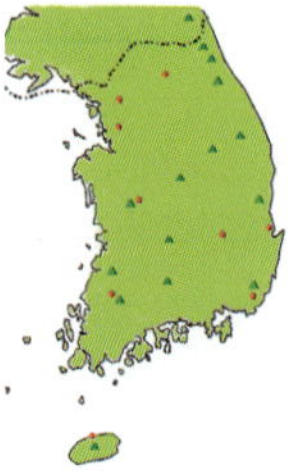

【국내】
- 전국 산지
- 북한산

【해외】
- 일본, 중국, 러시아

암수한그루	충매화
낙엽활엽수	어긋나기
7월~9월	10월
작은키나무	

검단산 15.07.04

꽃은 짧은 총상꽃차례로 줄기에 붙어 달린다. 꽃대 축에 가는 털이 있으며 꽃은 잎겨드랑이에서 돋아나 홍자색으로 늦가을까지 핀다. 잎은 3출엽이며 끝이 오목하고 뒷면은 잔털이 있고 잎자루는 짧다. 가지는 많이 갈라져서 원형으로 되며 일년생가지에 능선이 있다.

조록싸리

콩과

Lespedeza maximowiczii

잎끝이 다소 뾰족한데 이는 옛날 어린이들이 액막이로 차고다니던 호리병 모양의 조롱을 닮았다고 조롱싸리〉 조록싸리가 됨.

청태산 15.07.11

국내

- 함경도를 제외한 전국의 산지
- 전주수목원

해외

- 중국, 일본

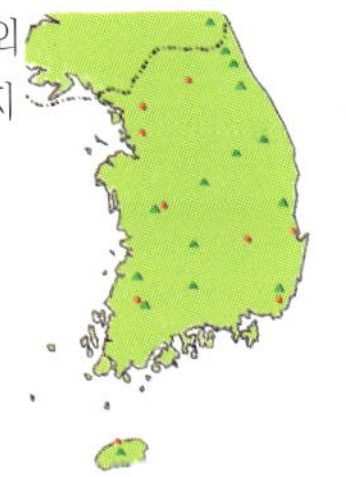

잎은 3출엽이며 마름모꼴이고 뒷면에 잎자루와 더불어 짧은 털이 있다. 꽃은 복총상꽃차례이고 분홍빛이다. 나무껍질은 갈색이고 세로로 갈라지며 일년생가지는 둥글다. 키는 2~3m로 자란다. 열매는 넓은 끝이 뾰족하며 종자는 콩팥모양이고 녹색에 갈색 무늬가 있다.

암수한그루	충매화
낙엽활엽수	어긋나기
6월	9월~10월
작은키나무	

해변싸리

장미과

Lespedeza maritima

해변에 주로 자란다고 해변싸리라 하나 내륙에서도 자라는 것을 볼 수 있다.

황매산 18.09.16

국내

- 전남, 경남
- 황매산

해외

- 일본, 중국, 대만

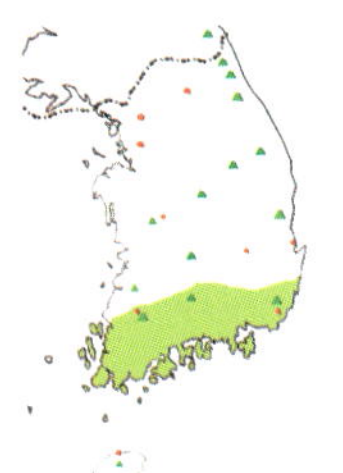

잎은 3출엽이며 딱딱하고 타원형이며 잎맥의 연장에 돌기가 있다. 표면에 광택이 나고 누운 털이 밀생하며 잎자루에 털이 있다. 조록싸리와 참싸리의 교잡종으로 보기도 한다. 키는 2m로 자라고 열매는 타원형이며 마른 꽃잎이 있고 표면에 털과 자주색 맥이 있다.

암수한그루	충매화
낙엽활엽수	돌려나기
8월~9월	10월~11월
작은키나무	

아까시나무(아카시아나무)

콩과

Robinia pseudoacacia

학명의 일부를 차용하여 지은 이름이다. 외래종은 학명을 우리 이름으로 쓰는 경우가 흔하다.

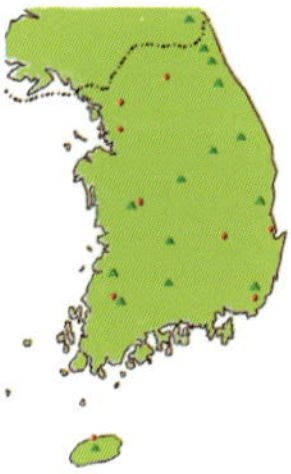

【국내】
- 전국의 산 들
- 식재 및 자생
- 산언저리

【해외】
- 북미 원산

암수한그루	충매화
낙엽활엽수	어긋나기
5월	9월
큰키나무	

강원 화천 16.05.17

꽃은 유백색이며 향기가 강한 밀원식물로 총상꽃차례로 늘어지며 일년생가지의 잎겨드랑이에서 나온다. 잎은 홀수깃꼴겹잎이며, 작은 잎이 9~19개로 타원형이고 가장자리는 밋밋하다. 줄기는 탁엽이 변한 가시가 있으며, 나무껍질은 황갈색이고 세로로 갈라진다.

땅비싸리

콩과

Indigofera kirilowii

키가 작다는 땅과 빗자루를 만드는데 쓴다는 의미가 결합되어 땅비싸리라 불린다.

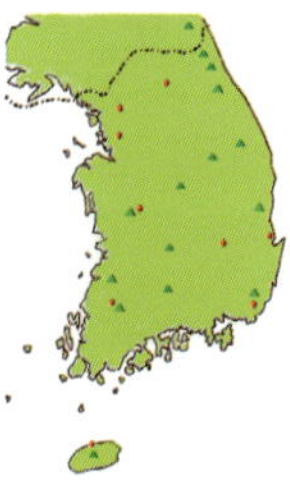

【국내】
- 함북 제외한 전국산지
- 산지 가장자리

【해외】
- 중국, 일본

암수한그루	충매화
낙엽활엽수	어긋나기
5월~6월	10월
작은키나무	

가평 화야산 16.06.18

키는 1m 이내로 자라고 잎은 홀수깃꼴겹잎이고 소엽은 7~11개가 달린다. 꽃은 총상꽃차례로 잎겨드랑이에 달리고, 분홍색이다. 뿌리에서 많은 새싹이 나와 군생하는 것처럼 보이고 일년생가지에 줄이 있으며 처음에는 잔털이 있으나 점차 없어진다. 풀과 나무의 경계에 있다.

진도 19.05.17

실거리나무(총각귀신나무)

콩과

Caesalpinia decapetala

줄기에 갈고리 같은 가시가 촘촘히 나있어서 털이나 옷이 잘 걸린다고 '실이 걸리는 나무'라는 의미이다.

[국내]
- 전남, 제주도
- 진도

[해외]
- 중국, 일본, 인도

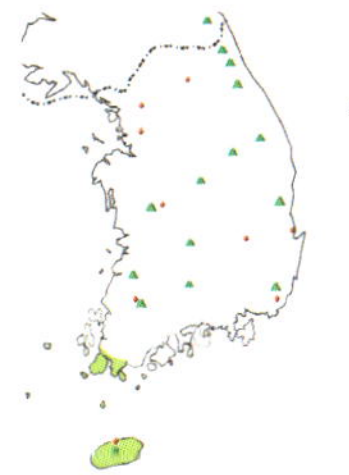

- 암수한그루
- 충매화
- 낙엽활엽수
- 어긋나기
- 6월
- 9월
- 반덩굴성나무

꽃은 노란색이며 좌우 대칭으로 달리고 가지 끝에 총상꽃차례로 핀다. 열매는 긴 타원형이고 딱딱한 껍질로 익으면 저절로 벌어지고 종자는 흑갈색을 띤다. 잎은 2회 깃꼴겹잎이고 소엽은 5~10쌍으로 긴 타원형이며 예리하고 꼬부라진 가시가 드물게 난다.

남원 16.10.22

황단나무(백단, 황목)

콩과

Dalbergia hupeana

황단(黃檀)나무는 중국명을 차용한 이름이다. 목질이 단단하고 황색을 띤다는 의미이다.

[국내]
- 유달산
- 남원, 광주 식재

[해외]
- 중국

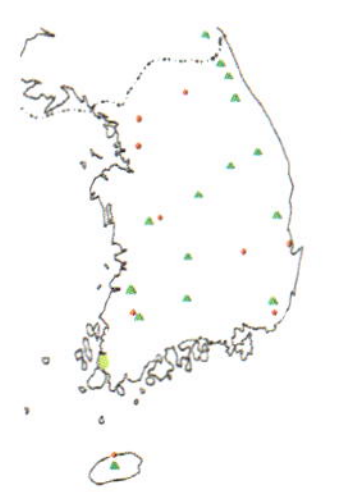

- 암수한그루
- 충매화
- 낙엽활엽수
- 어긋나기
- 7월~8월
- 10월~11월
- 큰키나무

유달산 동북편 언저리에 자라는 나무가 2015년 처음 발견되었으며 아까시나무를 닮았다. 가시가 없고 줄기가 세로로 얇게 벗겨진다. 잎은 작은잎이 7~9장으로 홀수깃꼴겹입이며 약 15m의 높이로 자란다. 남원 국립민속국악원 앞에 식재되어 있다.

등(등나무)

콩과

Wisteria floribunda

중국명 등(藤)을 차용한 이름으로 용솟음 치듯(勝) 감고 올라가는 풀(艸)라는 의미를 담고 있다.

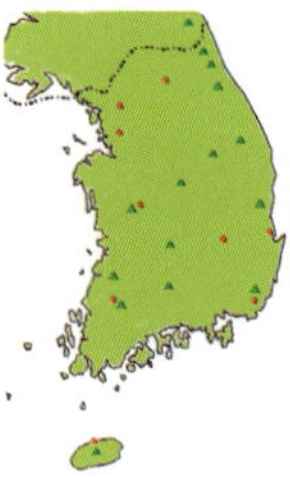

[국내]
- 전국의 산지 공원, 도로 절개지에 식재
- 인천수목원

[해외]
- 일본

암수한그루	충매화
낙엽활엽수	어긋나기
5월	9월
덩굴나무	

인천수목원 16.05.06

꽃은 5월에 잎과 같이 피고 향이 강하게 나고 그 해에 자란 가지끝이나 잎겨드랑이에서 길이 30~40㎝크기의 꽃이 총상꽃차례로 늘어진다. 줄기는 10m까지 자라고 주로 왼쪽으로 감고 올라가며 갈색 털이 밀생하나 차츰 없어지며 회백색으로 된다.

애기등

콩과

Millettia japonica

등나무보다 열매나 꽃이나 잎이 모두 작게 자라는 종이라고 작다는 의미의 애기를 붙여서 부른다.

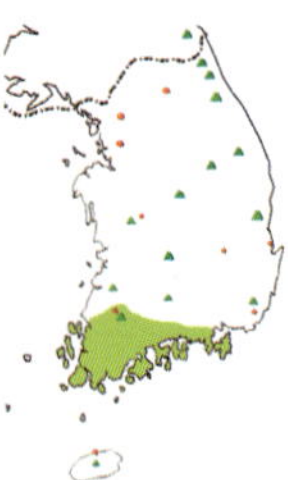

[국내]
- 신안, 여수, 진도, 거제
- 모악산 금산사 계곡

[해외]
- 일본

암수한그루	충매화
낙엽활엽수	어긋나기
8월~9월	10월
덩굴나무	

모악산 16.09.04

줄기나 잎 꽃이 등나무보다 작고 늦여름에 꽃이 피고 열매는 협과로 길이는 10cm, 폭은 1cm 정도이고 속에는 6~7개의 종자가 있다. 잎은 9~13개의 소엽으로 된 홀수깃꼴겹잎이다. 꽃은 잎겨드랑이에서 나고 10~30cm의 총상꽃차례로 피고 남부지역에 자란다.

한라산17.06.09

보리수나무

보리수나무과

Elaeagnus umbellata

과거 가난한 아이들이 열매를 따서 같은 양의 보리쌀과 바꾸어 먹는다고 보리수나무가 되었다는 이야기가 채록되었다.

[국내]
- 중부 이남
- 전주수목원

[해외]
- 일본

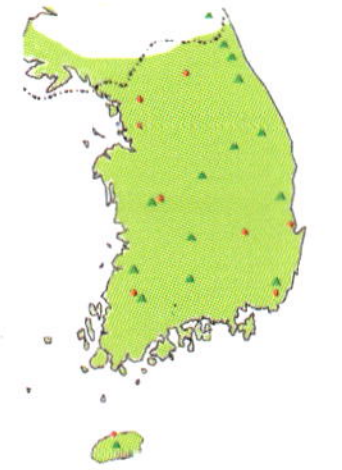

잎은 어긋나기하고 타원형이며 잎 뒷면에 은백색 짧은 털이 덮여 있어 은박지처럼 보인다. 꽃은 백색에서 연황색으로 변하고, 향기가 있으며, 새로 돋은 가지의 잎겨드랑이에 1~7개가 모여 달리고, 수술은 4개, 암술은 1개이며 암술대에 비늘 모양의 털이 난다.

암수한그루	충매화
낙엽활엽수	어긋나기
5월~6월	9월~10월
작은키나무	

홍릉수목원 15.05.01

뜰보리수나무

보리수나무과

Elaeagnus multiflora

뜰에 심는 보리수나무라는 의미이다. *multiflora*는 꽃이 많이 달린다는 뜻이다.

[국내]
- 전국에 식재
- 공원, 화단

[해외]
- 일본

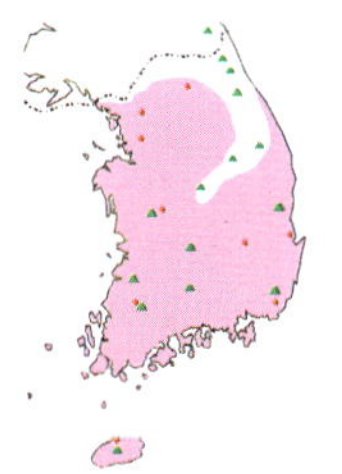

일본 도입종으로 보리수나무보다 꽃자루가 길고 열매가 굵고 일찍 익는다. 잎은 긴 타원형이고 뒷면은 흰색 비늘털과 갈색 비늘털이 섞여 난다. 꽃은 연황색으로 향기가 있으며, 잎겨드랑이에 1~2개씩 달리고 꽃자루는 2~3cm이고 꽃받침통 밑부분이 좁아져 씨방을 둘러싼다.

암수한그루	충매화
낙엽활엽수	어긋나기
4월~5월	6월~7월
작은키나무	

보리밥나무

보리수나무과

Elaeagnus macrophylla

보리가 익기 직전 양곡은 떨어지고 춘궁기에 들어가는데 이때 보리보다 일찍 여무는 열매라고 보리밥나무라 불리게 되었다.

【국내】
- 황해도 중부 이남 해안, 울릉, 제주
- 인천수목원

【해외】
- 일본

암수한그루	충매화
상록활엽수	어긋나기
8월~10월	익년3~4월
덩굴나무	

거제도 17.11.05

잎은 양면에 은백색 인모가 있으나 앞면은 점차 없어지고, 잎자루에도 은백색 인모가 덮인다. 꽃은 여러 개가 잎겨드랑이에 달리며 꽃대는 흰색 비늘털이 나고 꽃받침은 종형이다. 키는 2~3m로 자라고 일년생가지에 황백색 및 연한 갈색 비늘털이 난다.

보리장나무

보리수나무과

Elaeagnus glabra

전남방언으로 보리밥나무와 구분하는 이름으로 보리장나무라 부른다.

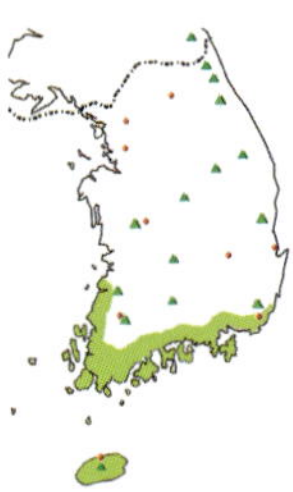

【국내】
- 전남, 제주
- 거제도

【해외】
- 일본

암수한그루	충매화
상록활엽수	어긋나기
10월~12월	익년6~11월
덩굴나무	

거제도 17.11.05

잎은 긴타원모양으로 표면에 갈색 인모가 있으나 점차 없어지고, 뒷면에 갈색 인모가 밀생하고 가장자리에 물결 모양의 톱니가 있다. 열매는 핵과로 긴 타원형이며 붉은색으로 길이 10~18mm이고 적갈색 인모로 덮여 있다. 보리밥나무와 외형으로 구분이 쉽지 않다.

거제도 16.02.21

백서향

팥꽃나무과

Daphne kiusiana

상서로운 향기가 난다는 이름으로 서향(瑞香)은 중국 도입종이며 백서향은 우리나라 자생종으로 흰꽃이 핀다.

국내

- 전남, 거제도, 제주
- 경남수목원

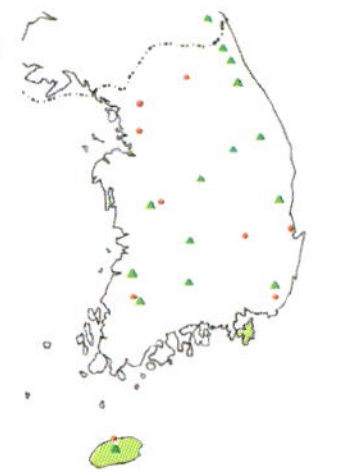

해외

- 중국, 일본

암수한그루	충매화
낙엽활엽수	어긋나기
2월~3월	5월~6월
작은키나무	

꽃은 흰색으로 향기로우며 전년지 끝에 모여 달리고 이른 봄에 피고 남부지역에 자란다. 열매는 달걀형이며 주홍색이고 길이 8mm로 독성이 있다. 반음지에서 잘 자라며 건조에 강하지만 잎은 두껍고 가장자리는 밋밋하며 밑부분은 점차 좁아져서 짧은 잎자루와 이어진다.

이만봉 19.08.03

두메닥나무

팥꽃나무과

Daphne pseudomezereum var.

깊은 산지에 자생하는 닥나무라는 뜻으로 두메닥나무라 부른다.

국내

- 강원도, 충청도 석회암 지대 무주군
- 괴산군 이만봉

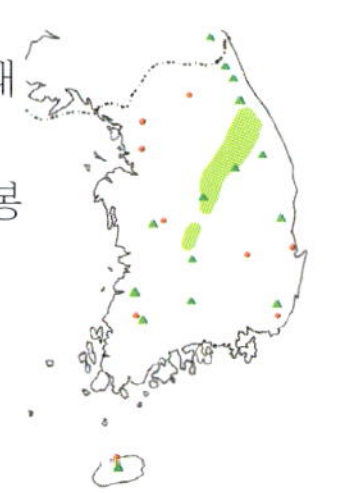

해외

- 중국, 일본

암수한그루	충매화
낙엽활엽수	돌려나기
4월	7월~8월
작은키나무	

백두대간 깊은 숲속 그늘에 키는 1m 이내로 자란다. 잎은 두껍고 표면은 청록색이고 뒷면은 분백색이 나며 가장자리는 밋밋하다. 꽃은 총상꽃차례로 전년지 끝의 잎겨드랑이에 발달하고 2~5개의 꽃이 달린다. 꽃은 자주색으로 안쪽은 흰색으로 핀다.

팥꽃나무(조기꽃나무)

팥꽃나무과

Daphne genkwa

꽃색이 팥색을 닮았다고 팥꽃나무라한다. 열매가 팥알 같아서 팥꽃나무로 보기도 한다.

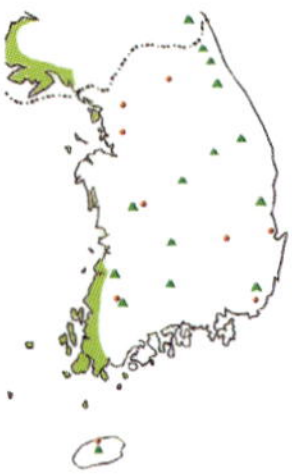

【국내】
- 황해도, 평남, 전남 해안가, 청산도
- 인천수목원

【해외】
- 중국, 타이완

암수한그루	충매화
낙엽활엽수	어긋나기
5월	7월~9월
작은키나무	

인천수목원 17.05.06

꽃은 홍자색으로 잎보다 먼저 전년지 끝에 3~7개씩 산형으로 달린다. 화관은 10mm 정도의 대롱 형태이며 꽃잎 조각은 4개로 갈라지고 타원형이다. 잎은 대부분 마주나거나 간혹 어긋나며 뒷면 맥 위에 융털이 난다. 열매는 7월에 성숙하나 자연상태에서 잘 여물지 않는다.

삼지닥나무

팥꽃나무과

Rhododendron

삼지(三枝)는 가지가 세 개로 갈라지고 종이 원료인 닥이 나온다고 삼지닥나무라 부른다.

【국내】
- 전남, 경남, 제주도 식재
- 인천수목원

【해외】
- 중국 원산, 일본

암수한그루	충매화
낙엽활엽수	어긋나기
3월~4월	6월
작은키	

거제시 15.04.12

나뭇가지가 3개로 갈라진다. 꽃은 가지 끝에 1~2개의 꽃봉오리가 두상꽃차례로 가을에 생겨서 잎보다 먼저 피고 노란색이며 꽃받침은 통모양이고 4개로 갈라진다. 잎은 두껍고 넓은 피침형이며 뒷면에 털이 있고 흰빛이 돌며 가장자리가 밋밋하다. 키는 2m로 자란다.

홍릉수목원 16.07.03

산닥나무

팥꽃나무과

Wikstroemia trichotoma

산에 자라는 닥나무라는 의미로 왜저(倭楮)라 했으며 일본에서 씨앗을 들여왔다.

[국내]
- 강화도, 진도, 진해, 남해
- 홍릉수목원

[해외]
- 중국, 일본

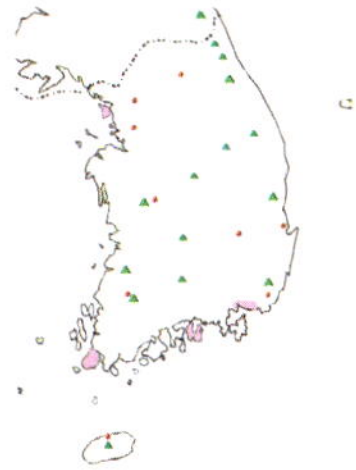

암수한그루 / 충매화 / 낙엽활엽수 / 마주나기 / 7월~8월 / 9월~10월 / 작은키나무

꽃은 총상꽃차례로 꽃받침통 길이는 7~8mm이고, 꽃받침조각은 4개로 갈라진다. 키는 1m로 자라고 잎은 마주나고 털이 없으며 표면은 황록색이고 뒷면은 회녹색이다. 줄기는 잔가지가 많고 나무껍질은 황갈색이며 일년생가지는 털이 없고 가늘며 적갈색이다.

기장군 16.09.03

거문도닥나무

팥꽃나무과

Wikstroemia ganpi

거문도에서 최초에 발견되었고, 산닥나무와 비슷하다.

[국내]
- 여수시, 남해군, 거문도
- 기장군

[해외]
- 일본 대만

암수한그루 / 충매화 / 낙엽활엽수 / 어긋나기 / 7월~9월 / 10월~11월 / 작은키나무

꽃은 가지 끝과 잎겨드랑이에 흰색 또는 연노란색이며 총상꽃차례를 이루고 향기가 난다. 잎은 긴 타원형이고 가장자리는 밋밋한 편이다. 뒷면은 연한 녹색이고 가장자리와 함께 맥 위에 털이 있다. 키는 1m 이내로 자라고 거문도 하백도에서 발견되었다.

배롱나무

부처꽃과

Lagerstroemia indica

꽃이 백일 이상 핀다고 백일홍(百日紅)나무에서 〉 배기롱나무 〉 배롱나무로 변했다.

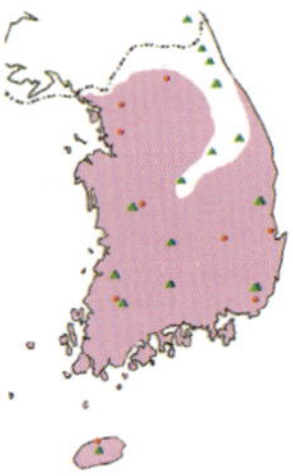

【국내】
- 중부 이남 화단 공원 가로에 식재
- 경북

【해외】
- 중국 남부

암수한그루 · 충매화
낙엽활엽수 · 아마주나기
7월~9월 · 9월
중간키나무

경북 울진 16.08.11

여름내 꽃이 피고 원뿔모양꽃차례로 가지 끝에 달리며, 꽃색은 흰색에서 진한 분홍색으로 다양하다. 수술은 30~45개이고 가장자리의 6개가 길며 암술은 1개이다. 잎은 마주나거나 어긋나고 가장자리에 톱니가 없고, 잎자루도 없다. 줄기에는 껍질이 벗겨지며 얼룩이 생긴다.

석류나무

석류나무과

Punica granatum

석류는 현재의 이란인 파르티아의 한자명인 안석국(安石國)에서 들어왔다고 안석류(安石榴)에서 안이 떨어져나갔다.

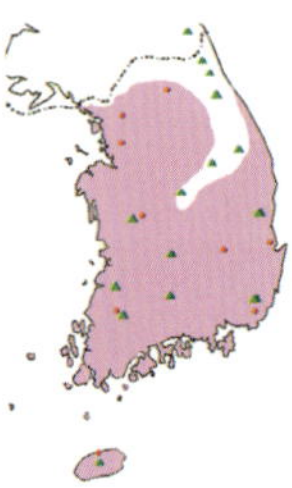

【국내】
- 남부지역 제주도 경기도 작물로 식재
- 고양시

【해외】
- 이란, 파키스탄, 아프가니스탄, 지중해 연안

암수한그루 · 충매화
낙엽활엽수 · 마주나기
5월~7월 · 9월~10월
중간키나무

고양시 17.06.18

열매는 황홍색으로 익고 육질이며 외피가 불규칙하게 갈라지며 씨앗이 드러난다. 꽃은 주홍색으로 피고 꽃받침은 통 모양이며 육질이고 6개로 갈라지며 붉은빛이 돌고 꽃잎도 6개로서 적색이며 서로 포개진다. 잎이 다른 나무에 비해 늦은 4월 하순이나 5월 상순에 돋는다.

ㅣ 운길산 15.06.16

박쥐나무

박쥐나무과

Alangium platanifolium var.

박쥐 날개 모양의 잎을 가진 나무라는 의미이다.

[국내]
- 전국의 산지
- 설악산
  홍릉수목원

[해외]
- 일본

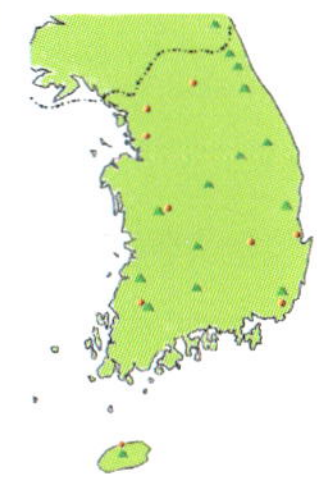

그늘진 나무 숲속에서 키가 3~4m로 자라고 잎은 가장자리가 3~5개로 갈라지며 끝이 꼬리처럼 길고 뾰족하다. 꽃은 1~7개씩 취산꽃차례에 달리고 꽃받침통이 있다. 꽃잎은 선형으로 8개이고 누른빛이 돌고 꽃이 피면 뒤로 말리며 아래가 서로 붙어있다.

- 암수한그루
- 충매화
- 낙엽활엽수
- 어긋나기
- 5월~6월
- 8월
- 작은키나무

층층나무과

말채나무

곰의말채나무

층층나무

말채나무

층층나무과

Cornus walteri

말채찍나무가 말채나무로 변한 것으로 추측된다. *Cornus*는 재질이 단단하다는 의미이고 *walteri* 미국식물학자 이름.

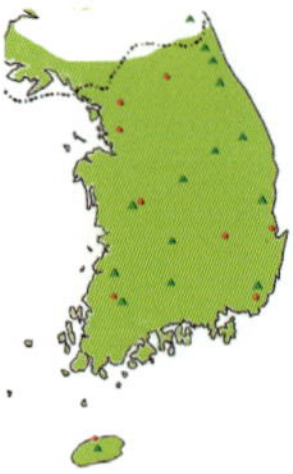

【국내】

- 강원도 이남
- 인천수목원 서울역사박물관

【해외】

- 중국, 대만

청량산 20.10.08

암수한그루	충매화
낙엽활엽수	마주나기
6월	9월~10월
큰키나무	

잎의 측맥은 4~5쌍이고 마주나며 가장자리는 밋밋하다. 꽃은 취산꽃차례로 거친 털이 나고 꽃잎은 피침형이다. 열매는 둥근 핵과로 지름 6~7mm로 검은색이며 종자는 흰색이며 둥글고, 9~10월에 성숙한다. 나무껍질은 그물처럼 갈라지며 회갈색이다.

곰의말채나무

층층나무과

Cornus macrophylla

일본명은 구마노(熊野)지역에 자란다고 구마노미즈키(水木)라 하는데, 곰을 뜻하는 구마(熊)을 가져와 곰의말채나무라 한다.

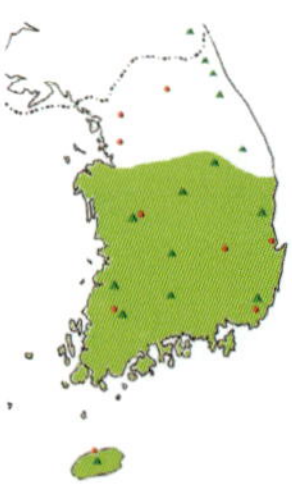

【국내】

- 남부지역 산지 제주도, 울릉도
- 인천수목원

【해외】

- 일본, 중국, 대만

제주도 17.06.11

암수한그루	충매화
낙엽활엽수	어긋나기
7월~8월	9월~10월
큰키나무	

잎의 가장자리는 밋밋하며 측맥은 6~8쌍이다. 꽃은 취산꽃차례로 거친 털이 나고 꽃잎은 피침형이다. 열매는 둥근 핵과로 지름 6~7mm로 검은색이며 종자는 흰색으로 둥글다. 나무껍질은 불규칙하게 세로로 갈라지며 흑갈색이다.

층층나무

층층나무과

Cornus controversa

줄기를 따라 올라가며 층이 나듯이 가지가 돌려 나는 모습에서 층층나무라 부른다. 층층이나무 〉층층나무

【국내】
- 전국 산지
- 물향기수목원

【해외】
- 일본

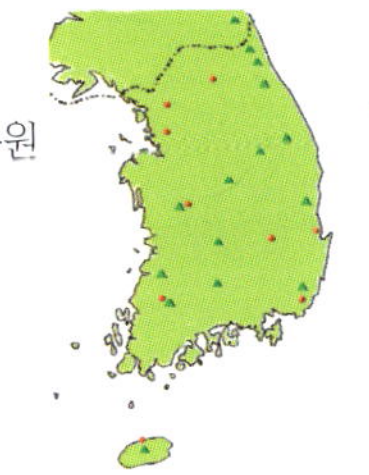

지리산 16.05.12

측맥은 9~10쌍이고 잎자루는 붉은빛이 돈다. 잎의 뒷면은 흰색을 띠고 잔털이 밀생하며 가장자리가 밋밋하다. 꽃은 흰색으로 산방상꽃차례로 피고 새 가지 끝에 달린다. 키는 20m에 달하고 나무껍질은 얕게 세로로 터지며 가지는 계단상으로 돌려나고 층을 이룬다.

암수한그루	충매화
낙엽활엽수	어긋나기
5월	8월~10월
큰키나무	

흰말채나무(붉은말채나무)

층층나무과

Cornus alba

흰꽃에 흰 열매가 달린다고 흰말채나무라 부른다. 줄기가 노란 노랑말채나무도 있다.

【국내】
- 함경남·북도 자생
- 전국 공원 화단에 식재

【해외】
- 일본, 중국, 몽골

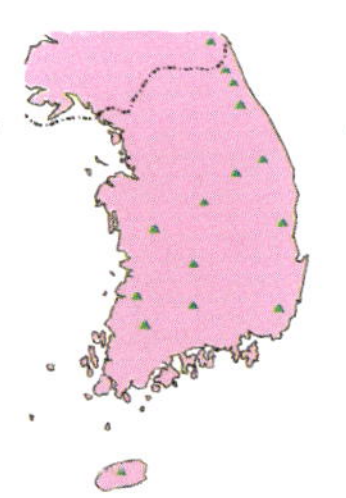

국립 수목원 15.05.16

열매는 흰색으로 익는다. 키는 2m 이내로 자라고 줄기는 붉은색을 띠고 잎은 타원형으로 뒷면은 백색을 띠고 잔털이 나며 가장자리에 톱니가 없고 측맥은 6쌍이다. 종자는 양 끝이 좁고 편평하다. 원예종으로 줄기가 노란색을 띠는 노랑말채나무가 있다.

암수한그루	충매화
낙엽활엽수	마주나기
5월~6월	8월~9월
작은키나무	

산딸나무

층층나무과

Cornus kousa

산에 자라고 딸기 같은 열매가 달리는 나무라는 이름이다.

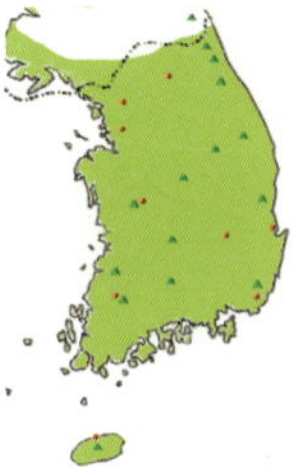

【국내】
- 황해도 중부 이남에 자생
- 전국 공원 가로수로 식재

【해외】
- 일본

암수한그루	충매화
낙엽활엽수	마주나기
6월	9월~10월
중간키나무	

한라산 13.06.15

꽃잎처럼 보이는 포엽은 꽃받침으로 4개가 사방으로 펴지고 좁은 달갈형이며 흰색이다. 열매는 둥글고 작은 열매가 뭉쳐진 취과로 붉은색이며 종자를 싸고 있으며 단맛이 나고 먹을 수 있으나 식감은 떨어진다. 자잘한 꽃 20~30개가 모여 피고 꽃잎과 수술은 각각 4개이다.

산수유

층층나무과

Cornus officinalis

산에 자라고 수유(茱萸)가 달리는 나무(萸)란 뜻으로 중국명을 차용하였으며 신라 경문왕 때 들어왔다고 전해진다.

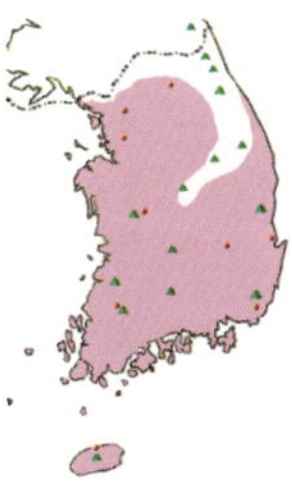

【국내】
- 중부이남 농가, 공원 식재
- 구례, 이천

【해외】
- 중국

암수한그루	충매화
낙엽활엽수	마주나기
3월~4월	8월
중간키나무	

인천수목원 16.04.9

이른 봄 꽃은 잎보다 먼저 노란색으로 피며 산형꽃차례로 20~30개의 꽃이 모여 달린다. 열매는 타원형의 핵과로 녹색에서 붉게 익는다. 종자는 긴 타원형이며 능선이 있고 약간의 단맛과 함께 떫고 강한 신맛이 나며 약재로 이용해 왔다. 키는 약 7m로 자란다.

울릉도 18.05.27

식나무

식나무과

Aucuba japonica

식나무는 중국명 식남수(植楠樹)에서 나온 것으로 추정한다.

[국내]

- 울릉도, 경남, 전남, 제주도
- 안면도수목원

[해외]

- 일본

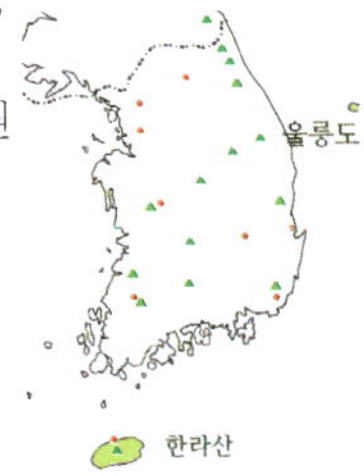

꽃은 자주색으로 피고 원뿔꽃차례로 가지 끝에 달린다. 잎 표면은 광택이 나며 가장자리에 톱니가 나고 잎자루 표면에 얕은 홈이 있다. 열매는 핵과로 타원형이고 길이 1.5~2cm로 붉은색으로 10월에 익으며 겨울 동안 가지에 달려있다.

- 암수딴그루
- 충매화
- 상록활엽수
- 마주나기
- 3월~4월
- 10월
- 작은키나무

구룡령 19.11.18

겨우살이

단향과

Camellia japonica

다른 나무에 붙어 겨우겨우 사는 나무라는 뜻이다. 겨울에도 푸르다고 겨울살이가 겨우살이로 변했다는 의견도 있다.

[국내]

- 함경남도 이남 지역 산지
- 구룡령, 내장산

[해외]

- 중국, 일본, 대만, 러시아, 유럽, 아프리카

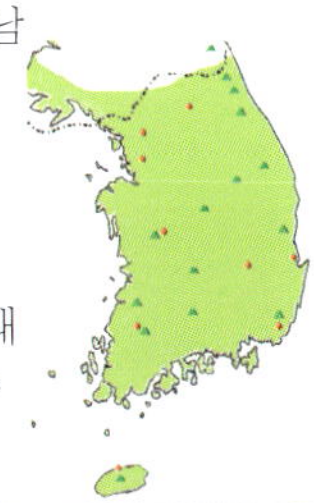

참나무, 팽나무, 물오리나무, 밤나무 및 자작나무 가지에 붙어 반기생하며 상록성이다. 잎은 가지 끝에 마주나고 두꺼운 피침형이고 밑으로 갈수록 점점 좁아지고 잎자루는 없다. 꽃은 화경이 없고 노란색이며 3개씩 모여달린다. 화피는 종 모양이며 4개로 갈라진다.

- 암수딴그루
- 풍매화
- 상록활엽수
- 마주나기
- 4월
- 8월~10월
- 반기생나무

붉은겨우살이

단향과

Viscum album f.

열매가 붉은 색으로 익는다고 붉은 겨우살이라 부른다.

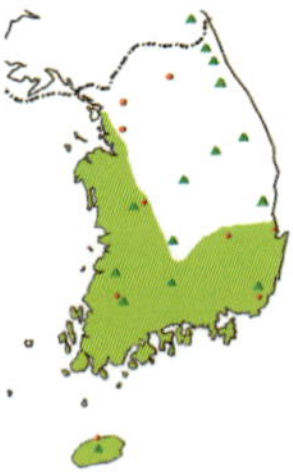

【국내】
- 남부지역 제주도
- 내장산

【해외】
- 유럽, 아시아

암수딴그루	풍매화
상록활엽수	마주나기
4월	12월~1월
반기생나무	

내장산 15.12.27

열매는 둥글고 붉게 익는다. 참나무, 팽나무, 밤나무 등의 줄기에 기생하며 황록색의 가지가 갈라지며 둥글게 자란다. 잎끝은 뾰족하고 아래로 갈수록 잎이 좁아지고 잎자루는 없다. 꽃은 옅은 황색으로 피며 가지 끝에 3개씩 난다. 화피는 종 모양으로 4개로 갈라진다.

동백나무겨우살이

단향과

Korthalsella japonica

동백나무에 자라는 겨우살이라는 말이다.

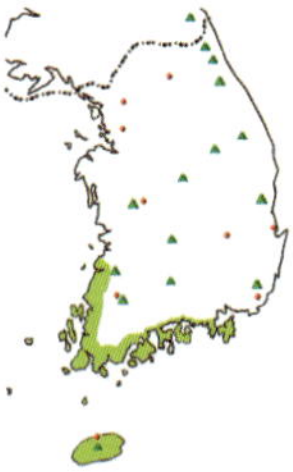

【국내】
- 목포, 제주, 남해 섬지역
- 서귀포

【해외】
- 일본, 중국, 대만, 말레이지아, 인도, 호주

암수한그루	풍매화
상록활엽수	돌려나기
4월~9월	익년6~11월
반기생나무	

서귀포시 14.05.20

표고 700m 이하의 난대림 지역에서 볼 수 있으며 동백나무, 사스레피나무, 모새나무, 사철나무에 기생한다. 잎은 퇴화하여 작고 마디의 위쪽 끝에 돌기처럼 달린다. 열매는 넓은 타원형이고 끝에 암술대가 달려 있고 종자는 1개씩 들어 있고 익으면 과피에서 튀어나온다.

구룡령 16.11.06

꼬리겨우살이

꼬리겨우살이과

Loranthus tanakae

겨우살이 열매가 꼬리처럼 달린다고 꼬리겨우살이라 부른다.

【국내】
- 평남, 충북, 백두대간, 지리산
- 구룡령

【해외】
- 일본, 중국

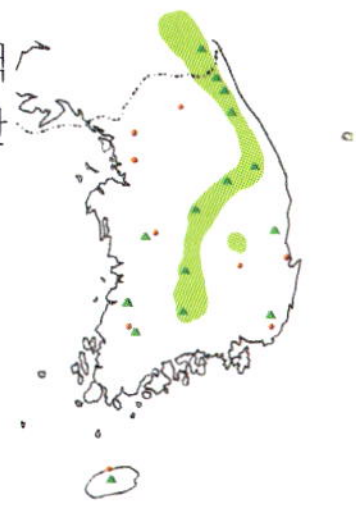

가을에 낙엽이 지는 반기생 관목이다. 오래된 숲 밤나무나 잠나무 가지에 뿌리를 내리고 반기생하며 열매는 장과로 열은 황색으로 익고 과수는 밑으로 처진다. 가지는 갈라지고 질은 자갈색이며 털이 없고 다소 광택이 나며 월동 후에는 표피가 벗겨진다.

암수한그루	풍매화
낙엽활엽수	마주나기
5월~6월	9월~11월
반기생나무	

서귀포 16.10.20

참나무겨우살이

꼬리겨우살이과

Taxillus yadoriki

참나무에 자라는 겨우살이라는 의미이다.

【국내】
- 제주
- 한라산

【해외】
- 일본

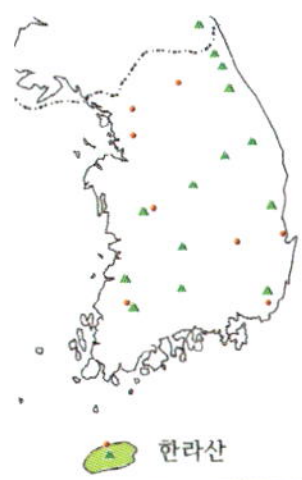

구실잣밤나무, 동백나무, 후박나무 및 육박나무에 기생한다. 잎은 넓은 달걀모양이며 가장자리가 밋밋하고 광택이 나며 잎 뒷면에 적갈색 퍼진 털이 밀생한다. 꽃봉오리는 적갈색 별 모양의 털이 있고 4개로 갈라져서 젖혀지며 안쪽은 검붉은 색으로 광택이 있다.

암수한그루	풍매화
상록활엽수	마주나기
9월~11월	익년 3월
반기생나무	

노박덩굴과

참회나무 회나무 나래회나무 회목나무

노박덩굴과에는 사철나무속, 노박덩굴속, 미역줄나무속 3가지가 있으며 이들은 모두 키 작은 관목이다. 사철나무속은 사철나무, 줄사철나무 등이며 상록성으로 주로 남부 해안지역에 자라고 정원이나 공원, 생울타리로 심는다. 회나무 종류는 산지에 자라고 열매가 삭과이며 붉게 익는다. 이들 열매에는 능선이 나고 그 높이에 따라 종이 구분된다.

사철나무

노박덩굴과

Euonymus japonicus

잎이 사시사철 푸르다고 사철나무라 한다. 여러 나무에 적용되던 이름이 나무에 대한 지식이 늘어나며 특정하게 되었다.

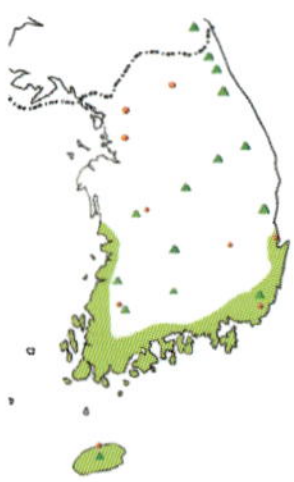

【국내】
- 중부이남 자생 및 식재
- 전국 공원, 화단에 식재

【해외】
- 일본

암수한그루	충매화	상록활엽수	마주나기
6월~7월	10월	작은키나무	

부산시 15.07.04

잎은 두껍고 표면에 광택이 나며 뒷면은 황록색이고 둔한 톱니가 있다. 꽃은 연한 황록색이며 잎겨드랑이에 취산꽃차례로 달리고 꽃받침, 꽃잎, 수술이 4개로 4수성이다. 키는 3m정도로 자라며 열매는 붉은색이고 4개로 갈라져서 황적색 속 껍질에 싸인 종자가 나온다.

한라산 19.10.26

줄사철나무

노박덩굴과

Euonymus fortunei var.

사철나무 종류로 줄기에서 기근이 나와 덩굴처럼 뻗어가며 자란다고 줄사철나무라 한다.

[국내]

- 전남북, 경남북, 제주도 자생
- 국립수목원

[해외]

- 중국, 일본, 대만, 인도, 베트남

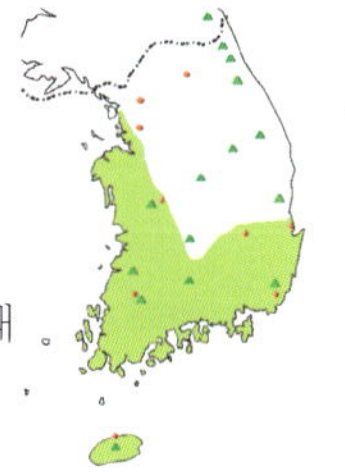

암수한그루 | 충매화
상록활엽수 | 마주나기
6월~7월 | 10월~12월
덩굴나무

줄기에서 뿌리가 나와서 다른 나무나 바위에 붙어 자라며 생태에 따라 잎의 크기는 다양하다. 일년생가지는 녹색이며 약간 모가 나고 미약한 돌기가 있다. 꽃은 취산꽃차례로 잎겨드랑이에서 나고 연녹색이며 15개 내외가 달린다. 열매는 삭과로 둔한 사각형이 나는 구형이다.

강원 정선 16.11.21

화살나무(홑잎나물)

노박덩굴과

Euonymus alatus

가지에 코르크 날개가 돋는데 그 모습이 화살의 날개를 닮았다.

[국내]

- 전국의 산지
- 공원 가로수 화단

[해외]

- 일본, 중국, 사할린

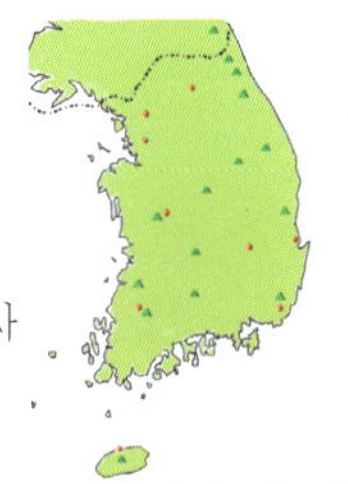

암수한그루 | 충매화
낙엽활엽수 | 마주나기
5월~6월 | 9월~10월
작은키나무

줄기와 가지에는 2~4줄의 코르크질의 날개가 난다. 꽃은 취산꽃차례로 잎겨드랑이에 보통 3개씩 꽃이 달린다. 잎자루가 짧고 잎은 타원형이며 가장자리에 예리한 잔 톱니가 있다. 열매는 붉은색이며 종자는 흰색이다. 줄기에 날개가 없는 나무는 회잎나무라 한다.

참빗살나무

노박덩굴과

Euonymus hamiltonianus

머리를 빗을 때 쓰는 빗 중에 빗살의 간격이 좁은 것을 참빗이라 하는데 이를 만드는 나무라는 의미이다.

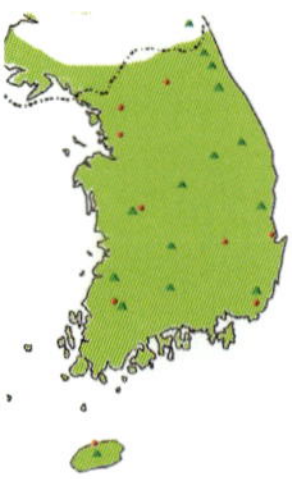

【국내】
- 황해도 강원도 이남, 백두대간 서부
- 한라산

【해외】
- 중국, 일본, 아프카니스탄, 부탄

암수한그루	충매화
낙엽활엽수	마주나기
5월~6월	10월~11월
중간키나무	

한라산 영실 19.10.27

열매는 삭과로 4개의 능선이 있으며 붉은색으로 익고 4갈래로 갈라지고 날개가 없다. 잎은 타원형이고 잔 톱니가 있다. 꽃은 취산꽃차례로 전년지의 잎겨드랑이에 달리며 꽃이 3~12개씩 달리고 연한 녹색이며 꽃잎, 꽃받침, 수술이 4개인 4수성이다. 종자의 껍질은 주황색이다.

참회나무

노박덩굴과

Euonymus oxyphyllus

회나무와 닮았으나 다른 나무라는 것을 나타내며 참은 식별을 위한 중립적인 의미이다.

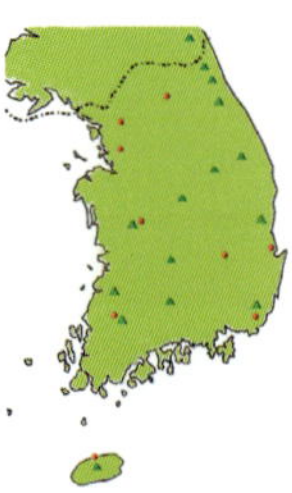

【국내】
- 전국의 산지
- 공원 가로수 화단에 재배

【해외】
- 일본, 중국, 대만

암수한그루	충매화
낙엽활엽수	마주나기
6월~7월	9월~10월
중간키나무	

선자령 19.10.05

열매에 능선이 생기지 않고 동그랗게 익는다. 꽃은 꽃잎, 꽃받침, 수술이 5개인 5수성이며 취산꽃차례로 꽃자루가 길며 잎겨드랑이에 달리고 암술은 1개 있다. 열매는 삭과로 밑으로 처지고 지름 약 1cm로 붉은색으로 익는다. 잎은 털이 없으며 안으로 굽은 톱니가 난다.

화악산 16.09.10

회나무

노박덩굴과

Euonymus sachalinensis

나무 줄기가 회색빛을 띤다고 회나무라 부른다.

[국내]

- 전국의 높은 산지
- 화악산, 설악산

[해외]

- 중국, 일본, 러시아

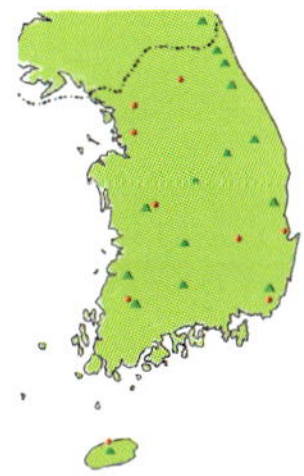

열매는 둥글고 5개의 능선이 있으며, 작은꽃자루는 길이 1㎝ 정도이고 자주색으로 성숙한다. 열매 속에는 진분홍색의 종자가 드러나 매달린다. 줄기는 직립하나 윗부분은 아래로 처지고 꽃잎, 꽃받침, 수술은 5개로 5수성이다. 잎가장자리에 둔한 잔톱니가 있다.

암수한그루 / 충매화
낙엽활엽수 / 어긋나기
6월~7월 / 9월
중간키나무

화악산 16.09.10

나래회나무

노박덩굴과

Euonymus macropterus

회나무 종류 중에 열매의 능선이 길게 발달하여 날개가 달린 듯한데 그 모습을 따서 나래회나무라 한다.

[국내]

- 백두대간 서쪽 지역
- 덕유산, 설악산

[해외]

- 중국, 극동 러시아, 일본

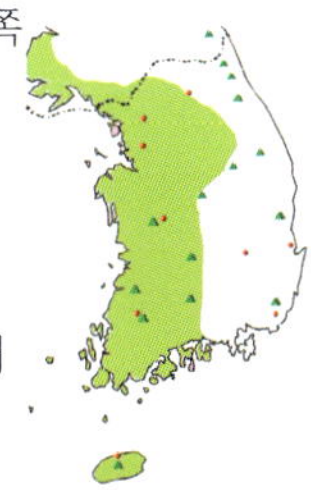

열매는 삭과로 날개처럼 발달한 대체로 4개의 능선이 있다. 날개의 높이는 약 1cm이고 열매는 지름 2cm 정도이다. 열매는 붉은 갈색으로 성숙하고 종자는 붉은 껍질에 싸여 있다. 꽃은 취산꽃차례로 녹색이고 꽃잎, 꽃받침, 수술이 4개인 4수성이다

암수한그루 / 충매화
활엽낙엽수 / 어긋나기
6월~7월 / 9월~10월
중간키나무

회목나무

노박덩굴과

Euonymus pauciflorus

어원 미상이며 회나무를 닮았으나 다른 나무라는 의미로 해석한다.

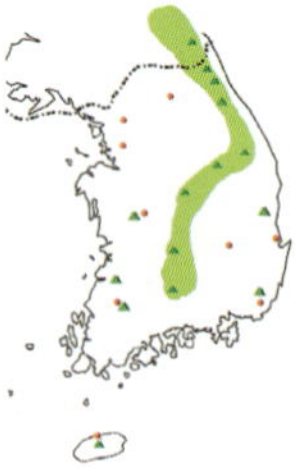

【국내】
- 백두대간 북부지역
- 평창, 홍릉수목원

【해외】
- 중국, 극동러시아

암수한그루		충매화	
낙엽활엽수		마주나기	
6월~7월		9월~10월	
작은키나무			

덕산기계곡 15.05.24

꽃은 적갈색이며 취산꽃차례로 잎겨드랑이에서 돋고, 1~3개의 꽃이 잎 표면의 주맥 위에 붙은 것처럼 보인다. 꽃잎, 꽃받침, 수술이 4개인 4수성이다. 잎은 긴 달걀형이고 뒷면에 잔털이 나고 가장자리에 잔톱니가 있으며 잎자루는 짧고 털이 있다.

노박덩굴

노박덩굴과

Celastrus orbiculatus

길가에 잘 자라는 덩굴나무라는 의미로 '노방의 덩굴'이 변하여 노박덩굴이 되었다. orbiculatus는 동글납작하다는 뜻이다

【국내】
- 전국 산지 들
- 북한산

【해외】
- 일본, 중국

암수딴그루	충매화
낙엽활엽수	어긋나기
5월~6월	10월
반덩굴나무	

관악산 15.10.24

열매는 노란색 삭과로 3개로 갈라지고, 종자는 붉은색 속껍질에 싸여 있다. 꽃은 노란빛을 띤 녹색이며 취산꽃차례로 잎겨드랑이에서 나와 1~10송이씩 달린다. 꽃받침조각과 꽃잎은 각각 5개이다. 산 가장자리 반 덩굴로 뭔가를 타고 올라가며 자란다.

한강 둔치 16.10.29

푼지나무(분지나무)

노박덩굴과

Celastrus flagellaris

전남 방언으로 추정하며 어원미상으로 분지나무라고도 한다.

[국내]
- 전국 산지와 들에 자생
- 한강 둔치

[해외]
- 일본, 중국

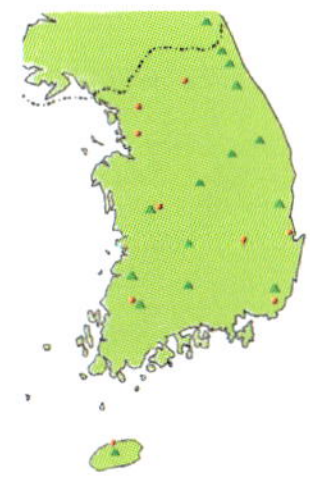

줄기에 기근이 돋아나 다른 나무나 바위를 타고 오르며 턱잎이 변한 가시가 난다. 덩굴로 자라며 길이 5m 정도로 뻗어 나간다. 열매는 연노란색으로 여물고 열매껍질이 3갈래로 갈라져 노란빛 도는 붉은 씨앗이 나온다. 열매는 초겨울까지 가지에 매달려 있다.

- 암수딴그루
- 충매화
- 낙엽활엽수
- 어긋나기
- 5월~6월
- 9~10월
- 덩굴나무

함백산 17.07.22

미역줄나무

노박덩굴과

Tripterygium regelii

덩굴줄기가 미역줄기처럼 뻗었다 하여 붙인 이름이다.

[국내]
- 전국의 높은 산지 양지바른 곳
- 함백산

[해외]
- 중국, 일본, 대만, 미얀마

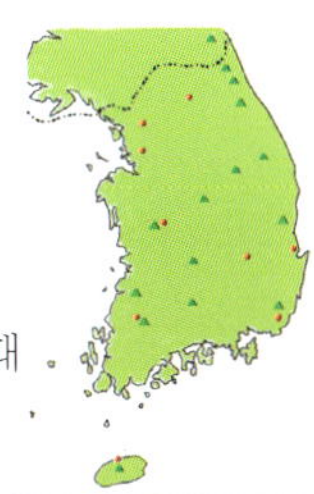

높은 산지 양지바른 곳에 덩굴로 자란다. 잎가장자리에 둔한 톱니가 있고 잎맥을 따라 주름이 진다. 꽃은 원뿔모양꽃차례로 가지 끝과 잎겨드랑이에 달리고, 백색이며 꽃잎, 꽃받침, 수술이 5개이다. 열매는 시과로 연한 녹색으로 붉은빛이 돌고, 능선 같은 날개 3개가 달린다.

- 암수한그루
- 충매화
- 낙엽활엽수
- 어긋나기
- 6월~7월
- 9월~10월
- 덩굴나무

대팻집나무

꽝꽝나무

호랑가시나무

감탕나무

먼나무

낙상홍

감탕나무과에는 감탕나무 1속이 있으며 대부분 남부지역에 자란다. 낙상홍과 대팻집나무는 낙엽수이고 나머지는 상록수이다.

대팻집나무

감탕나무과

Ilex macropoda

대팻집을 만드는 나무라는 말이다. *macropoda*는 긴자루를 뜻한다.

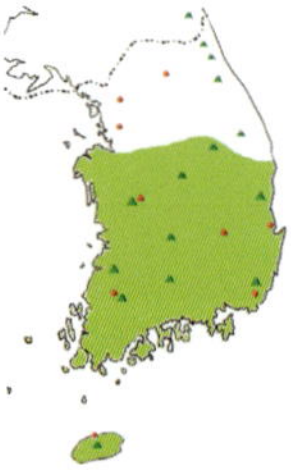

【국내】
- 충청이남
- 덕유산 국립수목원

【해외】
- 중국, 일본

덕유산 15.10.24

암수딴그루	충매화
낙엽활엽수	어긋나기
5월~6월	9월~10월
중간키나무	

가을에 낙엽 진 나무에 붉은 열매가 달린다. 잎은 얇고 넓은 달걀형이며 가장자리에는 톱니가 난다. 측맥은 6~8쌍으로 뒷면이 돌출한다. 꽃은 황록색이고 암꽃은 4~5개의 작은 수술이 있고, 수꽃은 다수가 모여 붙는다. 꽃받침조각과 꽃잎 및 수술이 각각 4개씩 달린다.

한라산 17.06.11

꽝꽝나무

노박덩굴과

Ilex crenata

야무지고 단단하다는 의미로 꽝꽝하다는 사투리가 이름으로 들어가 꽝꽝나무라 불린다. crenata:얕고 둔한 톱니

[국내]

- 전남, 경남, 한라산
- 남부지역 수목원 식재

[해외]

- 중국, 대만, 일본

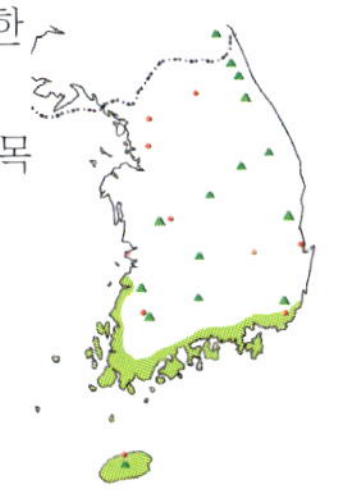

잎은 어긋나며 표면에 광택이 나고 짙은 녹색이며 뒷면은 연한 녹색이고, 작은 샘이 있다. 측맥은 6~8쌍으로 뒷면에 돌출한다. 열매는 핵과로 지름이 6~7mm로 검은색으로 익는다. 나무는 3m로 자라고 잔가지가 많이 나와 무더기로 보인다.

- 암수딴그루
- 충매화
- 상록활엽수
- 어긋나기
- 7월
- 9월~11월
- 작은키나무

완도수목원 15.11.15

호랑가시나무

감탕나무과

Ilex cornuta

호랑이가 등이 가려우면 이 나무에 등을 문지른다거나 가시가 호랑이 발톱만큼 날카롭고 단단하다는 뜻이다.

[국내]

- 전남북, 경남
- 제주, 안면도 수목원

[해외]

- 중국

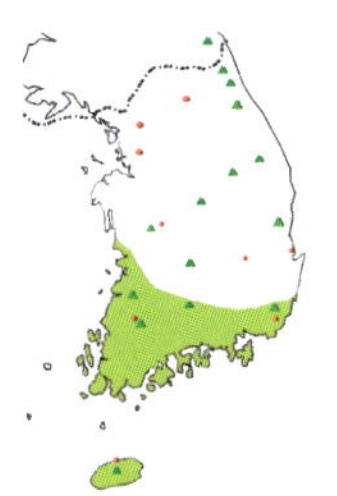

잎은 두껍고 광택이 나며 가장자리가 다양하게 모가 나고, 끝에는 가시가 달리고 뒷면은 황록색이다. 꽃은 향기가 있으며 5~6개씩 모여 달리고, 암술은 암술대가 없고 4갈래로 갈라진다. 키는 2~3m이고 밑부분에서 많은 가지가 돋아나 자란다.

- 암수딴그루
- 충매화
- 상록활엽수
- 어긋나기
- 4월~5월
- 10월~12월
- 작은키나무

감탕나무

감탕나무과

Ilex integra

감탕(甘湯)은 나무껍질이나 동물 가죽을 고아 굳힌 것으로 접착제를 뜻한다. 한자로 풀을 뜻하는 점목(黏木)이라 한다.

【국내】
- 전남 제주
- 완도수목원

【해외】
- 중국

완도수목원 15.11.14

암수딴그루	충매화
상록활엽수	어긋나기
3월~4월	8월~11월
큰키나무	

잎은 두꺼우며 타원형이고 가장자리가 밋밋하거나 2~3개의 톱니가 있다. 꽃은 황록색이고 암꽃은 1~2개이며 수꽃은 여러 개씩 잎겨드랑이에 달린다. 열매는 둥글며 지름 1~ 1.2cm로 붉은색으로 모여 익는다. 줄기는 바로 서고 가지가 밀생하며 나무껍질은 회색이다.

완도호랑가시나무

감탕나무 x 호랑가시나무 = 완도호랑가시나무

완도호랑가시나무는 감탕나무와 호랑가시나무의 자연교잡종이다. 잎 가장자리가 둥근 감탕나무와 모가 나고 가시가 달린 호랑가시나무가 교잡하여 중간 형태의 잎이 나왔다. 멘델(G. J. Mendel 1822~1884)은 완두콩의 교배를 통해 우열의 법칙을 발견했다. 이는 우성과 열성 형질을 지닌 식물의 유전현상이었다. 그러나 독일의 식물학자 코렌스(K. Correns 1864~1933)는 분꽃의 연구를 통해 자연에는 우열의 법칙이 아닌 중간형질의 유전 또는 두 현상이 함께 나타나는 유전현상을 발견하였다. 완도호랑가시나무는 양쪽의 특징이 나타나는 중간유전 현상을 보여준다.

완도수목원 15.11.14

먼나무

감탕나무과

Ilex rotunda

감탕나무와 더불어 속 껍질을 접착제로 썼는데 먹을 만들 때 넣는 재료라고 멍낭이란 이름이 먼나무가 되었다.

【국내】
- 제주도, 전남 보길도
- 안면도수목원 완도수목원

【해외】
- 중국, 일본, 대만, 베트남

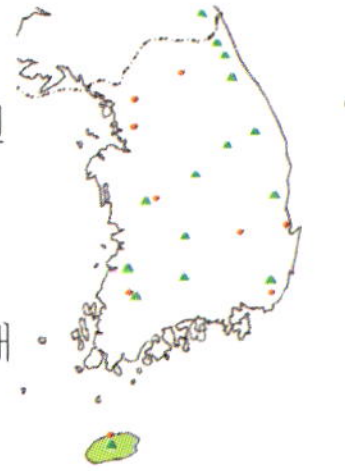

잎은 두껍고 타원형이며, 주맥이 앞면에서는 들어가며 뒷면에서는 노느라지고 마르면 갈색이 된다. 꽃은 취산꽃차례로 새 가지 잎겨드랑이에서 나며 잎보다 짧고 꽃잎은 꽃받침보다 길고 뒤로 젖혀진다. 키는 10m에 달하고 나무껍질은 녹갈색이다. 겨울에도 열매가 달려 있다.

암수딴그루	충매화
상록활엽수	어긋나기
5월~6월	10월~11월
큰키나무	

물향기수목원 14.10.18

낙상홍

감탕나무과

Ilex serrata

낙상홍(落霜紅)은 서리가 내리면 붉게 익는다는 의미로 중국명을 차용하였다.

【국내】
- 전국 공원 화단에 식재
- 물향기수목원

【해외】
- 중국, 일본

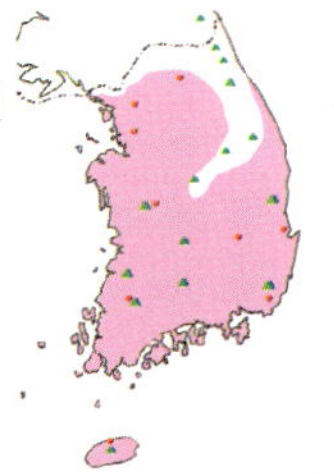

열매는 서리가 내려 잎이 떨어진 겨울에도 붉게 달려 있다. 키는 2~3m에 이르며 6월에 연분홍색 꽃이 피고 꽃잎은 4~5장이며 산형꽃차례로 모여 핀다. 잎은 타원형으로 끝은 뾰족하고 가장자리에 예리한 톱니가 있으며, 양면에 짧은 털이 난다.

암수딴그루	충매화
낙엽활엽수	어긋나기
6월	9월~10월
작은키나무	

미국낙상홍

감탕나무과

Ilex verticillata

미국에서 들여온 낙상홍이란 의미이다.

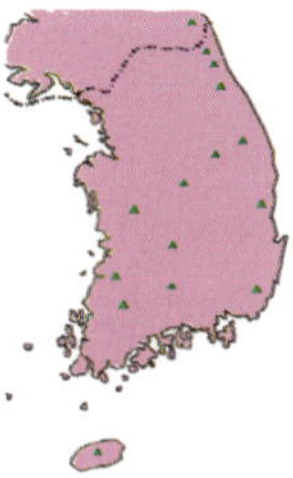

【국내】
- 전국 공원 정원에 식재
- 홍릉수목원 인천수목원

【해외】
- 미국 일본 중국

암수딴그루	충매화
활엽낙엽수	어긋나기
6월	10월
작은키나무	

국립수목원 17.10.28

북미 도입종으로 낙상홍보다 열매가 굵고 많이 달리며 잎도 다소 크고 길며 뾰족하고 잎 바탕의 맥을 따라 굴곡이 난다. 키는 2m 정도로 자라고 꽃은 흰색으로 핀다. 늦가을에 잎이 떨어진 후에도 열매가 달려 있어 관상수로서 가치가 크다. 열매는 겨울 새들의 먹이가 된다.

회양목

회양목과

Buxus koreana

강원도 이북지역 회양(淮陽)에 많이 자라는 나무라고 회양목이라 부른다.

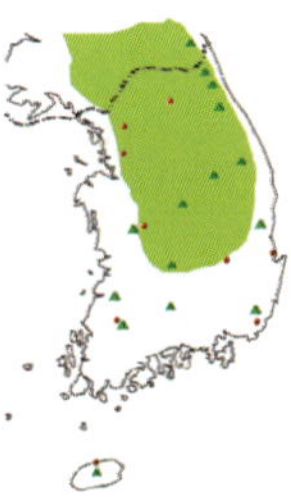

【국내】
- 강원지역 석회암 지역 암반지대
- 단양 영월

【해외】
- 중국, 일본

암수한그루	충매화
상록활엽수	마주나기
3월~4월	9월~10월
작은키나무	

영월 동강 18.03.26

잎은 마주나고 두껍고 타원형이며 길이 15mm 내외로 표면에는 광택이 나고 뒷면 가장자리가 젖혀진다. 꽃은 연한 황색으로 암 수꽃이 몇 개씩 한 군데에 달리고 중앙부에 암꽃이 있고, 수꽃의 꽃밥은 노란색이며 암꽃은 3개의 암술머리가 있는 삼각형의 씨방이 있다.

남한산성 15.06.27

광대싸리

대극과

Securinega suffruticosa

싸리가 아니지만, 싸리를 닮은 나무라고 흉내를 잘 내는 광대에 빗대어 광대싸리라 부른다. 싸리대극이 어울리는 이름이다.

【국내】
- 전국의 산지
- 남한산성

【해외】
- 중국, 일본

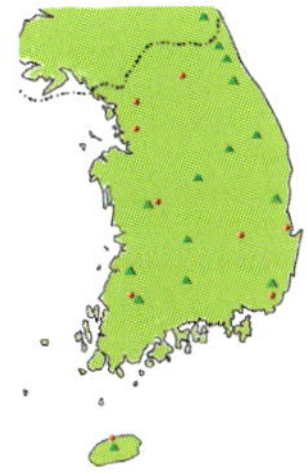

암수딴그루	충매화
낙엽활엽수	어긋나기
6월~8월	10월~11월
작은키나무	

잎겨드랑이에서 황록색 꽃이 모여 피고 암꽃은 1~5개가 달리며 암술대는 3갈래로 갈라지고 꽃자루가 1cm 정도로 긴 편이다. 둥글고 약간 납작한 열매가 달리고 황갈색으로 익으며 껍질이 벌어지면서 갈색이고 광택 나는 씨앗을 튕겨낸다. 개울가나 계곡 주변에서 번성한다.

완도 16.06.12

예덕나무

대극과

Mallotus japonicus

잎이 커서 들에 자라는 오동이란 의미로 '야오동'이 외오덩을 거쳐 예덕나무가 된 것으로 본다. Mallotus는 가는 털이란 의미.

【국내】
- 충남, 전남, 경남, 제주
- 진도

【해외】
- 일본, 대만

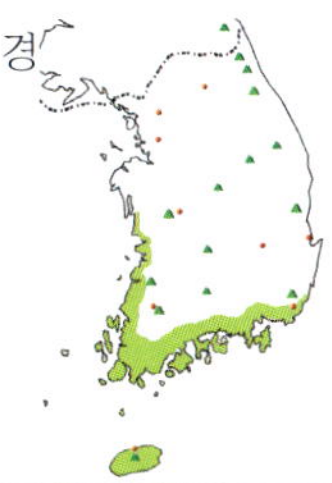

암수딴그루	충매화
활엽낙엽수	어긋나기
6월~7월	8월~10월
큰키나무	

잎 표면은 적색 샘털이 있고 잎 가장자리는 밋밋하며 3개로 약간 갈라지고 매우 긴 잎자루가 있다. 꽃은 원뿔꽃차례로 가지 끝에 달리고, 수꽃은 꽃받침이 3~4갈래로 갈라지며, 50~80개의 수술이 있다. 키는 10m에 달하며 줄기는 어릴 때는 별 모양의 인모로 덮여 있다.

사람주나무(백목:白木)

대극과

Sapium japonicum

사람이 기둥처럼 서 있는 모습이란 뜻이다. 수피가 회백색의 얇은 껍질로 사람의 피부를 연상하게 한다.

【국내】
- 동, 서 남부 해안가
- 인천수목원

【해외】
- 일본

암수한그루	충매화
낙엽활엽수	어긋나기
4월~6월	7월~10월
중간키나무	

완도수목원 16.06.12

열매는 삭과로서 3개로 갈라지고, 흑색 반점이 난 종자가 3개씩 들어있다. 잎은 타원형이며 두껍고 가장자리가 밋밋하거나 약간의 물결모양을 이루고 끝에 선점이 있다. 꽃은 총상꽃차례로 수꽃이 윗부분에 달리고 암꽃은 아래에 달리고 암술대가 3개로 갈라진다.

오구나무(조구나무)

대극과

Sapium sebiferum

중국명은 오구(烏桕)로 까마귀오, 두레박구다. 새의 부리를 닮았다고 조구(鳥口)나무, 까마귀 부리 같다고 오구(烏口)나무라 한다.

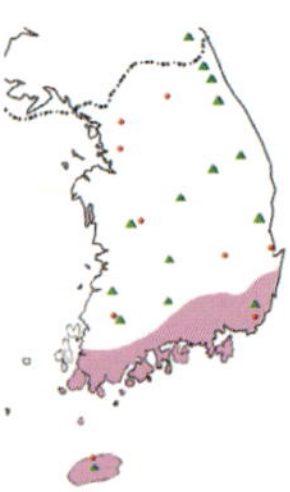

【국내】
- 남부지역 정원수로 식재
- 천리포수목원

【해외】
- 중국, 일본 대만, 베트남

암수한그루	충매화
낙엽활엽수	어긋나기
6월~7월	9월~11월
큰키나무	

진주시 15.09.19

종자는 납질로 덮여 있으며 백색이고 초를 만들 수 있다. 잎은 약간 두꺼우며 삼각상으로 끝이 길게 뾰족해지고 가장자리는 밋밋하다. 잎자루는 길고 상단에 2개의 선점이 있다. 삭과는 둥글고 흑색으로 익으며 3개의 종자가 들어 있다. 유독 식물이다.

유동(기름오동나무)

대극과

Vernicia fordii

유동(油桐)은 중국명을 차용한 이름으로 씨앗에서 기름(油)을 짜고, 큰 잎은 오동나무(桐)를 닮았다는 뜻이다.

【국내】
- 남부지역 정원과 공원에 식재
- 완도수목원

【해외】
- 중국 남부, 베트남, 버마

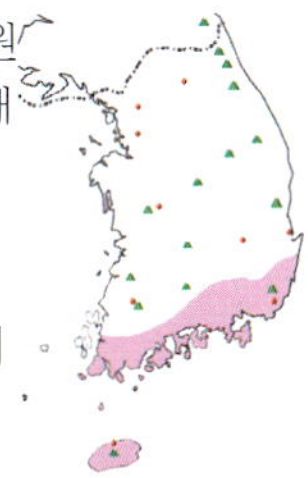

완도수목원 16.10.08

잎자루가 길고 잎은 원형이며 양면에 황갈색 털이 나며, 가장자리가 밋밋하고 잎 밑에는 2개의 꿀샘이 있다. 꽃은 붉은빛이 도는 백색이고 가지 끝에 원뿔꽃차례로 달린다. 수꽃은 2줄로 배열되고 암꽃은 2개로 갈라진 3개의 암술대와 퇴화한 수술이 있다.

암수한그루	충매화
낙엽활엽수	어긋나기
5월	9월
큰키나무	

조도만두나무

대극과

Glochidion chodoense

전남 진도 앞바다 조도에서 발견되었고 열매가 만두를 닮았다고 조도만두나무라 부른다.

【국내】
- 전남 진도
- 조도

【해외】
- 한국 특산

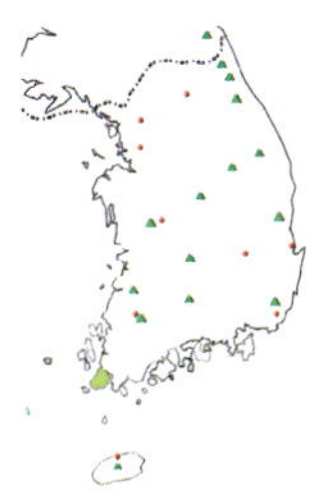

진도 17.09.09

줄기의 위쪽에는 암꽃이 달리고 아래쪽에는 수꽃이 핀다. 열매는 삭과로 가운데가 움푹 들어간 구형이고, 6실 또는 그 이상이다. 잎은 장타원형으로 길쭉하고 두껍고 약간의 광택이 나고 뒷면은 연한 녹색을 띠며 맥 주위에 흰빛이 나는 털이 있다.

암수한그루	풍매화
활엽낙엽수	어긋나기
7월~9월	9월~10월
작은키나무	

봄에 피는 꽃은 벌과 나비 등 곤충을 부르기 위해서이다. 어떤 꽃은 벌 나비를 부르기 위해 핀다고 하기에는 과분하게 아름답다.

가을에 익는 열매는 과육을 먹고 씨앗을 확산시켜 줄 동물을 유혹하기 위해서다.

때로는 가을에 익는 열매가 봄에 피는 꽃보다 아름답다. 꽃과 열매는 식물이 가루받이와 씨앗 확산에서 어느 쪽이 더 심한 경쟁 과정을 거쳤느냐에 의해 아름다움이 선택 되었다.

속씨식물 III

갈매나무과
포도과
고추나무과
무환자나무과
칠엽수과
단풍나무과
옻나무과
소태나무과
멀구슬나무과
운향과
두릅나무과
마전과
협죽도과
박주가리과
가지과
마편초과
꿀풀과
현삼과
물푸레나무과
능소화과
쥐꼬리망초과
린네풀과
인동과
산분꽃나무과
연복초과
국화과
청미래덩굴과
대나무과
야자나무과

갈매나무 돌갈매나무 좀갈매나무 참갈매나무 짝짜래나무

갈매나무과의 나무는 작은키 또는 중간키나무로 수피는 불규칙하게 벗겨지거나 얇게 갈라지고 작은 가지에는 가시가 난다. 산지에 자라고 개체수는 많지 않고 특정지역에 치우쳐 자라며 눈에 잘 띄지 않아 나무로서의 존재감이 없다. 그러나 꽃향기가 강하고 꿀이 많이 나는 밀원식물이다.

망개나무속, 헛개나무속, 갯대추속, 까마귀베개속, 상동나무속, 대추나무속, 갈매나무속 등이 있는데 갈매나무를 제외하면 우리나라에는 모두 1속 1종이 자란다. 갈매나무 속에는 산황나무, 돌갈매나무, 참갈매나무, 갈매나무, 좀갈매나무, 짝자래나무 등 6종이 있다.

대추나무

갈매나무과

Ziziphus jujuba var.

중국명으로 대조(大棗)나무로 표기하고 우리도 이 이름을 사용하는데 '대조나무'가 대추나무로 변하였다.

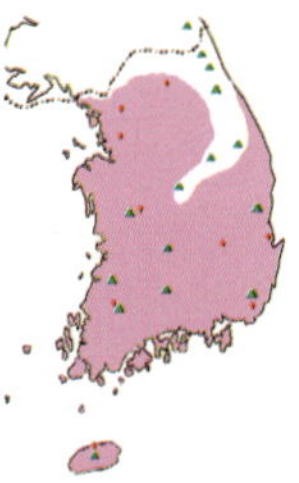

【국내】
- 중부 이남 과수로 식재
- 마을 인근 길가와 밭

【해외】
- 중국

- 암수한그루
- 충매화
- 낙엽활엽수
- 어긋나기
- 6월~7월
- 9월~10월
- 중간키나무

영천시 18.08.11

꽃은 꽃잎, 꽃받침, 수술이 5개이며 연두색이고 잎겨드랑이에서 돋으며 취산꽃차례로 2~3개씩 달리고 향기가 난다. 밀원식물이며 과수이다. 열매는 핵과로 타원형이고 적갈색으로 익는다. 잎은 광택이 나고 가장자리에 톱니가 있으며, 아랫부분에서 3개의 큰 맥이 발달한다.

영흥도 17.08.15

묏대추나무

갈매나무과

Ziziphus jujuba

산지에 자라는 대추나무 종류라는 의미이다. 바닷가에도 자란다.

【국내】
- 전국의 산지에 드물게 자생
- 영흥도

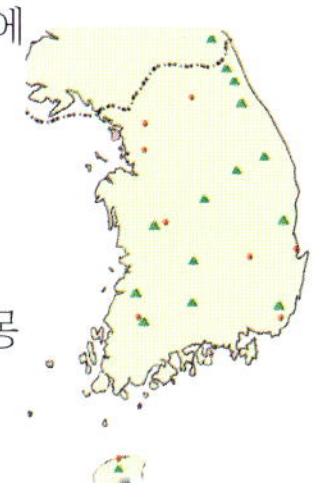

【해외】
- 중국, 만주, 몽고, 남유럽,

산지에 자생하며 열매가 대추나무보다 작다. 잎은 광택이 있고 가장자리에 둔한 톱니가 있으며 기부에서 3개의 큰 맥이 발달하고 탁엽은 길이 3cm 정도의 가시로 변한다. 꽃은 연녹색이고 잎겨드랑이에서 돋고 2~3개씩 달리며 꽃자루가 거의 없다. 대추나무의 대목으로 쓴다.

암수한그루	충매화
낙엽활엽수	어긋나기
5월~6월	9월~10월
중간키나무	

서귀포시 15.10.17

갯대추나무

갈매나무과

Paliurus ramosissimus

제주도 바닷가 주변에 자라는 나무로 대추와는 무관한 열매가 달린다.

【국내】
- 제주도
- 완도수목원

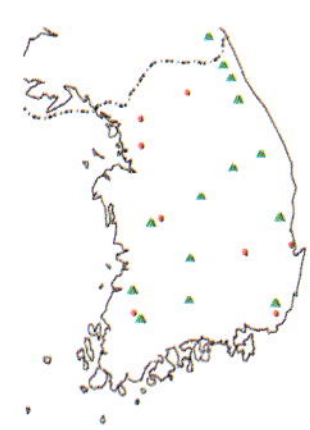

【해외】
- 중국 대만 일본

잎은 달걀형이며 끝이 둔하고 아랫부분에 3개의 큰 맥이 있으며 가장자리에 둔한 잔 톱니가 난다. 어린가지에는 턱잎이 변한 큰 가시가 있다. 꽃은 연한 녹색으로 꽃잎이 5개이고 작고 향기가 난다. 열매는 건과로 원뿔을 자른 형태이다. 나무줄기에 억센 가시가 난다.

암수한그루	풍매화
낙엽활엽수	돌려나기
6월~7월	9월~10월
작은키나무	

갈매나무

갈매나무과

Rhamnus davurica

질은 초록빛을 '갈맷빛'이라고 하는데 갈매나무 껍질을 벗겨 삶은 물로 갈맷빛을 얻을 수 있다고 갈매나무라 부른다.

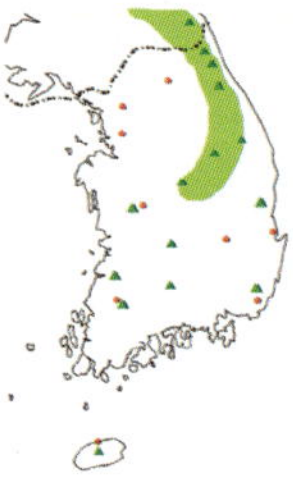

【국내】
- 함경남북도, 백두대간, 서북능선, 오대산
- 안면도수목원

【해외】
- 중국, 극동러시아, 일본

설악산 16.05.21

암수딴그루	충매화
낙엽활엽수	아마주나기
5월	9월~10월
중간키나무	

잎은 거의 마주나며 다소 폭이 넓은 타원형이고 측맥은 4~5개로 가장자리에 잔 톱니가 있다. 꽃은 황록색으로 피며 잎겨드랑이에 1~2개씩 달리고, 4수성이다. 열매는 검고 종자는 1~2개가 들어있고, 뒷면에 홈이 있다. 설악산 귀때기청봉에서 대승령에 많이 자란다.

돌갈매나무

갈매나무과

Rhamnus parvifolia

산지 바위 사이에 잘 자라는 갈매나무라고 돌갈매나무라 부른다.

【국내】
- 강원도 이북, 평북 함남
- 삼척, 석병산

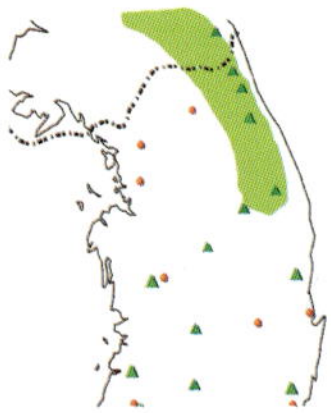

【해외】
- 중국, 대만, 러시아

석병산 19.08.03

암수딴그루	충매화
낙엽활엽수	어긋나기
5월~7월	9월~10월
작은키나무	

잎은 거의 마주나고 둥근 타원형이며 가장자리에 물결 모양의 잔 톱니가 있고, 뒷면은 회록색이고 탁엽이 오랫동안 달려 있다. 꽃이 짧은 가지의 끝 부분이나 긴 가지 잎겨드랑이에 달리고 꽃자루는 짧다. 키는 2m에 달하고 가시가 있다. 줄기 끝에는 침이 돋는다.

종갈매나무

갈매나무과

Rhamnus taquetii

갈매나무 중에서 키가 가장 작고 잎 또한 작은 편이어서 좀갈매나무라 한다.

[국내]
- 한라산
- 영실 탐방로 1,200m 이상

[해외]
- 한국 특산종

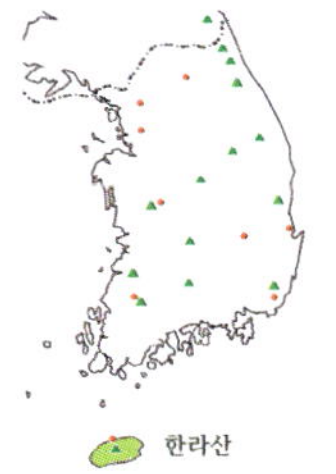

한라산 17.06.08

잎은 어긋나고 작고 가지 끝에는 모여나고 달걀형으로 길이는 1~2cm로 가장자리에 둔한 톱니가 있다. 키는 1m 정도이고 줄기는 지면에서 많이 돋아 덤불처럼 보이고 가지 끝에는 흔히 가시가 달린다. 한라산 영실 방향 해발 1,200m부터 나타나고 군락으로 자란다.

암수딴그루	충매화
낙엽활엽수	어긋나기
5월~6월	9월~10월
작은키나무	

참갈매나무

갈매나무과

Rhamnus ussuriensis

갈매나무에서 여러 종을 구분하기 위한 말로 참갈매나무라 부르며 참은 가치 중립적이다.

[국내]
- 백두대간 산지
- 의성 단촌

[해외]
- 일본, 중국, 대만

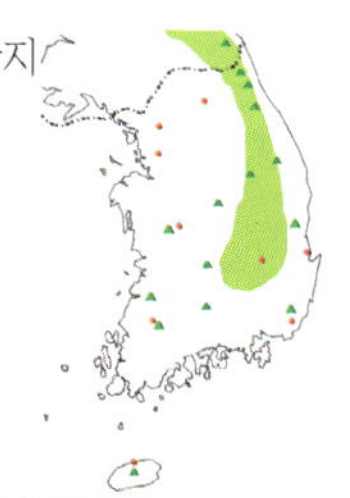

의성군 16.10.01

잎이 긴 타원형이고 거의 마주나며 얇고 측맥은 5~6개이고 약간의 톱니가 난다. 줄기 끝에는 침이 달린다. 열매는 핵과로 검은색이며 종자에 깊은 홈이 있다. 꽃은 황록색이고 잎겨드랑이에서 1~2개씩 달리며 4수성이고, 수꽃은 10~30개씩 달리고 꽃밥이 없는 수술이 있다.

암수딴그루	풍매화
낙엽활엽수	아마주나기
4월~6월	5월~8월
작은키나무	

짝자래나무

갈매나무과

Rhamnus yoshinoi

강원지역 방언으로 어원이나 유래는 미상이다. 국어사전에서는 짝짜래나무로 표기하고 있다.

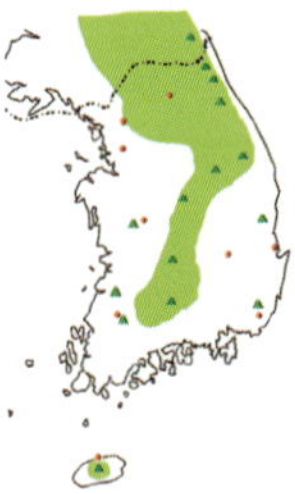

【국내】
- 북부지역 강원도 백두대간, 지리산
- 남한산성

【해외】
- 중국, 일본

암수딴그루	충매화
낙엽활엽수	어긋나기
5월	9월~10월
작은키나무	

영월 17.09.17

잎은 넓은 피침형 또는 타원형으로 변이가 크고 가장자리에 둔한 톱니가 있다. 꽃은 1~3개씩 잎겨드랑이에 달리고 4수성이며, 수꽃의 암술과 암꽃의 수술이 거의 퇴화되었다. 꽃받침과 꽃잎은 4개씩이다. 나무껍질은 회갈색이며 가지 끝은 가시로 변한다.

헛개나무(호리깨나무)

갈매나무과

Hovenia dulcis

열매자루가 벼의 낟알을 훑는 호깨 또는 호로깨를 닮았다. 이 호깨나무 또는 호로깨나무가 헛개나무로 변한 것으로 본다.

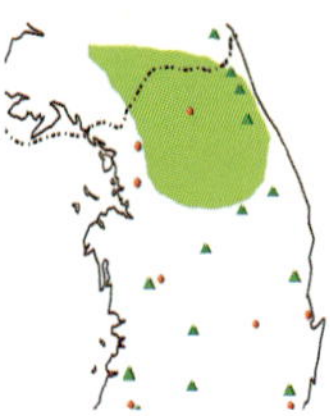

【국내】
- 황해도 중부 이남 산지
- 소요산

【해외】
- 일본, 중국 태국

암수한그루	충매화
낙엽활엽수	어긋나기
7월	10월
큰키나무	

소요산 17.06.24

열매자루가 불규칙하게 울퉁불퉁 살이 찌고 둥글며 갈색이고 종자는 편평하다. 잎은 넓은 달걀형으로 아랫부분에서 3개의 큰 맥이 발달하였고 가장자리에 둔한 톱니가 있다. 꽃은 취산꽃차례로 연두색이고 꽃받침조각은 달걀형이며 꽃대는 짧고 열매가 달리면 굵어진다.

제주시 17.10.14

상동나무

대추나무과

Sageretia theezans

반상록성 나무로 겨울에도 산채로 겨울을 버틴다고 생동목(生冬木)이라 했는데 '생동나무'가 상동나무로 변하였다.

[국내]
- 남부지역 제주도 해안
- 흑산도, 완도

[해외]
- 일본, 중국, 타이완, 인도

암수한그루 · 충매화 · 상록활엽수 · 어긋나기 · 10월~11월 · 익년 4~5월 · 덩굴나무

꽃은 황색이며 가지 끝이나 잎겨드랑이에 이삭꽃차례로 핀다. 꽃차례에는 털이 빽빽이 나며 꽃잎은 5개이고 꽃받침보다 짧으며 강한 향기가 나고 덩굴로 자란다. 암술머리는 3개로 갈라지고, 씨방은 3실이다. 키는 2m에 달하고 가지에 8개의 모가 나며 갈색 털이 있다.

홍릉수목원 18.08.07

까마귀베개

갈매나무과

Rhamnella franguloides

원통형의 열매가 까마귀처럼 검게 익는다고 까마귀가 벨만하다는 의미이다.

[국내]
- 제주도 전남
- 완도수목원 홍릉수목원 국립수목원

[해외]
- 일본, 중국

암수한그루 · 풍매화 · 활엽낙엽수 · 어긋나기 · 6월~7월 · 9월~10월 · 중간키나무

열매는 핵과로 원통상 타원형이고 길이 8~10mm, 지름 3~4.5mm로 처음에는 황색이지만 홍색에서 흑색으로 익는다. 잎은 긴 타원형이며 뒷면은 회록색으로 맥 위에 잔털이 있다. 꽃은 2~15개씩 취산꽃차례로 달리고 꽃자루가 짧고 꽃잎, 꽃받침, 수술이 5개인 5수성이다.

망개나무

갈매나무과

Berchemia berchemiaefolia

충북 방언으로 어원이나 유래는 미상이다. 청미래덩굴을 망개나무라 부르기도 한다.

【국내】
- 경북 군위군, 포항시, 속리산 주왕산
- 홍릉수목원

【해외】
- 중국, 일본

주왕산 17.07.01

암수한그루	충매화
낙엽활엽수	어긋나기
6월~7월	7월~9월
중간키나무	

잎은 긴 타원형이고 길이 7~12cm, 나비 3~5cm로서 맥 근처에 털이 있고 가장자리는 밋밋하거나 톱니가 있다. 꽃은 잎겨드랑이에 달리는 취산꽃차례 또는 가지 끝에 달리는 총상꽃차례로서 화경이 짧다. 열매는 노란빛이 돌고 붉게 되며 나중에는 암적색으로 익는다.

망개나무

까마귀베개

먹넌출

청사조

갈매나무과 4종

망개나무는 포항과 주왕산, 속리산 인근 지역에 드물게 자생하는 나무로 잎은 길고 빳빳하다. 남부지역과 제주도에 자라는 까마귀베개는 잎끝이 뾰족하고 잎은 엷은 편이다.

안면도에 자라는 먹넌출과 청사조는 비슷한 시기에 꽃이 피고 열매를 맺는다. 두 종은 비슷해 보이나 잎의 크기나 형태에서 구분된다. 안면도수목원 남서쪽 언덕에는 갈매나무 종류를 모아 키운다. 다른 갈매나무 종류는 잘 자라지 않으나 먹넌출과 청사조는 자신들의 자생지라는 생태를 반영하여 왕성하고 건강한 성장세를 보여준다.

안면도수목원 18.06.13

먹넌출

갈매나무과

Berchemia racemosa var. *magna*

먹넌출이란 먹칠은 한 듯한 덩굴이라는 뜻으로 추측하나 줄기가 그리 검지는 않다.

【국내】

- 태안군안면도
- 안면도수목원

【해외】

- 중국, 대마도

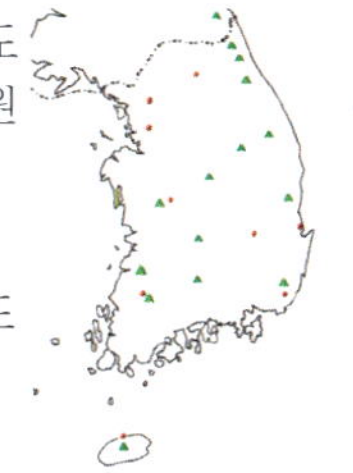

타원상의 열매는 적색에서 흑색으로 익는다. 잎은 긴 타원형이며 뒷면은 흰빛이 돌며 가장자리가 밋밋하고 밑부분이 둥글며 광택이 난다. 원뿔꽃차례는 가지 끝에 달리며 녹백색 꽃이 피고 꽃잎과 수술이 5개씩이며 꽃잎보다 수술이 길고 암술대는 1개이다.

암수한그루	충매화
낙엽활엽수	어긋나기
5월~8월	익년 6월
덩굴나무	

안면도수목원 18.06.13

청사조

갈매나무과

Berchemia racemosa

가지가 푸른 뱀을 닮았다고 청사조(青蛇條)라 부른다.

【국내】

- 전북 군산 수원지
- 안면도수목원 홍릉수목원

【해외】

- 일본, 대만

잎끝은 다소 뾰족하며 광택이 있으며 가장자리가 밋밋하고, 뒷면은 흰빛을 띠며 7~8쌍의 측맥이 있고, 맥 위에 갈색 털이 있다. 꽃은 원뿔꽃차례로 녹백색으로 수술은 꽃잎보다 길다. 열매는 핵과로 타원형이며, 녹색 바탕에 붉은빛이 돌고 이듬해 가을에 흑색으로 익는다.

암수한그루	풍매화
활엽낙엽수	어긋나기
7월~8월	익년9월
덩굴나무	

산황나무

갈매나무과

Rhamnus crenata

이름의 유래나 어원을 미상이다. 중국명은 황약(黃药)이다.

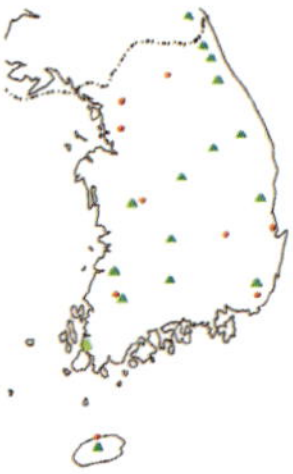

【국내】
- 제주, 목포
- 유달산

【해외】
- 일본, 중국, 타이완

유달산 17.06.28

암수한그루	충매화
낙엽활엽수	어긋나기
5월~7월	9월~10월
작은키나무	

키는 약 3m로 바닷가 산지에 자란다. 어린 가지는 갈색이고 짧은 털이 나지만 묵은 가지는 털이 없다. 꽃은 노란빛을 띤 녹색으로 잎겨드랑이에 취산꽃차례로 5~10개씩 달린다. 수술은 5개이고 암술대는 3갈래로 갈라진다. 열매는 핵과로서 검게 익는다.

포도과

왕머루　　새머루　　머루　　까마귀머루

포도과는 모두 덩굴식물이다. 포도속과 개머루속, 담쟁이덩굴속 3가지가 있다. 포도속에는 왕머루, 새머루, 머루, 까마귀머루, 도입종인 포도가 있다. 담쟁이속에는 담쟁이덩굴과 미국담쟁이덩굴이 있고 개머루속에는 한 종류만 있다. 열매는 모두 장과로 개머루를 빼면 모두 먹을 수 있다. 고려말부터 전해오는 전통 가사 속에 머루가 등장하며 우리 삶과 밀접한 나무이다.

포도는 외래작물로서 매우 다양한 종류가 있으며 포도주 제조와 과일로 널리 재배된다. 포도 재배지는 전세계 남 북반구의 낮은 위도에서 높은 위도까지 과일 중 가장 폭 넓은 지역에서 연중 생산된다.

지리산 19.06.01

왕머루

포도과

Vitis amurensis

순 우리말인 '멀위'가 머루로 변하였다. 왕머루는 잎과 열매가 크다고 왕머루라 부른다.

【국내】

- 전국의 산지
- 지리산

【해외】

- 중국, 러시아, 일본

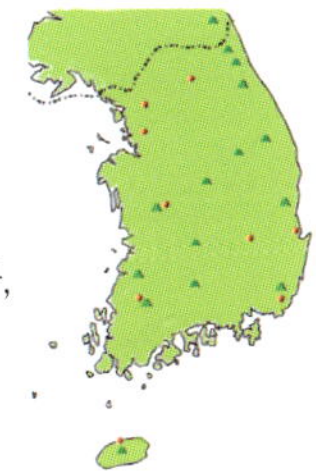

잎끝은 3~5개로 얕게 갈라지고 길이 12~25cm로서 표면에 털이 없으며 뒷면은 털이 없거나 맥 위에 털이 있고, 열편 가장자리에 작은 치아 모양 톱니가 있다. 잎은 붉게 단풍이 든다. 원뿔모양꽃차례는 잎과 마주 달리며 꽃자루 밑부분에서 덩굴손이 발달한다.

수양성판그루 충매화
낙엽활엽수 어긋나기
5월~7월 9월
덩굴나무

문경 희양산 19.06.06

새머루

포도과

Vitis flexuosa

잎이 왕머루보다 작다는 뜻의 소(小)머루 또는 쇠머루가 새머루가 되었다.

【국내】

- 황해도 강원 이남
- 인천수목원

【해외】

- 일본, 중국, 대만, 인도, 네팔, 라오스, 필리핀

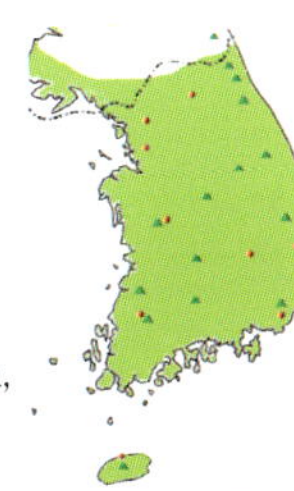

키는 3m 정도이고 줄기나 일년생 가지에 털이 없다. 잎은 덩굴손과 마주나고 삼각 모양의 날갈형이며 주맥에 갈색 털이 많고, 톱니가 드문드문 나며, 드물게 잎이 깊이 갈라지기도 한다. 꽃은 황록색으로 피고 꽃대에서 덩굴손이 발달한다.

수양성판그루 풍매화
낙엽활엽수 어긋나기
5월~6월 10월
덩굴나무

머루

포도과

Vitis coignetiae

고려가요 청산별곡에 순우리말 '멀위'가 나온다. 이 멀위가 머루로 변하였다.

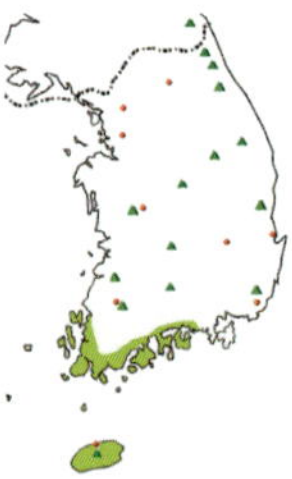

【국내】
- 남해안, 울릉도, 제주도
- 제주

【해외】
- 일본

	수양성판그루		충매화
	낙엽활엽수		어긋나기
	5월~7월		9월~10월
	덩굴나무		

진도 17.09.09

잎은 3~5 쪽으로 얕게 갈라지며 어린 가지에는 전체에 붉은 갈색 털이 나고 약간의 능선이 보인다. 꽃은 황록색이며 원뿔꽃차례로 잎과 마주 달린다. 열매는 장과로 구형이며 지름 8mm로 검푸른 색이고, 송이로 달리고 밑으로 처진다. 까마귀머루와의 구분이 애매하다.

까마귀머루

포도과

Vitis ficifolia var.

까마귀가 잘 먹는 열매가 달리는 머루라는 말이다. ficifolia는 무화과 잎처럼 생겼다는 의미이다.

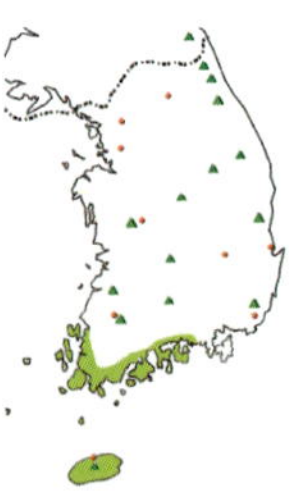

【국내】
- 남해안 제주도
- 제주

【해외】
- 중국, 일본, 인도, 부탄, 네팔

	수양성판그루		충매화
	낙엽활엽수		어긋나기
	6월~8월		9월~10월
	덩굴나무		

제주시 17.08.17

잎은 둥글고 3~5개로 깊게 갈라지며 뒷면에서 회갈색 혹은 흰털이 합쳐 밀생한다. 열매는 장과로 지름 5~10mm이며 짙은 보라색이고, 2~3개 종자가 들어있다. 꽃은 원뿔꽃차례이며 황록색이며 5수성이고 합쳐진 꽃잎은 밑부분에서 갈라져 떨어진다. 머루와 특징이 겹친다.

수원시 18.08.26

잎 뒷면에 솜털이 밀생하며 원형이고 3~5갈래로 얕게 갈라지며 가장자리에 톱니가 있다. 꽃은 원뿔꽃차례로 황록색이며 꽃잎은 5개가 끝에서 서로 붙어있고, 밑부분이 갈라져서 떨어진다. 잎과 마주나기하는 덩굴손은 물체에 붙어 올라가고 일년생가지에 털이 있다.

포도

포도과

Vitis vinifera

서아시아 원산으로 중국 한무제 때 장건이 들여왔고 페르시아어로 부도우가 포도(葡萄)로 음역된 후 고려 때 국내에 도입.

【국내】
- 전국 농가에서 식재
- 영동

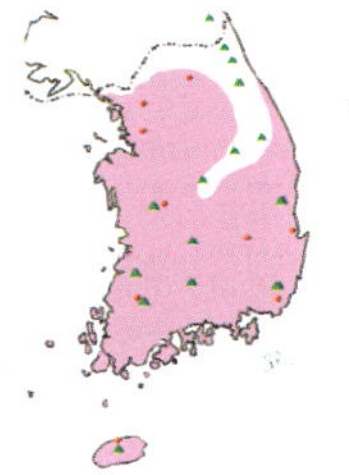

【해외】
- 아시아 서부 원산 전 세계 재배

암수한그루 | 충매화
낙엽활엽수 | 어긋나기
6월 | 8월~9월
덩굴나무

제주시 17.08.17

꽃은 윗부분이 평평한 취산꽃차례로 꽃이 많이 달리고 녹색이다. 열매는 장과로 원형 또는 편원형이고 남색이다. 잎은 둥글며 3~5개로 갈라지고 각 조각에 둔한 치아 모양 톱니가 있고, 뒷면 맥 위에 잔털이 있으며 덩굴손과 마주나기 하며 2개로 갈라진다.

개머루

포도과

Ampelopsis heterophylla

먹을 수 없는 머루라는 의미로 개머루라 한다. 북한명 돌머루이다. Ampelos:포도, opsis:닮은, heterophylla:잎이 다른

【국내】
- 전국 산과 들
- 인천수목원

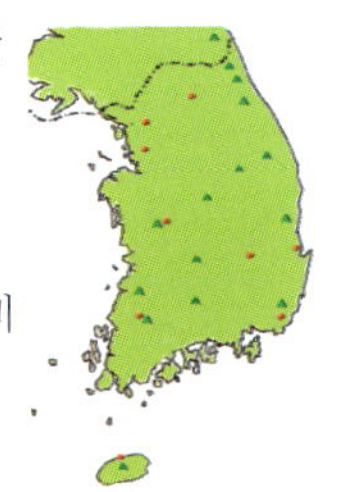

【해외】
- 중국, 일본, 극동 러시아,미얀마, 네팔,

암수한그루 | 풍매화
낙엽활엽수 | 어긋나기
6월 | 8월~10월
덩굴나무

담쟁이덩굴

포도과

Parthenocissus tricuspidata

'담장의 덩굴'이 담쟁이덩굴이 되었다. Parthenos:단성생식, cissos:담쟁이, tri:셋 cuspidatus:날카로운.

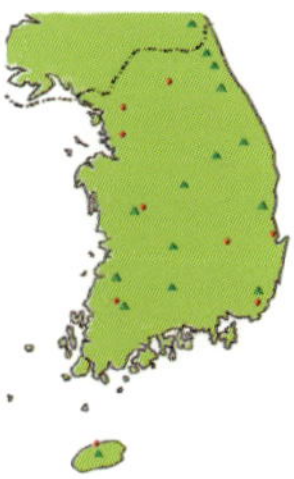

【국내】
- 전국 산지 가장자리 들판, 담벼락
- 사직공원

【해외】
- 중국, 일본, 러시아

- 암수한그루
- 충매화
- 낙엽활엽수
- 어긋나기
- 5월
- 9월~10월
- 작은키나무

사직공원 16.06.18

줄기는 덩굴손이 잎과 마주나며, 둥근 흡착근으로 사물을 타고 오른다. 잎은 원형이거나 3갈래로 갈라지거나 작은잎 3개의 복엽으로 다양하고 가장자리에 불규칙한 톱니가 있으며 잎자루가 잎보다 길다. 꽃은 황록색 취산꽃차례로 잎겨드랑이나 가지 끝에 달린다.

미국담쟁이덩굴

포도과

Parthenocissus quinquefolia

북미(미국, 캐나다)에서 들여온 담쟁이덩굴이다.

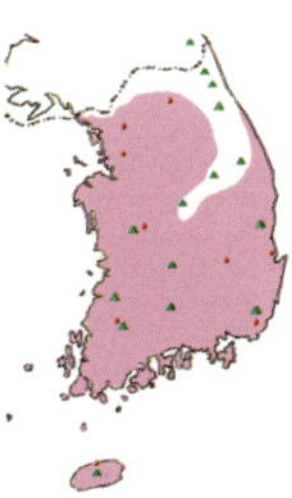

【국내】
- 전국 식재 및 야생화
- 공원 화단 담장에 식재

【해외】
- 북아메리카 원산

- 암수한그루
- 충매화
- 낙엽활엽수
- 어긋나기
- 6월~7월
- 8월~10월
- 덩굴나무

한강둔치 16.06.26

작은잎 5개가 손가락처럼 모인 겹잎이고 가장자리에 불규칙한 톱니가 있으며 잎자루가 잎보다 길다. 꽃은 황록색으로 취산꽃차례로 잎겨드랑이나 짧은 가지 끝에서 많은 꽃이 달리고 꽃자루가 길어 잎 위로 길게 올라온다. 덩굴손은 잎과 마주난다.

태백산 15.05.01

고추나무

고추나무과

Staphylea bumalda

하얗게 핀 꽃이 고추꽃을 연상시키고 잎 또한 고춧잎을 닮았다고 고추나무라 한다.

[국내]

- 전국의 산지
- 천마산

[해외]

- 중국, 일본

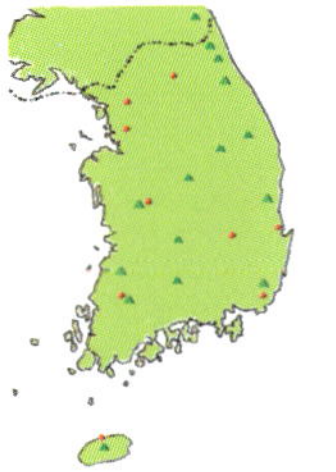

암수한그루	충매화
낙엽활엽수	마주나기
5월~6월	9월~10월
작은키나무	

열매는 가운데가 갈라지고 부푼 하트 형태이다. 작은잎 3개가 붙어 있고 잎 가장자리는 잔 톱니가 난다. 꽃은 원뿔꽃차례로 가지 끝에 달리며 흰색으로 핀다. 키는 3~5m이고 햇가지는 녹색이고 둥글며 묵은 가지는 회갈색이고 일년생 가지에 털은 없다.

서귀포시 17.09.23

말오줌때

고추나무과

Euscaphis japonica

나뭇가지에서 말오줌 냄새가 난다고 말오줌이라는 의미에 때는 더러움을 더 강조한다.

[국내]

- 황해도, 전남, 경남, 제주
- 인천수목원

[해외]

- 일본, 중국, 베트남

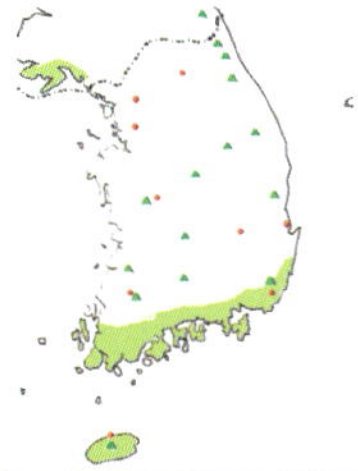

암수한그루	풍매화
낙엽활엽수	마주나기
5월	9월~10월
작은키나무	

열매는 붉은색으로 익으며 가장자리가 갈라지면서 검은 종자가 드러난다. 종자는 1~3개씩 달리고 광택이 나고 쪼부라진 타원형이며 세로맥이 있다. 잎은 홀수 1회 깃꼴겹잎이고 작은잎은 5~11개로 달걀형이다. 나무껍질은 녹갈색이며 둥글고 가지를 꺾으면 악취가 난다.

무환자나무(비누나무)

무환자나무과

Sapindus mukorossi

귀신이 두려워하는 나무로 집 주위에 심으면 집안의 우환을 없애 준다는 의미이다.

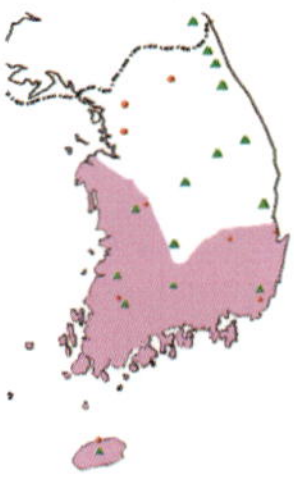

【국내】
- 제주도, 전라도, 경상도 자생 또는 식재
- 전주수목원

【해외】
- 중국, 일본, 대만, 동남아시아

수양성한그루	충매화
낙엽활엽수	어긋나기
5월~6월	10월~11월
큰키나무	

전주수목원 17.09.10

열매는 핵과로 둥글고 황갈색이며 종자는 검은색으로 1개씩 들어 있다. 잎은 홀수깃꼴겹잎으로, 소엽은 9~13개이고 긴 타원상 피침형이며 양면에 주름살이 많고 가장자리가 밋밋하다. 꽃은 원뿔꽃차례로 적갈색이며 가지 끝에 핀다.

모감주나무

무환자나무과

Koelreuteria paniculata

어원이나 유래는 미상이다.

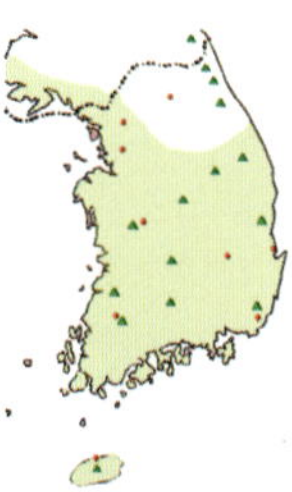

【국내】
- 황해도 이남 드물게 자생
- 공원 가로수 화단에 식재

【해외】
- 일본, 중국, 대만

수양성한그루	충매화
낙엽활엽수	어긋나기
6월~7월	9월~10월
큰키나무	

홍릉수목원 19.06.29

꽃은 원뿔꽃차례로 노란색으로 피며 중심부는 붉은색이다. 암꽃과 수꽃이 같은 꽃차례에 달리고 퍼진 털이 난다. 잎은 홀수깃꼴겹잎으로 작은잎 7~15개로 이루어지고 긴 타원형으로 가장자리에 불규칙하고 둔한 톱니가 난다. 씨앗은 염주를 만드는 재료로 쓴다.

연세대하교 16.06.18

칠엽수

칠엽수과

Aesculus turbinata

잎이 7개의 작은잎으로 이루어져 있다고 칠엽수라 한다.

【국내】
- 전국의 공원, 화단, 가로, 정원에 식재
- 연세대학교

【해외】
- 일본 원산

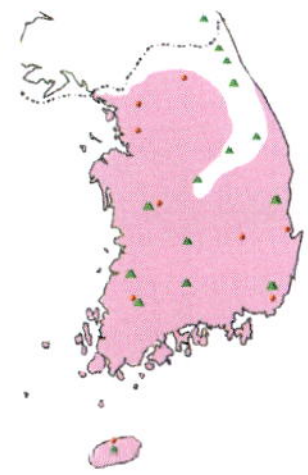

잎은 손바닥 모양의 겹잎이고 소엽은 5~7개이며 뒷면에 흰색의 부드러운 털이 있으며, 가장자리에 둔한 톱니가 있다. 꽃은 원뿔꽃차례로 가지 끝에 달리고 7개의 수술과 1개의 암술이 있다. 열매는 3쪽으로 갈라지며 종자는 적갈색으로 1개씩 들어 있다.

수양성한그루	충매화
낙엽활엽수	어긋나기
5월~7월	9월~10월
큰키나무	

세종문화회관 20.08.27

가시칠엽수(마로니에)

칠엽수과

Aesculus hippocastanum

칠엽수 종류로 열매에 거친 가시가 난다고 가시칠엽수라 부른다. 유럽이 원산이다.

【국내】
- 도심 공원
- 마로니에공원 광화문 세종로

【해외】
- 유럽 남부 원산

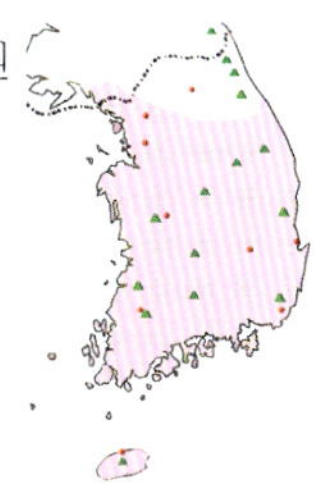

열매 껍질에 거친 가시가 난다. 잎 가장자리의 톱니가 불규칙하고 뒷면에 적갈색 털이 밀생한다.

미국칠엽수 : 붉은 꽃이 피고 작은잎의 폭이 좁고 열매가 작으며 종자도 다른 칠엽수에 비해 작다.-대전 한밭수목원

수양성한그루	풍매화
낙엽활엽수	마주나기
5월~6월	8월
큰키나무	

단풍나무 잎, 열매

단풍나무과

단풍나무과는 단풍나무속만 있으나 종수가 많다. 단풍나무는 가을이면 붉거나 노란색으로 단풍이 든다. 가로수나 정원수로 심는다. 이들은 모두 잎이 마주 달리고 열매는 바람에 날려 확산하기 좋은 날개를 단 시과이다. 2개의 종자가 마주 붙어 자라나 여물면서 반으로 갈라져서 떨어진다. 단풍나무는 잎의 결각에 따라 종이 구분되고, 남부지역과 중부지역 혹은 산지나 높은 산지 등 위도나 고도에 따라 종류가 구분된다. 꽃잎이 발달한 고로쇠나무나 꽃잎이 거의 없는 단풍나무도 하나의 특징이다.

구례군 17.04.22

단풍나무

단풍나무과

Acer palmatum

단풍은 붉을단(丹)에 단풍 풍(楓)으로 나무 목(木)과 바람 풍(風)이 결합된 단어다.

[국내]
- 전북, 제주도, 남부지역 자생
- 전국 가로수 화단, 정원 식재

[해외]
- 일본, 중국

- 수양성한그루
- 충매화
- 낙엽활엽수
- 마주나기
- 4월~5월
- 8월~10월
- 큰키나무

잎은 5~9쪽으로 갈라진다. 잎 조각은 넓은 피침형이고 약간의 겹톱니가 난다. 꽃은 수꽃양성화한그루로 암꽃은 꽃잎이 연붉은색으로 5장이거나 흔적만 남아 있기도 하고, 수꽃은 꽃잎이 없고 수술은 8개이고 꽃받침조각은 모두 5개이다. 수피는 매끈하며 갈라지지 않는다.

북한산 20.04.30

당단풍나무

단풍나무과

Acer pseudosieboldianum

단풍나무 종류로 중부 이북에 자라고 단풍나무와 구별하기 위해 당이란 접두어가 들어갔다. 당은 특별한 의미가 없다.

[국내]
- 전국의 산지
- 공원, 가로수 화단,

[해외]
- 중국 만주, 극동 러시아

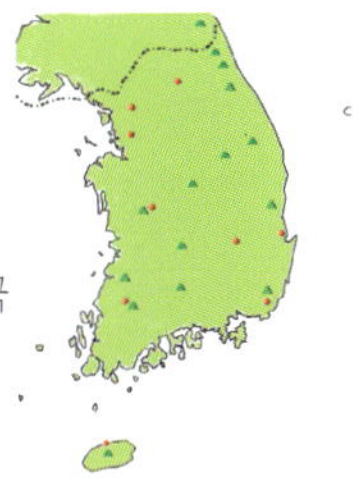

- 수양성한그루
- 풍매화
- 낙엽활엽수
- 마주나기
- 4월~5월
- 9월~10월
- 중간키나무

잎은 9~11개로 갈라지고 꽃받침과 어린 가지에 털이 많다. 꽃은 백색 또는 황백색으로 편평꽃차례로 10~20개의 꽃이 달리며 암수한꽃으로 2~3개씩 달리고 꽃잎은 4개이다. 단풍나무는 남부지역, 당단풍나무는 전국 산지의 개울가나 계곡 주위에 자란다.

고로쇠나무

단풍나무과

Acer pictum var. *mono*

도선국사가 좌선을 끝내고 일어나자 무릎이 펴지지 않았는데 이 나무 물을 마시고 나아서 골리수(骨利水)하고 고로쇠로 변함.

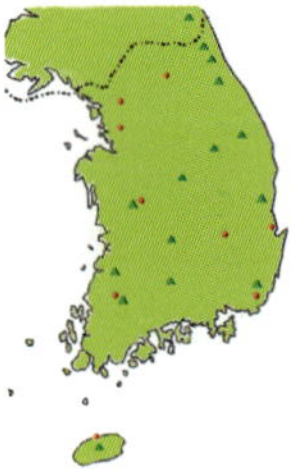

[국내]
- 전국의 산지에 자생, 공원에 식재
- 홍릉수목원

[해외]
- 중국, 일본

인제 18.04.15

- 수양성한그루
- 충매화
- 낙엽활엽수
- 마주나기
- 5월~7월
- 9월~10월
- 큰키나무

잎의 갈라진 가장자리에 톱니가 나지 않는다. 꽃은 수꽃양성화한그루로 연한 황록색으로 취산상 원뿔꽃차례로 피고 새 가지 끝에 달린다. 줄기는 크게 퍼지며 껍질은 분백색이고 어릴 때는 매끈하다. 봄에 수액을 받아 약수로 쓴다.

당단풍나무는 잎이 9~11개로 갈라지고 어린 가지나 꽃받침, 잎에 털이 많이 난다. 단풍나무는 잎이 5~7(9)개로 갈라지고 털이 없으며 주로 남부지역에 자란다. 고로쇠나무는 잎 가장자리에 톱니가 없이 매끈하다.

물향기수목원 16.04.13

잎 뒷면이 은백색을 띤다. 북미도입종으로 잎이 5개로 깊게 결각이 나고 2차로 결각이 생긴다. 열매는 길고 큰편으로 단풍나무 중 가장 일찍 여문다. 꽃은 수꽃과 양성화가 한나무에 피는 수꽃양성화한그루로 잎보다 먼저 황록색 꽃이 피며 꽃잎은 없으나 수술은 적갈색이다.

은단풍

단풍나무과

Acer saccharinum

잎 뒷면이 분백색으로 은빛을 띤다. 영어로 *silver maple*로 부른다.

[국내]

- 전국의 정원과 공원에 식재
- 인천수목원

[해외]

- 북미 원산, 미국에 가장 많이 자라는 종

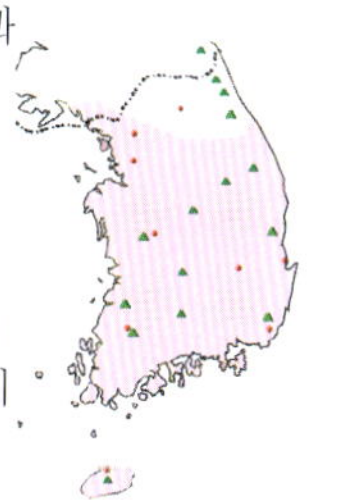

수양성한그루	충매화
낙엽활엽수	어긋나기
4월	5월~6월
큰키나무	

인천수목원 19.10.20

잎은 아랫부분에서 3개의 맥이 발달하고 잎도 3쪽으로 얕게 갈라지며 가장자리가 밋밋하다. 표면은 짙은 녹색이고 광택이 나며 뒷면은 회백색이다. 나무껍질은 갈색으로 세로로 거칠게 벗겨진다. 꽃은 연한 노란색이고 편평꽃차례로 가지 끝에 달린다.

중국단풍

단풍나무과

Acer buergerianum

중국에서 들여온 단풍나무라고 중국단풍이라 한다. 중국명은 삼각풍(三角枫) 일본명은 唐楓이다.

[국내]

- 전국 가로, 공원에 식재
- 공원 가로수 화단

[해외]

- 중국, 원산

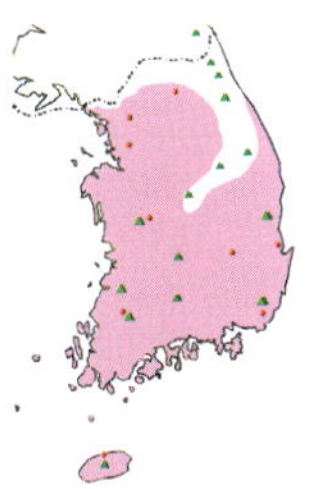

수양성한그루	풍매화
낙엽활엽수	마주나기
4월	8월~10월
큰키나무	

신나무

단풍나무과

Acer tataricum subsp.

단풍나무 풍(楓)이 신나무를 일컬었다. 훈몽자회에 楓을 신나모>신나무. 단풍나무보다 곱다고 색목(色木)이 색나무>신나무

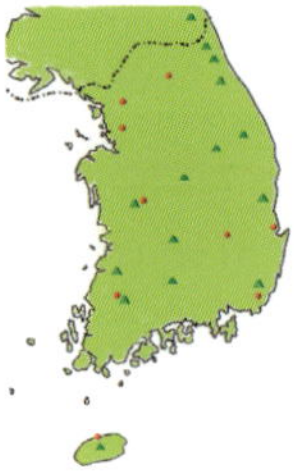

【국내】
- 전국의 산과 들 개울가
- 예봉산

【해외】
- 일본, 중국

수양성한그루	충매화
활엽낙엽수	마주나기
5월	8월~10월
중간키나무	

예봉산 19.08.11

잎은 밑에서 3갈래로 갈라지며 가장자리에 불규칙한 결각이 있으며 날카로운 톱니가 발달하고 잎자루는 연한 붉은색이다. 꽃은 수꽃양성화 혹은 잡성화로 황백색이며 복산형꽃차례이다. 열매의 날개는 거의 평행하거나 혹은 서로 합쳐진다. 줄기는 회갈색이거나 홍갈색이다.

복자기

단풍나무과

Acer triflorum

복자기나 복장나무는 점치는 사람(卜者)와 관련이 있는 것으로 추정한다. Acer(날카로운) triflorum(꽃이 3개)란 의미이다.

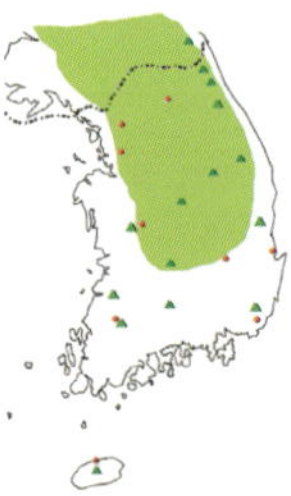

【국내】
- 중부이북 산지
- 국립수목원

【해외】
- 중국

수양성딴그루	충매화
낙엽활엽수	마주나기
5월	9월~10월
큰키나무	

홍릉수목원 17.11.04

잎 뒷면 맥 위에 거친 털이 있고 가장자리와 잎자루에도 털이 난다. 잎은 작은잎이 3개로 이뤄지고 잎 끝부분에 2~4개의 큰 톱니가 있다. 꽃은 잡성화로 편평꽃차례이며 가지 끝에 달린다. 꽃이 3개가 모여 달리고 갈색 털이 있다. 줄기에는 얇은 껍질이 부스러지듯 벗겨진다.

인천수목원 16.10.29

복장나무

단풍나무과

Acer mandshuricum

복장나무는 복자기나무와 더불어 점치는 사람(卜者)와 관련이 있는 것으로 추정. *mandshuricum*은 만주지방을 뜻한다.

[국내]
- 백두대간 높은 산지
- 함백산

[해외]
- 만주, 사할린

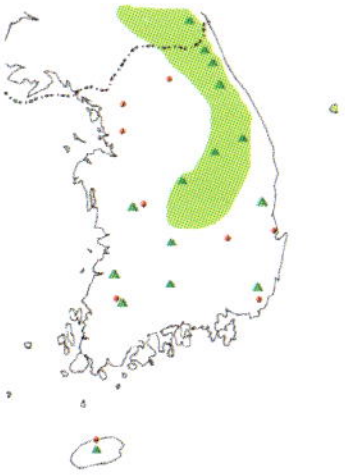

잎은 작은잎 3장으로 구성되고 털이 없고 붉은빛이 돌고, 피침형이다. 가장자리에 톱니가 있고 표면은 암녹색이고, 뒷면은 회색을 띤다. 수꽃만 피거나 양성화가 피는 수꽃양성화딴그루로 취산꽃차례로 핀다. 높이가 10m에 달하고 수피는 거칠고 높은 산지에 자란다.

수양성딴그루	충매화
낙엽활엽수	어긋나기
5월~6월	9월
큰키나무	

부게꽃나무, 산겨릅나무, 시닥나무, 청시닥나무는 모두 높은 산지에 자라는 단풍나무 종류이다. 부게꽃나무는 잎 뒷면에 털이 많이 나고 꽃이 하늘을 향하고 잎은 5각을 이루고 불규칙한 잔톱니가 난다. 산겨릅나무는 줄기가 녹색을 띠고 꽃이 옆을 향해 달린다. 시닥나무는 꽃이 위를 향하고 청시닥나무 꽃은 아래로 척 늘어지며 핀다. 시닥나무와 청시닥나무는 잎끝에 나는 톱니로 구별할 수 있다. 시닥나무는 톱니가 나고 청시닥나무는 톱니 없이 매끈하다.

부게꽃나무(부개근나무)

단풍나무과

Acer ukurunduense

북어의 강원도 방언이 부게이다. 꽃이 북어 건조장에 말린 북어를 떠올리게 한다고 부게꽃나무가 되었다는 견해가 있다.

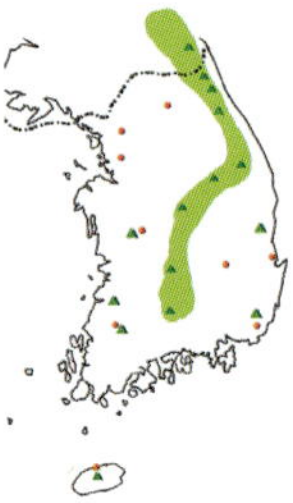

【국내】
- 북부지역, 백두대간
- 설악산

【해외】
- 일본, 중국, 극동러시아

수양성한그루	충매화
낙엽활엽수	마주나기
5월~6월	9월~10월
중간키나무	

설악산 13.06.23

꽃은 원뿔꽃차례로 가지끝에서 하늘을 향해 연노란색으로 핀다. 30~40여 개의 꽃이 꽃자루를 따라 달리고 잡성화로서 수꽃양성화한그루 또는 수꽃양성화딴그루이다. 잎은 5갈래로 갈라지고 결각에 예리한 톱니가 있고 뒷면 잎맥을 따라 흰 털이 난다.

산겨릅나무(산청목)

단풍나무과

Acer tegmentosum

삼 껍질을 벗기고 남은 대는 겨릅대라고 하고 지붕을 이는데 사용했다. 산에서 나는 겨릅으로 쓰는 나무라는 의미로 추정한다.

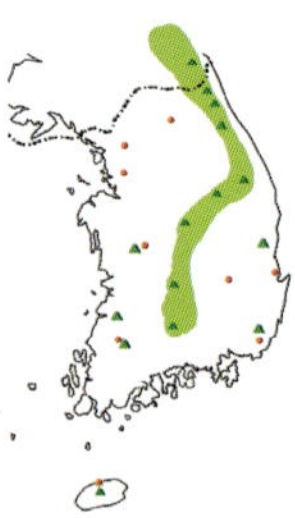

【국내】
- 백두대간 높은 산지
- 공원에 식재

【해외】
- 일본, 중국, 대만

암수딴그루	충매화
낙엽활엽수	마주나기
4월~5월	9월
큰키나무	

홍릉수목원 17.10.05

잎은 넓은 달걀형이며 3~5개로 얕게 갈라지고 아랫부분에서 5개의 맥이 두드러진다. 꽃은 암수딴그루 또는 수꽃양성화한그루로 노란색이고 총상꽃차례로 15~20개의 꽃이 달리며 가지 끝에서 밑으로 처진다. 나무껍질은 녹색에 세로로 백색 줄이 난다.

시닥나무

단풍나무과

Acer komarovii

평북방언으로 보이나 어원이나 유래는 미상이다.

【국내】

- 백두대간 북부지역
- 설악산, 함백산

【해외】

- 중국, 극동러시아, 일본

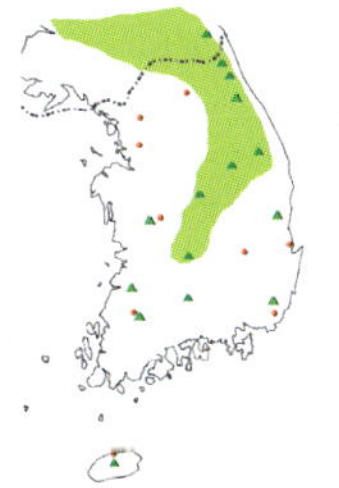

함백산 16.05.21

꽃은 총상꽃차례로 하늘을 향해 피고 꽃잎이 비교적 잘 발달하였다. 잎은 3~5개로 갈라지며 뒷면 맥 위를 따라 갈색 털이 밀생한다. 가장자리는 물결모양의 톱니가 있고 잎자루는 붉은빛을 띤다. 나무껍질은 회색이고, 일년생가지는 자주색이나 점차 회색으로 변한다.

암수딴그루	충매화
낙엽활엽수	어긋나기
5월~6월	9월~10월
중간키나무	

청시닥나무

대추나무과

Acer barbinerve

시닥나무와 닮았으나 어린 줄기가 청색(녹색)을 띤다고 청시닥나무이다.

【국내】

- 북부지역 백두대간
- 화악산, 태백산

【해외】

- 중국, 극동러시아

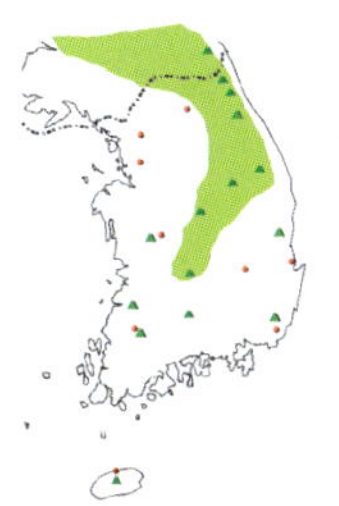

태백산 17.04.29

잎의 열편 끝에 톱니가 있다. 나무줄기가 녹색을 띠고 어린가지는 붉은색이 나고 꽃이 아래로 척 늘어진다. 잎은 넓은 달걀형으로 5개로 갈라지며 표면에 털이 거의 없으나 뒷면 맥위에 털이 밀생하고 가장자리에 겹톱니가 있고, 노랗게 단풍이 든다. 열매에는 주름이 많다.

암수딴그루	충매화
낙엽활엽수	마주나기
5월~6월	9월~10월
중간키나무	

네군도단풍

단풍나무과

Acer negundo

네군도는 산스크리트에 기원을 둔 라틴어로 '복엽의' 혹은 '손바닥모양의' 라는 의미를 지닌다. 좀목형에 이 학명이 들어간다.

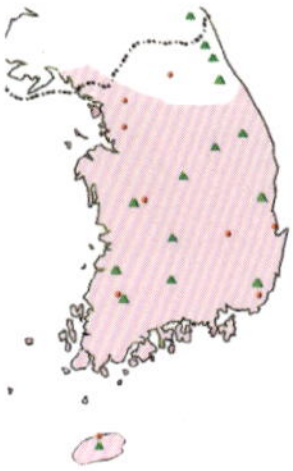

【국내】
- 전국의 공원 수목원에 드물게 식재
- 전주수목원

【해외】
- 북미 원산

전주수목원 16.05.08

암수딴그루	충매화
낙엽활엽수	마주나기
3월~4월	9월
큰키나무	

잎은 깃꼴겹잎으로 작은잎은 3~5개이고 가장자리에 톱니가 있다. 나무껍질은 어두운 회색이며 작은가지는 분백색을 띠며 속이 비어있다. 꽃은 잎보다 먼저 피며 암꽃은 처지는 총상꽃차례이고 수꽃의 수술대는 길게 늘어진다. 수액으로 시럽을 만든다, 1930년경 국내 도입.

옻나무과

붉나무

옻나무

개옻나무

산검양옻나무

옻나무과에는 옻나무속과 안개나무속이 있다. 옻나무속에는 붉나무, 검양옻나무, 산검양옻나무, 개옻나무가 있고 안개나무속에는 덩굴옻나무가 있다. 도입종으로 공원과 수목원에 심고 꽃색이 다양한 원예종이 있다.

영월 16.08.27

붉나무(염부목)

옻나무과

Rhus javanica

가을이 되면 단풍나무보다 붉게 단풍이 든나고 '붉'에 '나무'가 붙어서 붉나무라 한다.

[국내]

- 전국의 산과 들
- 북한산

[해외]

- 동남아시아 전역

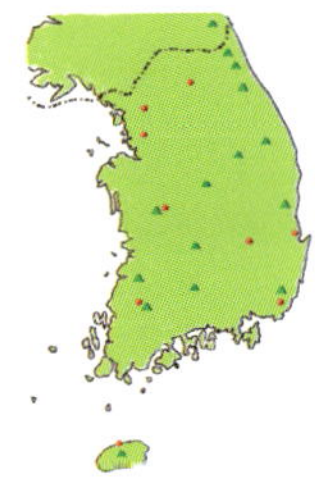

잎의 엽축에 날개가 난다. 홀수깃꼴겹잎이고, 소엽은 7~13개이다. 열매에는 소금 같은 결정체가 붙는데 소금은 염화나트륨이며 붉나무는 눈이 내릴 때 도로에 뿌리는 염화칼슘 성분이다. 잎에 달리는 충영인 오배자는 약용 또는 염료로 사용한다.

암수딴그루	충매화
낙엽활엽수	어긋나기
8월~9월	10월~11월
중간키나무	

연천 17.09.03

옻나무

옻나무과

Rhus verniciflua

옻을 채취하는 나무이다. 옻나무에 상처를 내면 진이 나오는데 이를 모아 정제한 것이 옻이다.

[국내]

- 전국 밭둑, 도로변 밭에 식재
- 천마산

[해외]

- 중국, 인도

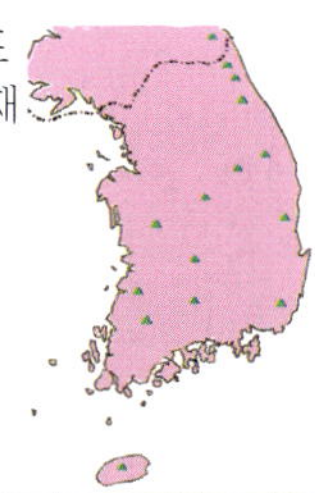

밭둑에 심거나 재배하고 작은잎은 9~11개가 깃꼴겹잎으로 표면에 털이 있고 뒷면 맥 위에 퍼진털이 있으며, 가장자리는 밋밋하다. 꽃은 황록색이고, 원뿔꽃차례로 잎겨드랑이에 달린다. 줄기는 회색이 난다. 나무 근처에 가거나 닿을 시 급성 피부염을 일으킬 수 있다.

수양성딴그루	풍매화
낙엽활엽수	어긋나기
5월	9월
큰키나무	

개옻나무

옻나무과

Rhus trichocarpa

채취하는 옻의 양이 적고 품질이 떨어진다고 개옻나무라 한다. 북한명은 털옻나무이다.

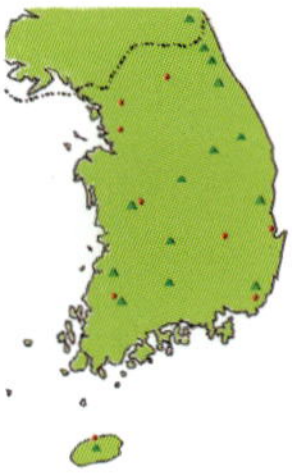

[국내]
- 전국 산지
- 금정산

[해외]
- 일본, 중국

암수딴그루 | 충매화
낙엽활엽수 | 어긋나기
4월~6월 | 9월~11월
중간키나무

부산 금정산 17.05.27

열매와 꽃, 잎자루 겨울눈에 갈색 털이 밀생한다. 잎은 홀수깃모양겹잎이며 소엽은 가장자리가 밋밋한 것과 2~3 개의 톱니가 나는 것이 섞여 있고 엽축은 붉은빛이 돈다. 녹황색의 작은 꽃이 조밀하게 달리고, 원뿔꽃차례이다. 줄기는 붉은빛이 돌고 상처에서 유액이 나온다.

산검양옻나무

옻나무과

Rhus sylvestris

검붉은 색을 말하는 옛말이 '거망'이다. 단풍이 유난히 붉게 들고 산에 자란다고 산검양옻나무라 부른다.

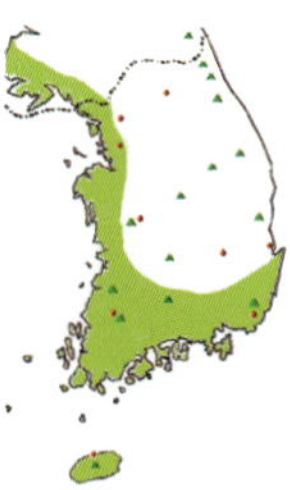

[국내]
- 황해도, 충남, 전라, 경남, 제주
- 내장산

[해외]
- 중국, 일본, 대만, 러시아

암수딴그루 | 충매화
낙엽활엽수 | 어긋나기
5월~6월 | 10월
중간키나무

완도 15.11.15

잎 뒷면과 겨울눈 꽃차례에 갈색 털이 밀생한다. 홀수깃꼴겹잎이고 작은잎은 7~15개이며 잎자루가 짧다. 꽃은 황록색이며 5개의 꽃받침조각과 꽃잎이 있고 수꽃은 5개의 수술이 있으며 암꽃은 5개의 작은 수술과 1개의 암술이 있다. 꽃이나 잎에 털이 없는 것은 검양옻나무이다.

안개나무

옻나무과

Cotinus coggygria

꽃잎이 가늘고 길어서 안개처럼 보인다고 안개나무라 한다.

[국내]
- 전국의 공원에 식재
- 일산호수공원 물향기수목원

[해외]
- 중국, 히말라야, 남부유럽

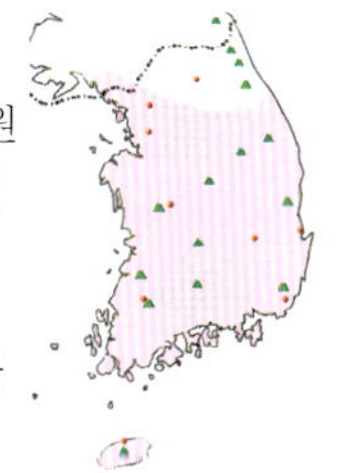

일산 호수공원 18.06.16

암수딴그루	충매화
낙엽활엽수	어긋나기
5월~7월	10월
작은키나무	

꽃은 흰색, 자주색 등으로 피고 원뿔꽃차례며 흰털이 있다. 잎은 녹색, 자주색이고 노랗게 단풍이 든다. 열매자루에 실같은 털이 난다. 열매는 핵과이며 콩팥 모양으로 작고 납작하다. 줄기는 자갈색이고 껍질눈이 드물게 나고 어린 가지에 털이 많다. 다양한 도입종을 통칭한다.

덩굴옻나무

옻나무과

Rhus ambigua

가지에서 기근이 나와서 다른 나무나 바위를 타고 오르며 덩굴로 뻗어간다.

[국내]
- 전남 여수
- 광릉 국립수목원

[해외]
- 중국, 일본, 대만

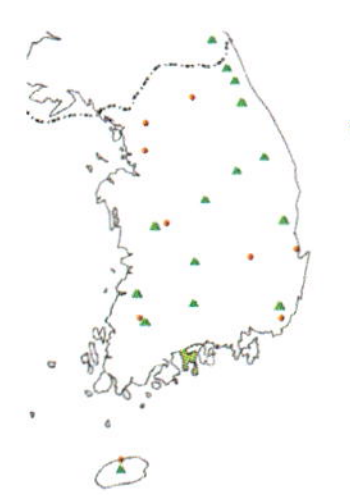

국립수목원 16.07.02

암수딴그루	풍매화
낙엽활엽수	어긋나기
5월~6월	10월
덩굴나무	

줄기에서 기근이 돋아나 다른 물체에 붙어 자란다. 잎은 엽병이 길며 소엽은 3개인 3출엽으로 정소엽은 작은잎자루가 있으나 측소엽은 없다. 수꽃양성화딴그루거나 암수딴그루로 열매는 핵과이며 편구형이고 연한 황색이며 가시털이 드물게 난다. 일년생가지에 잔털이 있다.

소태나무

소태나무과

Picrasma quassioides

맛 중에서 가장 쓴맛을 소태 맛이라고 하는데 이 나무에서 그 맛이 난다고 소태나무라 한다.

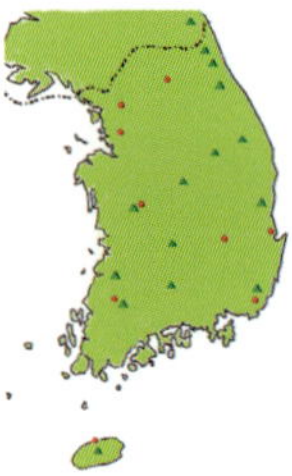

【국내】
- 전국 산지
- 천마산 인천수목원

【해외】
- 중국, 일본, 대만

암수딴그루	충매화
낙엽활엽수	어긋나기
5월	8월~9월
중간키나무	

천마산 16.07.10

수피는 잘 갈라지지 않고 맛이 몹시 쓰며 황색 껍질눈이 있다. 잎은 홀수깃꼴겹잎이며 작은잎은 9~15개이고 광택이 나며 가장자리에 물결 모양의 톱니가 있고 가을에 황색으로 단풍이 든다. 꽃은 녹색이 돌며 편평꽃차례로 열매는 직경 6~7mm로 열은 갈색으로 익는다.

가죽나무(가중나무)

소태나무과

Ailanthus altissima

절에서 심으며 잎을 먹는 참죽나무(참중나무)가 있는데 외양은 닮았으나 먹을 수 없다고 가죽나무(가중나무)라 부른다.

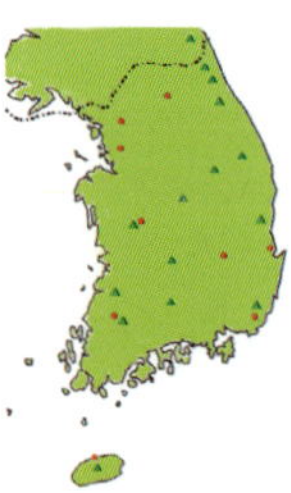

【국내】
- 전국 산 가장자리, 들
- 유휴지, 도심 공터

【해외】
- 중국, 대만 원산 전세계

암수딴그루	충매화
낙엽활엽수	어긋나기
5월~6월	9월~10월
큰키나무	

나주시 18.05.19

잎 뒤 샘점에서 악취가 나고 꽃에서도 불쾌한 냄새가 난다. 나무 재질이 나빠서 아무 쓸모가 없다는 내용이 중국 고서 「장자」에 출전한다. 열매의 날개는 프로펠러를 닮아 바람을 타고 날 수 있는 최적의 시과이다. 유럽과 북미대륙에서는 최악의 생태교란종으로 간주한다.

가죽나무

참죽나무

가죽나무와 참죽나무는 크기와 잎이 복엽이란 것만 닮았을 뿐 가죽나무는 소태나무과에 속하고 참죽나무는 멀구슬나무과에 속한다. 외관상 잎의 형태와 나무 크기가 비슷해 이름이 닮았다. 가죽나무는 꽃이 필 때 심한 악취가 나고 참죽나무는 향기가 나고 잎을 식용한다. 가죽나무 열매는 프로펠러를 닮아 확산에 매우 효율적이지만, 참죽나무는 사람이 심고 키워야 자라는 중국 도입종이다.

경기 화성시 17.06.18

참죽나무

멀구슬나무과

Cedrela sinensis

스님이 잎을 즐겨 먹는다고 진짜 중나무라는 뜻인 참중나무가 참죽나무로 변하였다.

【국내】
- 평양이남 지역, 마을주위에 식재
- 서울 봉원사

【해외】
- 중국, 인도, 인도네시아, 라오스, 말레이시아

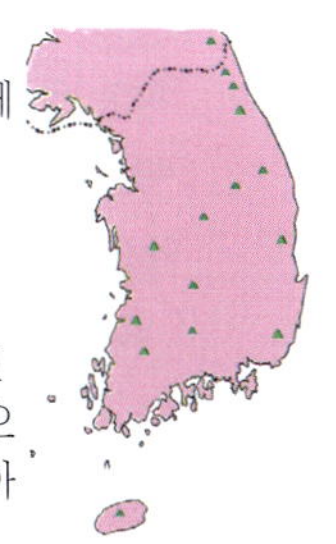

암수한그루	충매화
낙엽활엽수	돌려나기
5월~6월	9월
큰키나무	

꽃은 흰색의 종 모양으로 피고 향기가 난다. 잎은 깃꼴겹잎으로 작은 잎은 10~20개이고 피침형 긴 타원모양으로 가장자리에 톱니가 조금 나며 작은잎자루 길이는 1cm이다. 열매는 삭과로 5쪽으로 갈라지고 종자는 시과로 날개가 있다.

멀구슬나무

멀구슬나무과

Melia azedarach

제주방언 '먹쿠슬낭'이 멀구슬나무가 되었다는 설과 구슬같은 열매가 멀겋다는 뜻이다.

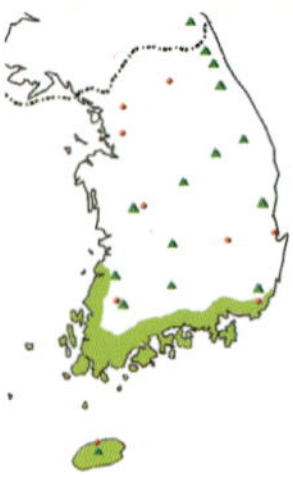

【국내】
- 전남, 경남, 제주 식재.
- 진도

【해외】
- 중국, 대만, 인도, 네팔, 말레이시아, 호주

암수한그루	충매화
낙엽활엽수	어긋나기
5월	9월~10월
큰키나무	

서귀포시 15.05.31

꽃은 연보라색이며 꽃받침조각과 꽃잎은 각 5개이다. 수술은 10개이며 통상으로 모여 있고 꽃차례는 원뿔모양이다. 잎은 홀수 2~3회 깃꼴겹잎이고 길이는 약 80cm이며 잎자루는 길고 아랫부분이 굵다. 나무껍질은 암갈색으로 잘게 갈라지며 가지는 굵고 사방으로 퍼진다.

운향과 산초나무속

산초나무 초피나무 왕초피나무 개산초나무

운향과에 속하는 나무는 향이 강하고 관목 혹은 중간키 또는 큰키나무로 다양하게 자란다. 음식에 첨가하는 향신료의 재료이거나 과일나무로 긴요한 자원식물이다. 산초나무속에는 개산초, 왕초피나무, 초피나무, 산초나무, 머귀나무가 들어가며 귤속에는 귤과 유자나무가 들어간다. 그 외에 쉬나무속과 상산속, 황벽나무속, 탱자나무속에 각 1종이 있다.

산초나무

운향과

Zanthoxylum schinifolium

열매 껍질에서 강한 향기가 나는 나무를 한자로 초(椒)라고 한다. 산에 자라는 초라고 산초(山椒)나무라 한다.

【국내】
- 함북을 제외한 전국산지
- 북한산

【해외】
- 중국, 대만, 일본

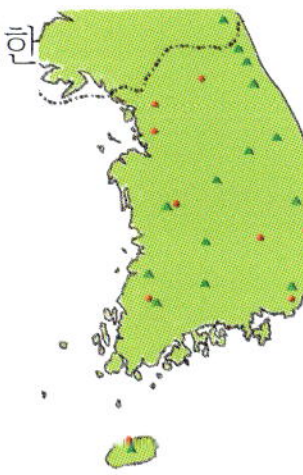

황매산 17.07.30

줄기의 가시는 어긋나고 꽃대축에 잔가시가 있고 산초 특유의 향기가 난다. 잎은 1회 깃꼴겹잎이며 소엽은 13~21개로 피침형이다. 가장자리에 잔 톱니가 있고, 꽃은 연한 녹색이며 가지 끝에 달리는 편평꽃차례이다. 열매는 홍색으로 익으며 종자는 검은색이고 기름을 짠다.

암수딴그루	충매화
낙엽활엽수	어긋나기
7월~8월	10월~11월
작은키나무	

초피나무

운향과

Zanthoxylum piperitum

산초와 비슷하나 열매의 껍질을 향료로 쓴다고 초피(椒皮)나무이다. 씨앗과 함께 쓰는 산초보다 향이 강하다.

【국내】
- 산지 전역, 서남 해안가
- 안면도

【해외】
- 일본

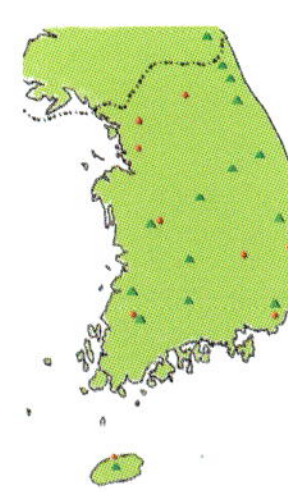

안면도 16.10.30

가시가 줄기에서 마주난다. 잎 가장자리의 톱니에 물결모양의 굴곡이 난다. 덜 여문 과피를 말려 으깬 것을 제피라 하여 민물고기나 육류의 비린내를 제거하는 향신료로 쓴다. 복총상꽃차례로 연한 황록색 꽃이 피고 열매는 적갈색으로 선점이 있고 종자는 검은색으로 여문다.

암수딴그루	풍매화
낙엽활엽수	어긋나기
4월~5월	9월~10월
작은키나무	

개산초

운향과

Zanthoxylum planispinum

개산초는 늘푸른나무로 향신료로는 쓰지 않는다. 북한명은 사철초피나무이다.

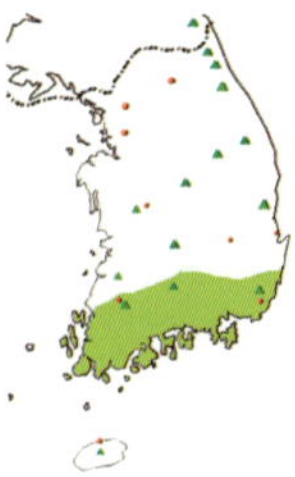

[국내]
- 전남, 경남,
- 완도수목원

[해외]
- 중국, 일본, 대만, 동남아시아

암수딴그루	충매화
상록활엽수	어긋나기
5월~6월	9월~10월
작은키나무	

완도수목원 15.10.17

잎자루에 날개가 달린다. 소엽은 4~7개로 피침형이며 가운데 소엽이 가장 크고 가장자리에 잔톱니가 난다. 꽃은 연한 노란색으로 피며, 총상 또는 복총상꽃차례로 잎겨드랑이에 달린다. 가시는 턱잎이 변한 것이고 편평하며 마주나기 한다. 전체에서 특유의 향이 난다.

왕초피나무

운향과

Zanthoxylum coreanum

잎과 가시가 초피나무 중에 가장 크다고 왕초피나무라 한다. *coreanum*은 한국을 의미한다.

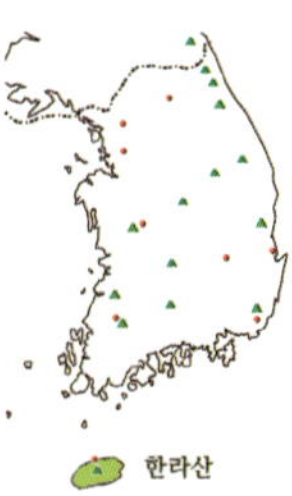

[국내]
- 제주도
- 완도수목원 인천수목원

[해외]
- 중국

암수딴그루	충매화
상록활엽수	어긋나기
4월~5월	8월~9월
작은키나무	

제주시 17.09.23

작은잎이 초피나무보다 크고 가지에 큰 가시가 마주 달린다. 잎은 홀수깃꼴겹잎으로 광택이 있고 향기가 강하며, 소엽은 7~13개로 달걀형이며 가장자리에 투명한 샘과 톱니가 있다. 원뿔꽃차례로 꽃잎이 없고 꽃받침만 있다. 열매는 둥근 삭과이고 붉은빛을 띠고 선점이 있다.

완도 15.10.17

머귀나무

운향과

Zanthoxylum ailanthoides

쉬나무를 닮았는데 쉬나무는 먹을 수 없으나 먹을 수 있는 나무로 먹이쉬나무 〉 머기쉬나무 〉 머귀나무가 되었다.

[국내]
- 울릉도 남부 해안과 섬
- 완도수목원

[해외]
- 필리핀, 중국, 대만, 일본

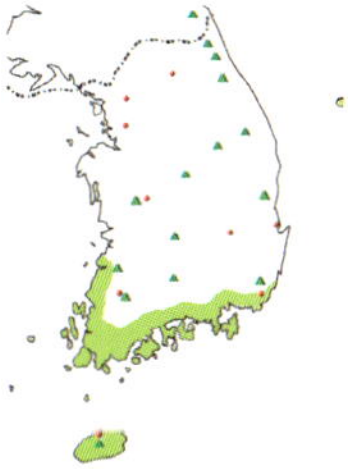

줄기와 가지에 굵고 예리한 가시가 난다. 키는 최대 15m까지 자란다. 열매가 붉게 익고 종자는 직경 4mm 정도로 흑색이며 광택이 나고 약간의 향기가 있으며 매운맛이 난다. 잎은 홀수깃꼴겹잎으로 길이는 40cm이고, 소엽은 19~23개이고 두꺼우며 잔 톱니가 난다.

암수딴그루	충매화
낙엽활엽수	어긋나기
8월~9월	10월~11월
큰키나무	

제주시 15.05.01

상산(송장나무)

운향과

Orixa japonica

중국명이 취상산(臭常山)에서 영향을 받았다. 송장의 악취를 가리는데 썼다.

[국내]
- 경남, 전남, 경기도 해안, 제주
- 국립수목원

[해외]
- 중국, 일본

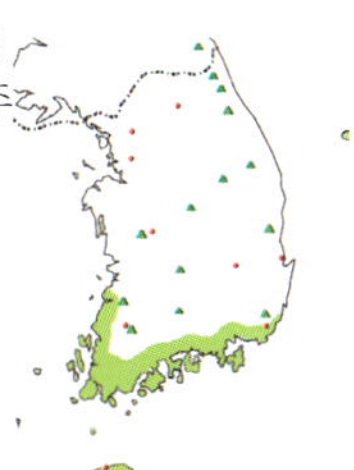

잎은 독특한 향이 강하게 나고 끝이 뾰족하며 잎자루가 짧고 표면은 광택이 나며 가장자리는 밋밋하다. 수꽃은 황록색으로 총상꽃차례로 달리고 꽃받침조각, 꽃잎 및 수술은 각 4개씩이다. 암꽃은 1개씩 달리며 암술머리가 4개로 갈라진다.

암수딴그루	풍매화
낙엽활엽수	어긋나기
4월~5월	9월~10월
작은키나무	

귤(감귤, 밀감)

운향과

Citrus reticulata

감귤(柑橘), 밀감(蜜柑) 이라고도 하며 중국명 귤(橘)에서 나왔다. 일본명은 미깡이며 서로 영향을 받은 것으로 보인다.

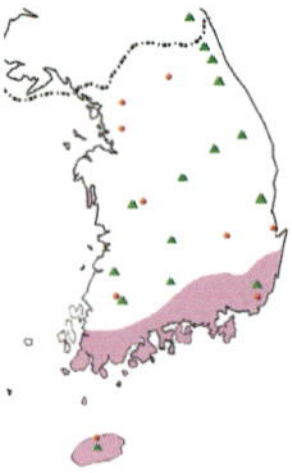

【국내】
- 제주 남부 지역 과수로 식재
- 수목원 온실

【해외】
- 중국, 대만, 일본

암수한그루	충매화
상록활엽수	어긋나기
5월~6월	11월~12월
중간키나무	

서귀포시 15.11.21

남부지역에 재배하는 과수로 오랫동안 다양한 형태의 원시종을 교잡시켜 여러가지 품종으로 작물화했으며 귤은 이런 과일나무를 통칭한다. 흰꽃이 피고 향기가 나며, 잎겨드랑이에 1송이씩 달린다. 꽃받침조각과 꽃잎은 각각 5개이고 20개 정도의 수술과 1개의 암술이 있다.

유자나무

운향과

Citrus junos

한중일 모두 유자(柚子)라는 말을 쓰나 지역적으로 다양한 교배종을 재배한다.

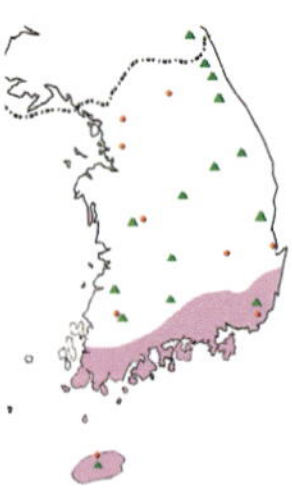

【국내】
- 남부지역, 제주도 식재
- 수목원 온실

【해외】
- 일본, 중국, 대만

암수한그루	충매화
상록활엽수	어긋나기
5월	10월
중간키나무	

완도 16.11.11

잎자루에 넓은 날개가 달린다. 남부지역에 재배하는 과일나무로 줄기에 가시가 나고 열매는 신맛이 강하고 향기롭다. 잎은 긴 타원형이고 위로 올라갈수록 좁아지고 가장자리에 둔한 톱니가 있다. 꽃은 백색으로 잎겨드랑이에 1개씩 달리고, 꽃받침조각과 꽃잎은 각각 5개이다.

대구 불로동 14.10.14

탱자나무

운향과

Poncirus trifoliata

과거 감귤이나 유자, 귤을 등자(橙子)로 표기했다. 탱자도 등자가 열리는 나무로 등자나무 〉 탱자나무로 변하였다.

【국내】

- 중부 이남 식재
- 홍릉수목원

【해외】

- 중국

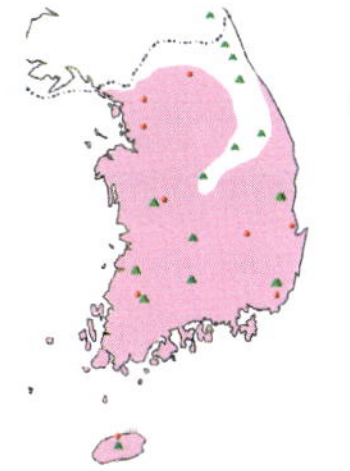

가지에 굵은 가시가 나고 열매의 향기가 좋으며 먹을 수 없으나 가공하거나 약용한다. 꽃은 백색으로 가지 끝 또는 잎겨드랑이 1~2개씩 달리며, 꽃받침조각과 꽃잎은 각 5개고, 수술은 20개이다. 종자는 긴 타원형이다. 어린 가지는 납작하며 녹색을 띤다.

암수한그루	충매화
낙엽활엽수	어긋나기
5월~6월	9월~10월
작은키나무	

북한산 14.07.20

쉬나무

운향과

Euodia daniellii

수유(茱萸)나무에서 쉬나무가 나왔다. 수유는 산수유, 오수유, 식수유와 같이 약재로 쓰는 나무 이름에 쓴다.

【국내】

- 경기, 강원, 울릉도, 강화도
- 서대문 안산

【해외】

- 중국

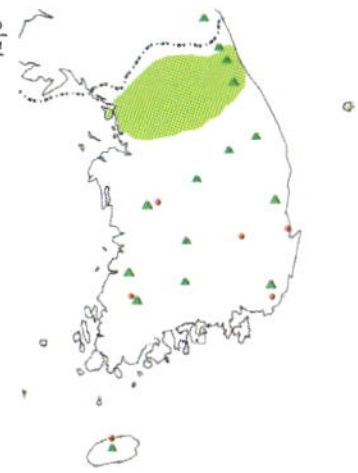

열매가 붉은색으로 익고 종자는 검은색을 띠며 광택이 나고 짜낸 기름은 등유로 이용했다. 잎은 홀수깃꼴겹잎이며, 소엽은 7~11개로 타원형이고 작은 잎자루는 거의 없다. 꽃은 줄기 끝에 마주 나는 꽃대가 나오고, 수꽃이 지고나서 같은 그루에 암꽃이 핀다. 밀원식물이다.

암수한그루	풍매화
낙엽활엽수	마주나기
7월~8월	9월~10월
큰키나무	

황벽나무

운향과

Phellodendron amurense

속껍질이 노란 나무라는 의미이다. 황벽은 황벽(黃蘗)나무 또는 황백(黃柏)나무라 쓴다.

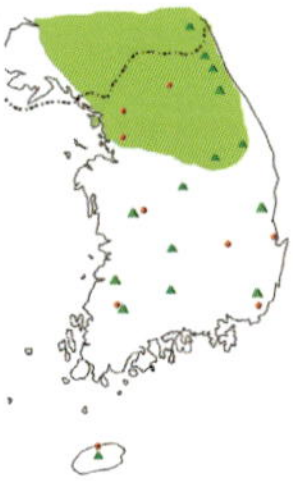

[국내]
- 북부지역 강원도, 경기도, 울릉도
- 청태산

[해외]
- 중국, 일본, 극동러시아

암수딴그루	충매화
낙엽활엽수	마주나기
5월~6월	11월~12월
큰키나무	

청태산 15.09.19

줄기 속은 황색을 띠고 약재와 염료로 쓴다. 열매는 검게 익으며 겨울 동안 나무에 달려 있고 종자는 5개씩 들어 있다. 잎은 홀수깃꼴겹잎이고 소엽은 5~13개이며 표면에는 광택이 나며 뒷면은 흰색을 띤다. 꽃은 황록색으로 원뿔꽃차례다.

두릅나무과

두릅나무과는 꽃이 공 모양을 이룬다. 꽃잎은 거의 없으며 있어도 작고 잘 드러나지 않는다.

송악속은 덩굴로 자라고, 황칠나무속은 곧게 자라고 잎이 3~5개로 갈라진다. 팔손이속은 잎이 7~9개로 갈라진다. 음나무속은 큰키로 자라고 꽃이 복산형이다. 땃두릅나무속은 고산지에 자라는 관목이다. 오갈피나무는 잎이 3~5갈래로 손바닥처럼 갈라지고 두릅나무속은 잎이 2회 깃꼴겹잎으로 갈라지는데 두릅나무 1종이 있다.

황칠나무를 제외하면 잎은 복엽이거나 결각이 심하게 난 큰 잎이다. 오갈피나무는 약효가 뛰어나고 두릅나무, 땃두릅나무, 음나무 잎은 귀한 산나물이 되고 황칠나무는 건강식품이나 약재, 기능성 물감으로 활용한다.

설악산 19.07.21

음나무(엄나무)

두릅나무과

Kalopanax septemlobus

〈물명고〉 등에 '엄나모' 기록이 있다. 험상궂은 가시가 촘촘히 달린다고 엄(嚴)하게 생겼다는 의미이다. 북한명 엄나무.

【국내】
- 전국에 자생, 인가 주위 식재
- 홍릉수목원

【해외】
- 일본, 중국

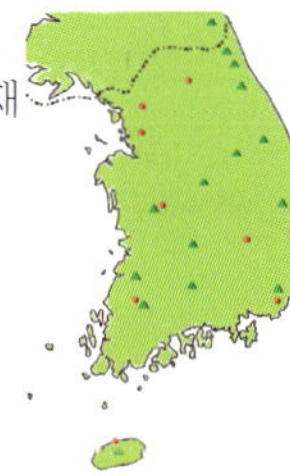

암수한그루	충매화
낙엽활엽수	어긋나기
8월	9월~10월
큰키나무	

어린나무에는 거친 가시가 돋고 갓 돋은 잎은 봄나물로 먹는다. 꽃은 복산형꽃차례로 황록색이며 꽃잎과 꽃받침, 수술은 각각 5개이다. 잎은 둥글며 5~9개로 갈라지고 표면에 광택이 나며, 가장자리에 톱니가 있고 잎자루 길이는 10~30cm이다.

영월군 15.08.22

두릅나무

두릅나무과

Aralia elata

〈산림경제〉에는 '둘흡'이 나오고 두릅나무가 되었다. 한자 이름으로 목두채(木頭菜)로 '가지끝에 달리는 채소'이다.

【국내】
- 전국 산지, 밭, 인가주위 식재
- 영월

【해외】
- 일본, 중국, 극동러시아

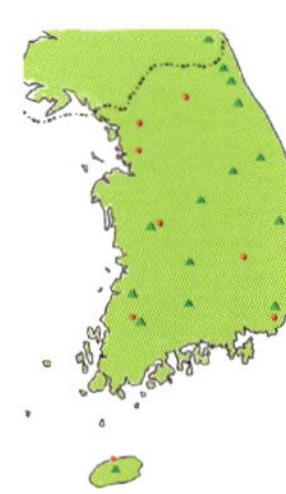

암수한그루	풍매화
낙엽활엽수	어긋나기
6월~8월	9월~10월
중간키나무	

가지에 굳센 가시 같은 돌기가 발달하였고 털이 많다. 어린잎은 식용하고 홀수 2회 깃꼴겹잎이며 잎축과 작은잎에 가시가 있고 뒷면은 회색이며, 맥 위에 털이 있다. 꽃은 복총상꽃차례로 양성화와 수꽃이 섞여 있으며 흰색이고 꽃잎, 수술 및 암술대는 각각 5개이다.

땃두릅나무

두릅나무과

Oplopanax elatus

땃은 땅과 같은 뜻이다. '키가 작은' '땅에 붙은 두릅나무'이다. 북한명은 땅두릅나무이다.

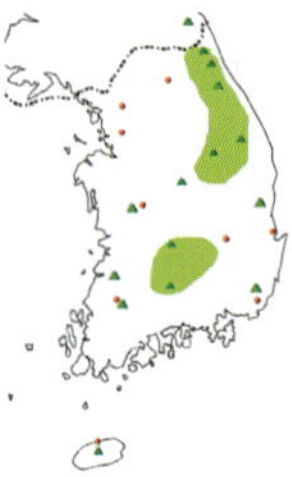

【국내】
- 인제군, 정선군, 태백시, 화천군, 무주, 산청
- 대청봉

【해외】
- 중국, 러시아

암양성딴그루	충매화
낙엽활엽수	어긋나기
7월~8월	8월~9월
작은키나무	

설악산 16.09.10

고산에 자라는 희귀 식물로 잎 표면의 주맥과 뒷면 맥 위에 가시가 밀생하고 가장자리가 5~7개로 갈라지고 잎자루가 길다. 꽃은 산형꽃차례의 꽃들이 모여 원추꽃차례를 이룬다. 줄기에는 짧은 털과 가시가 밀생한다. 열매는 붉은색으로 익는다. 최근 거의 소멸되고 있다.

오갈피나무

두릅나무과

Eleutherococcus sessiliflorus

잎이 5조각으로 갈라진다고 오갈피라 한다. 중국명 오가(五加)에 껍질을 약에 쓴다고 피(皮)를 붙여 오가피나무>오갈피나무.

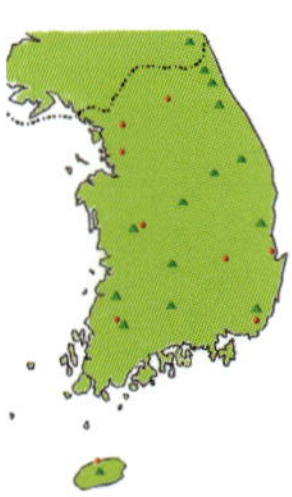

【국내】
- 전국 산지 자생 농가주위 식재
- 홍릉수목원 인천수목원

【해외】
- 중국, 일본, 대만

암수한그루	충매화
낙엽활엽수	어긋나기
8월~9월	10월
작은키나무	

만항재 17.10.01

잎이 주로 작은잎 5개로 이뤄지고 줄기에 가시가 조금 난다. 꽃은 자주색으로 산형꽃차례이며 구형이고 가지 끝에 달리며 꽃대가 짧아 꽃이 빽빽하게 달린다. 키는 3~4m로 자라고 열매는 핵과로 타원형이고 검게 익는다. 산지에 자생하고 약용식물로 재배한다.

천마산 16.06.11

가시오갈피

두릅나무과

Eleutherococcus senticosus

줄기와 잎자루에 가시가 난다고 가시오갈피라 한다.

【국내】
- 경기도, 강원도, 북부지역 농가 식재
- 홍릉수목원

【해외】
- 일본, 극동러시아

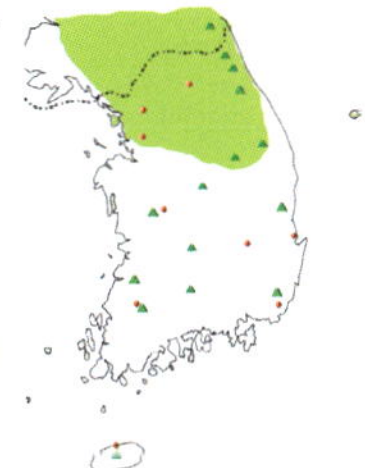

암수한그루	충매화
낙엽활엽수	어긋나기
6월~8월	10월
작은키나무	

줄기에 날카로운 가시가 나고 꽃이 연두색으로 핀다. 잎은 5장의 작은잎으로 된 겹잎이고 털이 있다. 뒷면 맥 위에 갈색 털이 난다. 가장자리에 뾰족한 겹톱니가 발달하고 잎자루에는 가시가 많다. 꽃은 산형꽃차례로 가지 끝에 1개씩 달리며 암술머리가 5개로 약간 갈라진다.

서귀포 16.05.08

섬오갈피나무

두릅나무과

Eleutherococcus gracilistylus

제주도에 자라는 오갈피나무의 일종이라고 섬오갈피나무라 한다.

【국내】
- 제주도 해안
- 완도수목원

【해외】
- 중국

암양성딴그루	풍매화
낙엽활엽수	어긋나기
5월~7월	10월
작은키나무	

섬오갈피나무는 제주도 해안에 자라고 있은 작은잎 5개로 구성되며 암술대가 2개로 갈라지고 길며 키는 2~3m로 반덩굴로 자란다.

오가나무는 중국에서 도입한 약용식물로 암술이 5~7개로 갈라지며 공원에 심는다. -홍릉수목원

송악

두릅나무과

Hedera rhombea

제주 방언으로 '소왁나무'가 송악으로 변하였다. 소가 잘 먹어 소쌀나무라 불리기도 했다. *rhombea*; 마름모꼴 잎

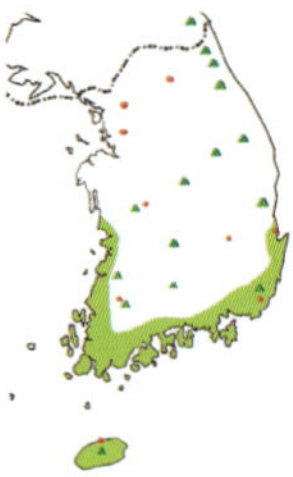

【국내】

- 경남북, 전남북, 충남, 울릉, 제주
- 제주, 천제연

【해외】

- 일본, 타이완

서귀포 19.10.25

암수한그루	충매화
상록활엽수	어긋나기
9월~11월	익년5~7월
덩굴나무	

잎은 두껍고 광택이 나며 갓 자란 가지의 잎은 삼각형이고 3~5개로 얕게 갈라지며 묵은 가지의 잎은 달걀형이다. 산형꽃차례는 1개 또는 여러개가 함께 취산상을 이루며 암수한꽃으로 녹황색이고, 꽃잎은 녹색으로 겉에 성모가 있고 꽃잎과 수술은 각각 5개이다.

황칠나무

두릅나무과

Dendropanax morbiferus

전통 칠의 하나로 황금빛을 내는 황칠(黃漆)이 있는데 이 나무의 진으로 황칠을 할 수 있다고 황칠나무라 한다.

【국내】

- 제주도, 완도, 거문도, 대흑산도, 어청도
- 완도수목원

【해외】

- 일본, 중국, 대만

완도수목원 16.06.12

암수한그루	충매화
상록활엽수	어긋나기
6월~8월	10월
큰키나무	

잎은 두껍고 광택이 나며 타원형이고 톱니가 없으며 나무의 햇수에 따라 3~5개로 갈라진다. 산형꽃차례로 가지 끝에 1개씩 달리며 양성꽃으로 6월에 백색으로 피고 암술머리는 5갈래로 나뉜다. 열매는 길이 7~10mm인 타원형으로 10월에 흑색으로 익으며 암술대가 달려있다.

서귀포시 17.11.05

팔손이

두릅나무과

Fatsia japonica

잎이 8쪽으로 갈라진다고 손가락에 비유해 8손이라 한다. 실제로는 대부분 9쪽으로 갈라진다.

[국내]

- 남해도, 거제도
- 남부지역, 정원, 화단 식재 완도수목원

[해외]

- 일본

해안가 상록수림 아래 키는 2~4m로 자라고 잎은 7~9개로 갈라져서 손바닥 모양이고 양면에 털이 없으며 두껍고 광택이 난다. 산형꽃차례가 가지 끝에 모여서 원뿔꽃차례를 이루며 유백색으로 핀다. 주로 외대로 자라고 줄기에는 잎이 떨어진 자국이 크게 남는다.

암수한그루	충매화
상록활엽수	어긋나기
6월~8월	익년4~5월
작은키나무	

서귀포 16.08.17

통탈목

두릅나무과

Tetrapanax papyriferus

중국명 통탈목(通脫木)이란 이름을 차용하였다. 소변을 잘 나오게하는 약성으로 잘 통하게 하는 나무라는 의미이다.

[국내]

- 제주 식재 일부 야생화
- 한라수목원

[해외]

- 중국 남부, 대만

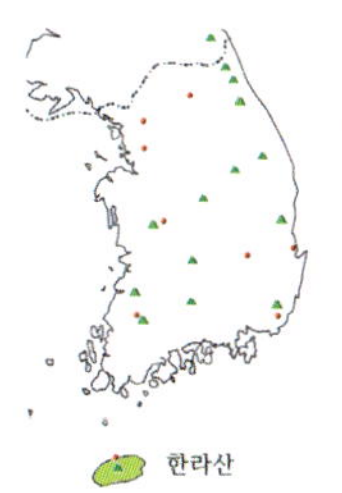

키는 2~4m 정도로 자라고 잎은 가지 끝에 모여 나며 지름이 50~75㎝로 매우 크고 손 모양으로 갈라진다. 꽃은 연한 황백색으로 피고 열매는 구형으로 흑자색으로 익는다. 줄기의 속은 통초라 부르며 한약재로 이용된다. 잎자루와 더불어 연한 갈색의 털이 조밀하게 난다.

암수한그루	풍매화
상록활엽수	어긋나기
12월~1월	익년 2~3월
작은키나무	

부들레야

마전과

Buddleja davidii

학명의 부들레야에서 차용하였다. 영국의 목사이며 식물학자인 Adam Buddle을 기리기 위한 이름이다.

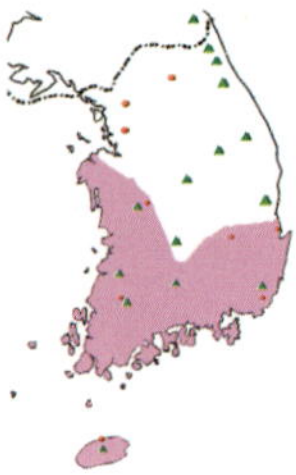

[국내]
- 제주와 남부 지역 화단 공원 식재
- 완도수목원

[해외]
- 중국, 일본, 아시아, 아프리카 열대 아열대

암수한그루	충매화
낙엽활엽수	마주나기
7월~9월	10월~11월
작은키나무	

대구시 20.10.03

작은 꽃 여러송이가 모인 총상꽃차례의 꽃이 모여 원추꽃차례를 이룬다. 줄기가 휘어지며 자라고 어린 줄기는 단면이 사각이 나고 다양한 색깔과 형태의 원예종이 있다. 잎은 가장자리에 약간의 톱니가 나고 별 모양의 부드러운 털이 밀생하다 사라진다.

영주치자(영주덩굴)

마전과

Gardneria natans

영주는 제주도를 이르는 옛 이름으로 이 지역에 자라는 치자색이 나는 열매가 달리는 나무라는 의미이다.(瀛州梔子)

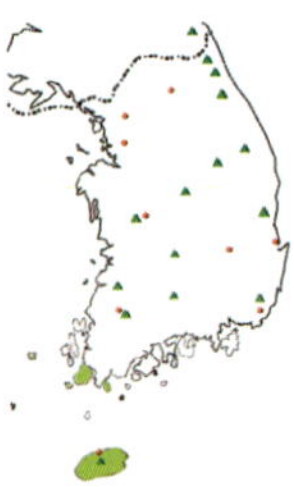

[국내]
- 제주도, 완도, 진도, 흑산도, 홍도, 보길도
- 완도

[해외]
- 중국, 일본, 타이완

암수한그루	충매화
상록활엽수	마주나기
6월~7월	12월~익1월
덩굴나무	

완도 20.12.06

제주도와 남해안 섬 지역에 분포하고 나무를 타고 올라가며 9~10m 정도로 자라는 덩굴나무이다. 꽃은 흰색으로 잎겨드랑이에 1~3개씩 달리고 꽃자루는 1~2cm이며 꽃은 5조각으로 갈라지고 털은 없다. 잎은 타원형으로 두꺼우며 광택이 나고 양면에 털이 없다.

완도 14.06.10

마삭줄

협죽도과

Trachelospermum asiaticum

마삭(麻索)은 삼으로 꼰 밧줄을 뜻하는 한자어로 '삼밧줄 같은 나무'라고 마삭줄이라 부른다.

- 전남북, 경남, 제주도.
- 완도

【해외】
- 일본

꽃은 연황색이고, 취산꽃차례로 가지 끝 또는 잎겨드랑이에 핀다. 꽃잎은 5갈래로 갈라지고, 수술은 5개로 판통에 붙으며, 꽃밥 끝이 화통부 입구까지 닿는다. 열매는 길쭉하고, 둥근 것은 충영이다. 화관과 꽃자루에 털이 나는 것은 털마삭줄이라 한다.

암수한그루	충매화
상록활엽수	마주나기
6월~7월	8월~10월
덩굴나무	

완도 16.10.18

협죽도(죽도화, 류선화)

협죽도과

Nerium oleander

협죽도(夾竹桃)는 대나무(竹)와 복숭아(桃) 사이에 있다는 의미로 중국, 일본에서 공통으로 쓰는 이름이다.

【국내】
- 제주도, 남부 지역 식재
- 완도

【해외】
- 일본, 대만, 인도, 유럽동부

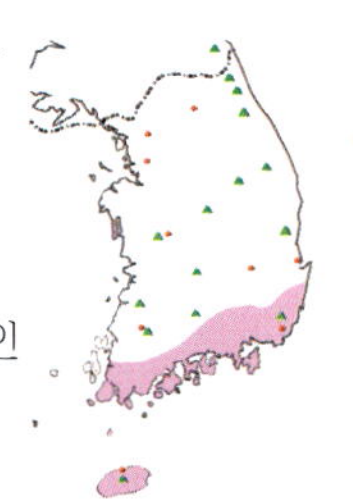

식물 전체에 강한 독성을 지닌다. 꽃은 적색, 백색으로 피고 가지 끝에 취산꽃차례로 달린다. 꽃잎은 윗부분이 5개로 갈라져서 수평으로 퍼진다. 열매는 10cm 정도이며, 연한 갈색 털이 밀생한 종자가 들어 있다. 잎은 두껍고 가장자리는 밋밋하며 길쭉하다. 1920년대에 도입했다.

암수한그루	충매화
상록활엽수	돌려나기
7월~8월	10월~11월
작은키나무	

구기자나무

가지과

Lycium chinense

탱자처럼 가시가 있고 고리버들처럼 가지가 늘어진다고 탱자 구(枸) 고리버들 기(杞)에 열매를 뜻하는 자(子)가 붙었다.

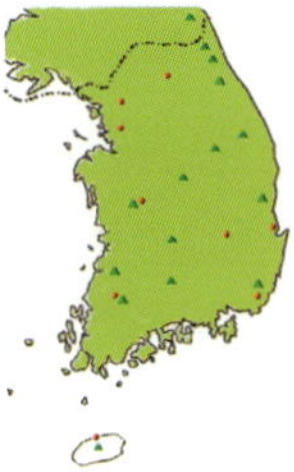

[국내]
- 전국의 인가 주위 밭둑
- 인천수목원

[해외]
- 중국, 대만, 일본

- 암수한그루
- 충매화
- 낙엽활엽수
- 어긋나기
- 6월~9월
- 9월~11월
- 작은키나무

이천 14.10.18

잎은 모여나며 달걀형이고 가장자리는 밋밋하고 잎자루는 길이 1cm로 털이 없다. 꽃은 1~4개씩 잎겨드랑이에 달리며 꽃받침은 3~5개로 갈라지고 꽃잎은 보라색이며 5갈래로 갈라진다. 열매는 장과로 긴 타원형이고 붉게 익는다. 나무줄기는 4m로 비스듬하게 자란다.

배풍등

가지과

Solanum lyratum

배풍등(排風藤)이라는 약재명이다. 속명 Solamen은 라틴어에서 유래하며 약성분인 '안정'을 의미한다.

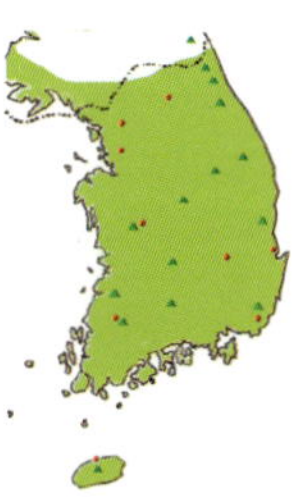

[국내]
- 중부 이남, 제주도
- 서울

[해외]
- 일본, 대만, 인도차이나반도

- 암수한그루
- 충매화
- 낙엽활엽수
- 어긋나기
- 8월~9월
- 10월
- 덩굴나무

서울 14.10.25

열매는 장과로 둥글고 지름 8mm로서 적색으로 익어 겨울에도 매달려 있다. 꽃은 원뿔 모양의 취산꽃차례로 잎과 마주나며, 꽃받침에는 둔한 톱니가 있다. 꽃부리는 수레바퀴 모양이며 5개로 깊게 갈라지고, 열편은 뒤로 젖혀지며 백색으로 핀다. 나무지만 반초본성이다.

마편초는 남부 해안지역에 자라는 다년생 초본이다. 마편초과에 속하는 나무는 모두 작은키의 관목으로 잎은 마주나고 꽃의 수술이 화관 밖으로 길게 나온다. 작살나무속에는 작살나무, 왕작살나무, 좀작살나무, 새비나무가 있고 순비기나무속에는 순비기나무와 좀목형이 들어가고 층꽃나무속, 누리장나무속은 한 종씩 국내에 자란다.

천마산 19.10.05

작살나무

마편초과

Callicarpa japonica

잎과 가지가 마주나고 벌어진 각도가 60~70도인데 그 형태가 고기잡이용 작살을 닮았다.

[국내]

- 평남, 강원도 이남
- 천마산

[해외]

- 중국, 일본, 타이완

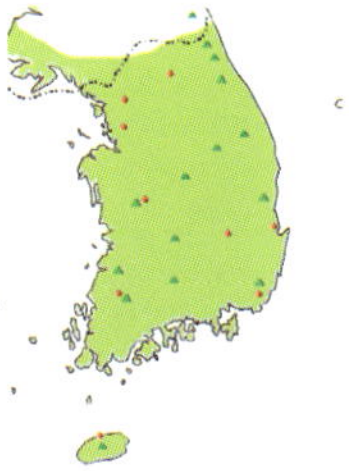

암수한그루 · 풍매화 · 낙엽활엽수 · 마주나기 · 8월 · 10월 · 작은키나무

열매는 지름 4~5㎜로 보라색으로 반짝이고 여러 개씩 뭉쳐서 잎겨드랑이에 달린다. 꽃은 취산꽃차례로 연한 보라색이며 꽃부리에는 잔털과 샘이 있고 4개의 수술과 1개의 암술이 있다. 줄기에는 별모양의 털이 있으나 점차 사라진다. 겨울눈이 좀작살나무에 비해 굵다.

왕작살나무

마편초과

Callicarpa japonica var. luxurians

작살나무 중에서 잎이 크고 꽃차례도 풍성하게 핀다고 왕작살나무라 한다.

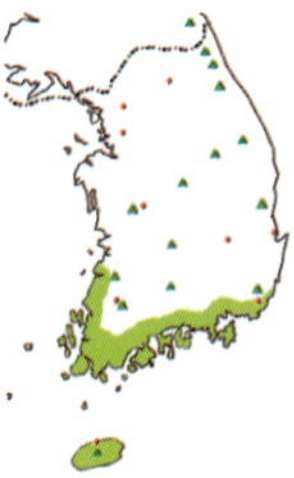

【국내】
- 남서부 해안, 제주도
- 울릉도

【해외】
- 일본, 대만

- 암수한그루
- 충매화
- 낙엽활엽수
- 마주나기
- 6월~8월
- 9월~10월
- 작은키나무

울릉도 18.05.28

잎이 크고 두껍고 꽃차례도 작살나무에 비해 크다. 잎 끝이 길게 뾰족하고 가장자리에 톱니가 있다. 꽃은 연한 자주색으로 피며 향기가 나고 가지 끝과 잎겨드랑이에 뭉쳐난다. 화관은 통 모양으로 끝이 네 갈래로 갈라진다. 뭉쳐서 난 꽃 역시 3cm로 크다.

좀작살나무

마편초과

Callicarpa dichotoma

열매와 겨울눈도 다소 작다고고 좀작살나무이다.

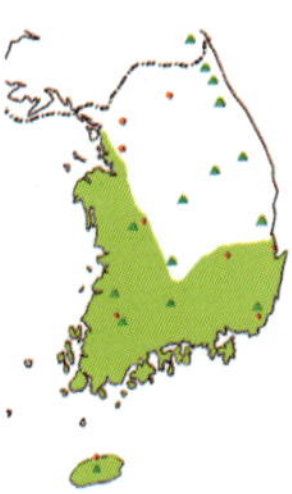

【국내】
- 경기 이남 지역
- 중부지역 공원 화단 식재

【해외】
- 중국, 대만, 일본

- 암수한그루
- 충매화
- 낙엽활엽수
- 마주나기
- 8월
- 10월
- 작은키나무

서오능 19.09.12

겨울눈이 작살나무보다 작고 꽃자루가 잎겨드랑이에서 다소 떨어져 달린다. 작살나무는 여름을 지나면 겨울눈이 발달하나 좀작살나무는 겨울눈이 거의 발달하지 않는다. 키는 2m 정도로 꽃보다 열매가 고와 정원수로 심는다. 열매는 보라색으로 익고 흰색인 원예품도 있다.

완도 15.11.14

새비나무(털작살나무)

마편초과

Callicarpa mollis

어원 미상이며 북한명은 털작살나무라 한다.

[국내]

- 전남 해안가, 제주도
- 완도

[해외]

- 일본

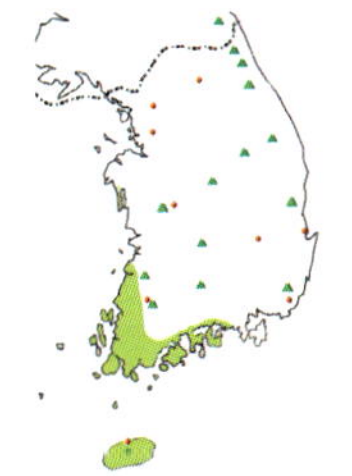

암수한그루	충매화
낙엽활엽수	마주나기
6월	9월~10월
작은키나무	

열매와 줄기 잎 뒷면 꽃, 꽃받침에 별 모양의 털이 밀생한다. 취산꽃차례로 잎겨드랑이에 달리며 꽃은 연한 보라색으로 꽃받침은 4개이며 깊게 갈라지고 별 모양 또는 깃 모양의 털이 밀생한다. 키는 3m로 남부 지역 해안가에 자란다.

북한산 16.10.22

누리장나무

마편초과

Clerodendrum trichotomum

나무 전체에서 짐승에서 나는 누린내와 비슷한 냄새가 난다고 누리장나무라 한다.

[국내]

- 중부 이남지역
- 북한산

[해외]

- 일본, 중국, 대만, 필리핀

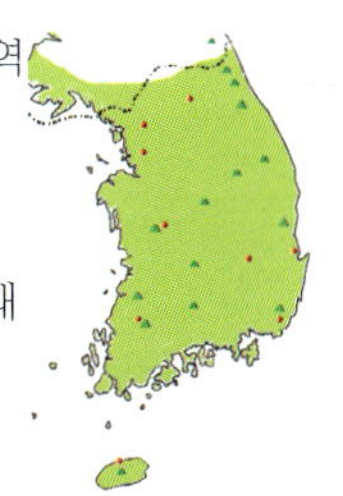

암수한그루	풍매화
낙엽활엽수	마주나기
7월~8월	10월~11월
작은키나무	

나무 전체에서 강한 누린내가 난다. 가을에 익은 열매는 붉은 꽃받침에 진감색으로 두드러진다. 계곡 또는 바닷가 양지바른 곳 너덜이나 바위 사이에서 잘 자란다. 잎은 넓은 달걀형이며 뒷면 맥위에 털이 있고 희미한 샘이 흩어져 있으며, 가장자리는 밋밋하거나 큰 톱니가 있다.

순비기나무

마편초과

Vitex rotundifolia

줄기가 모래 속에 숨어 뻗어나간다고 '숨번기나무'가 변했다는 설. 해녀들이 물속에서 나와 숨을 비우는 곳에 자란다는 설.

【국내】
- 중부이남지역 해안
- 대부도

【해외】
- 일본, 중국, 대만, 인도차이나, 말레이시아

암수한그루	충매화		
활엽낙엽수	마주나기		
7월~9월	10월~11월		
덩굴나무			

태안군14.07.06

바닷가 모래땅에 덩굴로 뻗어가고 잎은 두꺼우며 표면에 잔털이 밀생하고 회백색을 띠며 뒷면은 은백색이고 가장자리가 밋밋하다. 줄기는 회백색의 잔털이 있고 일년생가지는 흰털이 밀생하여 전체가 백분으로 덮여 있는 것 같다.

좀목형

마편초과

Vitex negundo var. *incisa*

중국원산인 목형(牡荊)에 비해 나무가 작다고 좀목형이라 부른다. 목형은 중국명으로 약재명이다.

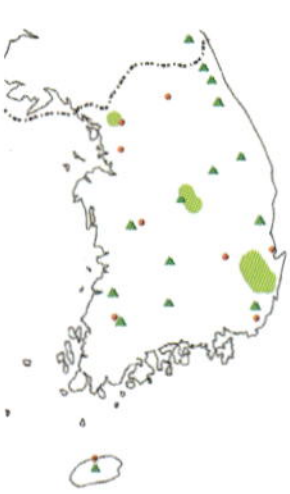

【국내】
- 경남북
- 고양시 서울 서대문 안산

【해외】
- 중국

암수한그루	충매화
낙엽활엽수	어긋나기
7월~8월	9월~10월
작은키나무	

서대문 안산 14.06.28

잎이 5갈래로 갈라지고 톱니가 난다. 꽃은 총상 원뿔모양꽃차례로 가지 끝이나 잎겨드랑이에 달리고 꽃받침조각은 선점이 있고 끝이 뾰족하다. 꽃부리는 깔때기 형을 이루고 털이 있으며 자주색이다. 지면에서 많은 줄기가 올라와 2m로 자란다. 꿀풀과로 보기도 한다.

진도 17.09.23

층꽃나무

마편초과

Caryopteris incana

꽃이 마주난 잎겨드랑이에 층층이 달린다고 층꽃나무라 부른다. 북한명은 층꽃풀이다.

【국내】
- 남해안 도서 제주도 자생 전국 식재
- 전주수목원

【해외】
- 일본, 중국, 대만

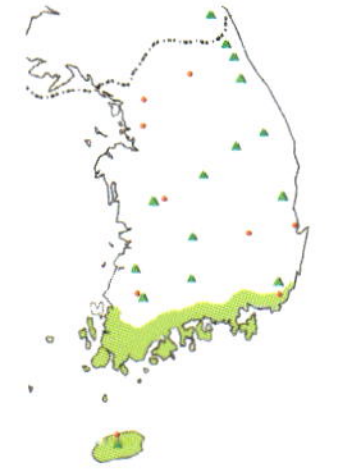

- 암수한그루
- 충매화
- 낙엽활엽수
- 마주나기
- 7월~10월
- 9월~11월
- 작은키나무

꽃이 지면 남는 부위가 목질이라서 나무라 하며, 겨울에는 윗부분이 말라 죽기에 풀이라 보기도 한다. 꽃은 모여나는 취산꽃차례로 잎겨드랑이에 뭉쳐나고 남보라색이며 꽃부리는 털이 있고 꽃잎이 실처럼 갈라진다. 일년생가지에 털이 밀생한다. 꿀풀과로 분류하기도 한다.

듀란타

란타나

듀란타: 덩굴성 관목으로 멕시코와 남미가 원산인 열대식물로 전 세계에 원예종으로 보급되었다. 지역에 따라 야생화되었고 중국과 오스트레일리아에서는 최악의 생태교란종이 되었다.

란타나: 열대 아메리카 지역이 원산인 관목으로 전 세계에 보급되었고 지역에 따라 생태교란식물로 퍼져나가 농 목축업에 피해를 주고 있다. 우리나라에서는 두 종 다 화단과 온실에 자란다.

백리향

꿀풀과

Thymus quinquecostatus

잎과 줄기에서 강한 향이 나는데 백리를 간다고 백리향(百里香)이라 한다. 꽃에서는 향이 거의 나지 않는다.

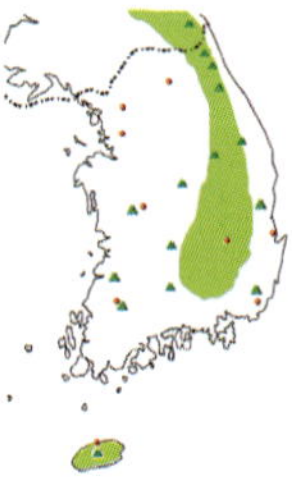

[국내]
- 함북, 강원, 경남북, 제주
- 국립수목원

[해외]
- 일본, 중국, 극동러시아

가야산 19.08.03

암수한그루	충매화
낙엽활엽수	마주나기
6월~8월	9월
작은키나무	

높은 산 바위지대에 자란다. 인가 주위에 옮겨심어도 잘 자라며 지면을 덮으며 퍼져 나간다. 잎은 달걀모양 피침형이며 꽃은 잎겨드랑이에 2~4개씩 달리고 가지 끝 부분에 모여 난다. 울릉도에 자라는 것은 섬백리향이라 하나 동일종으로 간주된다.

참오동나무

현삼과

Paulownia tomentosa

오동은 중국명을 차용한 것으로 오(梧)는 거문고이며 동(桐)은 오동나무를 가리키며 속이 비었다는 의미이다.

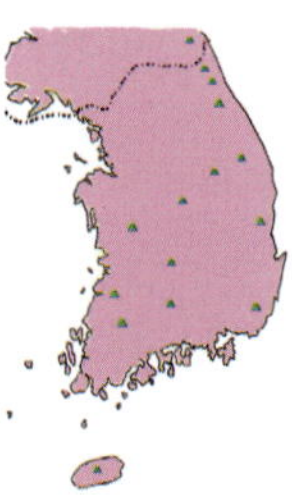

[국내]
- 전국 인가 주위와 산지 식재 및 자생
- 울릉도 자생

[해외]
- 일본, 중국

거제도 19.05.17

암수한그루	충매화
낙엽활엽수	마주나기
5월	10월
큰키나무	

꽃잎 안에 자주색 점선이 있다. 점선이 없는 것은 오동나무(*Paulownia coreana*)로 구분하기도 하나 동일종으로 보기도 한다. 원뿔모양꽃차례는 가지 끝에 달리고, 꽃부리는 깔때기 꼴이며 겉에 샘털이 있고, 꽃받침은 열편이 5개이고 꽃대에는 갈색 털이 밀생한다.

물푸레나무과

개나리 단주화 **개나리 장주화**

물푸레나무과는 꽃의 형태나 생태가 다양한 나무군으로 외형으로 그 특징을 정리하기가 쉽지 않다. 우리나라에서는 편의상 물푸레나무과로 부르나 학명상으로는 올리브나무과(Oleaceae)이다. 석유를 의미하는 오일이라는 단어의 어원이다.

이른 봄에 꽃이 피고 색이 고운 개나리속, 향이 강한 수수꽃다리속, 덩굴처럼 자라는 영춘화속, 향이 고운 미선나무속, 가을에 피고 향기가 강한 목서속, 들에 자라는 이팝나무속, 쥐똥나무와 광나무를 포함하는 쥐똥나무속, 산지에 비교적 크게 자라는 물푸레나무속 등 8개 속이 국내에 자란다.

정선 19.04.21

개나리

물푸레나무과

Forsythia koreana

한글 창제 전에 나온「향약구급방」에 견이나리(犬伊那里)로 표기. 식물명에 개를 삭제한 북한명에도 개나리만은 여전히 쓴다.

【국내】
- 평남 이남 전역에 자생 및 식재
- 화단 공원

【해외】
- 중국

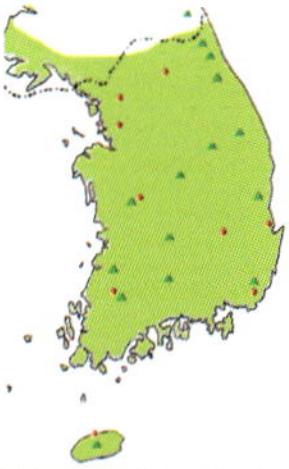

장주화·단주화 | 풍매화
낙엽활엽수 | 마주나기
3월~4월 | 9월
작은키나무

이른 봄 밝은 노란색으로 피고 잎겨드랑이에 1~3개씩 달리고, 꽃받침은 4갈래로 갈라지며, 꽃부리 길이는 1.5~2.5cm로 깊게 4개로 갈라진다. 잎은 피침형이며 중앙 이상에 톱니가 있거나 밋밋하다. 열매는 달걀모양이며 사마귀 같은 돌기가 돋는다.

산개나리

물푸레나무과

Forsythia saxatilis

산에 자라는 개나리라는 뜻이다.

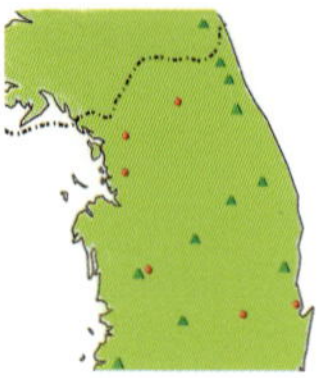

【국내】
- 북한산, 관악산, 강원지역 산지
- 인천수목원

【해외】
- 한국특산식물

인제군 15.04.21

장주화·단주화 / 충매화 / 낙엽활엽수 / 마주나기 / 4월~5월 / 9월 / 작은키나무

잎 뒷면 맥 위에 잔털이 있고 가장자리에 잔 톱니가 있으며, 잎자루 길이는 2~10mm로 잔털이 난다. 꽃은 노란색이며 잎겨드랑이에 1개씩 달리고 열편은 선상 긴 타원형이다. 일년생가지는 자줏빛이 돌며 털이 없고 2년지는 회갈색이라 하나 개나리와 구분이 불분명하다.

만리화

물푸레나무과

Forsythia ovata

어원미상. ovata는 둥글다는 뜻을 지닌다.

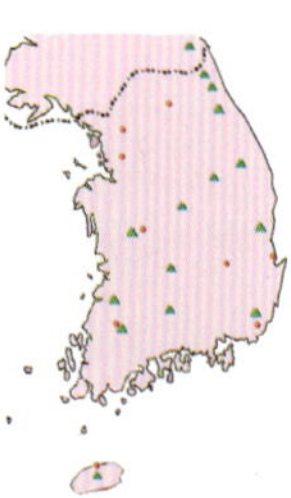

【국내】
- 황해도 북부 자생
- 공원 수목원에 식재

【해외】
- 일본

전주수목원 16.03.20

암수한그루 / 충매화 / 낙엽활엽수 / 마주나기 / 3월~4월 / 8월~9월 / 작은키나무

잎이 개나리에 비해 폭이 넓다. 한국특산종이며 몇 개의 줄기가 올라와 포기를 형성하나 개나리처럼 늘어지지 않고 직립한다. 꽃은 밝은 노란색으로 잎겨드랑이에 1개씩 달린다. 나무껍질은 회색 또는 암회색이고 껍질눈이 산재하며 일년생가지의 속은 갈색으로 계단형태이다.

ㅣ독립문공원 16.03.29

영춘화

물푸레나무과

Jasminum nudiflorum

봄을 맞이하는 꽃이라는 뜻으로 중국명 영춘화(迎春花)를 차용하였다.

[국내]

- 중부이남 식재
- 공원 화단 도로변

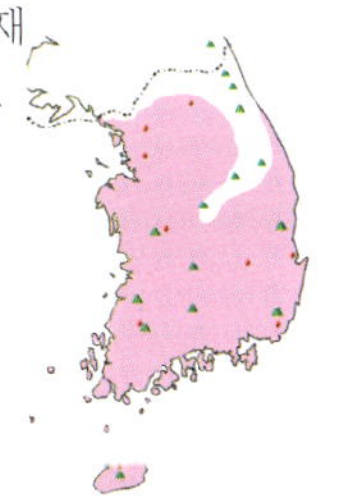

[해외]

- 중국

암수한그루 · 충매화 · 낙엽활엽수 · 마주나기 · 3월~4월 · 9월 · 작은키나무

꽃이 잎보다 먼저 피고 꽃받침조각과 꽃잎은 6개이며 향은 없고 수술은 2개이다. 우리나라에서는 열매를 맺지 않는다. 줄기는 녹색으로 모가 나고 가지가 많이 갈라져서 덩굴처럼 퍼지고 땅에 닿은 곳에서 뿌리가 내린다. 잎은 1회 홀수깃꼴겹잎이고, 소엽은 3~5개이다.

ㅣ인천수목원 17.04.01

미선나무

물푸레나무과

Abeliophyllum distichum

미선(尾扇)나무는 열매모양이 부채를 닮았다고 미선나무라 한다. 미선은 궁중의 가례나 의식에 사용하던 장식용 부채이다.

[국내]

- 충북, 전북 자생
- 궁궐, 공원, 화단에 식재.

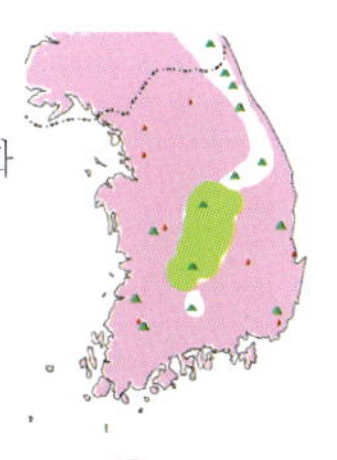

[해외]

- 한국특산종

장주화·단주화 · 풍매화 · 낙엽활엽수 · 마주나기 · 3월~4월 · 9월 · 작은키나무

충북 진천군과 괴산군 및 전북 일대에 자생하는 우리나라 특산종으로 잎은 타원형이고 가장자리는 밋밋하다. 가지는 끝이 처지며 자줏빛이 돌고 속이 계단 모양이며 일년생가지가 사각형이다. 총상꽃차례로 꽃색은 자주색, 흰색, 연분홍색 등이다. 꽃은 장주화, 단주화로 구분된다.

향선나무(향쥐똥나무)

물푸레나무과

Fontanesia phillyreoides

향쥐똥나무란 이명이 있는데 미선나무와도 닮았다고 이 두 이름에서 향선나무라 지었다.

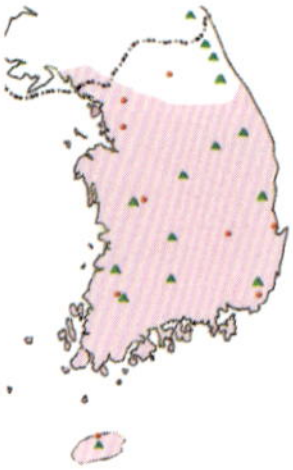

【국내】
- 전국의 공원 드물게 식재
- 인천수목원 전주수목원

【해외】
- 중국

인천수목원 18.05.19

암수한그루	충매화
낙엽활엽수	마주나기
5월	10월
중간키나무	

열매는 시과로 편평한 아원형 또는 타원형이며 끝이 파이고 암술대가 남는다. 양면에 털이 없으며 표면은 짙은 녹색이고 주맥이 들어가며 뒷면은 회녹색이고 잔 점이 흩어져 있다. 가장자리는 밋밋하고 끝이 길게 뾰족해진다. 꽃은 향기가 나고 암술은 1개이고 끝이 갈라진다.

수수꽃다리

물푸레나무과

Syringa oblata var. *dilatata*

꽃 자루가 오곡의 하나인 수수를 닮았다고 수수꽃다리이다.

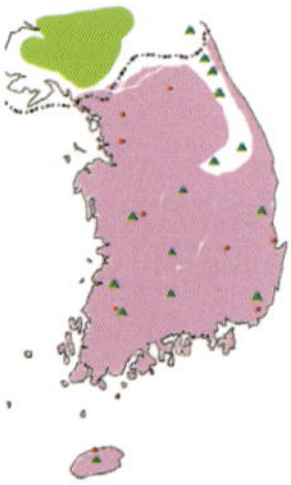

【국내】
- 황해도, 평남, 함남, 북부지역 자생
- 남부지역 식재

【해외】
- 일본, 중국, 대만

서울 15.04.16

암수한그루	충매화
낙엽활엽수	어긋나기
4월	9월
작은키나무	

키는 4m 정도로 자라고 원뿔꽃차례로 전년지 끝에서 마주나며 향기가 강하다. 자생종인 수수꽃다리는 유럽 도입종인 라일락(*Syringa vulgaris*)보다 1주 정도 앞서 피고, 화관이 10~25mm이며 라일락의 화관은 9mm이내로 화관의 길이로 두 종이 구분된다.

팔리빈라일락　　미스김라일락

국립수목원 14.05.03

팔리빈라일락

물푸레나무과

Syringa meyeri 'Palibin'

원예종으로 *Syringa meyeri* 'Palibin'에서 나온 이름이다. 유사종으로 미스김라일락 *Syringa patula* 'Miss kim'이 있다.

【국내】
- 전국 정원, 공원 식재
- 홍릉수목원 국립수목원

【해외】
- 북미 지역 식재

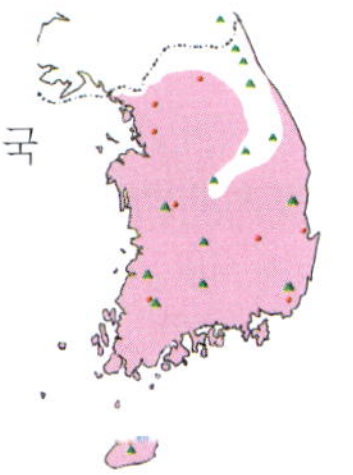

암수한그루	충매화
낙엽활엽수	마주나기
5월	9월
작은키나무	

팔리빈라일락은 중국에 자생하는 종을 개량한 것으로 잎이 짧고 작다. 북한산에서 채종하여 미국에서 개량되고 국내에 역수입한 미스김라일락은 잎이 다소 크고 길쭉하다. 국내에서는 두 종을 모두 미스김라일락이라고 통칭한다. 원종보다 둘다 개화가 늦고 키가 작다.

강원 정선 14.05.25

개회나무(참산회나무)

물푸레나무과

Syringa reticulata var. *mandshurica*

줄기가 회색을 띠고 회나무와 구분하기 위해 개회나무가 된 것으로 추정한다.

【국내】
- 북부지역, 지리산, 백두대간
- 홍릉수목원

【해외】
- 중국, 일본, 러시아

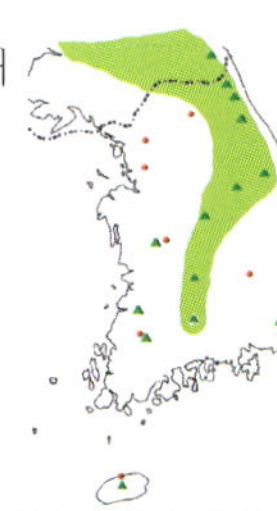

암수한그루	풍매화
낙엽활엽수	마주나기
5월~6월	9월~10월
중간키나무	

꽃은 흰색이며 원뿔꽃차례로 전년지의 가지 끝에 달리며 깊고 강한 향이 난다. 잎은 끝이 뾰족하고 양면에 털이 없으며 가장자리는 밋밋하다. 열매는 삭과로 긴 타원형이다. 나무껍질은 흑회색이며 가로무늬가 있고, 회갈색으로 껍질눈이 뚜렷하다.

버들개회나무

물푸레나무과

Syringa fauriei

개회나무 종류로 잎이 버들잎처럼 좁고 길쭉하다.

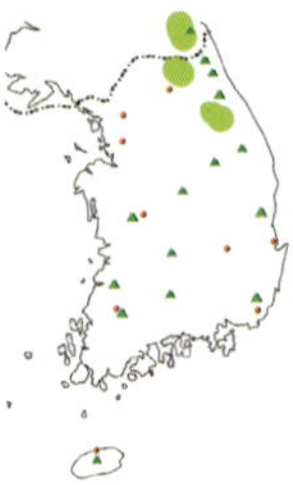

【국내】
- 강원도 계방산, 화천
- 정선 덕산기계곡

【해외】
- 한국 특산

암수한그루	충매화
낙엽활엽수	마주나기
5월~6월	9월~10월
중간키나무	

덕산기계곡 19.05.25

잎은 버들잎같이 좁은 피침형으로 양 끝은 뾰족하고 가장자리는 밋밋하고 마주난다. 어린가지에는 깊은 골이 파진다. 꽃은 백색으로 원뿔꽃차례이며 꽃자루는 짧고 향이 강하다. 꽃부리의 화통은 짧고 꽃받침통 속에 들어 있거나 약간 나오며 수술은 길게 나온다.

정향나무(털개회나무)

물푸레나무과

Syringa patula var. *kamibayashii*

중국명 정향(丁香)을 차용한 이름, 꽃 모양이 정(丁)자 형태이고 향기가 난다는 의미이다.

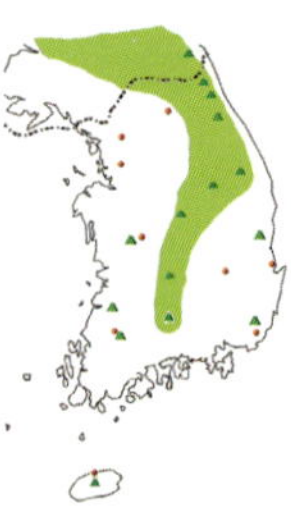

【국내】
- 경상도, 전라도 이북, 백두대간
- 설악산

【해외】
- 중국

암수한그루	충매화
낙엽활엽수	마주나기
5월~6월	9월~10월
작은키나무	

설악산 16.06.04

꽃은 자주색으로 강한 향기가 있고 원뿔꽃차례의 꽃은 전년지 끝에 달린다. 잎은 넓은 달걀형이며 표면에 털이 없고 주맥 기부에 털이 있고 잎맥이 약간 들어간다. 줄기 아래쪽에서 여러 개의 가지가 돋아 나며, 가지는 회갈색이다.

함백산 16.06.19

꽃개회나무(꽃정향나무)

물푸레나무과

Syringa wolfii

개회나무 중에서 꽃이 보라색으로 피는종으로 이 특징을 반영한 이름이다.

【국내】
- 백두대간, 북부지역, 지리산
- 함백산

【해외】
- 중국, 러시아

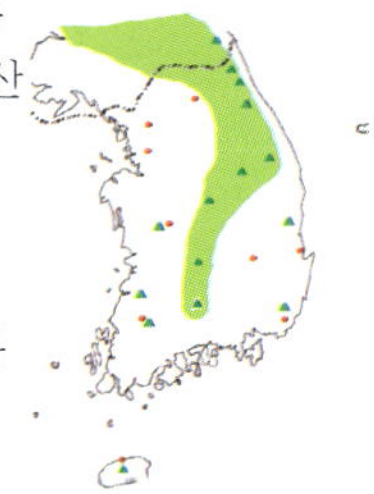

새로 자라난 줄기에 꽃을 피운다. 꽃은 원뿔꽃차례로 향기가 강하고 꽃부리는 연한 보랏빛이며 수수꽃다리와 닮았으나 꽃이 크고 잎이 타원형이고 열매에 껍질눈이 없다는 것이 다르다. 잎은 타원형으로 톱니가 많고, 연모가 있다. 한국 특산종으로 강원도 높은 산지에 자란다.

암수한그루	충매화
낙엽활엽수	마주나기
6월~7월	9월
작은키나무	

물푸레나무속

물푸레나무

들메나무

쇠물푸레나무

물들메나무

물푸레나무속에는 겨울눈이 갈색을 띠는 물푸레나무, 흑회색이 나고 깊은 산지에 곧게 자라는 들메나무, 키가 작고 겨울눈이 둥글고 분백색이 나는 쇠물푸레나무, 지리산에 자라고 겨울 눈이 움켜쥔 손가락 모양인 물들메나무가 있다.

물푸레나무속

물푸 레나무

들메나무

쇠물푸레나무

물들메나무

물푸레나무는 작은잎이 5~7개로 홀수깃꼴이고 뒷면 잎맥을 따라 누런 털이 난다. 들메나무는 작은잎이 9~11개이다. 쇠물푸레나무는 키가 작고 잎과 열매도 작다. 물들메나무는 작은잎의 가운데가 폭이 넓고 어린 순이 붉은 색을 띤다. 쇠물푸레나무의 쇠는 작다는 소(小)의 의미로 쓰였다. 식물 이름에서 소는 작다는 의미도 있으나 크기가 크거나 소와 관련이 있는 소(牛)의 의미로도 쓴다.

물푸레나무

물푸레나무과

Fraxinus rhynchophylla

'물을 푸르게 하는 나무'라는 뜻으로 어린 줄기를 잘라 물에 넣으면 푸른 물이 나온다. 한자이름 수정목(水精木), 수청목(水青木)

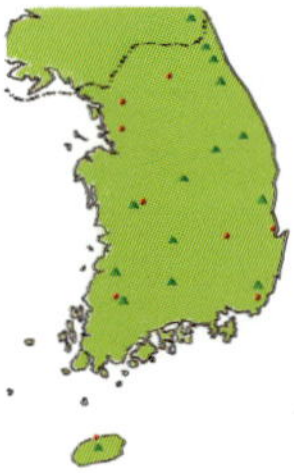

【국내】
- 전국산지
- 소요산, 전주수목원

【해외】
- 중국, 일본

- 수양성판그루
- 풍·충매화
- 낙엽활엽수
- 마주나기
- 4월~5월
- 8월~9월
- 큰키나무

소요산 19.09.22

잎 뒷면 주맥 위에 누런 털이 나고 작은잎은 5~7개로 홀수깃꼴겹잎이다. 잎 가장자리는 물결모양의 톱니가 나기도 한다. 열매는 시과이며 날개는 긴 피침형이고 오목하거나 뾰족하기도 하다. 나무껍질은 세로로 갈라지고, 어린 나무 수피는 매끈하고 흰색의 얼룩무늬가 난다.

태백산 16.09.11

들메나무

물푸레나무과

Fraxinus mandshurica

나무껍질을 벗겨 신발을 동여매는 끈인 '들메'로 썼기에 붙은 이름이라고 한다.

【국내】
- 북부지역, 백두대간, 덕유산
- 태백산 당골 계곡

【해외】
- 일본, 중국

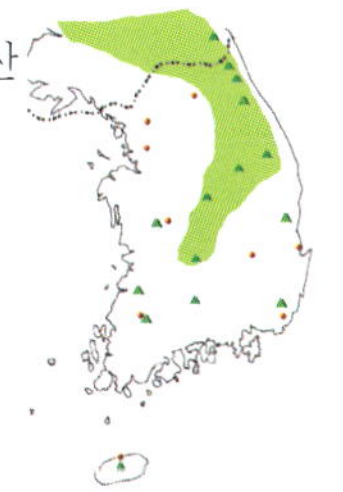

수양성판그루	풍·충매화
낙엽활엽수	마주나기
4월~5월	9월
큰키나무	

작은잎은 9~11개이다. 깊은 산 계곡 주위 습한 곳에 군락을 이루고 미끈하게 30m까지 자란다. 꽃은 복총상꽃차례로 가지 끝에 달리며 꽃잎이나 꽃받침 같은 화피가 없고 수꽃은 2개로 갈라진 수술이 있으며 암꽃의 암술머리는 2개로 갈라진다.

지리산 19.06.01

물들메나무

물푸레나무과

Fraxinus chiisanensis

지리산 계곡 부위에 자라는 들메나무 종류로 물은 의미보다는 표식으로 쓰였다.

【국내】
- 지리산 반야봉 성삼재

【해외】
- 한국 특산종

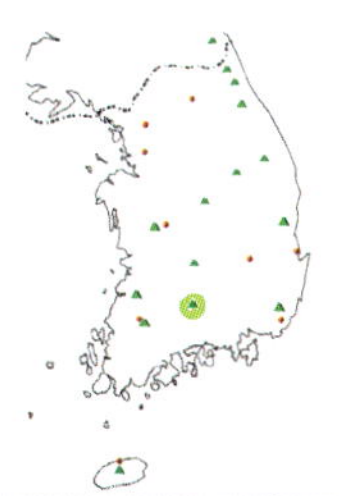

수양성판그루	풍·충매화
낙엽활엽수	마주나기
4월~5월	9월
큰키나무	

지리산에 자생하는 특산종으로 키는 30m까지 자라고 겨울눈은 손가락을 쥔 형태다. 꽃차례는 전년지 끝이나 잎겨드랑이에서 나오고 복총상꽃차례로서 꽃잎이나 꽃받침이 없다. 수꽃은 2개로 갈라진 수술이 있으며 암꽃은 2개의 수술과 암술이 있고 머리는 2쪽으로 갈라진다.

이팝나무

물푸레나무과

Chionanthus retusus

쌀로 지은 이밥을 닮았다고 이밥나무 〉 이팝나무가 되었다. 조선조 왕 성씨인 이씨가 주는 밥이라고 쌀밥을 이밥이라 불렀다.

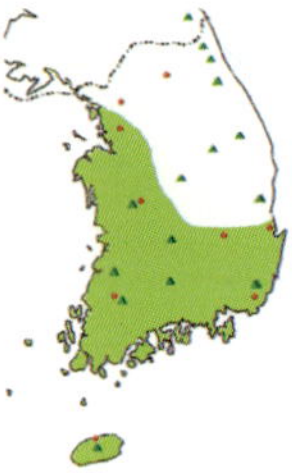

【국내】

- 전남북, 제주, 경기도
- 공원 가로수로 식재

【해외】

- 중국, 대만 일본

수양성딴그루	충매화
낙엽활엽수	마주나기
5월~6월	9월~10월
큰키나무	

물향기수목원15.05.10

꽃차례는 새 가지에 달리며 꽃대는 길이 7~10mm로 꽃받침은 4개로 깊게 갈라지며, 꽃잎은 흰색으로 4개이며 밑부분이 합쳐진다. 잎은 타원형이고 가장자리는 밋밋하고 잎맥에 털이 난다. 나무껍질은 회갈색이고 어린줄기는 황갈색으로 벗겨진다.

광나무

물푸레나무과

Ligustrum japonicum

제주방언인 '꽝낭'에서 광나무란 이름이 나왔으며 잎 바탕이 광택이 나는 특징을 딴 이름이다.

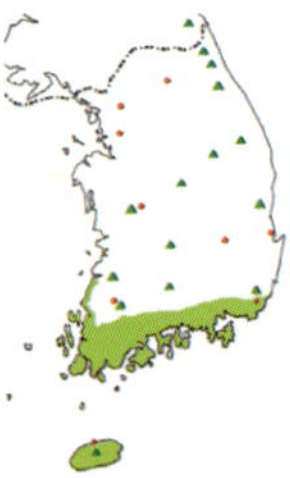

【국내】

- 전남, 경남 제주
- 남부지역 울타리에 식재

【해외】

- 일본

암수한그루	충매화
상록활엽수	마주나기
6월~7월	10월~11월
작은키나무	

제주시 16.06.11

키가 3~4m로 자라는 관목이다. 잎은 두껍고 달걀형이며 잎 바탕은 광택이 나고 당광나무보다 잎 맥이 잘 드러나지 않아 구분된다. 꽃은 복총상꽃차례로 새 가지 끝에 달린다. 열매는 핵과로 달걀형이고 길이 7~ 10mm로 흑남색을 띤다. 유사종인 당광나무는 교목이다.

제주시 17.08.17

당광나무(제주광나무)

물푸레나무과

Ligustrum lucidum

제주도에 큰 키로 자라는 광나무 종류로 당을 붙였으며 당은 의미보다는 다른 종을 나타내는 표식이다.

【국내】
- 제주 자생, 남부 정원과 공원에 식재
- 안면도수목원

【해외】
- 중국, 일본, 뉴질랜드, 중미

큰키나무이다. 잎 뒷면의 맥이 뚜렷하며 두껍고 난상 피침형이며 표면은 광택이 나고 가장자리가 밋밋하며 잎자루는 자줏빛이 돈다. 꽃은 복총상꽃차례로 가지 끝에 달린다. 꽃부리는 백색이며 4개로 갈라지고 수술대는 길고 꽃밥이 긴 타원형이며 꽃받침은 종 모양이다.

암수한그루	충매화
상록활엽수	마주나기
6월~7월	11월~12월
큰키나무	

북한산 16.05.28

쥐똥나무

물푸레나무과

Ligustrum obtusifolium

새까만 열매의 크기나 색이 쥐똥을 닮았다고 쥐똥나무이다. 북한명은 검정알나무이다. *obtusifolium*은 무딘 잎이다.

【국내】
- 황해도 중부 이남
- 공원 화단 가로에 식재

【해외】
- 일본 중국

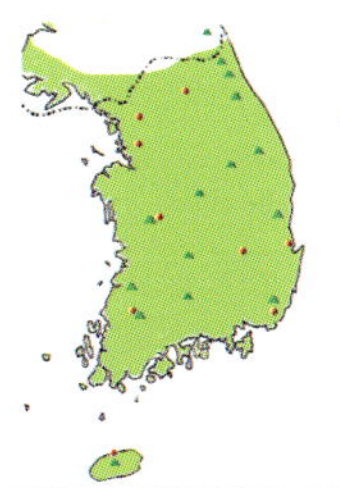

쥐똥같은 열매는 검고 겨우내 달려있다. 잎은 긴 타원형이고 뒷면 맥 위에 털이 나고 밋밋하다. 꽃은 향기가 강하고 총상 또는 복총상꽃차례로 피고 많은 꽃이 달리고 잔털이 난다. 꽃받침은 녹색으로 4개의 톱니와 잔털이 있고 화관은 흰색이며 4갈래로 갈라지고 꽃잎은 없다.

암수한그루	풍매화
낙엽활엽수	마주나기
5월~6월	10월~11월
작은키나무	

왕쥐똥나무

물푸레나무과

Ligustrum ovalifolium

쥐똥나무에 비해 잎과 키가 큰 종류라는 의미이다. *ovalifolium*; 둥근잎의

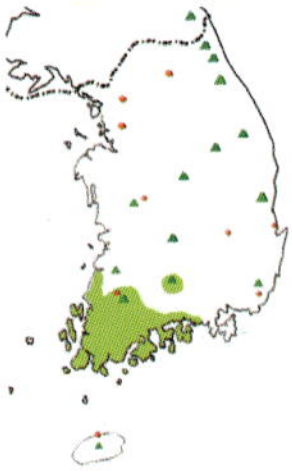

[국내]
- 지리산, 목포, 변산, 제주도
- 한라수목원

[해외]
- 일본

암수한그루	충매화
반상록활엽	마주나기
5월~7월	10월~11월
작은키나무	

한라수목원 16.05.29

잎이 두꺼우며 타원형이고 길이와 폭이 각 6~10cm×2~5cm로 크고, 표면에 광택이 나며 가장자리에 톱니는 없다. 꽃은 가지 끝에 달리고 꽃받침은 술잔 모양이며 꽃잎은 피침형이고 뒤로 젖혀지며 백색이다. 키는 5m 정도로 자라고 가지는 회색이고 털이 없다.

섬쥐똥나무

물푸레나무과

Ligustrum foliosum

울릉도에 자라는 쥐똥나무란 이름이다.

[국내]
- 울릉도

[해외]
- 한국 특산

암수한그루	충매화
낙엽활엽수	마주나기
5월~9월	9월~11월
작은키나무	

울릉도 18.05.28

울릉도에 자라고 잎은 피침형이며 톱니가 없고 표면은 털이 없으나 뒷면 맥 위에 잔털이 있다. 꽃은 일년생 가지 끝의 복총상꽃차례에 달리고 꽃자루가 거의 없으며 잎 같은 포가 있다. 꽃받침조각은 술잔모양이며 열편은 피침형이고 꽃밥과 열편의 길이가 거의 같다.

제주도 19.05.19

상동잎쥐똥나무

물푸레나무과

Ligustrum quihoui var. *latifolium*

잎이 상동나무의 잎과 닮은 나무라는 의미이다.

【국내】
- 해남, 제주
- 진도

【해외】
- 중국

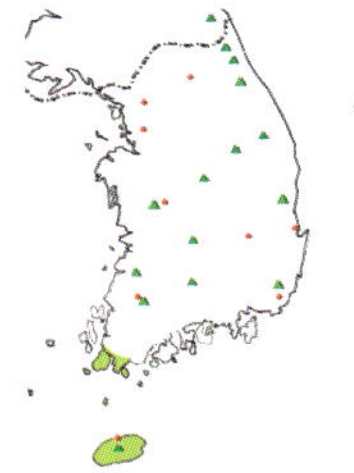

꽃차례가 긴 원추형이고 꽃의 화관 통부가 짧다. 잎은 작고 넓은 타원형이고 잎끝은 무디지만 때로는 오목하고 털은 없다. 길이와 폭이 각 2~5cm × 6~20mm로, 뒷면에 샘이 많고, 가장자리는 밋밋하며 잎자루에 잔털이 있다. 열매는 장과로 보라색이 나는 검은색이다.

암수한그루	충매화
반상록활엽	마주나기
6월~7월	10월
작은키나무	

목서 잎

목서 종류는 키가 2~3m 정도이고 꽃이 피면 강한 향이 나고 박달목서를 제외하면 모두 외래종이다. 남부지역에서 월동할 수 있고 중부 이북에서는 온실에 심으며 꽃은 10월에서 11월에 핀다. 구골나무와 박달목서 외에는 열매를 보기 어렵다. 한 중 일 3국은 종의 구분이 통일되지 않으며 150여 종에 이르는 원예종이 있다. 국내에 도입되어 자라는 나무는 종의 구분이 어렵다. 우리나라에서는 목서와 은목서를 같은 종으로 간주한다. 황색 꽃이 피는 금목서는 중국의 유명 관광지 계림을 상징하는 나무로 향수와 술, 음식을 빚으며 달나라에 자란다는 전설속의 계수나무가 이 나무이다. 구골나무는 가장 늦은 시기에 흰 꽃이 피고 추위에 강해서 서울 홍릉수목원 실외에서도 자란다.

목서(은목서)

물푸레나무과

Osmanthus fragrans

목서(木犀)는 나뭇잎에 가시가 있다는 의미이다. fragrans; 향기롭다.

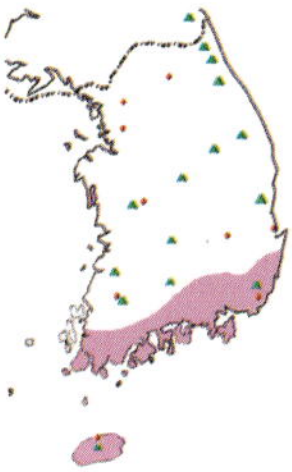

[국내]
- 남부지역 식재
- 완도수목원

[해외]
- 중국 원산 일본식재

완도수목원 15.10.18

수양성판그루	충매화
상록활엽수	마주나기
9월~10월	익년10월
작은키나무	

은목서라고도 하며 가장자리에 잔 톱니가 있거나 밋밋하고 표면은 광택이 나며 측맥이 두드러진다. 꽃은 백색이고 잎겨드랑이에 모여 피고 향이 강하다. 열매는 암자색 핵과로 다음 해 결실한다고 하나 원산지에서도 열매가 달리는 것은 거의 기적과 같다고 한다.

금목서

물푸레나무과

Osmanthus fragrans var. *aurantiacus*

중국명은 계화(桂花) 또는 목서(木樨)라 한다. 꽃이 금빛 등황색으로 핀다고 금목서라 부른다.

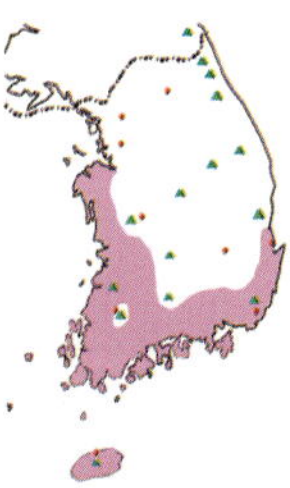

[국내]
- 경남, 전남, 제주, 공원, 화단 식재
- 완도수목원 안면도수목원

[해외]
- 중국, 히말라야, 일본

안면도수목원 16.10.08

수양성판그루	충매화
상록활엽수	마주나기
10월	익년5~6월
작은키나무	

꽃이 황색으로 피고 향기가 강해서 금목서라 부른다. 잎은 긴 타원형이고 가장자리가 거의 밋밋하며 뒷면 측맥이 약간 도드라진다. 꽃이 질 때쯤이면 초록색 콩만한 열매가 맺혀 이듬해 흑자색으로 익으나 우리나라에서는 볼 수 없다. 달나라에 자란다는 계수나무이다.

구골나무

물푸레나무과

Osmanthus heterophyllus

잎에 돋은 가시를 개뼈다귀에 비유하여 구골(狗骨)나무 또는 구기자나무 구(枸)를 써서 구골(枸骨)나무로 표기한다.

도공 전주수목원 14.11.15

[국내]
- 중부이남 식재
- 전주수목원 홍릉수목원

[해외]
- 일본

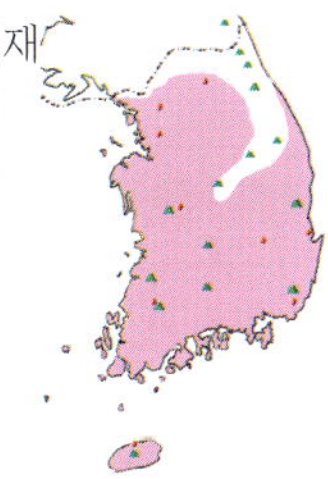

- 수양성딴그루
- 충매화
- 상록활엽수
- 마주나기
- 11월
- 익년6~7월
- 작은키나무

잎은 타원형이고 표면은 광택이 나며 가장자리가 밋밋하지만 어린 나무의 잎에는 날카로운 가시가 나는 톱니가 있다. 꽃은 수꽃양성화딴그루로 흰색이고 잎겨드랑이에 모여 난다. 열매는 핵과로 타원형이며 지름 1cm로 이듬해 흑자색으로 익는다.

박달목서

물푸레나무과

Osmanthus insularis

박달나무처럼 단단하고 잎에 가시가 달린다고 박달목서라 부른다.

천지연폭포 19.10.25

[국내]
- 거문도, 가거도, 제주도
- 한라수목원

[해외]
- 일본

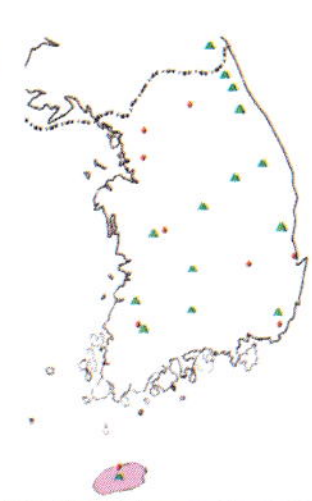

- 수양성딴그루
- 풍매화
- 상록활엽수
- 마주나기
- 10월~11월
- 익년 5~6월
- 작은키나무

거문도와 제주도에 자생한다. 잎의 가장자리가 밋밋하고 광택이 나며 길쭉한 편이며 잎맥이 들어가지 않는다. 어린나무에는 끝이 뾰족한 톱니가 다소 난다. 열매는 타원형으로 이듬해에 흑자색으로 익는다. 꽃은 백색이고 잎겨드랑이에서 돋는다.

능소화

능소화과

Campsis grandiflora

능소화(凌霄花)는 하늘을 업신여기듯 높게 오른다는 뜻의 중국명, 양반집 마당에 심는다고 '양반꽃'이라 불렀다.

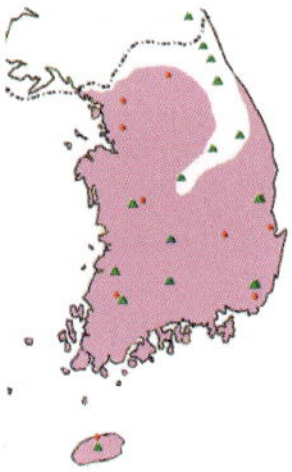

[국내]

- 중부이남 공원, 가로, 화단 식재
- 청계천

[해외]

- 중국, 일본

암수한그루	충매화
낙엽활엽수	마주나기
7월~8월	10월
덩굴나무	

대구수목원 17.07.06

잎은 홀수깃꼴겹잎으로 작은잎은 7~9개이다. 꽃은 주홍색이고 가지 끝에 원뿔꽃차례로 5~15개가 마주 달리고 꽃부리는 깔때기 모양의 종형이고 5갈래로 갈라진다. 한중일 어디서도 씨앗은 좀처럼 맺지 않는다. 꽃부리가 길고 꽃잎이 좁고 적황색이 나는 것은 미국능소화이다.

개오동

능소화과

Catalpa ovata

분류상으로는 오동나무와 무관하나 큰 잎이 오동나무를 닮았다. 북한명은 향오동나무, 꽃개오동은 능소향오동나무라 한다.

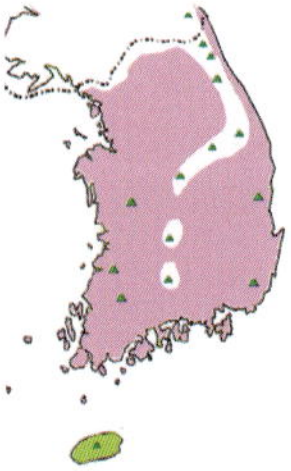

[국내]

- 전국 공원 화단에 식재
- 인천수목원, 물향기수목원 도로공사 전주수목원

[해외]

- 일본, 중국

암수한그루	충매화
낙엽활엽수	마주나기
6월~7월	10월
큰키나무	

도공 전주수목원 18.06.23

잎은 10~25cm 정도로 크고 꽃은 원뿔꽃차례로 달린다. 개오동은 중국에서 들어왔고 꽃색이 연미색을 띤다.

꽃개오동 : 북미에서 들여왔으며 개오동보다 꽃이 희고 크며 많이 달리고 열매 꼬투리도 굵고 길다. (인천수목원, 전주수목원)

서귀포시 17.08.13

구슬꽃나무(중대가리나무)

꼭두서니과

Adina rubella

구슬처럼 동그란 꽃이 피는 나무란 뜻이다. 꽃이 스님 머리 모양을 닮았다고 중대가리나무라 불렀다.

[국내]
- 제주도 자생 전국 화단 공원 드물게 식재
- 인천수목원

[해외]
- 중국

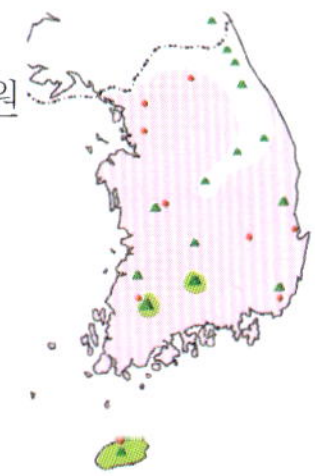

암수한그루	충매화
낙엽활엽수	마주나기
7월~8월	10월~12월
작은키나무	

꽃은 백색 또는 연한 분홍색이고 가지 끝 또는 잎겨드랑이에 머리모양꽃차례로 달린다. 잎은 피침형이고 양면 맥 위에 잔털이 있고 가장자리는 밋밋하며 잎자루가 짧다. 한라산 중턱 이상에서 자생하고 중부지방에서도 월동하며 결실한다.

서귀포시 17.06.10

치자나무

꼭두서니과

Gardenia jasminoides

중국명 치자(梔子)를 차용한 이름이다. 열매의 암술흔적이 고대 중국에서 쓰던 술잔인 치(巵)와 닮았다.

[국내]
- 남부지역 식재
- 공원, 가로수, 화단

[해외]
- 일본, 오키나와, 대만, 중국

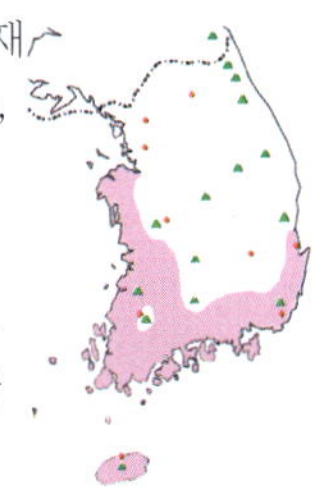

암수한그루	풍매화
상록활엽수	어긋나기
6월~7월	9월~10월
작은키나무	

꽃잎은 6~7장이며 유백색으로 독특하고 강한 향기가 난다. 정원수로 심으나 열매는 향료나 염료로 쓴다. 겹꽃으로 피는 원예종은 꽃치자라 하며 결실하지 않는다. 열매는 꽃받침과 더불어 긴 타원형이며 세로로 6~7개의 능각이 있고 주황색으로 익으며 황색 염료가 나온다.

호자나무

꼭두서니과

Damnacanthus indicus

중국명 호자(虎刺)를 차용하였다. 바늘 같은 가시가 호랑이 발톱처럼 날카롭다고 호랑이 호(虎)에 가시 자(刺)를 썼다.

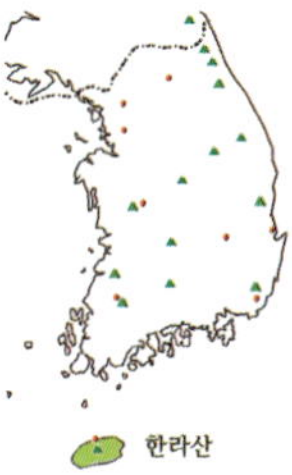

[국내]

- 전남, 제주 돈내코
- 전국 수목원 온실

[해외]

- 중국, 일본, 태국, 인도

암수한그루	충매화
상록활엽수	마주나기
5월	11월~익9월
작은키나무	

제주돈내코 19.05.19

날카롭고 긴 가시가 턱잎처럼 돋고 잎 표면은 광택이 나고 가장자리가 밋밋하며, 잎자루는 짧거나 없다. 꽃부리는 대롱 모양으로 끝이 4갈래로 갈라지고 판통 안쪽에 털이 있다. 열매는 핵과로 빨간색이며 둥글고 지름 5mm로 11월 혹은 이듬해 9월에 익는다

수정목

꼭두서니과

Damnacanthus major

어원이나 유래는 미상이다. 학명 major는 크다는 뜻을 가진다.

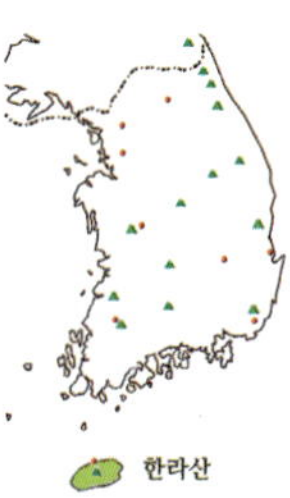

[국내]

- 제주 숲속
- 돈내코

[해외]

- 일본 중국

암수한그루	충매화
상록활엽수	마주나기
5월	11월
작은키나무	

제주 돈내코 19.05.19

호자나무보다 가시가 짧고 드물게 돋으며 제주도 해발 700m 이하의 난대림 숲 속 그늘에 자란다. 잎의 길이는 1.5~4cm, 너비 1~2cm로서 호자나무보다 다소 크고 광택이 난다. 열매는 핵과로 지름 5㎜ 정도로 적색으로 익으며 열매 끝에 꽃받침 갈래가 남아 있다.

무주나무

꼭두서니과

Lasianthus japonicus

어원이나 유래는 미상이다.

[국내]
- 제주도 숲속 그늘
- 돈내코

[해외]
- 중국, 일본, 대만

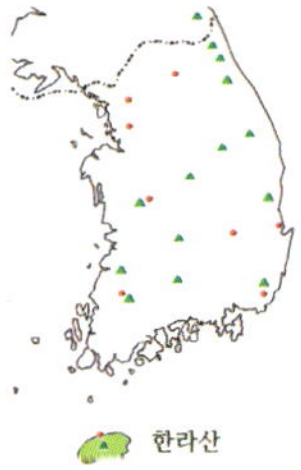

| 제주돈내코 19.05.12

한라산 남쪽의 상록수림 아래에 드물게 자란다. 키는 1~1.5m로 가지는 가늘고 길다. 잎은 마주나고 넓은 피침형으로 가장자리는 밋밋하며 끝은 꼬리처럼 길다. 꽃은 잎겨드랑이에서 여러 개가 나오고 흰색이며 5갈래로 갈라진다. 열매는 장과이며 둥글고 남색으로 익는다.

- 암수한그루
- 충매화
- 상록활엽수
- 마주나기
- 4월~5월
- 9월
- 작은키나무

계요등(계뇨등)

꼭두서니과

Paederia scandens

계요등(鷄尿藤)은 '닭오줌 냄새가 나는 덩굴'이란 의미이며 중국명은 계시등(鷄屎藤)이다. 닭은 똥오줌을 함께 눈다.

[국내]
- 중부이남 들판
- 숲 가장자리 청계천

[해외]
- 일본, 중국, 대만, 필리핀

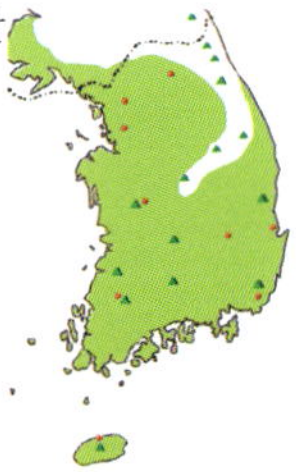

| 청계천 16.09.03

꽃에서 독특한 냄새가 나는 덩굴나무로 잎은 달걀모양으로 끝은 뾰족하고 가장자리는 밋밋하다. 꽃잎은 흰색이고 안쪽은 자주색이며 반점이 있고 줄기 끝이나 잎겨드랑이에 원뿔꽃차례 또는 취산꽃차례로 달린다. 열매는 핵과로 구형이며 황갈색으로 익는다.

- 암수한그루
- 풍매화
- 낙엽활엽수
- 마주나기
- 7월~9월
- 10월~11월
- 덩굴나무

백정화

꼭두서니과

Serissa japonica

일본명 白丁花를 차용한 이름으로 꽃 모양이 丁자를 닮았고 흰색으로 핀다. 중국명 六月雪이다.

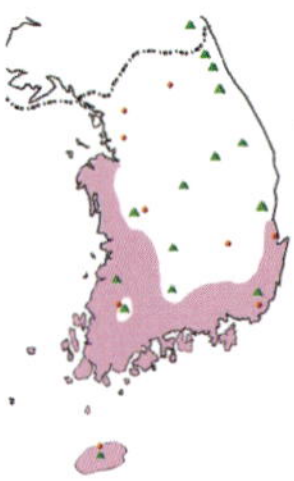

【국내】
- 남부지방, 제주도 식재. 중부 온실 재배
- 완도

【해외】
- 중국, 일본, 동남아시아

암수한그루	충매화
낙엽활엽수	마주나기
5월~6월	10월~11월
작은키나무	

서귀포시 16.06.18

꽃은 백색 또는 연한 홍자색으로 잎겨드랑이 달리며, 꽃부리는 깔때기 모양이고 끝이 5갈래로 갈라지며 안쪽에 백색 털이 있고 열편은 다시 3개로 얕게 갈라진다. 원예품종으로 겹꽃이 있고 잎에 무늬가 있는 것 등이 있다. 키는 1m에 달하고 가지가 많이 갈라진다.

인동과

길마가지나무

인동과 식물은 모두 키가 2m 내외로 덩굴식물이고 낙엽이 지거나 반낙엽성이다. 인동과에는 인동속, 댕강나무속, 딱총나무속, 가막살나무속, 병꽃나무속과 분꽃나무속으로 국내에는 6개 속이 분포한다.

인동속에는 인동덩굴과 괴불나무 종류 10여 종이 있고 이른 봄부터 향이 강한 꽃이 피고, 여름에서 가을까지 붉고 앙증맞은 열매가 익는다.

댕댕이나무는 검은 열매가 달리고 괴불나무 열매는 두 개의 꽃이 하나로 유착되는데 그 정도에 따라 종을 구분하는 특징이 나타난다.

댕강나무속은 꽃받침이 붙은 채 익는 열매가 독특한 형태를 지닌다. 딱총나무는 제주, 울릉도, 내륙에 각각 다른 종이 자란다. 가막살나무는 화단에 심고 병꽃나무는 전국 산지에 흔하게 자란다. 분꽃나무는 꽃이 공 모양으로 피고 향기가 강하다.

인동과 식물은 키가 작고 시간이 지남에 따라 꽃 색이 흰색에서 노랗게 변한다.

괴불나무

청괴불나무

각시괴불나무

섬괴불나무

왕괴불나무

올괴불나무

길마가지나무

홍괴불나무

흰괴불나무

구슬댕댕이나무

댕댕이나무

인동덩굴

인동덩굴은 들판에 자라고 괴불나무, 섬괴불나무는 산언저리에 자라고 올괴불나무는 산지 중턱에 나고, 나머지는 높은 산지 능선을 따라 자란다. 열매의 유착 형태와 꽃자루 길이가 종의 특징을 보여준다.

괴불나무

인동과

Lonicera maackii

열매 두 개가 달리는 모습에서 '개불알나무'가 괴불나무가 되었다. 꽃이 의복에 차던 노리개인 괴불주머니를 닮았다.

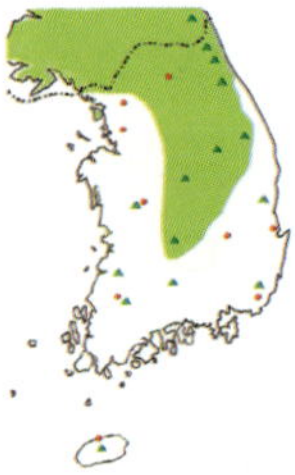

[국내]
- 중부 북부지역, 백두대간
- 공원 수목원 화단 식재

[해외]
- 중국, 일본, 러시아

암수한그루	충매화
낙엽활엽수	마주나기
5월~6월	9월~10월
중간키나무	

천마산 19.10.20

산언저리나 개울가에 자라고 인가 주위에 심으며 열매는 서로 떨어지며 가지 속은 비어 있다. 일년생가지에 곱슬털이 있다. 꽃은 잎겨드랑이에 피고 향기가 있으며 꽃받침은 5개로 깊게 갈라진다. 열편 가장자리에 털이 있고, 꽃부리는 지름 2cm로 흰색에서 노란색으로 변한다.

청괴불나무

인동과

Lonicera subsessilis

청은 특별한 의미를 지니지 않고 구별을 위한 표시이다.

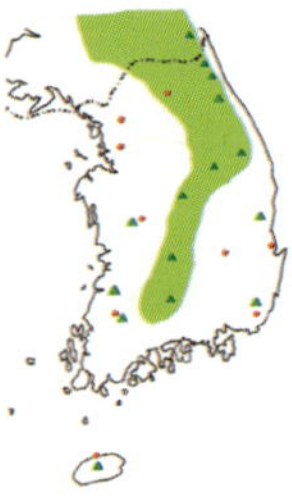

[국내]
- 평남, 전남, 백두대간 높은 산지
- 영월 장릉

[해외]
- 한국 특산

암수한그루	충매화
낙엽활엽수	마주나기
4월~6월	8월~9월
작은키나무	

설악산 20.06.17

꽃자루가 없다. 백두대간 높은 산지 능선에 자란다. 잎은 타원형이고 톱니가 없고 키는 약 1m이다. 열매는 두 개가 거의 합쳐지고 붉게 익으며, 지름 6~8mm로 새 가지의 잎겨드랑이에 달린다. 꽃부리는 흰색 또는 연노란색이고 길이 1cm로 3개로 갈라진다.

각시괴불나무

인동과

Lonicera chrysantha

각시괴불은 각시 같이 작거나 예쁘다는 의미이다.

덕유산 19.06.09

[국내]
- 백두대간 화악산
- 덕유산, 지리산

[해외]
- 중국, 일본, 러시아, 시베리아

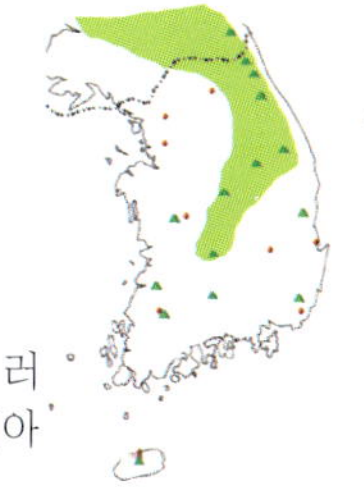

꽃은 위를 향하고 꽃자루가 2cm 정도이다. 잎은 톱니가 없고 표면에 털이 나나 없어지며 가장자리와 뒷면 맥 위에 털이 남는다. 꽃은 백색에서 황색으로 변하며 화관은 짧고 중앙까지 갈라진다. 키는 3~4m이며 일년생가지는 회갈색이고 줄이 있으며 줄기 속은 비어 있다.

암수한그루 / 충매화 / 낙엽활엽수 / 마주나기 / 5월~6월 / 8월~9월 / 작은키나무

섬괴불나무

인동과

Lonicera insularis

괴불나무의 하나로 울릉도에 자라는 종이다.

울릉도 15.04.25

[국내]
- 울릉도, 수목원식재
- 전주수목원 인천수목원

[해외]
- 울릉도 특산

울릉도에 자생하며 내륙에서도 월동이 되며 이식해도 잘 자란다. 꽃은 잎겨드랑이에 달리고, 꽃대는 길이 1cm 정도로 털이 있으며 2개의 꽃이 달리고 꽃잎은 흰색에서 노란색으로 변한다. 열매는 아래를 향하고 익어도 유합되지 않고 나란히 달린다.

암수한그루 / 풍매화 / 낙엽활엽수 / 마주나기 / 5월~6월 / 7월~8월 / 작은키나무

왕괴불나무

인동과

Lonicera vidalii

괴불나무 중에 꽃자루가 가장 길고 열매가 굵은 편이다.

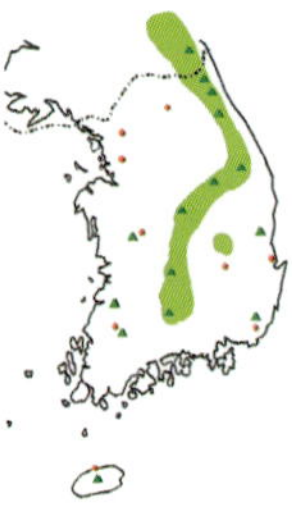

【국내】
- 백두대간 능선
- 지리산, 덕유산, 청태산

【해외】
- 일본

암수한그루	충매화
낙엽활엽수	마주나기
5월~6월	7월~8월
작은키나무	

지리산 15.05.10

꽃자루가 2.5~3cm로 괴불나무 종류 중에 가장 길고 열매가 굵다. 암술대는 수술대와 길이가 같으며 털이 있다. 꽃부리는 연한 노란색이며 털이 있고 화관은 6~7mm로 아랫부분이 굵다. 열매는 중앙 이하가 합쳐져서 심장 형태로 익는다. 잎 뒷면과 가장자리에는 거친 털이 난다.

올괴불나무

인동과

Lonicera praeflorens

괴불나무 중에 가장 일찍 꽃이 피고 여문다고 올괴불나무이다. 올은 올되다로 이르다를 뜻한다.

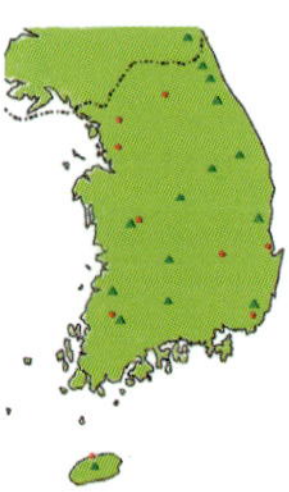

【국내】
- 전국 산지
- 북한산

【해외】
- 일본, 중국, 극동러시아

암수한그루	충매화
낙엽활엽수	마주나기
3월~4월	5월
작은키나무	

북한산 14.03.30

꽃밥은 홍색이며 꽃은 잎보다 먼저 피고, 전년지 끝에 2개씩 달리고 잔털과 샘이 난다. 전국 산지에 자라고 일찍 꽃이 핀다. 잎 양면에 분백색이 돌고 표면에는 잔털이 밀생하며 뒷면에 융털이 있다. 잎은 타원형으로 가장자리는 밋밋하다. 열매는 유착하지 않고 따로 익는다.

충남 광덕산 14.03.23

길마가지나무

인동과

Lonicera harae

열매가 두 쪽으로 갈라진 것이 소나 말 등에 올려 짐을 끌게할 때 쓰는 길마를 닮았다고 길마가지나무라 부른다.

【국내】
- 황해도 이남, 서해안
- 홍릉수목원

【해외】
- 일본

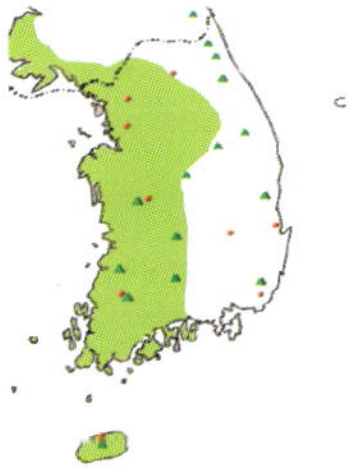

- 암수한그루
- 충매화
- 반상록수
- 마주나기
- 2월~4월
- 5월~6월
- 작은키나무

꽃과 잎은 같이 피고 향이 강하며 잎겨드랑이에서 나와 밑을 향해 달린다. 꽃받침은 5갈래로 얕게 갈라지며, 꽃부리는 좌우대칭을 이룬다. 열매는 2개가 중간쯤에서 합쳐지며 붉은색이고 종자는 타원형이며 다갈색이다. 일년생가지에 억센 털이 난다.

한라산 16.06.04

홍괴불나무

인동과

Lonicera sachalinensis

꽃이 붉은 색을 띤다고 홍괴불나무라 하나 표식으로 쓰였다.

【국내】
- 한라산, 설악산 능선
- 한라산 진달래대피소, 서북능선

【해외】
- 한국특산

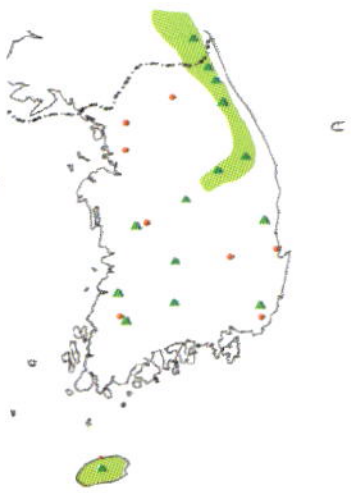

- 암수한그루
- 풍매화
- 낙엽활엽수
- 마주나기
- 5월~6월
- 8월
- 작은키나무

꽃은 짙은 자홍색이며 잎보다 늦게 피고 새 가지에 달리며, 꽃자루는 길이 1~2cm로 대개 잎 뒷면에 붙는다. 잎은 다소 넓은 피침형이며 뒷면 주맥을 중심으로 백색 털이 밀생한다. 열매는 두 개가 거의 하나로 합쳐진다. 한반도 특산 식물로 희귀종이다.

흰괴불나무

인동과

Lonicera tatarinowii var. *leptantha*

잎 뒷면은 분백색으로 흰색을 띠는데 이 특징을 따서 흰괴불나무라 한다.

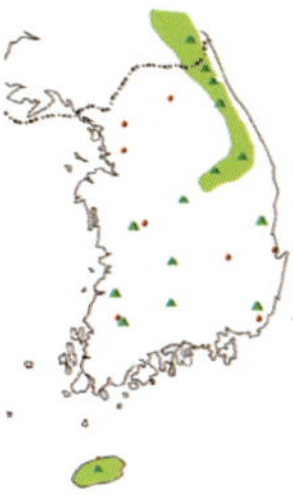

【국내】
- 한라산, 강원도 이북지역
- 석병산

【해외】
- 중국

암수한그루	충매화
낙엽활엽수	마주나기
5월	7월
작은키나무	

석병산 17.07.02

잎은 뒷면이 흰색을 띠고 피침형으로 가장자리는 약간의 톱니가 난다. 꽃받침조각은 가장자리에 샘털이 있으며 꽃부리는 홍자색이고 두 개의 입술모양이며 씨방은 상반부까지 유합되고 암술 흔적이 남는다. 키는 1~1.5m이고 줄기 속은 흰 골로 차 있다.

구슬댕댕이

인동과

Lonicera vesicaria

'구슬 모양의 댕댕한 열매가 달린다'는 의미로 댕댕하다는 팽팽하다의 뜻이다.

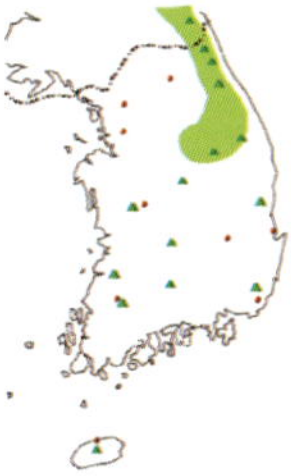

【국내】
- 북부지역 백두대간 소백산
- 홍릉수목원

【해외】
- 중국

암수한그루	충매화
낙엽활엽수	마주나기
5월	7월~8월
작은키나무	

태백 금대봉 15.05.03

잎 표면과 맥 위에 노란 털이 밀생하고 뒷면 맥 위에 거센 털이 있으며 가장자리에는 톱니가 없다. 열매는 장과로 구형이고 꽃받침에 잔털이 밀생하며 꽃받침통을 완전히 둘러싸고 열매는 붉은색으로 익는다. 꽃잎은 연한 노란색으로 상층은 얕게 갈라진다.

댕댕이나무

인동과

Lonicera caerulea var. *edulis*

함경남도 방언으로 열매가 댕댕하게 달리는 모습을 특징으로 삼았다.

[국내]

• 북부지역, 백두대간
• 설악산 대청봉

[해외]

• 중국, 일본, 극동러시아

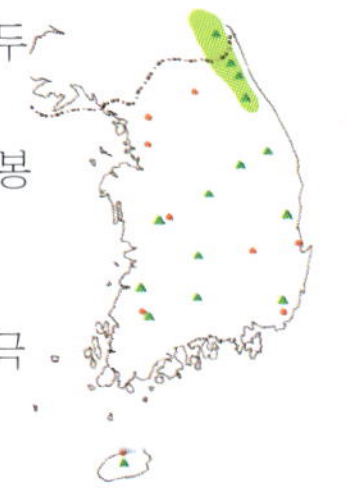

설악산 16.05.21

높은 산지에 자란다. 꽃은 잎겨드랑이에 달리며 꽃대와 포에 털이 있고 꽃받침은 톱니처럼 5갈래로 갈라진다. 꽃잎은 황백색으로 원통상 종형이며 열매는 장과로 타원형 길이 1~2cm로서 흑자색으로 익으며 백분으로 덮여있고 맛은 달고 시며 약간 쓰다.

암수한그루	충매화
낙엽활엽수	마주나기
5월	7월~8월
작은키나무	

분홍괴불나무

인동과

Lonicera tatarica

도입 원예종으로 분홍색 꽃이 피는 괴불나무라고 분홍괴불나무라 한다.

[국내]

• 전국 공원과 화단에 식재
• 한밭수목원

[해외]

• 러시아 남부, 타키스탄

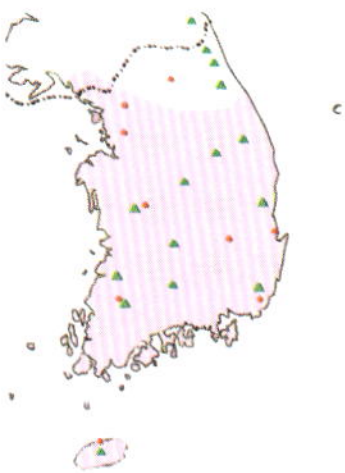

한밭수목원 17.04.30

원예종으로 꽃은 분홍색으로 피고 길이 1.5~2cm로서 화통은 밑부분이 다소 넓고 열편보다 짧으며 상순의 측열편이 밑부분까지 갈라지고 키는 2m 정도로 자라고 퍼진다. 잎은 피침형이며 길이 3~6cm로서 표면은 짙은 녹색이고 가장자리가 밋밋하다.

암수한그루	풍매화
낙엽활엽수	마주나기
4월~5월	6월
작은키나무	

인동덩굴

인동과

Lonicera japonica

겨울(冬)을 참고 견디는(忍) 덩굴나무라는 의미로 인동(忍冬)덩굴이다. 옛이름은 인동초(忍冬草)이다.

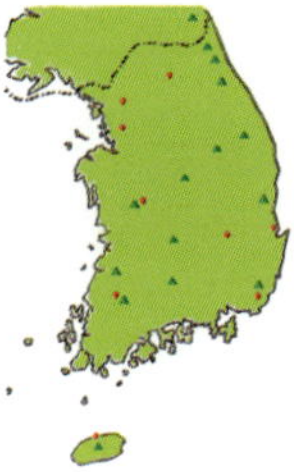

【국내】
- 전국의 산 들
- 산 언저리 울타리

【해외】
- 일본, 중국, 대만

암수한그루	충매화
반활엽상록수	마주나기
6월~9월	10월~11월
덩굴나무	

충북 제천 18.06.17

꽃은 1~2개씩 잎겨드랑이에 달리며 꽃부리는 길이 3~4cm로 흰색으로 피어 시간이 지남에 따라 노란색으로 변한다. 겉면에 털이 있고 화관 안쪽에 복모가 있으며, 끝은 5갈래로 아래쪽 1개가 깊게 갈라져서 뒤로 말린다. 줄기는 3m로 자라고 오른쪽으로 감아 올라간다.

붉은인동

인동과

Lonicera sempervirens 'Magnifica'

도입 원예종으로 sempervirens는 라틴어로 늘 푸르다는 의미이다.

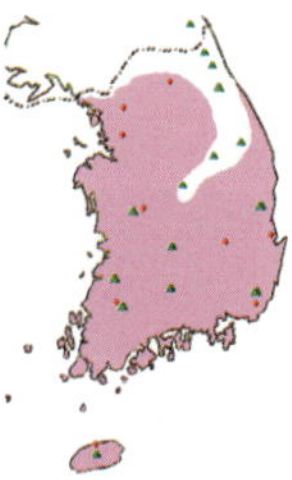

【국내】
- 정국 공원과 화단에 식재
- 한밭수목원

【해외】
- 미국 동부

암수한그루	충매화
반상록활엽수	마주나기
6월~7월	9월~10월
덩굴나무	

한밭수목원 15.06.26

미국 동부가 원산지로 꽃의 겉은 붉고 속은 노란색을 띠는 원예품으로 국내에 널리 심는다. 위도에 따라 상록성 또는 반상록성으로 자란다. 잎은 잎자루 없이 줄기를 완전히 감싸고 키는 5~6m로 원산지에서는 벌새가 가루받이한다.

영월 17.05.14

댕강나무(줄댕강나무)

린네풀과

Abelia mosanensis

가지를 꺾으면 '댕강' 부러진다고 댕강나무란 이름이 붙었다. 꽃이 서로 떨어져 동강동강 핀다고 동강나무 〉 댕강나무 설.

【국내】
- 북부지역
단양, 영월
- 국립수목원

【해외】
- 한국특산

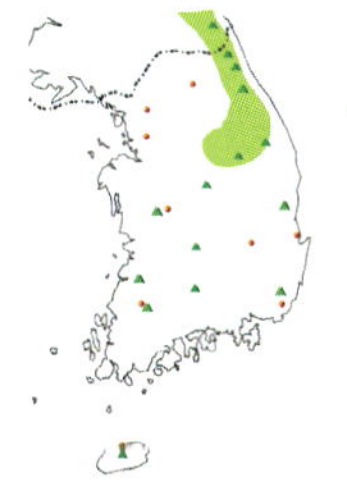

꽃은 잎겨드랑이나 가지 끝에 두상으로 모여 달린다. 하나의 꽃자루에 3개의 꽃이 달리며 포는 피침형 또는 송곳처럼 뾰족하고 길이 1cm로서 톱니가 없다. 4개의 날개를 가진 열매가 하늘을 향해 프로펠러 같은 모양을 하며 종자는 1개이다.

암수한그루	충매화
낙엽활엽수	마주나기
5월~8월	9월~12월
작은키나무	

내원사 계곡 19.05.12

주걱댕강나무

린네풀과

Abelia spathulata

댕강나무로는 큰 꽃잎의 아랫 조각이 주걱을 닮았다고 붙은 이름으로 짐작된다.

【국내】
- 경남 천성산
- 내원사계곡
홍릉수목원

【해외】
- 일본

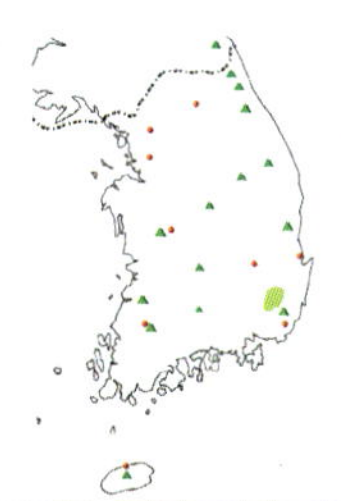

꽃은 2~3cm의 깔때기 모양이며 안쪽에 황색 무늬가 있고 잎겨드랑이에 2개씩 달리고 수술은 4개이며 암술이 1개이다. 꽃자루는 없으며 꽃받침은 5~6개로 갈라지고 긴 털이 밀생한다. 키는 2m로 자라고 열매 끝에 꽃받침이 남아 있다. 2003년 천성산 내원사 계곡에서 발견되었다.

암수한그루	풍매화
낙엽활엽수	마주나기
5월	9월~12월
작은키나무	

털댕강나무

린네풀과

Abelia biflora

잎 뒷면 맥 위에 털이 많이 난다고 털댕강나무라 한다.

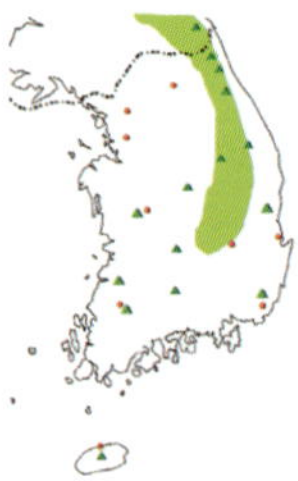

[국내]
- 북부지역 경북, 강원 백두대간
- 영월, 정선

[해외]
- 만주, 우수리강

암수한그루 | 충매화
낙엽활엽수 | 마주나기
5월 | 9월
작은키나무

영월 18.05.21

잎 양면에 털이 나며 뒷면 맥을 따라 길게 난다. 꽃은 연노란색으로 피고 가지 끝에 2개씩 달린다. 꽃받침통은 4갈래로 갈라지고 가장자리에 털이 난다. 화관은 통처럼 생기고 안팎에 가는 털 모양의 돌기가 있다. 열매는 길쭉하고 세로줄이 나고 꽃받침이 남는다.

섬댕강나무

린네풀과

Abelia coreana var. insularis

울릉도에 자라는 댕강나무로 섬댕강나무라 한다.

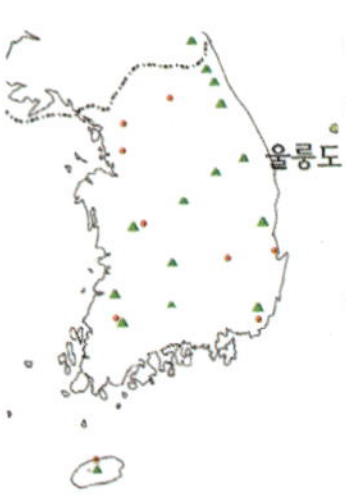

[국내]
- 울릉도
- 인천수목원

[해외]
- 중국

암수한그루 | 충매화
낙엽활엽수 | 마주나기
5월~6월 | 9월~10월
작은키나무

울릉도 19.07.06

잎은 타원형으로 가장자리에 깊은 톱니가 나며 양면에 털이 없으며 마주 난 2개의 잎자루가 원줄기를 완전히 감싼다. 꽃은 연한 노란색이며 가지 끝의 꽃대에 두 개씩 달리고 꽃받침통에 털이 없다. 울릉도에 자생하며 개체수는 많지 않다. 털댕강나무와 같은 종으로 보기도 한다.

홍릉수목원 14.09.21

꽃댕강나무

린네풀과

Abelia×grandiflora

원예종 댕강나무로 여름내 꽃이 피고 꽃잎이 크다고 꽃댕강나무라 한다.

[국내]
- 남부지역 화단, 공원에 식재
- 전주수목원

[해외]
- 중국원산, 일본

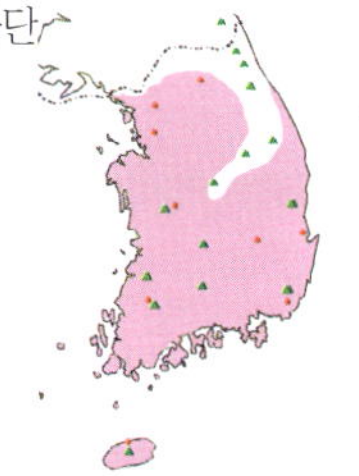

공원과 인가 주위에 심는 원예종으로 꽃이 크고 많으며 여름내 꽃이 핀다. 중국 원산의 댕강나무가 일본에서 개량되고 우리나라에 들어왔다. 또한 우리나라에서 개량한 원예종도 보급되었다. 열매는 잘 맺지 않으며 남부지역에서는 생울타리로 심는다.

암수한그루	충매화
반상록활엽수	마주나기
5월~9월	9월~12월
작은키나무	

지리산 19.06.01

병꽃나무

인동과

Weigela subsessilis

꽃이 피기 직전의 꽃봉오리가 호리병모양이라서 병꽃나무란 이름이 붙었다. 열매가 병을 닮은 데서 나왔다고도 한다.

[국내]
- 전국 산지
- 공원 화단에 식재

[해외]
- 한국 특산종

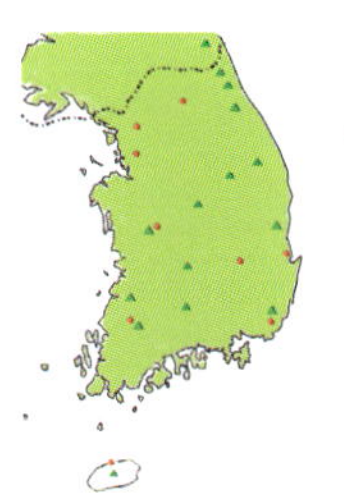

꽃 색이 옅은 노란색에서 점차 붉은빛으로 변한다. 꽃은 잎겨드랑이에서 1~2송이씩 피고 긴 통꽃이다. 열매는 털이 나고 길쭉한 병처럼 생겼고 익으면 두 조각으로 갈라진다. 종자에는 날개가 있다. 키는 2~3m로 잎끝이 뾰족하며 잎 가장자리에는 잔톱니가 있다.

암수한그루	풍매화
낙엽활엽수	마주나기
5월~6월	9월~10월
작은키나무	

소영도리나무

인동과

Weigela praecox

어원이나 유래는 미상이다. praecox는 일찍 꽃이 피는, 조숙을 의미한다.

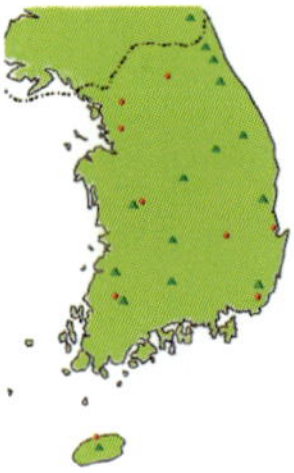

【국내】
- 전국 산지
- 북한산

【해외】
- 일본

암수한그루	충매화
낙엽활엽수	마주나기
5월~7월	8월~10월
작은키나무	

지리산 19.06.01

꽃은 잎겨드랑이에 1개씩 달리며 꽃받침조각은 5개이고 서로 다른 위치에서 갈라지고 털이 거의 없다. 꽃부리는 깔때기 모양이며 잔 털이 있으며 연한 홍색이고 뒤로 젖혀지고 씨방에는 털이 없다. 열매는 삭과로 종자에 날개가 없다. 붉은병꽃나무로 알려져 왔다.

일본병꽃나무

인동과

Weigela coraeensis

일본 전역에 자생하고 우리나라에 도입한 원예종이다.

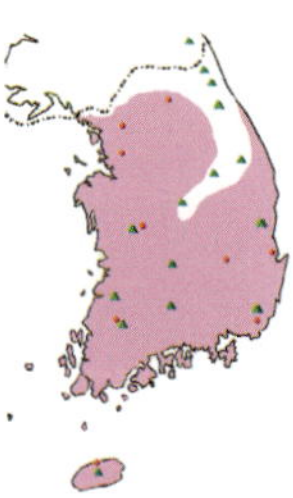

【국내】
- 전국 공원 화단에 드물게 식재
- 홍릉수목원 안면도수목원

【해외】
- 일본

암수한그루	충매화
낙엽활엽수	마주나기
5월~7월	7월~9월
작은키나무	

안면도수목원 14.05.25

일본에서 도입한 원예종으로 키는 5m 정도로 자라고 꽃은 흰색으로 피어 붉은색으로 변하며 시든다. 꽃잎은 시간이 지남에 따라 안 쪽에서 붉게 변하고 화관통부가 갑자기 넓어진다. 꽃받침이 아래쪽에서부터 갈라지고 털이 없으며 잎에는 측맥을 따라 골이지고 털이 없다.

평창 21.05.09

산분꽃나무

산분꽃나무과

Viburnum burejaeticum

산에 자라는 분꽃나무라는 의미이나 분꽃나무 향이 아니고 다소 역한 냄새가 난다.

【국내】
- 북부지역 인제, 홍천, 영월, 평창, 국립수목원

【해외】
- 한국특산

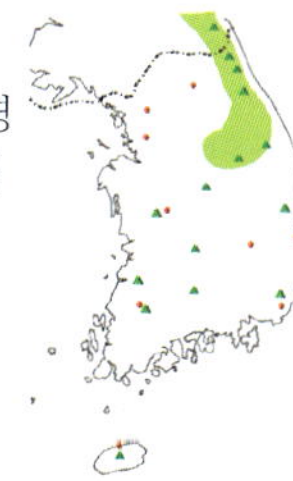

꽃은 가지 끝에 두상으로 모여 달리고 화통이 매우 짧다. 꽃잎은 5조각으로 갈라지고 끝이 둥글고 뒤로 말리고 흰색이다. 수술은 5개이고 꽃잎보다 길다. 잎은 달걀모양이고 가장자리에 약간의 톱니가 나고 잎 양쪽에 성모나 짧은 털이 나고 열매는 타원형이고 검게 익는다.

암수한그루	충매화
낙엽활엽수	마주나기
5월	9월
작은키나무	

영월 동강 13.04.27

분꽃나무

산분꽃나무과

Viburnum carlesii

꽃에서 분내가 난다고 분 향기가 나는 꽃나무라는 이름이다.

【국내】
- 황해도, 경기, 강원, 전남북 서해안 도서
- 전국 공원식재

【해외】
- 일본

꽃은 취산꽃차례로 지난해 가지 끝에 달리고 잎과 같이 피고 연한 붉은색이다. 꽃부리는 원통형이고 끝에서 5조각으로 갈라지고 향기가 강하다. 잎 가장자리에는 불규칙한 톱니가 있고, 표면에 별 모양 털이 드문드문 있으며 뒷면에 별 모양 털이 밀생한다.

암수한그루	충매화
낙엽활엽수	마주나기
4월~5월	9월~10월
작은키나무	

분단나무

산분꽃나무과

Viburnum furcatum

분단(粉團)나무는 분 향기가 나고 잎이 둥글다는 의미를 지닌다.

【국내】

- 제주도, 울릉도
- 한라산 1100고지

【해외】

- 일본

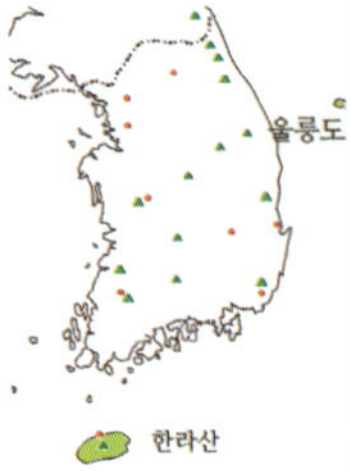

- 암수한그루
- 풍매화
- 활엽낙엽수
- 마주나기
- 4월~5월
- 8월~10월
- 작은키나무

제주1100고지 17.08.17

잎이 둥글고 측맥을 따라 굴곡이 나고 제주도와 울릉도에 자란다. 꽃은 백색이며 꽃 가장자리에 지름 20~30mm의 무성화가 있고 중앙부에 양성화가 모여 달린다. 무성화는 꽃잎이 5개로 갈라지며 암술은 있지만 결실하지 않고, 양성화는 열매를 맺고 붉은색에서 검게 익는다.

배암나무

산분꽃나무과

Viburnum koreanum

잎이 3갈래로 갈라지는 것이 뱀의 머리를 닮았다고 배암나무가 된 것으로 짐작한다.

【국내】

- 중부 이북 높은 산지
- 설악산 중청 대청봉

【해외】

- 중국 만주

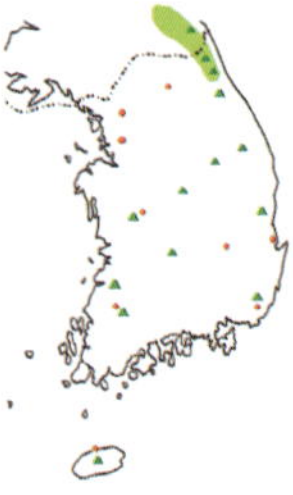

- 암수한그루
- 충매화
- 낙엽활엽수
- 마주나기
- 6월
- 9월
- 작은키나무

설악산 대청봉 16.05.21

해발 900m 이상의 높은 산지에 자라고 잎은 3개로 갈라지고 열편은 위로 향하며 삼각형이다. 윗부분의 잎은 타원형이고 갈라지지 않으며 톱니가 나고 표면에 털이 약간 있으나 점차 없어진다. 꽃부리는 수레바퀴 모양이고 모두 암수술을 갖춘 꽃이다.

가리왕산 15.05.03

백당나무(접시꽃나무)

산분꽃나무과

Viburnum opulus var. *calvescens*

하얀(白)꽃이 계단(段)을 이룬 것 같다고 백단나무가 백당나무로 변했다.

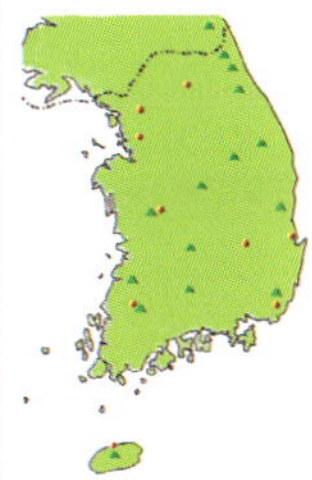

[국내]

- 전국 산지 자생, 인가 공원 식재
- 공원 화단

[해외]

- 중국, 일본, 러시아, 몽골

암수한그루 · 충매화 · 낙엽활엽수 · 마주나기 · 5월~6월 · 8월~9월 · 작은키나무

잎은 끝이 3개로 갈라지고 양쪽 2개의 열편은 밖으로 벌어진다. 가장자리에 톱니가 있고 꽃은 흰색이며 산방꽃차례를 이룬다. 주변에 중성화가 달리고 중앙에 양성화가 모여 핀다. 꽃은 5쪽으로 갈라지고, 양성화도 5개의 열편으로 갈라진다. 산지에 자생하고 공원에 심는다.

독립문공원 19.06.01

불두화

산분꽃나무과

Viburnum opulus f.

무성화로 이루어진 꽃이 석가모니의 곱슬머리 모양이다.

[국내]

- 전국 산지
- 공원 화단 절에서 정원수로 식재

[해외]

- 일본, 중국, 만주, 아무르, 우수리

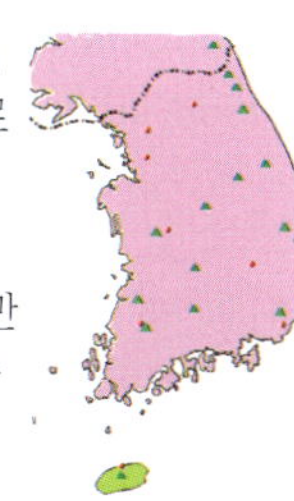

암수한그루 · 풍매화 · 낙엽활엽수 · 마주나기 · 5월 · 작은키나무

백당나무의 개량종으로 꽃에는 암수술이 없이 무성화로 이루어지며 열매를 맺을 수 없다. 꽃은 석가 탄신일인 4월 초파일을 전후해 피고 꽃자루 끝에 산방꽃차례로 공처럼 달린다. 처음에는 연두색이나 흰색에서 누런색을 띠며 시든다. 자연발생 품종을 증식한 것으로 추측된다.

덜꿩나무

산분꽃나무과

Viburnum erosum

산과 들에 서식하는 들꿩들이 좋아하는 열매라고 들꿩나무가 덜꿩나무로 변한 것으로 추측한다.

【국내】
- 황해도 이남 전국 산지
- 공원, 인가 주위에 식재

【해외】
- 중국, 일본

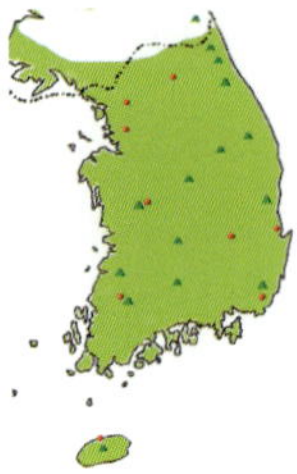

암수한그루	충매화
낙엽활엽수	마주나기
4월~5월	9월~10월
작은키나무	

천마산 16.05.06

잎자루는 짧고 아래에 턱잎이 있다. 잎의 표면에 별 모양 털이 드문드문 있으며 뒷면에도 별 모양 털이 밀생하고 날카로운 톱니가 난다. 꽃은 취산꽃차례로 잎이 마주나는 가지 끝에 달리며 향기가 난다. 열매는 핵과로 달갈형이며 붉은색으로 익고 종자는 양쪽에 홈이 난다.

가막살나무

산분꽃나무과

Viburnum dilatatum

산새들이 잘먹는 열매로 '까마귀의 쌀나무'가 가막살나무로 이름이 붙었다.
dilatatum; 잎이 넓은

【국내】
- 황해도 이남 지역 서부지역
- 공원 화단 식재

【해외】
- 일본, 중국

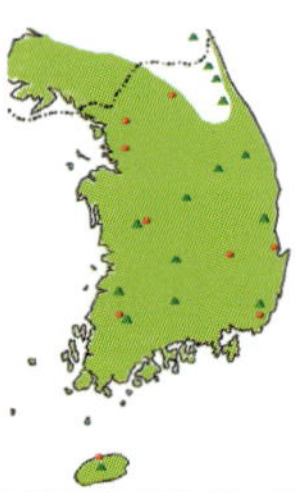

암수한그루	풍매화
낙엽활엽수	마주나기
5월~6월	9월~10월
작은키나무	

제주시 14.05.18

잎자루가 길고 턱잎은 없다. 잎은 원형에 가까우며 양면에 별모양 털이 있고 뒷면에 샘점이 있다. 꽃은 흰색으로 복산형꽃차례로 짧은 가지 끝에 달리며 별모양의 성모와 샘점이 있다. 나무껍질에 껍질눈이 있으며, 전체에 거친 털이 있고 일년생가지에는 회록색 성모가 난다.

산가막살나무

산분꽃나무과

Viburnum wrightii

산에 자라는 가막살나무란 뜻이다. 가막살나무는 모두 산지에 자라며 산은 종을 구분하는 표식으로 붙였다. .

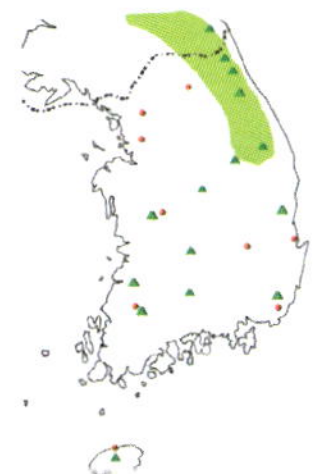

【국내】
- 북부지역과 백두대간에 자생
- 국립수목원

【해외】
- 일본

▌설악산 15.05.03

겨울눈에 털이 거의 나지 않는다. 백두대간에 자라고 잎은 다소 둥근 편이다. 잎의 양면에 샘점이 있고 뒷면 맥 위와 맥 겨드랑이에 털이 약간 있으며 가장자리에 날카로운 톱니가 있다. 꽃은 가지 끝에 달리고 백색으로 피며 꽃받침에는 털이 없다.

암수한그루	충매화
낙엽활엽수	마주나기
5월~6월	9월~10월
작은키나무	

아왜나무

산분꽃나무과

Viburnum odoratissimum var. *awabuki*

일본명 아와부키(泡吹き)로 거품나무란 의미로 우리 이름에 영향을 주었고 아와나무가 아왜나무로 변했다.

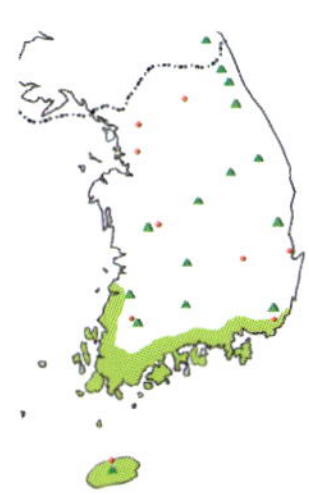

【국내】
- 남부해안, 제주도
- 한라 생태숲

【해외】
- 일본, 중국, 대만, 타이완, 인도

▌한라생태숲 19.10.26

잎이 가죽질로 두껍고 광택이 나며 양면에 털이 없다. 가장자리에 물결 모양의 톱니가 조금 난다. 꽃은 원추꽃차례로 희고 자잘한 꽃이 모여 달린다. 열매는 타원형의 핵과로서 붉은색에서 검은색으로 익는다. 불에 잘 타지 않아 방화용이나 생울타리로 심는다.

암수한그루	충매화
상록활엽수	마주나기
6월~7월	9월~10월
중간키나무	

딱총나무

연복초과

Sambucus williamsii var. *coreana*

나물 줄기 속은 푸석푸석한데 이걸 분지르면 '딱'하고 딱총소리가 난다고 딱총나무라 한다.

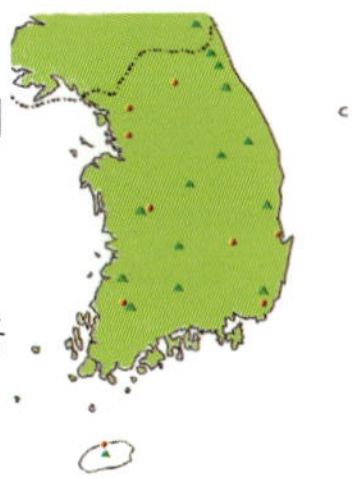

[국내]
- 전국 산지, 제주 울릉도 제외
- 북한산

[해외]
- 일본, 중국, 극동러시아

암수한그루	충매화
낙엽활엽수	마주나기
4월~5월	6월~ 7월
작은키나무	

북한산 18.04.30

잎은 홀수깃꼴겹잎이고 작은잎은 5~7(9)장이며 긴 타원형이고 가장자리 톱니가 뾰족하다. 꽃은 돌기가 있으며 가지끝에 원뿔모양꽃차례를 이루고 꽃부리는 황록색이고 털이 없으며 꽃밥은 노란색이다. 열매는 구형이며 붉은색으로 익고 키는 2~3m로 자란다.

말오줌나무

연복초과

Sambucus sieboldiana var. *pendula*

나무줄기를 부러뜨리면 말 오줌 냄새가 난다고 말오줌나무라는 이름이 붙었다.

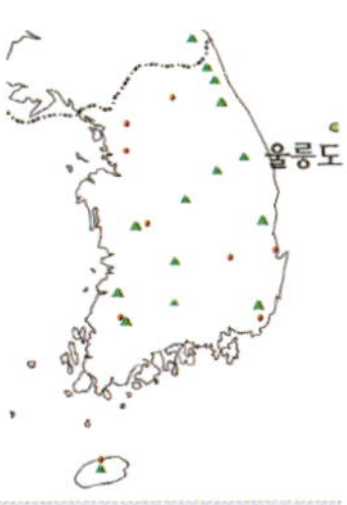

[국내]
- 울릉도 나리분지
- 인천수목원

[해외]
- 울릉도 특산

암수한그루	풍매화
낙엽활엽수	마주나기
6월	7월~8월
작은키나무	

나리분지 15.05.01

꽃은 산방상 원뿔꽃차례로 꽃자루가 길고 아래로 처지며 가지 끝에 달리고 털이 없다. 잎은 홀수깃꼴겹잎이고 소엽은 5~7개이며 피침형이고 가장자리에 톱니가 뾰족하다. 줄기에 코르크가 발달하고 키는 4m로 열매는 붉게 익는다. 한국 특산식물이다.

덧나무

연복초과

Sambucus sieboldiana

어원이나 유래는 미상이다.

한라산 17.08.19

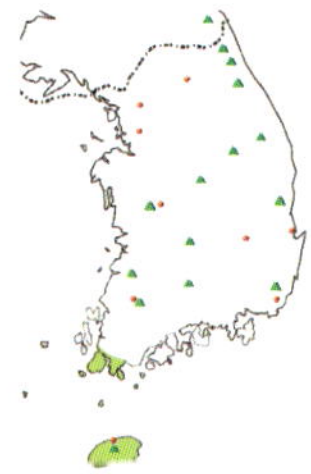

【국내】
- 제주도 전남 해안가
- 기청산수목원

【해외】
- 일본

암술머리가 흑자색을 띠고 딱총나무보다 크게 자란다. 꽃은 원뿔꽃차례로 가지 끝에 달리고 연한 황백색이며 5개로 갈라지며 수술이 5개이다. 잎은 홀수깃꼴겹잎이고 소엽은 3~9장이다. 키는 4~5m로 자라고 나무껍질은 불규칙하게 갈라진다. 딱총나무와 구별이 어렵다.

암수한그루 · 충매화 · 낙엽활엽수 · 마주나기 · 5월~7월 · 8월~10월 · 작은키나무

캐나다딱총나무(미국딱총나무)

연복초과

Sambucus canadensis

북미에서 들어온 딱총나무로 원산지 국가 이름을 붙인 것이다.

물향기수목원 15.06.13

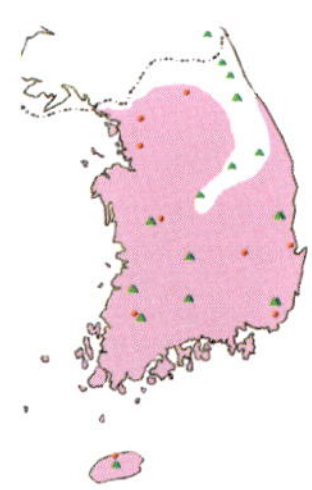

【국내】
- 전국 공원, 화단에 식재
- 물향기수목원

【해외】
- 북미

꽃은 윗부위가 가지런한 산방꽃차례로 열매가 흑자색이다. 암술대는 짧고 암술머리는 흰색이며, 3개로 얕게 갈라진다. 수술은 5개이고 화관과 길이가 비슷하거나 약간 길다. 작은잎은 긴 타원형이고 5~11개가 달리며 끝은 뾰족하고 날카로운 톱니가 있다.

암수한그루 · 충매화 · 낙엽활엽수 · 마주나기 · 5월~7월 · 7월~9월 · 작은키나무

더위지기

국화과

Artemisia gmelinii

더위를 지켜주는 약효를 지녔다고 더위지기라 한다. 약재명으로는 한인진(韓茵蔯)으로 쓴다.

【국내】
• 전국 산지 들
• 산 가장자리

【해외】
•일본, 사할린, 시베리아, 몽골, 만주, 알타이

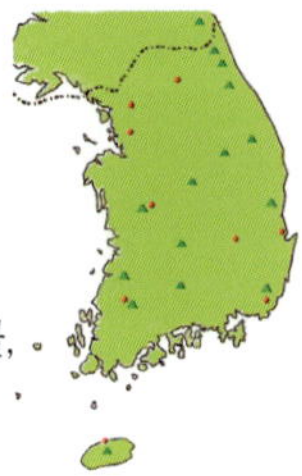

암수한그루	풍매화
낙엽활엽수	마주나기
7월~8월	11월
작은키나무	

영월 동강 19.04.28

잎은 2회 깃꼴모양으로 깊게 갈라지고 열편은 가늘고 끝이 날카롭고 얕은 톱니가 있다. 줄기잎은 피침형이며 처음에는 양면에 거미줄 같은 털이 있다. 머리모양꽃차례는 잎겨드랑이에서 총상으로 달리며 반구형이다. 높이가 1m이며 모여나고 곧게 자란다. 참고_사철쑥

청미래덩굴(망개나무)

청미래덩굴과

Smilax china

어원이나 유래는 미상이다. 명감나무, 망개나무, 산귀래, 뿌리는 토복령이라 부른다.

【국내】
• 황해도 이남 해안가 산지 남부지역
• 순천만

【해외】
•중국, 일본, 필리핀, 베트남, 대만,

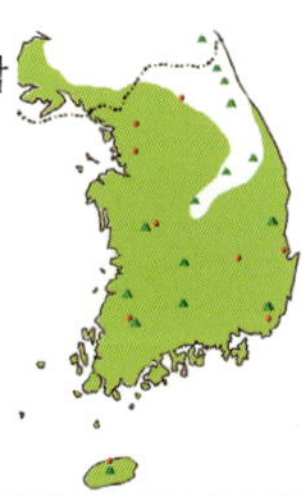

암수딴그루	충매화
낙엽활엽수	마주나기
4월~5월	9월~10월
덩굴나무	

순천만 15.10.18

잎은 넓은 타원형이고 광택이 나며 가죽질이고 둥글고 끝이 뾰족해지고 가장자리는 밋밋하며 턱잎은 덩굴손으로 발달한다. 산형꽃차례는 잎겨드랑이에 달리고, 꽃은 황록색으로 6개의 수술과 1개의 암술이 있고 씨방은 긴 타원형으로서 3실이며 끝이 3개로 갈라진다.

북한산 17.09.23

청가시덩굴

청미래덩굴과

Smilax sieboldii

줄기가 푸른색이고 가시가 많이 나고 덩굴로 자란다는 의미이다.

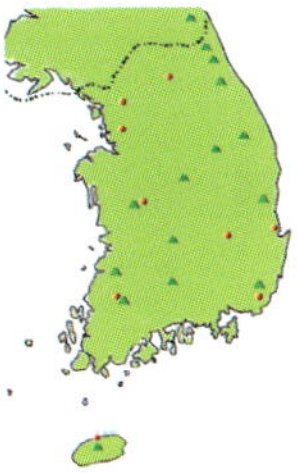

【국내】
• 전국의 산과 들
• 북한산

【해외】
• 중국, 일본, 타이완

암수딴그루 | 충매화
낙엽활엽수 | 어긋나기
5월~6월 | 9월~10월
덩굴나무

덩굴로 자라고 가시가 나며 열매가 검게 익는다. 잎 가장자리가 물결 모양이고 밑부분에서 나온 5~7개의 맥이 그물맥으로 나뉘지며 끝은 뾰족하고 털이 없으며 약간의 광택이 난다. 꽃은 황록색이고 길이 2~3mm로서 잎겨드랑이에 우산 살 같은 산형꽃차례로 달린다.

대나무, 야자수, 선인장

대나무는 나무로 보기도 하고 풀로 보기도 한다. 우리 고전에서 조선 중기의 시인 고산(孤山) 윤선도(尹善道, 1587~1671)의 「오우가(五友歌)」에서 대나무를 "나무도 아닌 것이 풀도 아닌 것이"라는 구절이 나온다. 오늘날의 식물분류법이 나오기 전이었다.

대나무는 벼나 보리와 같이 떡잎이 하나만 나오는 외떡잎식물로 줄기 바깥부분에 부피가 커지는 형성층이 없다. 따라서 일정기간 살다가 말라 죽으면 땅에서 새순이 돋아 자란다. 반면에 쌍떡잎식물은 속껍질에 형성층이 있어서 줄기가 굵어지고 나이테가 생기고 키가 자라는데 이들은 나무라 한다.

대나무는 죽순이 돋을 때 한번 자라고 더 굵어지거나 키가 자라지 않는다. 풀에 속하지만, 키가 크고 수년, 수십 년 살기에 나무의 성격을 지닌다.

제주도와 남부지역에는 온난화현상과 더불어 지난 30여년 전부터 야자수를 식재하고 있다. 야자수 또한 외떡잎식물로 종려과 또는 야자과에 속하고 큰 키로 자란다. 나무줄기가 굵어지는 생장은 하지 않아 나무로 보지 않으나 큰 키로 오래 살아 나무를 닮았다. 야자수는 열대지방에 자라며 잎과 줄기 사이의 연결 부위에 떨켜가 생기지 않는다. 단풍으로 떨어지지 않고 잎이 썩어서 떨어진다. 정원수나 가로수로 심어 키우려면 인위적으로 마른 잎을 제거해 주어야 한다.

선인장 또한 따뜻한 지역에서 다년생으로 종에 따라 크게 자라기도 하는데 형성층이 없어서 나무로 분류하지 않고 풀로 간주한다. 종에 따라 크게 자라고 수백 년 살며 나무처럼 보이는 것도 있다. 나무와 풀이라는 구분에서 양쪽의 특징을 지니고 있다.

죽순대

왕대

솜대

오죽

이대

조릿대

죽순대는 우리나라에서 가장 크고 굵게 자란다. 왕대는 크게 자라나 우리 기후에서는 굵기가 제한적이다. 왕대는 잎과 줄기 사이에 돋는 견모가 줄기에 직각으로 돋고 잘 떨어지지 않는다. 솜대는 왕대와 비슷한 굵기로 자라고 많이 식재된다. 견모가 잎이 자라는 방향으로 나고 쉽게 떨어져 나간다. 오죽은 엄지 손가락 굵기로 자라고 수피가 적갈색을 띤다. 이대는 주로 해안 지역에 2m 정도로 자라고 엽질의 포가 줄기에 붙어 남는다. 조릿대는 1m 이내의 크기로 전국 산지에 군락을 이룬다.

종려나무 잎은 긴 잎자루 끝에 손바닥 모양으로 펴진다. 워싱턴야자는 잎이 깃꼴로 펴진다. 부티아야자는 깃꼴의 잎이 비교적 길고 뒷면이 회색을 띠고 잎자루 자투리가 질기고 잘 부식되지 않는다. 카나리아야자는 잎의 길이는 길고 깃을 이루는 잎은 짧으며 줄기에 남은 잎 자투리는 비교적 쉽게 부식되어 떨어진다.

* 식물명 찾아보기

ㄱ

ㅁ

ㅂ

ㅅ

ㅋ

ㅌ

ㅍ

ㅎ

* 남북한 중요 나무 이름 비교

하나의 식물에는 여러 개의 이름이 있다. 지역에 따라서 또는 용도나 사람에 따라 다른 이름을 쓰기 때문이다. 이들 중에서 대표적인 이름 하나를 정해서 학술적으로나 공문서나 출판물에서 통일해서 쓰고 있는데 이를 국가표준식물명이라 한다. 이를 정하는 데는 사용 빈도나 정부 정책, 심의에 참여하는 이들의 소양 등이 반영되어 있다. 우리 식물명은 일제강점기 하에서 정리된 이름이 지금껏 사용되고 있다.

우리 국가표준식물명은 국가생물종정보시스템(www.nature.go.kr)에서 표기하고 있는 식물명이다. 여기에 등록된 많은 식물명은 일제하에 발간된 「조선식물향명집」(1937년)을 따르고 있다. 이 책의 구성은 식물의 학명과 일본어로 표시한 일본명, 조선명의 로마자 발음표기, 조선명으로 나열하고 있다. 일본 식물명에 대해 한글 이름을 표시한 일한식물명집이라 할 수 있다. 제목의 향명은 한반도의 여러 지방을 이르는 말이 아니라 일본을 본토로 보고 한반도는 하나의 지방으로 간주하는 의미이다.

여기에는 일제가 남긴 조선인에 대한 비하와 우민화 정책이 깊게 남아 있다. 대표적인 이름이 며느리밑씻개 등이다. 현재의 사회적 분위기로는 도저히 용인될 수 없는 성희롱이며 여성 비하로 국민의 성인지 감수성을 마비시키는 말이다. 당시 순 우리 이름 사광이아재비가 있었음에도 일본명을 변형한 며느리밑씻개로 표기한 것이다. 얼음새꽃이란 우리 이름이 민족혼이나 저항의식을 불러일으킬까 복수초란 일본명으로 기록하고 있다. 8월 중순 독립기념일 무렵에 피는 금강초롱꽃은 한반도 침탈에 가담한 일본 초대공사의 이름을 딴 화방초(花房草)이며 학명은 일본 발음인 하나부사야(*Hanabusaya asiatica*)로 지금껏 쓰고 있다.

전세계에서 공통으로 쓰는 식물명을 학명이라고 하는데 학명은 이명법을 채택하고 있다. 이명법은 식물 이름을 두 단어로 표기하는 방식이다. 학명은 이명법을 채택하면서도 그러나 우리 국명은 이명법을 채택하지 않고 있다. 붓꽃속에 속하는 꽃은 모두 붓꽃을 붙이는 것이 이명법이다. 대청부채는 대청붓꽃으로 꽃창포나 노랑꽃창포는 꽃붓꽃, 노랑꽃붓꽃이라 표기하면 이명법을 살리는 것이며 한글의 특징이 반영되는 과학적이고 쉬운 이름이 될 수 있다. 난과에는 난초, 란초, 난, 란, 네 가지 이름을 쓰고 있는데 이는 전문가들도 제대로 구분하지 못한다. 이명법을 쓰면 모두 난초라 하고 한글 맞춤법에 따른 란이나 난은 이명으로 간주하면 된다.

우리의 많은 식물명은 일제하의 왜곡된 잔재를 청산하지 못했다. 최근들어 식물명을 새로 정리한 북한의 이름을 참고할만하다. 북한의 식물명은 식물의 특징을 충실히 반영하고 개나 일본이라는 표현을 식물명에서 제거하였음을 볼 수 있다.

우리이름	북한이름
각시괴불나무	산아귀꽃나무
개가시나무	돌가시나무
개나리	개나리꽃나무
개느삼	느삼나무
개다래	말다래나무
개머루	돌머루

우리이름	북한이름
개박달나무	좀박달나무
개벚지나무	별벚나무
개비자나무	좀비자나무
개산초	사철초피나무
개살구나무	산살구나무
개서어나무	좀서어나무
개회나무	참산회나무
거제수나무	물자작나무
거지딸기	맛노랑딸기
곰딸기	붉은가시딸기
광대싸리	싸리버들옻
괴불나무	아귀꽃나무
구슬꽃나무	머리꽃나무
귀룽나무	구름나무
귤	홍귤나무
금송	금솔
까마귀밥나무	까마귀밥여름나무
까마귀베개	헛갈매나무
꽃개오동	능소향오동나무
꽃개회나무	꽃정향나무
난티나무	난티느릅나무
낭아초	낭아땅비싸리
노간주나무	노가지나무
노랑만병초	만병초
눈잣나무	누운잣나무
눈향나무	누운향나무
당광나무	큰광나무
당느릅나무	털씨느릅나무
당단풍나무	넓은잎단풍나무
당조팝나무	털조팝나무
덧나무	지렁쿠나무
독일가문비나무	긴방울가문비나무
돈나무	섬엄나무

우리이름	북한이름
돌뽕나무	털뽕나무
된장풀	쉬풀나무
딱총나무	푸른딱총나무
땃두릅나무	땅두릅나무
라일락	큰꽃정향나무
리기다소나무	세잎소나무
만병초	큰만병초
만첩산철쭉	두봉화
말오줌나무	울릉딱총나무
말오줌때	나도딱총나무
매실나무	매화나무
머루	산머루
먹넌출	청사조
먼나무	좀감탕나무
메타세쿼이아	수삼나무
멍지니무	풀멍자나무
명자순	참까치밥나무
목서	향목서나무
물앵도나무	물아귀꽃나무
물오리나무	참오리나무
미역줄나무	메역순나무
박달목서	목서나무
박태기나무	구슬꽃나무
방크스소나무	짧은잎소나무
백량금	선꽃나무
백송	흰소나무
버즘나무	방울나무
보리밥나무	봄보리수나무
분꽃나무	섬분꽃나무
불두화	큰접시꽃나무
붉가시나무	북가시나무
붉은병꽃나무	북병꽃나무
비술나무	비슬나무

우리이름	북한이름
비양나무	솜털모시풀
사위질빵	모란풀
산당화	명자나무
산벚나무	큰산벗나무
산사나무	찔광나무
산앵도나무	물앵두나무
산호수	털자금우
새비나무	털작살나무
솜대	분검정대
송악	담장나무
수수꽃다리	넓은잎정향나무
수정목	구슬뿌리나무
쉬나무	수유나무
스트로브잣나무	가는잎소나무
시닥나무	단풍자래
식나무	넓적나무
싸리	풀싸리
아까시나무	아카시아나무
아왜나무	사철가막살나무
애기고광나무	각시고광나무
애기등	등덩굴
염주나무	구슬피나무
영산홍	큰꽃철죽나무
영주치자	영주덩굴
영춘화	봄맞이꽃나무
올괴불나무	올아귀꽃나무
왕대	참대
왕벚나무	제주벗나무
용버들	고수버들
우묵사스레피나무	갯사스레피나무
위령선	꽃으아리
유동	기름오동나무
일본잎갈나무	창성이깔나무

우리이름	북한이름
일본전나무	굳은잎전나무
잎갈나무	좀이깔나무
자두나무	추리나무
정향나무	둥근잎정향나무
족제비싸리	왜싸리
좀깨잎나무	새끼거북꼬리
종덩굴	수염종덩굴
주엽나무	주염나무
줄딸기	덩굴딸기
중국굴피나무	풍양나무
중국단풍	애기단풍나무
쥐똥나무	검정알나무
짝자래나무	짝자래갈매나무
참개암나무	뿔개암나무
치자나무	좀치자나무
콩배나무	좀돌배나무
태산목	큰꽃목련
털개회나무	정향나무
통탈목	넓은잎삼나무
폭나무	좀왕팽나무
풀싸리	자주풀싸리
풍겐스소나무	거센잎소나무
할미밀망	큰모란풀
함박꽃나무	목란
해변싸리	갯싸리
협죽도	류선화
홍괴불나무	숲아귀꽃나무
황근	갯아욱
황벽나무	황경피나무
황산차	황산참꽃
회나무	좀나래회나무
회목나무	실회나무
회양목	고양나무

중요 참고 자료

참고문헌

국립생물자원관 편 「국가생물종 목록집: 북한지역관속식물」 국립생물자원관, 2019
국립수목원 편 「식별이 쉬운 나무 도감」 지오북 2010
김찬수 「알타이 식물 탐사기」 지오북, 2020
김태영·김진석 「한국의 나무」 돌베개, 2018
김태원 「울릉도 독도 식물도감」 자연과 생태, 2018
박상진 「우리나무 이름 사전」 눌와, 2019
이동혁 「한국의나무 바로알기」 이비락 2014
이영노 「한국식물도감」 I·II, 교학사, 2006
이우철 「원색한국기준식물도감」 아카데미서적, 1996
이우철 「한국식물명의 유래」 일조각, 2005
이유미 「우리나무 백가지」 현암사, 2015
이재능 「꽃들이 나에게 들려준 이야기」 1~5 신구문화사, 2014~2020
이종원 「대한민국 식물보감」 1, 2 자연과 생태, 2013
이창복 「원색 대한 식물도감」 향문사, 2009
정재승 편 「바이칼, 한민족의 시원을 찾아서」 정신세계사, 2003
정태현외 3인 「조선식물향명집」 조선박물연구회, 1937
제임스 G. 프레이저저/이용대역 「황금가지」 한겨레신문사, 2003
피터 브래넌 저/김미선역 「대멸종연대기」 흐름출판, 2019

논문

공우석 「한반도에 자생하는 침엽수의 종 구성과 분포」 대한지리학회지 제39권 제4호 2004

온라인 자료

국가생물종자원시스템 「http://www.nature.go.kr/main/Main.do」
낙은재(http://blog.daum.net/tnknam)
위키피디아(https://www.wikipedia.org/)

동영상 다큐멘터리

「명작다큐」 생명의 장엄한 대서사시 KBS+NHK [생명, 그 영원한 신비], 10부작 1995
https://bit.ly/38ioRtq
「한반도 탄생 30억년의 비밀 」 KBS 3부작 : https://bit.ly/3pWMz46, 1998

우리나무 비교도감

-100과 700종-

초판 1쇄 발행 2021년 6월 30일
2쇄 발행 2022년 2월 15일

글 · 사진 : 박승천
자료 정리 · 편집 : 당현준 이동복
사진 지원 : 대낭 이영선, 복뎅이, 지니, 허순호, 장기영,
디자인 : 박정은
펴낸곳 : 우즈워커

주 소 : 서울 종로구 새문안로 9길 29-3 603호 (당주동 삼한빌딩)

우즈워커는 전자책과 앱개발을 전문으로 하고 있습니다.
출판사 관련 문의는 아래 메일이나 카톡으로 연락주시기 바랍니다.
e-mail : purpl05@naver.com
카톡 id : thewoods

출판사 등록번호 : 241-13-00765
등록일 : 2013. 03. 21

ISBN 979-11-86077-13-9 정가 22,000원